U0415095

Genus *Rosa* L. in China

中国蔷薇属

罗 乐　杨玉勇　张启翔　著

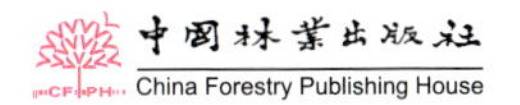

环保部全国生物物种资源重点调查项目（物种08-二-3-1、物种09-二-3-1）、环保部生物多样性保护专项（生多调查（环）11-10）、十一五国家科技支撑计划项目（2006BAD01A08）、十二五国家科技支撑计划项目课题（2012BAD01B0704、2013BAD01B0701）、十三五国家重点研发计划项目课题（2019YFD1001001、2019YFD10004）、十四五国家重点研发计划项目课题（2023YFD120010502）、国家自然基金项目（31401901、31600565、32071818、32071820）、北京市自然基金项目（6222007）、教育部人文社科研究基金（20YJCZH114）、风景园林双一流学科建设项目、北京高校高精尖学科建设项目、横向项目（2015HXFWYL027、2019HXFWYL07、SSTLAB-2023-1、2023-HXFW-428）

图书在版编目（CIP）数据

中国蔷薇属 / 罗乐，杨玉勇，张启翔著. -- 北京：中国林业出版社，2024.10

ISBN 978-7-5219-2503-6

Ⅰ. ①中… Ⅱ. ①罗… ②杨… ③张… Ⅲ. ①蔷薇属—中国 Ⅳ. ①Q949.751.8

中国版本图书馆CIP数据核字（2024）第008231号

责任编辑：贾麦娥

装帧设计：刘临川　唐雨薇　吕佩锋

出版发行：中国林业出版社

（100009，北京市西城区刘海胡同7号，电话83143562）

网址：https://www.cfph.net

印刷：河北京平诚乾印刷有限公司

版次：2024年10月第1版

印次：2024年10月第1次

开本：710mm×1000mm　1/16

印张：34.5

字数：660千字

定价：580.00元

《中国蔷薇属》编辑委员会

著　　者：罗　乐　杨玉勇　张启翔

参编人员（按姓氏笔画排序）：

于　超　王国良　白锦荣　杨玉勇　罗　乐
张佐双　张启翔　赵世伟　潘会堂

摄　　影：罗　乐　杨玉勇　于　超　白锦荣　隋云吉
郭润华　洪铃雅　周　繇　吕佩锋　付荷玲
杨绍宗　苏　涛　史恭乐　高　伟　马　良
蔡长福　邓　童　刘学森　周利君　杨智凯
陈宏信　孔繁明　任保青

文献编辑：张晨洁　吕佩锋　张晓龙　程璧瑄　田小玲
李　娜　郑玲娜

绘　　图：王丹丹　唐雨薇

蔷薇
Genus *Rosa* L.
in China
中国蔷薇属

蔷薇属 *Rosa* L. 的分类是很困难的，不同的分类学家对其分类结果有较大分歧，如种的数目上，一说约150种，一说280种。中国是世界蔷薇属的分布中心，中国科学院植物研究所俞德浚教授在《中国植物志》(第37卷)中记载了82种(含非中国原产4种，不包括种下等级)，后来的 *Flora of China* 修订至95种，加上后来的其他文献，目前记载的中国蔷薇属植物约有100种。当前，国内外研究蔷薇属植物的学者很多，但主要集中在园艺育种及相关研究，真正研究蔷薇属分类的很少。近些年对蔷薇属进行野外考察不多，标本和野外信息有限，总体而言，蔷薇属的分类远不够完善。

近10年来，作者进行了广泛野外调查，积累了大量图片、数据。本书分析讨论了《中国植物志》、*Flora of China* 所收录的所有种及种下分类单位，综合了各地方植物志及近年新发表文献，对国产蔷薇属进行了分类修订，编写了中国蔷薇属的检索表。本书不仅补充了染色体信息，还基于分子生物学等手段，对蔷薇属的起源和进化进行了探讨，构建了蔷薇属的谱系发生树，为蔷薇属的分类处理提供了重要线索。

此书修正了部分种的分布，尤其是补充了很多之前未记载的地点、生境及濒危状况，为保护、研究和利用中国蔷薇属资源提供了重要的基础数据。更重要的是，此书作者对蔷薇属野生资源及特殊的变异植株进行了引种、栽培和繁殖，建立了稳定的种质资源圃，为同行研究提供了可靠的活体凭证来源。

总之，此书含有丰富的第一手材料，在形态学、细胞学和分子生物学研究的基础上对蔷薇属分类作出了新的修订。全书记载翔实、图文并茂，是研究中国蔷薇属重要的参考书，对园艺育种也有较强的指导性，具有较高的学术和应用价值。

中国科学院院士
第三世界科学院院士
中国植物学会名誉理事长

2024年8月20日

野生的蔷薇仅分布和生长在北半球，而今以月季为代表的蔷薇属植物在全世界已广为栽培、备受喜爱，并成为爱、和平、和谐的象征。人们赞美其美丽、芳香、丰富的花色，以及全年不断的繁花。

中国的蔷薇属植物栽培历史可以回溯千年，然而直到18～19世纪，来自中国的古老月季才以其特有的优异性状首次被引入欧洲，随之引发了世界月季育种的革命，现代月季诞生的基础由此奠定。

据估计，庞大的现代月季品种群主要仅由7～15个野生种反复杂交而成，因此它们的遗传基础相对狭窄。中国是蔷薇属资源多样性的重要中心，孕育着全球近一半的蔷薇属资源，其中的许多蔷薇具有优异的性状，如独特的花色、浓郁的花香、丰富的香型、连续开花以及对恶劣气候环境及病虫害的优良抗性。因此，中国蔷薇的价值，还远未得到充分的认识、发掘及应用。在未来的育种实践中，这些优异的种质必将发挥重要的作用。

蔷薇属之广阔的分布范围、种间和种内复杂的形态变化，使其鉴定被公认为是一项重大挑战。就现有文献而言，记载的蔷薇属物种信息不全且久乏更新，分类系统亦缺乏更新、存在较多矛盾，因此亟需修订。

我深知在这本开拓性著作的背后，是作者们在探索中国野生蔷薇的过程中所投入的大量时间和精力。在对这些物种的探寻中，他们野外调查的足迹一定遍及中国众多偏远的角落，也一定面临和克服了重重困难。本书收录了包括86个种、53个变种、26个变型和60个栽培品种在内的蔷薇属种质资源，系统、详尽地展示了对中国蔷薇属资源的调查和整理，实属难能可贵。本书的出版对蔷薇属资源的保护和利用具有重要的推动意义，为这类重要经济作物的科研和育种实践提供了宝贵的参考资料。

我非常高兴地向这本非凡著作的作者们表示祝贺。无论是对专业人士还是业余爱好者，这本书肯定会引起世界各地喜爱月季（蔷薇）的友人们之兴趣。愿大家将来都能有幸在中国一睹这些美丽花朵的芳容。

世界月季联合会终身名誉主席
世界月季联合会前主席（1997—2000） Helga Brichet

2024年7月30日

PREFACE 2

Whilst originally in nature, wild roses were to be found only in the northern hemisphere, today they are loved and grown around the globe, and are symbols of love, peace and harmony. They are admired for their beauty, fragrance, infinity of colours and prolific blooms throughout the year.

The history of rose cultivation in China may be traced back to more than a thousand years, however it was during the 18th and 19th centuries that a breakthrough occurred with the first of many roses from China arriving in Europe and thus revolutionizing hybridizing with the introduction of their unique characteristics. Thus the foundations for the modern varieties of today were laid.

It is estimated that modern roses result from repeated hybridization from primarily seven to fifteen wild species, and thus possess a relatively narrow genetic base. China is a pivotal centre for *Rosa* germplasm diversity, possessing nearly half of the entire world's species roses. Many of these species exhibit exceptional qualities, such as unique colours, intense and complex fragrances, continuous blooming as also resilience to harsh climatic and environmental conditions and pests, and thus certainly will be of great value for future rose breeding programmes. The value of wild Chinese roses has not, as yet, been fully explored, appreciated and applied.

It is widely accepted that identifying *Rosa* species poses significant challenges for their intricate morphological variations and widespread distribution within the country. The classification of roses in existing monographs show many contradictions and lacks updating, thus being in urgent need of revision.

I am fully aware that the authors of the present, ground breaking book have spent much time and energy in exploring the wild roses of China. They have surely had many difficulties to overcome whilst undertaking field expedtions to numerous remote areas of the country in their quest to trace these species. Hence the systematic and meticulous investigation and compilation of China's species rose resources showcased in this work is to be highly applauded. This work catalogues 86 species, 53 varieties, 26 forms and 60 cultivars. Its publication holds the promise of bolstering the protection and utilization of *Rosa*, facilitating further research and breeding endeavors of an economically important crop.

It is my great pleasure to congratulate the authors of this extraordinary book, which will surely be of interest to rosarians, be they amateurs or professionals, around the world. May they be lucky enough to see these beautiful blooms in China someday in the future.

President Emeritus of the World Federation of Rose Societies
Past President of the World Federation of Rose Societies (1997-2000)

Helga Brichet

2024.07.30

提到蔷薇属植物，最著名的当属月季花。中国是月季花的起源地、众多野生蔷薇的原产地。世界范围内分布约200种蔷薇属植物，中国约占一半。1867年，第一朵现代月季‘法兰西’（*Rosa* 'La France'）在欧洲绽放，中西合璧的世界花卉育种奇迹自此诞生！这当中，来自中国的蔷薇属资源发挥了不可替代的作用。100多年过去了，现代月季品种已超三万个，类型丰富，应用形式多样。

以中国科学院俞德浚先生、谷粹芝先生为代表的学者对中国蔷薇属开展了早期的系统分类研究，主持编写了《中国植物志》（第37卷）及*Flora of China*（Vol. 9），两本著作成为了中国蔷薇属植物最重要的分类依据。蔷薇属虽不是上千种的大属，但因其分布广泛、表型变异丰富，物种鉴定和分类一直是个难题，因此研究中常出现材料不明（同物异名、同名异物）甚至用错的现象。分类存在的分歧极大地限制了物种本身的研究深度和开发利用的效率。摸清家底，明确分类成为了蔷薇属研究工作者的当务之急，也可为月季新优品种的创制提供新的思路、打开新的大门。

本书编写团队以北京林业大学为主体，是国内最早开展蔷薇属资源调查与利用的单位之一。以陈俊愉教授为始，自20世纪80年代对三北地区的野生蔷薇属资源进行调查、引种并提出开展“刺玫月季品种群”的育种实践。后由张启翔教授牵头，自2000年开始，先后联合全国相关院所，组织近百人次对蔷薇属分布的核心区域——云南、四川、西藏、新疆等省（自治区）进行调查。2011年罗乐博士留校任教，继续深入中国蔷薇属资源的调查、分类与育种研究。与此同时，杨玉勇先生从事月季育种工作三十余年，受陈俊愉先生指导和鼓励，自1999年起，与北京林业大学共同完成了大量调查、评价与引种工作，建立了目前国内规模最大的蔷薇属种质资源圃。

本书专注于对《中国植物志》（第37卷）、*Flora of China*（Vol. 9）所收录的蔷薇属植物进行反复调查与核实，通过完善、新增、合并和重新划分，对本属植物的分类进行修订和补充。全书收录了中国产蔷薇属植物86种、53变种、26变型以及60个与分类相关的重要品种，覆盖了《中国植物志》（第37卷）记载的所有种及几乎所有的种下分类等级，并补充多个新发表、新记录的物种信息。本书重新绘制了中国蔷薇属检索表，对物种分组、重要分类群等进行了修订和讨论。总论部分综述了国内外蔷薇属分类的研究历史及最新研究进展，集中讨论了学者间不同的分类学观点及存在的问题；各论部分完善了大量形态性状描述，更新了分布信息，配图包括物种的主要分类性状、生境及特殊变异，核校了物种发表的重要历史文献，补充了物种的染色体信息。此外，本书基于多组学测序等手段，构建了迄今为止最全面、稳定的蔷薇属系统进化树，对蔷薇属的起源和进化进行了全新视角的探讨，为书中蔷薇属新的物种分组、合并等提供了重要参考。

本书的完成得益于中国花卉协会月季分会、中国科学院植物研究所、中国农业科学院蔬菜花卉研究所、国家植物园（北京）、新疆应用职业技术学院等多家单位、企业及个人的帮助，同时得到了全国生物物种资源重点调查、国家科技支撑计划、国家重点研发计划、国家自然科学基金等课题的资助，在此一并表示衷心的感谢！

正如书中所言，“本书最重要的目的，是为研究者提供详细的可供讨论的材料视野，以便为今后的持续调查、深入研究、分类修订等提供一个可见的、可靠的物质和信息平台”。

本书写作几易其稿，期间往返野外、田间及书桌，对内容反复斟酌、补充和订正，但仍感认识和水平有限，尤其对浩瀚的文献和标本仍需持续投入研究。书中难免有疏漏、不足、错误之处，敬请同行及广大读者批评指正。

著者

2024年8月

第一章
蔷薇属资源概论

Chapter1

Introduction to Rosa resources

一、世界蔷薇属资源概况

（一）世界蔷薇属分布现状

蔷薇属（*Rosa* L.）隶属于蔷薇科（Rosaceae）蔷薇亚科（Rosoideae），该属植物以其优良的观赏价值、药用价值和营养价值而闻名于世。由于历史局限性等原因，直到16世纪针对蔷薇属植物的研究仅有少量关于其特性的记载。1737年瑞典植物学家林奈（Carl von Linné）在《植物属志》（*Genera Plantarum*）中首次描述了蔷薇属（图1），并于1753年在《植物种志》（*Species Plantarum*）中确立了该属（图2），通过双名法定名收录了包括模式种在内的12种蔷薇。由于蔷薇属植物存在天然杂交和大量的变异，种间的微小差异和过渡形态常导致分类混乱，加上各地区分类尺度不一，因此全世界的蔷薇属总数不一。蔷薇属广泛分布于北半球各洲寒温带至亚热带地区，仅有4个种生长于北半球南部地区，中亚和西南亚是该属的分布中心，南半球至今未发现野生蔷薇属植物（Wylie, 1954; Cairns, 2000; Anne *et al.*, 2007）。另据文献记载，亚洲有蔷薇原种105种，其中中国有95种，印度11种（Chopra and Singh, 2013），有10种生长在海拔500～4700 m的喜马拉雅地区（Kaul *et al.*, 1999; Singh *et al.*, 2020）；欧洲有蔷薇原种53种；北美有蔷薇原种28种，其中美国24种，加拿大4种；非洲野生蔷薇原种极少，仅4种（www.rose.org）。总之，由于资料、统计等各方面原因，*Flora of China*认为世界蔷薇属约200种，Anneet al.（2007）认为约130种，世界植物在线Plants of the World Online（POWO）总

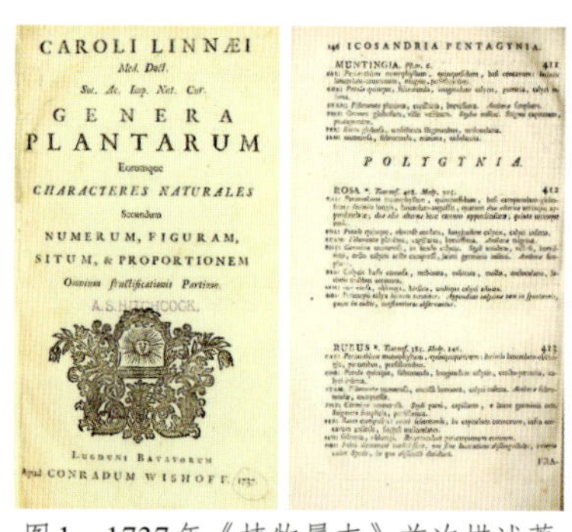
CAROLI LINNÆI
Med. Doct.
Soc. Ac. Imp. Nat. Cur.
GENERA PLANTARUM
Eorumque
CHARACTERES NATURALES
Secundum
NUMERUM, FIGURAM, SITUM, & PROPORTIONEM
Omnium fructificationis Partium.
LUGDUNI BATAVORUM
Apud CONRADUM WISHOFF

图1　1737年《植物属志》首次描述蔷薇属（*Rosa* L.）

Fig. 1　*Rosa* L. first introduced in *Genera Plantarum* in 1737

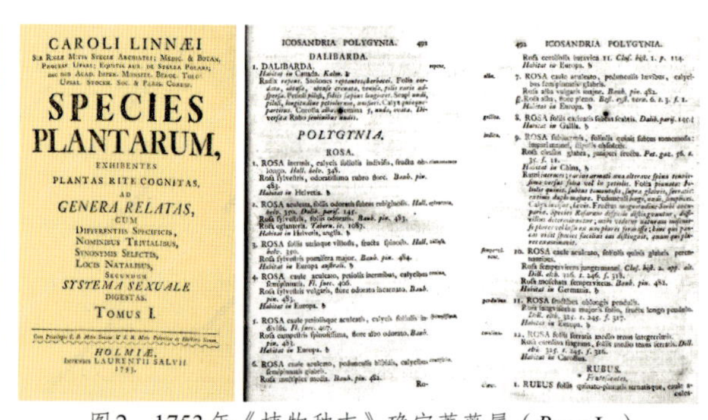
CAROLI LINNÆI
SPECIES PLANTARUM,
EXHIBENTES
PLANTAS RITE COGNITAS,
AD
GENERA RELATAS,
CUM
DIFFERENTIIS SPECIFICIS,
NOMINIBUS TRIVIALIBUS,
SYNONYMIS SELECTIS,
LOCIS NATALIBUS,
SECUNDUM
SYSTEMA SEXUALE
DIGESTAS.
TOMUS I.
HOLMIÆ,
IMPENSIS LAURENTII SALVII.
1753.

图2　1753年《植物种志》确定蔷薇属（*Rosa* L.）

Fig. 2　*Rosa* L. officially confirmed in *Species Plantarum* in 1753 under binomial nomenclature

共收录了世界蔷薇属植物389种（不包括种下等级），其中接受种（accepted species）278个，接受杂交种（accepted hybrid）111个；中国原产101个，非中国原产288个（表1）。

表1　POWO收录的非中国原产蔷薇属植物列表

Tab. 1 Cataloged *Rosa* species in Plants of The World Online (POWO), excluding native Chinese species

序号	学名	分布地
1	*Rosa* × *aberrans*	英国、爱尔兰
2	*R. abietina*	奥地利、法国、意大利、瑞士、前南斯拉夫
3	*R. abrica*	伊朗
4	*R. abscissa*	西西伯利亚
5	*R. abutalybovii*	南高加索
6	*R. abyssinica*	厄立特里亚、埃塞俄比亚、沙特阿拉伯、索马里、苏丹、也门
7	*R. achburensis*	吉尔吉斯斯坦、塔吉克斯坦
8	*R. adenophylla*	北高加索
9	*R. agnesii*	罗马尼亚
10	*R. agrestis*	欧洲、高加索地区、西北非
11	*R. alabukensis*	吉尔吉斯斯坦
12	*R.* × *alba*	法国、匈牙利、西班牙、瑞士
13	*R. alexeenkoi*	南高加索
14	*R.* × *almeriensis*	西班牙
15	*R.* × *alpestris*	法国、英国、匈牙利、爱尔兰
16	*R. altidaghestanica*	北高加索
17	*R. amblyophylla*	土库曼斯坦
18	*R.* × *andegavensis*	比利时、法国、大不列颠、爱尔兰、摩洛哥、西班牙
19	*R.* × *andrzeiowskii*	比利时、法国、英国、匈牙利、爱尔兰、西班牙
20	*R. arabica*	西奈半岛
21	*R.* × *archipelagica*	俄罗斯（滨海边疆区）
22	*R. arensii*	北高加索
23	*R. arkansana*	加拿大、美国
24	*R. arvensis*	欧洲至土耳其
25	*R.* × *atlantica*	美国（宾夕法尼亚州）
26	*R.* × *avrayensis*	法国、英国、爱尔兰
27	*R. awarica*	北高加索
28	*R.* × *bakeri*	英国、爱尔兰
29	*R. balakhtensis*	俄罗斯中部
30	*R. balcarica*	高加索地区
31	*R. balsamica*	欧洲至高加索地区、非洲西北部

续表

序号	学名	分布地
32	*R. barbeyi*	也门
33	*R.* × *barthae*	匈牙利
34	*R. beauvaisii*	越南
35	*R. bellicosa*	塔吉克斯坦、土库曼斯坦
36	*R.* × *belnensis*	英国、匈牙利、爱尔兰、前南斯拉夫
37	*R.* × *bengyana*	英国
38	*R.* × *bibracteata*	法国
39	*R. bidentata*	西西伯利亚
40	*R. biebersteiniana*	南高加索
41	*R.* × *bigeneris*	法国、德国、英国、匈牙利、爱尔兰、乌克兰
42	*R.* × *binaloudensis*	伊朗
43	*R.* × *bishopii*	英国
44	*R.* × *biturigensis*	法国、英国、爱尔兰
45	*R. blanda*	美国、加拿大
46	*R.* × *blinovskyana*	土库曼斯坦
47	*R. boissieri*	伊朗、伊拉克、土耳其
48	*R.* × *bolanderi*	美国（加利福尼亚州）
49	*R.* × *borhidiana*	匈牙利
50	*R. bridgesii*	美国加利福尼亚州、俄勒冈州
51	*R. brotherorum*	北高加索、南高加索
52	*R.* × *budensis*	匈牙利
53	*R. bugensis*	乌克兰
54	*R. buschiana*	北高加索、南高加索
55	*R. caesia*	欧洲
56	*R. calantha*	吉尔吉斯斯坦
57	*R. calcarea*	哈萨克斯坦
58	*R. californica*	美国（加利福尼亚州、俄勒冈州）、墨西哥西北部
59	*R.* × *campanulata*	法国、德国
60	*R.* × *canadensis*	美国、加拿大
61	*R. canina*	非洲西北部、欧洲至中亚及巴基斯坦
62	*R. carolina*	加拿大东部至墨西哥东北部
63	*R. caryophyllacea*	中东欧至俄罗斯东南部
64	*R.* × *caviniacensis*	法国
65	*R. chavinii*	法国、意大利、瑞士
66	*R. chionistrae*	塞浦路斯
67	*R.* × *churchillii*	加拿大、美国
68	*R. clinophylla*	西喜马拉雅、印度、东喜马拉雅、老挝、缅甸、尼泊尔、泰国

续表

序号	学名	分布地
69	*R. coalita*	西西伯利亚
70	*R. × consanguinea*	比利时、英国
71	*R. corymbifera*	欧洲至中亚及西喜马拉雅、非洲西北部
72	*R. × cottetii*	英国、西班牙
73	*R. coziae*	罗马尼亚
74	*R. cziragensis*	北高加索
75	*R. darginica*	北高加索
76	*R. deseglisei*	欧洲、摩洛哥、阿尔及利亚、伊拉克
77	*R. diacantha*	乌克兰
78	*R. diplodonta*	乌克兰、克里米亚
79	*R. dolichocarpa*	北高加索
80	*R. doluchanovii*	南高加索
81	*R. donetzica*	俄罗斯南部、乌克兰
82	*R. × dryadea*	法国、匈牙利
83	*R. dsharkenti*	哈萨克斯坦
84	*R. dubovikiae*	俄罗斯南部
85	*R. × dulcissima*	加拿大、美国
86	*R. dumalis*	欧洲、土耳其、西北非
87	*R. × dumetorum*	比利时、法国、英国、爱尔兰、罗马尼亚、瑞典
88	*R. ecae*	中亚、阿富汗、巴基斯坦、西喜马拉雅
89	*R. elymaitica*	土耳其、伊朗、伊拉克
90	*R. × engelmannii*	美国、加拿大
91	*R. ermanica*	南高加索
92	*R. facsarii*	匈牙利
93	*R. × fernaldiorum*	美国（缅因州）
94	*R. × fertilis*	土库曼斯坦
95	*R. flavida*	西西伯利亚
96	*R. foetida*	西亚、中亚至西喜马拉雅
97	*R. foliolosa*	美国中南部
98	*R. freitagii*	阿富汗
99	*R. fujisanensis*	日本
100	*R. gadzhievii*	北高加索、南高加索
101	*R. gallica*	欧洲、南高加索、土耳其、伊拉克
102	*R. galushkoi*	北高加索、南高加索
103	*R. geninae*	俄罗斯（阿尔泰）、哈萨克斯坦
104	*R. × gilmaniana*	加拿大、美国
105	*R. glabrifolia*	欧洲东部、西西伯利亚、南高加索、哈萨克斯坦

续表

序号	学名	分布地
106	*R. glauca*	欧洲
107	*R.* × *glaucoides*	英国、爱尔兰
108	*R. gorenkensis*	欧洲东部
109	*R. gracilipes*	俄罗斯远东地区
110	*R.* × *grovesii*	英国、爱尔兰
111	*R. gulczensis*	吉尔吉斯斯坦
112	*R. gymnocarpa*	加拿大、美国
113	*R.* × *hainesii*	加拿大、美国
114	*R.* × *harmsiana*	加拿大、美国
115	*R. heckeliana*	阿尔巴尼亚、保加利亚、希腊、意大利、前南斯拉夫
116	*R. hemisphaerica*	伊朗、南高加索、土耳其、土库曼斯坦
117	*R.* × *hemitricha*	捷克、斯洛伐克、法国、英国、西班牙
118	*R.* × *henryana*	加拿大西部
119	*R.* × *hibernica*	英国、爱尔兰、北高加索
120	*R. hirtissima*	土耳其
121	*R. hirtula*	日本
122	*R.* × *hodgdonii*	加拿大、美国
123	*R.* × *housei*	加拿大、美国
124	*R.* × *hyogoensis*	日本
125	*R. iberica*	伊朗、伊拉克、北高加索、南高加索、土耳其、土库曼斯坦
126	*R. iljinii*	南高加索
127	*R.* × *implexa*	法国、英国
128	*R. incisa*	西西伯利亚
129	*R.* × *infesta*	匈牙利
130	*R. inodora*	欧洲
131	*R.* × *insignis*	法国、英国
132	*R.* × *involuta*	英国、爱尔兰
133	*R. irinae*	北高加索、南高加索
134	*R. irysthonica*	南高加索
135	*R. isaevii*	南高加索
136	*R. issyksuensis*	吉尔吉斯斯坦
137	*R.* × *iwara*	日本
138	*R. jaroschenkoi*	南高加索
139	*R. juzepczukiana*	吉尔吉斯斯坦
140	*R. kamelinii*	北高加索
141	*R. karaalmensis*	吉尔吉斯斯坦
142	*R.* × *karakalensis*	土库曼斯坦

续表

序号	学名	分布地
143	*R. karjaginii*	南高加索
144	*R. kazarjanii*	南高加索
145	*R. khasautensis*	北高加索
146	*R. kokijrimensis*	吉尔吉斯斯坦
147	*R. komarovii*	南高加索
148	*R.* × *kopetdagensis*	伊朗、土库曼斯坦
149	*R.* × *kosinsciana*	奥地利、捷克、斯洛伐克、法国、德国、匈牙利
150	*R.* × *kotschyana*	伊朗
151	*R. kuhitangi*	吉尔吉斯斯坦、土库曼斯坦
152	*R. kujmanica*	俄罗斯中部
153	*R.* × *lasiodonta*	西班牙
154	*R. leschenaultiana*	印度
155	*R. livescens*	俄罗斯东部及中部、北高加索、乌克兰
156	*R.* × *longicolla*	法国、英国
157	*R. machailensis*	西喜马拉雅
158	*R.* × *majorugosa*	无天然分布
159	*R.* × *makinoana*	日本
160	*R.* × *malmundariensis*	比利时、法国、德国、英国、匈牙利、爱尔兰
161	*R. mandenovae.*	南高加索
162	*R. mandonii*	马德拉群岛
163	*R.* × *margerisonii*	英国、爱尔兰
164	*R. marginata*	欧洲、土耳其、南高加索
165	*R.* × *mariaegraebneriae*	美国
166	*R.* × *matraensi*	匈牙利
167	*R.* × *medioccidentis*	美国
168	*R. memoryae*	美国（得克萨斯州）
169	*R. mesatlantica*	摩洛哥
170	*R. micrantha*	欧洲、南高加索、土耳其、叙利亚、非洲西北部
171	*R.* × *mikawamontana*	日本
172	*R. minutifolia*	美国（加利福尼亚州）、墨西哥西北部
173	*R. mironovae*	俄罗斯南部
174	*R.* × *misimensis*	日本
175	*R.* × *molletorum*	英国、芬兰
176	*R.* × *molliformis*	英国
177	*R. mollis*	欧洲、土耳其、南高加索
178	*R.* × *momiyamae*	日本
179	*R. montana*	法国、瑞士、意大利（西西里）、希腊、土耳其

续表

序号	学名	分布地
180	*R. moschata*	伊朗、阿富汗
181	*R. nipponensis*	日本
182	*R. nitida*	加拿大、美国
183	*R.* × *nitidula*	比利时、保加利亚、法国、英国、爱尔兰、摩洛哥
184	*R. nutkana*	加拿大及美国西部
185	*R. obtegens*	北高加索
186	*R.* × *oldhamii*	加拿大、美国
187	*R.* × *oligocarpa*	加拿大西部至美国西部
188	*R. onoei*	日本
189	*R. orientalis*	伊朗、伊拉克、黎巴嫩、叙利亚、南高加索、土耳其
190	*R. osmastonii*	尼泊尔、西喜马拉雅
191	*R. ossethica*	南高加索
192	*R. oxyodon*	北高加索、南高加索
193	*R.* × *oxyodontoides*	北高加索
194	*R.* × *ozcelikii*	土耳其
195	*R.* × *palustriformis*	美国中北部及东北部
196	*R. palustri*	加拿大东部至美国东部
197	*R. paniculigera*	日本
198	*R.* × *paulii*	无天然分布
199	*R. pedunculata*	土库曼斯坦
200	*R. pendulina*	欧洲至哈萨克斯坦
201	*R.* × *perthensis*	法国、英国、爱尔兰
202	*R.* × *pervirens*	法国
203	*R. phoenicia*	爱琴海东部岛屿、土耳其、叙利亚、黎巴嫩、伊拉克、巴勒斯坦
204	*R. pinetorum*	美国（加利福尼亚州）
205	*R.* × *piptocalyx*	阿富汗、吉尔吉斯斯坦、巴基斯坦、塔吉克斯坦
206	*R. pisocarpa*	加拿大西部至美国西部
207	*R. pocsii*	罗马尼亚
208	*R.* × *polliniana*	德国、匈牙利、瑞士、前南斯拉夫
209	*R.* × *pomazensis*	匈牙利
210	*R. popovii*	塔吉克斯坦
211	*R. potentilliflora*	哈萨克斯坦
212	*R. pouzinii*	欧洲西南部至非洲东北部
213	*R.* × *praegeri*	无天然分布
214	*R. praetermissa*	北高加索
215	*R. prilipkoana*	南高加索

续表

序号	学名	分布地
216	*R. prokhanovii*	北高加索
217	*R. pseudodigitata*	西西伯利亚
218	*R.* × *pseudorusticana*	英国、爱尔兰
219	*R. pseudoscabriuscula*	欧洲
220	*R. pubicaulis*	北高加索
221	*R.* × *pulcherrima*	日本
222	*R. pulverulenta*	地中海沿岸至土库曼斯坦及伊朗
223	*R.* × *reversa*	法国、匈牙利
224	*R. rhaetica*	意大利、奥地利、瑞士
225	*R. roopiae*	南高加索
226	*R.* × *rothschildii*	英国、爱尔兰
227	*R.* × *rouyana*	英国、法国
228	*R. rubiginosa*	欧洲
229	*R. russanovii*	塔吉克斯坦
230	*R.* × *sabinii*	英国、爱尔兰
231	*R.* × *salaevensis*	法国
232	*R. saundersiae*	巴基斯坦、西喜马拉雅
233	*R.* × *scabriuscula*	法国、英国、爱尔兰、瑞士
234	*R. schergiana*	叙利亚、黎巴嫩
235	*R. schrenkiana*	哈萨克斯坦
236	*R.* × *semiglabra*	法国、英国、爱尔兰
237	*R. sempervirens*	地中海沿岸
238	*R. serafinii*	法国、意大利
239	*R. setigera*	加拿大东南部至美国中东部
240	*R. sherardii*	欧洲
241	*R. similis*	西西伯利亚
242	*R. smoljanensis*	保加利亚
243	*R. sogdiana*	塔吉克斯坦
244	*R.* × *spaethiana*	无天然分布
245	*R.* × *spinulifolia*	法国、匈牙利
246	*R. spithamea*	美国（俄勒冈州、加利福尼亚州）
247	*R. squarrosa*	阿尔及利亚、法国、英国、爱尔兰、摩洛哥、意大利（西西里）、西班牙
248	*R. stellata*	美国南部
249	*R. stylosa*	欧洲、非洲西北部
250	*R.* × *subbuschiana*	北高加索
251	*R.* × *subcanina*	欧洲

续表

序号	学名	分布地
252	*R.* × *subcollina*	欧洲
253	*R.* × *subdola*	法国、德国、瑞士
254	*R.* × *suberecta*	英国、爱尔兰
255	*R.* × *suberectiformis*	比利时、英国、爱尔兰、荷兰
256	*R.* × *subintrans*	西班牙
257	*R.* × *subpomifera*	俄罗斯中部及东部、乌克兰
258	*R. subulata*	西西伯利亚
259	*R. teberdensis*	北高加索、南高加索
260	*R.* × *tephrophylla*	法国
261	*R.* × *terebinthinacea*	法国、匈牙利
262	*R. terscolensis*	北高加索
263	*R. tianschanica*	吉尔吉斯斯坦
264	*R.* × *timbalii*	英国、法国
265	*R. tlaratensis*	北高加索
266	*R.* × *toddiae*	英国、爱尔兰、摩洛哥
267	*R. tomentosa*	欧洲、南高加索
268	*R. transcaucasica*	南高加索
269	*R. transturkestanica*	乌兹别克斯坦
270	*R. tschimganica*	哈萨克斯坦
271	*R. turcica*	欧洲东南部至高加索地区
272	*R. turkestanica*	哈萨克斯坦
273	*R. uniflora*	北高加索
274	*R. valentinae*	北高加索
275	*R. vassilczenkoi*	吉尔吉斯斯坦
276	*R. veronikae*	罗马尼亚
277	*R.* × *verticillacantha*	欧洲至伊拉克
278	*R.* × *vetteri*	瑞士
279	*R.* × *victoria-hungarorum*	匈牙利
280	*R.* × *victoriana*	加拿大西部
281	*R. villosa*	欧洲至高加索
282	*R. virginiana*	加拿大东部至美国东部
283	*R.* × *vituperabilis*	英国、爱尔兰
284	*R.* × *warleyensis*	无天然分布
285	*R. woodsii*	阿拉斯加至纽芬兰及墨西哥北部
286	*R. zalana*	欧洲中东部及东南部
287	*R. zaramagensis*	高加索地区中部
288	*R. zuvandica*	南高加索

（二）蔷薇属起源概述

通过化石考古可以找到很多古蔷薇的证据。1848年在奥地利首次发现了古蔷薇化石，之后陆续在比利时、捷克、法国、德国、美国、中国、日本等全球20多个地方都有发现，某些保存完好的化石后来被鉴定为与刺蔷薇*R. acicularis*、玫瑰*R. rugosa*及缫丝花*R. roxburghii*有关（Peter Harkness, 2003）。大量化石证据表明蔷薇属植物分布较广泛，当然，并不一定所有化石都鉴定准确。

古近纪早期（6000万~4500万年前），印度板块与欧亚板块的碰撞已使新特提斯洋完全闭合，喜马拉雅山脉逐渐隆起，地理构造剧变，在近东西向延展的造山带边缘形成一系列逆冲推覆构造，如喜马拉雅、昆仑、祁连山逆冲推覆带等（潘桂棠 等, 2016）。同时，随着大地构造的演化，陆地生态系统也发生了剧烈的变化，这些地质、气候及环境等变化为物种演化开辟了新的可适应的生存空间（赵建立和李庆军, 2019）。

目前，已发现的蔷薇属化石最早可以追溯到始新世，距今5300万~3650万年的中亚地区（Hollick and Smit, 1936）。全基因组重测序研究（叶绿体基因组、核基因组的比较）推测蔷薇属起源于约5000万年前的始新世早期（周玉泉, 2016; 孟国庆, 2022）。另外一些综合研究则认为蔷薇属植物有3500万年（始新世晚期）的历史，可能起源于北美洲和亚洲（Edelman, 1975; Kvaček and Walther, 2004）。

到晚古近纪，蔷薇属物种多样性增加，在北美洲和欧洲首次出现其他的现代分类群，并进入广泛传播的阶段，它们在美国西部以及欧洲和亚洲的多个地方都有出现（Becker, 1963; DeVore and Pigg, 2007）。后经过一系列地理和气候的变迁，美洲的种群逐渐缩小，现存的大多数种群可能是从亚洲重新通过白令海峡传播过去的，欧洲现今存在的种群则可能是3000万年前土耳其海峡闭合时从亚洲扩散去的（Fougère-Danezan *et al.*, 2015）。

新近纪中新世时期，随着时间的推移，欧洲类群中的少数种类可能传播到了北美洲东部。Denk *et al.*（2011）根据从欧洲冰岛上采集到的800万~900万年的蔷薇化石提出假说，认为欧洲与美洲东部类群可能以冰岛为跳板进行基因交流，这种交流一直持续到大约800万年前（Denk *et al.*, 2011）。亚洲和非洲类群的交流则可能发生在630万~930万年期间，与古代海洋巴拉特提斯闭合的时间较为一致（Rögl F., 1999; Fougère-Danezan *et al.*, 2015）。现存蔷薇属各类群植物的分化时间约在150万~300万年（孟国庆, 2022）。期间，现中国的华北地区受岩石圈构造运动和地表侵蚀搬运的影响，太行山、秦岭、大别山和朝鲜半岛沿岸山脉快速隆升（韩续 等, 2024），而青藏高原的隆升对东亚季风的形成产生决定性作用（Zhang *et al.*, 2000），也对蔷薇属的发展产生了重要的影响。

我国的蔷薇属化石见于抚顺始新统和山东山旺、云南文山中新统，此外亦见于甘肃、新疆的库车组上新世植物群。在亚洲还见于哈萨克斯坦的渐新统至中新统和日本的新近纪；在北美洲见于古新统至上新统；在欧洲见于渐新统至上新统。

本属的化石已知仅有叶。在中国发现的有较明确记录的蔷薇属化石：一是辽宁抚顺出土的始新纪蔷薇叶化石楔基蔷薇 *R. hilliae* Lesquereux（Lesquereux, 1883; 崔金钟, 2019），距今4000万年，但影像流失已较难考证；二是1940年于山东临朐发现的蔷薇叶化石，属于中新世（约2000万年前），该化石被著名植物学家胡先骕先生命名为"山旺蔷薇" *R. shanwangensis* Hu et Chaney（图3）（王国良, 2015; 崔金钟, 2019），从化石形态来看，仅存单独的小叶而非完整的羽状复叶，因此是否为蔷薇的小叶也存在争议。此外，也有蔷薇属化石发现于甘肃、新疆的上新世植物群中。2016年在云南文山盆地发现的蔷薇属叶化石 *R. fortuita* T. Su et Z. K. Zhou（图4），被证实是中国首次确定的蔷薇属完整叶化石（晚中新世, 1160 ~ 530万年），且可见清晰托叶（Su *et al.*, 2016）；进一步研究发现，蔷薇属植物不同分支的形成时间与中国大陆的板块变化高度吻合，即青藏高原的隆升造就了中国西南地区地形地貌及气候的多样性，证明现今蔷薇属植物物种多样性与远古地质变化息息相关。

以上证据表明，蔷薇属化石发现记录严格局限于第三纪。目前，尚无直接的证据证明现有蔷薇属植物直接源于已发现的化石，说明这些化石可能是现有蔷薇属植物的祖先，且都位于北半球，至于古蔷薇和现代蔷薇之间如何进化和发展的，缺乏更多的考古证据。

图3　山东临朐发现的山旺蔷薇 *R. shanwangensis* Hu et Chaney 叶化石（2枚）
Fig. 3　Two leaf fossils of *R. shanwangensis* Hu et Chaney discovered in Linqu, Shandong

图4　云南文山盆地发现的蔷薇属完整叶化石 *R. fortuita*（Su *et al.*, 2016）
Fig. 4　Complete leaf fossil of *R. fortuita* discovered in Wenshan Basin, Yunnan

蔷薇属植物的栽培大约始于5000年前，很可能是在中国区域。早在3000年前的殷商时期至2000年前的汉武帝时代，来自广东与四川的蔷薇属植物就栽培于宫廷花园中（Wang, 2005）。已有文献记载中，《诗经》中的“蔷蘼”是蔷薇最早的名称，《诗经》成书于春秋战国时期（公元前770年—前221年），说明蔷薇早在3000年前就被人类发现并记载（赵梓安, 2020）。原产的野生蔷薇及其古老的品种在中国古代被广泛用于医药、观赏及食用之中。对英国的考古研究还发现，在新石器时代晚期、铁器时代、古代世界和中世纪，各种野生蔷薇的果实被用作食物（Godwin, 1975）。然而，18世纪末至19世纪初期以前，欧洲仅拥有本土的百叶蔷薇*R. centifolia*、法国蔷薇*R. gallica*、突厥蔷薇*R. damascena*及少数几个蔷薇种，育种类型也较为单一。直至19世纪初，中国的古老月季与野生蔷薇相继传入欧洲，才产生了更多的杂交类型。

二、中国蔷薇属资源概况

（一）中国蔷薇属植物地理分布特点

中国是世界蔷薇属的分布中心，据*Flora of China*记载，中国有蔷薇属植物95种，其中65种为特有种，约占全世界蔷薇属植物的1/3（Ku and Kenneth, 2003）。虽然中国各省（自治区、直辖市）都有蔷薇属分布（75.13°～133.56° E，18.89°～53.04° N，海拔3.08～5455.02 m），但地理空间分布不均匀的特点十分突出：水平方向上在26.19°～34.29° N带内有较高的物种丰富度，垂直方向集中于中高海拔（956～3518 m）范围内，野生蔷薇资源主要从我国的东南逐渐向西南、西北增加，多分布在四川、云南、陕西、甘肃、湖北、贵州、西藏、浙江、新疆等地，尤其是以西南横断山区为该属物种分布的中心地区，新疆北部天山、阿尔泰山及东北长白山周边地区为局部聚集区，秦岭作为南北过渡带也拥有着丰富的蔷薇属资源和变异（俞德浚, 1985; 王思齐和朱章明, 2021）。

芹叶组主要分布在西南和西北地区，海拔多在1000 m以上，以1500～3000 m较为集中；桂味组主要分布于西北、华北及西南地区，华中、华东亦有分布，海拔从1000 m以下至3000 m以上，跨度较大；小叶组种类少，主要分布在西南至华南，海拔500～2500 m；硕苞组、金樱子组、木香组从华东、华中至西南、华南都有分布，海拔上看，硕苞组一般不超过300 m，金樱子组则一般在1500 m以下，木香组主要在500～2500 m；合柱组全国都有分布，以黄河流域以南较多，西南是主要分布区域，海拔跨度大，中低及中高海拔都有较集中分布区；月季组主要分布在西南，且川滇地区是分布中心，海拔500～2500 m。花期上，同一地域一般芹叶组、月季组开花较早，金樱子组、木香组次之，紧接着是桂味组，合柱组、小叶组都较晚，硕苞组最晚，但受物候及海拔影响，各地物种之花果期存在明显差异。从分布格局来看，蔷薇属在水热条件好、气候季节性变化小、生境异质性程度高的区域有着更高的物种丰富度，水分是影响该属物种丰富度最重要的环境因子（冯建孟和徐成东, 2009; Stein *et al.*, 2014; Shrestha *et al.*, 2018; 邹东廷 等, 2019），这可能是由蔷薇属植物的进化历史、生理适应以及人类活动等因素共同决定的（毕伟娜, 2009; 郝文芳 等, 2012; 高云东 等, 2013）。本书最新的分子生物学证据结合地理分布信息认为，中国的蔷薇属植物有两大分布中心，一为西北分布中心，包含很多较原始和特殊的类群；一是西南分布中心，丰富的水热因子、垂直变化及盆地资源为蔷薇属提供了优越的种群繁衍和分化条件（表2，详见第三章）。

表 2　中国蔷薇属植物主要分布区列表

Tab. 2 List of main distribution regions of *Rosa* in China

亚属 / 组	学名	中文名	学名	已记录分布地
单叶蔷薇亚属	Subgen. *Hulthemia* (Dumort.) Focke	单叶蔷薇	*Rosa persica*	新疆
芹叶组	Sect. *Pimpinellifoliae* DC. ex Ser.	川西蔷薇	*R. sikangensis* f. *sikangensis*	云南、四川、西藏
		腺叶川西蔷薇	*R. sikangensis* f. *pilosa*	四川
		中甸蔷薇	*R. zhongdianensis*	云南
		绢毛蔷薇	*R. sericea* f. *sericea*	云南、四川、重庆、西藏、贵州
		光叶绢毛蔷薇	*R. sericea* f. *glabrescens*	四川、云南、西藏
		宽刺绢毛蔷薇	*R. sericea* f. *pteracantha*	西藏、云南
		腺叶绢毛蔷薇	*R. sericea* f. *glandulosa*	云南、西藏
		毛叶蔷薇	*R. mairei*	云南、四川、西藏、贵州
		峨眉蔷薇	*R. omeiensis* f. *omeiensis*	云南、四川、西藏、湖北、陕西、宁夏、甘肃、青海
		扁刺峨眉蔷薇	*R. omeiensis* f. *pteracantha*	四川、云南、西藏、贵州、甘肃、青海
		腺叶峨眉蔷薇	*R. omeiensis* f. *glandulosa*	云南、四川、甘肃
		少对峨眉蔷薇	*R. omeiensis* f. *paucijugs*	云南、西藏
		玉山蔷薇	*R. morrisonensis*	云南、西藏、台湾
		独龙江蔷薇	*R. taronensis*	云南、西藏
		密刺蔷薇	*R. spinosissima* var. *spinosissima*	新疆
		大花密刺蔷薇	*R. spinosissima* var. *altaica*	新疆
		腺叶蔷薇	*R. spinosissima* var. *kokanica*	新疆
		报春刺玫	*R. primula*	四川、陕西、甘肃、河南、河北、山西
		异味蔷薇	*R. foetida*	新疆
		重瓣异味蔷薇	*R. foetida* 'Persiana'	新疆
		宽刺蔷薇	*R. platyacantha*	新疆
		黄蔷薇	*R. hugonis* f. *hugonis*	四川、甘肃、青海、陕西、山西
		宽刺黄蔷薇	*R. hugonis* f. *pateracantha*	甘肃
		黄刺玫	*R. xanthina* f. *xanthina*	东北、华北、西北
		单瓣黄刺玫	*R. xanthina* f. *normalis*	黑龙江、吉林、辽宁、内蒙古、河北、山东、山西、陕西、甘肃
桂味组	Sect. *Rosa* (Sect. *Cinnamomeae* DC. ex Ser.)	小叶蔷薇（龙首山蔷薇）	*R. willmottiae* var. *willmottiae*	四川、陕西、甘肃、青海、西藏
		多腺小叶蔷薇	*R.willmottiae* var. *glandulifera*	四川、甘肃、云南、西藏
		铁杆蔷薇	*R. prattii* f. *prattii*	云南、四川、甘肃

续表

亚属 / 组	学名	中文名	学名	已记录分布地
桂味组	Sect. *Rosa* (Sect. *Cinnamomeae* DC. ex Ser.)	深齿铁杆蔷薇	*R. prattii* f. *incisifolia*	四川
		腺齿蔷薇	*R. albertii*	新疆、青海、甘肃、西藏
		弯刺蔷薇	*R. beggeriana* var. *beggeriana*	新疆、甘肃
		毛叶弯刺蔷薇	*R. beggeriana* var. *licuii*	新疆
		伊犁蔷薇	*R. iliensis*	新疆
		中甸刺玫	*R. praelucens* var. *praelucens*	云南
		白花单瓣中甸刺玫	*R. praelucens* var. *alba*	云南
		玫红单瓣中甸刺玫	*R. praelucens* var. *rosea*	云南
		粉红半重瓣中甸刺玫	*R. praelucens* var. *semi-plena*	云南
		玫瑰	*R. rugosa* f. *rugosa*	山东、河北、辽宁、吉林
		单瓣红玫瑰	*R. rugosa* f. *rosea*	辽宁、吉林
		单瓣白玫瑰	*R. rugosa* f. *alba*	辽宁、吉林
		疏刺蔷薇	*R. schrenkiana*	新疆
		托木尔蔷薇	*R. tomurensis* var. *tomurensis*	新疆
		粉花托木尔蔷薇	*R. tomurensis* var. *rosea*	新疆
		川东蔷薇	*R. fargesiana*	重庆
		樟味蔷薇	*R. cinnamomea*	新疆
		刺蔷薇	*R. acicularis* var. *acicularis*	黑龙江、吉林、辽宁、内蒙古、河北、山西、陕西、甘肃、新疆
		白花刺蔷薇	*R. acicularis* var. *albifloris*	云南、四川、河南、河北、吉林、内蒙古、山西
		美蔷薇	*R. bella* var. *bella*	陕西、河南
		光叶美蔷薇	*R. bella* var. *nuda*	云南、陕西、河南
		大红蔷薇	*R. saturata* var. *saturata*	湖北、重庆、四川、浙江
		腺叶大红蔷薇	*R. saturata* var. *glandulosa*	四川
		城口蔷薇	*R. chengkouensis*	重庆、四川
		华西蔷薇	*R. moyesii* var. *moyesii*	云南、四川、陕西
		毛叶华西蔷薇	*R.moyesii* var. *pubescens*	四川
		大叶蔷薇	*R. macrophylla* var. *macrophylla*	云南、西藏
		腺果大叶蔷薇	*R. macrophylla* var. *glandulifera*	云南、四川、西藏
		扁刺蔷薇	*R. sweginzowii* var. *sweginzowii*	云南、四川、湖北、陕西、西藏、甘肃、青海
		腺叶扁刺蔷薇	*R. sweginzowii* var. *glandulosa*	云南、四川、甘肃、西藏
		毛瓣扁刺蔷薇	*R. sweginzowii* var. *stevensii*	四川
		疏花蔷薇	*R. laxa* var. *laxa*	新疆
		毛叶疏花蔷薇	*R. laxa* var. *mollis*	新疆

续表

亚属 / 组	学名	中文名	学名	已记录分布地
桂味组	Sect. *Rosa* (Sect. *Cinnamomeae* DC. ex Ser.)	喀什疏花蔷薇	*R. laxa* var. *kaschgarica*	新疆
		粉花疏花蔷薇	*R. laxa* var. *rosea*	新疆
		伞房蔷薇	*R. corymbulosa*	湖北、重庆、四川、陕西、甘肃
		全针蔷薇	*R. persetosa*	重庆、四川、陕西、河南
		山刺玫	*R. davurica* var. *davurica*	黑龙江、吉林、辽宁、内蒙古、山西、河北
		光叶山刺玫	*R. davurica* var. *glabra*	黑龙江、辽宁、吉林
		多刺山刺玫	*R. davurica* var. *setacea*	黑龙江、吉林、辽宁、内蒙古、河北
		西北蔷薇	*R. davidii* var. *davidii*	四川、陕西、甘肃、宁夏
		长果西北蔷薇	*R. davidii* var. *elongata*	四川、陕西、重庆
		尾萼蔷薇	*R. caudata* var. *caudata*	湖北、重庆、四川、陕西
		大花尾萼蔷薇	*R. caudata* var. *maxima*	陕西、四川、重庆
		刺梗蔷薇	*R. setipoda*	湖北、重庆、四川
		羽萼蔷薇	*R. pinnatisepala* f. *pinnatisepala*	四川
		多腺羽萼蔷薇	*R. pinnatisepala* f. *glandulosa*	四川
		西藏蔷薇	*R. tibetica*	云南、四川、西藏、新疆
		腺果蔷薇	*R. fedtschenkoana*	新疆
		长白蔷薇	*R. koreana* var. *koreana*	辽宁、吉林、黑龙江
		腺叶长白蔷薇	*R. koreana* var. *glandulosa*	吉林
		秦岭蔷薇	*R. tsinglingensis*	陕西、甘肃
		滇边蔷薇	*R. forrestiana* var. *forrestiana*	云南、西藏
		紫斑滇边蔷薇	*R. forrestiana* var. *maculata*	云南
		腺叶滇边蔷薇	*R. forrestiana* f. *glandulosa*	四川
		陕西蔷薇	*R. giraldii* var. *giraldii*	陕西、河南、四川、甘肃、山西
		毛叶陕西蔷薇	*R. giraldii* var. *venulosa*	陕西、湖北、重庆、四川、河南
		重齿陕西蔷薇	*R. giraldii* var. *bidentata*	陕西
		尖刺蔷薇	*R. oxyacantha*	新疆
		藏边蔷薇（双花蔷薇）	*R. webbiana*	云南、西藏、新疆
		钝叶蔷薇（拟木香、细梗蔷薇、刺毛蔷薇）	*R. sertata* var. *sertata*	云南、四川、重庆、湖北、陕西、甘肃、山西、河南、安徽、浙江、江西等地广布
		多对钝叶蔷薇	*R. sertata* var. *multijuga*	云南、四川
		短脚蔷薇	*R. calyptopoda*	新疆、四川、西藏
		多苞蔷薇	*R. multibracteata*	四川、云南

续表

亚属 / 组	学名	中文名	学名	已记录分布地
桂味组	Sect. *Rosa* (Sect. *Cinnamomeae* DC. ex Ser.)	西南蔷薇	*R. murielae*	云南、重庆、四川
		赫章蔷薇	*R. hezhangensis*	贵州、云南
小叶组	Sect. *Microphyllae* Crép.	缫丝花	*R. roxburghii* f. *roxburghii*	贵州、云南、四川、陕西、甘肃、江西、安徽、浙江、福建、湖南、湖北、西藏
		单瓣缫丝花	*R. roxburghii* f. *normalis*	云南、贵州、四川、陕西、湖北、甘肃、江西、福建、广西
		单瓣白缫丝花	*R. roxburghii* f. *alba*	四川
		贵州缫丝花	*R. kweichowensis*	贵州
硕苞组	Sect. *Bracteatae* Thory	硕苞蔷薇	*R. bracteata* f. *bracteata*	云南、贵州、湖南、江西、福建、台湾、浙江、江苏
		密刺硕苞蔷薇	*R. bracteata* f. *scabriacaulis*	浙江、福建、台湾
金樱子组	Sect. *Laevigatae* Thory	金樱子	*R. laevigata* var. *laevigata*	陕西、安徽、江西、江苏、浙江、湖北、湖南、广东、广西、台湾、福建、四川、云南、贵州
		复瓣金樱子	*R. laevigata* f. *semiplena*	江西
		光果金樱子	*R. laevigata* var. *leiocapus*	广东
木香组	Sect. *Banksianae* Lindl.	木香花	*R. banksiae* var. *banksiae*	云南、四川
		黄木香花	*R. banksiae* 'Lutea'	云南、四川、江苏
		单瓣白木香	*R. banksiae* var. *normalis*	河南、甘肃、湖北、云南、陕西、四川、贵州
		无刺单瓣白木香	*R. banksiae* var. *inermis*	云南
		单瓣黄木香	*R. banksiae* f. *lutescens*	四川
		粉蕾木香	*R. pseudobanksiae* var. *pseudobanksiae*	云南
		白花粉蕾木香	*R. pseudobanksiae* var. *alba*	云南
		小果蔷薇	*R. cymosa* var. *cymosa*	华中、华南、华东、西南
		毛叶山木香	*R. cymosa* var. *puberula*	陕西、四川、重庆、云南、湖北、安徽、江苏
		无刺毛叶山木香	*R. cymosa* var. *inermis*	贵州、重庆、云南
		大盘山蔷薇	*R. cymosa* var. *dapanshanensis*	浙江
合柱组	Sect. *Synstylae* DC.	琅琊山蔷薇	*R. langyashanica*	安徽
		光叶蔷薇（单花合柱蔷薇、岱山蔷薇、商城蔷薇）	*R. lucieae*	广东、广西、福建、台湾、浙江、湖南、湖北、云南、河南
		粉花光叶蔷薇	*R. luciae* var. *rosea*	台湾

续表

亚属 / 组	学名	中文名	学名	已记录分布地
合柱组	Sect. *Synstylae* DC.	野蔷薇	*R. multiflora* var. *multiflora*	华东、华中、华北、西南
		单瓣粉团蔷薇（丽江蔷薇）	*R. multiflora* var. *cathayensis*	黄河流域及以南地区、云南
		单瓣毛叶粉团蔷薇	*R. multiflora* var. *pubescens*	云南
		单瓣刺梗粉团蔷薇	*R. multiflora* var. *spinosa*	云南
		卵果蔷薇	*R. helenae* f. *helenae*	云南、四川、贵州、陕西、甘肃、湖北
		重齿卵果蔷薇	*R. helenae* f. *duplicata*	云南
		腺叶卵果蔷薇	*R. helenae* f. *glandulifera*	云南
		伞花蔷薇	*R. maximowicziana*	吉林、辽宁、山东
		小金樱	*R. taiwanensis*	台湾
		太鲁阁蔷薇	*R. pricei* var. *pricei*	台湾
		粉花太鲁阁蔷薇	*R. pricei* var. *rosea*	台湾
		腺梗蔷薇	*R. filipes*	云南、四川、甘肃、西藏、陕西
		高山蔷薇	*R. transmorrisonensis*	台湾
		复伞房蔷薇	*R. brunonii*	云南、四川、西藏
		银粉蔷薇	*R. anemoniflora*	福建
		泸定蔷薇	*R. ludingensis*	四川、云南、西藏
		长尖叶蔷薇	*R. longicuspis* var. *longicuspis*	云南、四川、重庆、贵州
		多花长尖叶蔷薇	*R. longicuspis* var. *sinowilsonii*	云南、四川、贵州
		毛萼蔷薇	*R. lasiosepala*	云南、四川、贵州、湖南、广西
		广东蔷薇	*R. kwangtungensis* var. *kwangtungensis*	福建、广东、广西、湖南、贵州
		粉花广东蔷薇	*R. kwangtungensis* f. *roseoliflora*	浙江
		绣球蔷薇	*R. glomerata*	云南、四川、贵州、湖北
		重齿蔷薇（维西蔷薇、德钦蔷薇）	*R. duplicata*	云南、四川、西藏
		川滇蔷薇	*R. soulieana* var. *soulieana*	云南、四川、西藏
		毛叶川滇蔷薇	*R. soulieana* var. *yunnanensis*	云南、四川、西藏
		大叶川滇蔷薇	*R. soulieana* var. *sungpanensis*	四川、云南、西藏
		小叶川滇蔷薇（得荣蔷薇）	*R. soulieana* var. *microphylla*	西藏、云南
		悬钩子蔷薇	*R. rubus* f. *rubus*	甘肃、陕西、湖北、四川、云南、贵州、广西、广东、江西、福建、浙江

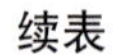

亚属 / 组	学名	中文名	学名	已记录分布地
合柱组	Sect. *Synstylae* DC.	腺叶悬钩子蔷薇	*R. rubus* f. *glandulifera*	云南、广西
		山蔷薇（软条七蔷薇）	*R. sambucina* var. *pubescens*	长江流域及以南地区、台湾
月季组	Sect. *Chinenses* DC. ex Ser.	亮叶月季	*R. lucidissima* var. *lucidissima*	四川、重庆、贵州、湖北、广西
		猩红亮叶月季	*R. lucidissima* var. *coccinea*	贵州
		月季花	*R. chinensis* var. *chinensis*	四川（全国广泛栽培）
		多对单瓣月季花	*R. chinensis* var. *multijuga*	重庆
		单瓣月季花	*R. chinensis* var. *spontanea*	四川、重庆、贵州
		粉花毛叶月季花	*R. chinensis* var. *pubescens*	云南
		单瓣猩红月季花	*R. chinensis* var. *coccinea*	四川、重庆
		单瓣浅粉月季花	*R. chinensis* var. *persicina*	四川
		单瓣桃红月季花	*R. chinensis* var. *erubescence*	四川
		香水月季	*R. odorata* var. *odorata*	云南
		单瓣香水月季	*R. odorata* var. *normalis*	云南
		大花粉晕香水月季	*R. yangii*	云南
		巨花蔷薇（大花香水月季）	*R. gigantea* f. *gigantea*	云南
		单瓣杏黄香水月季	*R. gigantea* f. *armeniaca*	云南
		单瓣橘黄香水月季	*R. gigantea* f. *pseudindica*	云南
		富宁蔷薇	*R. funingensis*	云南
		粉花富宁蔷薇	*R. funingensis* f. *rosea*	云南
		小叶富宁蔷薇	*R. funingensis* f. *parvifolia*	云南
狗蔷薇组	Sect. *Caninae* DC. ex Ser.	锈红蔷薇（白玉山蔷薇）	*R. rubiginosa*（异名 *R. baiyushanensis*）	非中国原产，发现于辽宁

注：以上物种分组列表参照本书新的分类，与《中国植物志》划分有所不同，具体参见第三章说明及各论。

（二）中国蔷薇属植物资源的调查、保护与利用研究

1. 种质资源调查

我国蔷薇属种质资源的调查研究多集中于20世纪后半叶，以中国科学院植物研究所俞德浚先生及其学生谷粹芝先生为代表的蔷薇属分类专家对全国蔷薇属资源进行了鉴定、整理和修订，重要成果为《中国植物志》（1985）第37卷及其英文版 *Flora of China*（2003）第9卷。此项工作时间跨度大，随着全国各地新资料的不断补充，我国蔷薇属资源分布情况愈加丰富，但调研范围主要集中在滇西北地区，而对我国西北地区的关注

较少，且该地区的研究后续力量也较匮乏。客观地说，还有很多待定的种质资源，甚至未发现的资源需要去深入调查研究。自20世纪90年代起，依托全国植物综合普查、植物重点专项或区域基金，蔷薇属资源调查陆续在全国各地展开。

对我国蔷薇属资源比较深入的调查包括：北京林业大学陈俊愉先生领导马燕（1990—1991）、包志毅（1993）等人在1987—1993年主要完成了对陕西、新疆、青海、甘肃等地蔷薇属资源的初步调查和评价，并开展部分引种及杂交育种工作；由刘士侠（1993, 1994, 2000）和丛者福（1996, 2000）组织的新疆农业大学考察队自1993年起连续多年对新疆区内的30多种蔷薇属植物资源进行了调查和分类讨论，还重点研究了蔷薇果的开发利用价值；自2005年起，北京林业大学张启翔团队继1990年代陈俊愉先生领衔的蔷薇属资源调查之后，开始第二次大规模资源调查，主要调查区域包括宁夏、甘肃、陕西、新疆、西藏、云南、贵州等省（自治区），其中2004—2007年及2014年与西藏农牧学院联合对藏东南地区开展调查、2006—2009年联合云南省农业科学研究院对滇西北地区开展调查、2008—2012年联合新疆应用职业技术学院（原伊犁师范学院奎屯校区）对新疆开展调查，前后共调查蔷薇属植物60余种（包括种下等级），进行了标本采集、鉴定和群落研究，也开展引种和杂交育种工作（邢震, 2007; 白锦荣, 2009; 唐开学, 2009; 罗乐, 2011; 张启翔, 2011, 2014, 2021）；昆明杨月季有限公司的杨玉勇近30年持续关注蔷薇属植物野外分布，连续多年在花期及果期开展野外调查和引种工作，并联合北京林业大学等多家单位开展分类鉴定、杂交育种工作，建立了中国蔷薇属种质资源圃，目前收集种类最多，涉及变异类型最为全面。

同时，对蔷薇属分布的重点区域、属内重要种的调查和研究也在同步开展：中国农业科学研究院蔬菜花卉研究所黄善武、葛红课题组重点对新疆的疏花蔷薇*R. laxa*、弯刺蔷薇*R. beggeriana*进行了资源调查及遗传多样性研究，并开展蔷薇属抗寒育种工作（黄善武和葛红, 1989; 刘海星, 2009; 郭宁, 2010）；蔡国柱（1989）对以山刺玫*R. davurica*为主的冀西北蔷薇属植物及其形态特征进行调查；英连清等（1989）对辽宁东部地区5种蔷薇属资源进行初步调查；杜品（1999）在甘南藏族自治州发现了峨眉蔷薇*R. omeiensis*等7种野生蔷薇，并提出综合开发利用的措施；王晓春（2000）对甘肃省42种（包括种下等级及品种）蔷薇属植物资源进行初步整理和评价；程周旺等（2005）、王春景等（2005）分别对安徽省近30种（包括种下等级）蔷薇属植物资源进行调查；王奎玲等（2007）对山东省17种（包括种下等级）蔷薇属植物资源开展调查整理，并对其园林应用价值进行评价；李燕伟等（2012）等对浙江青田县12种蔷薇属植物资源进行调查，讨论了资源生态型、主要用途及开发利用途径；桑利群和李文博（2014）对西藏色季拉山的西藏蔷薇*R. tibetica*、川西蔷薇*R. sikangensis*、腺叶绢毛蔷薇*R. sericea* f. *glandulosa*开展调查；纪翔等（2007）对四川九顶山的27种蔷薇属植物资源开展调查评价；罗强等（2012）调查了攀西地区约40种蔷薇属植物；闫海霞（2018）调查到广

西有野生蔷薇14种4变种；杜凌等（2018）及金晶等（2020）调查到贵州省分布蔷薇属植物资源有42种；付荷玲等（2021）对梁王山大花香水月季*R. gigantea*不同野生居群遗传多样性进行了研究；李平等（2022）调查了祁连山保护区分布的4种蔷薇属植物；刘珅（2023）调查到秦岭地区分布34种蔷薇属植物；对于新疆的特色蔷薇资源，除了上述早期的系统调查外，朱金启（2003）和贺海洋（2005）对新疆分布的单叶蔷薇*R. persica*进行了调查，重点对其形态建成及繁殖生物学进行研究；张晓龙（2022）、邓童（2022）、刘学森（2023）、吕佩锋（2023）、唐雨薇（2023）等在2019—2023年期间对单叶蔷薇的新分布格局、遗传多样性开展研究并进行杂交育种；惠俊爱等（2003）对新疆蔷薇科植物的区系特点和地理分布进行了调查研究；罗乐（2011）对新疆、宁夏、甘肃西北三省（自治区）及北京的42种蔷薇属植物资源开展调查，重点对新疆的21种（5变种，1变型）野生蔷薇进行了研究和分类探讨，并分别制订了南疆、北疆蔷薇属检索表；冯久莹等（2014）也以主要分布于新疆的14种野生蔷薇属进行调查与分析。玫瑰方面，先后有李玉舒（2006）、马继峰等（2008）、冯立国等（2009）、王琼（2010）等对其野生分布及品种资源开展调查评价和相关育种。

此外，云南省农业科学院花卉研究所团队除了对川滇及周边地区的野生蔷薇资源持续调查外，联合云南大学、西南林业大学、云南师范大学等单位，开展了基于遗传多样性和系统定位对大花香水月季（邱显钦 等, 2011）、峨眉蔷薇（周宁宁 等, 2011; 2012）、复伞房蔷薇*R. brunonii*（邱显钦 等, 2012）、木香*R. banksiae*（陈玲 等, 2012）、长尖叶蔷薇*R. longicuspis*（邱显钦 等, 2013; 张婷 等, 2018）、川滇蔷薇*R. soulieana*（蹇红英, 2015; 吴旻 等, 2018; 向贵生 等, 2018）、中甸刺玫*R. praelucens*（周玉泉 等, 2016; 王开锦 等, 2018; 方桥 等, 2020）、单瓣月季花*R. chinensis* var. *spontanea*和亮叶月季*R. lucidissima*（赵玲, 2019, 2020）等特色种类（类群）进行了重点关注和研究；中国科学院成都生物研究所高信芬团队长期关注和开展蔷薇属的分类学研究，重点对芹叶组Sect. *Pimpinellifolia*，尤其是对绢毛蔷薇*R. sericea*复合体（韦筱媚 等, 2008; 张羽, 2012; 高云东 等, 2013）、月季组Sect. *Chinenses*与合柱组Sect. *Synstylae*（朱章明, 2015）等进行了重点调查和系统研究；在台湾地区，台湾师范大学等单位对当地记载的约13种蔷薇属植物进行了详细的调查与研究，重点对硕苞蔷薇*R. bracteata*、玉山蔷薇*R. morrisonensis*、山蔷薇*R. sambucina*、高山蔷薇*R. transmorrisonensis*、太鲁阁蔷薇*R. pricei*、小金樱*R. taiwanensis*等分类进行了深入地探讨（洪铃雅, 2006; Hung and Wang, 2022）。

2. 种质资源保护与利用

种质资源调查，一方面为了解中国蔷薇属资源本底提供了宝贵的参考资料，持续补充和完善的性状记录及基础性研究（细胞学、孢粉学、分子生物学、组学）是系统分类的重要依据；另一方面也为蔷薇属资源的开发和利用奠定了重要的基础。大部分调查参与单位及研究人员来自全国农林院校、师范院校及植物科研院所，其重要目的即开发利用，主要聚焦在资源评价与育种、园林应用与生态保护、食用与药用价值开发等方面。

蔷薇属植物在中国具有悠久的栽培史，影响甚广。汉代刘歆所著的《西京杂记》中便有“乐游原自生玫瑰树，树下多苜蓿”的园林应用记载，这是2000多年前最早对玫瑰这一物种的明确应用记载。唐代名相裴度与著名诗人刘禹锡、白居易等人共同参与赏蔷薇花吟诗大会，并写下了《蔷薇花联句》，其中刘禹锡的“似锦如霞色，连春接夏开”展现出蔷薇（月季）多季开花的特性。在1630年王象晋的《群芳谱》和1708年汪灏的《广群芳谱》中，已有蔷薇（推测为*R. multiflora*）、月季花*R. chinensis*、玫瑰、木香等种类记载。月季作为我国十大传统名花之一，是最受国人喜爱的蔷薇属植物。北宋宋祁的《益部方物略记》明确了月季具有“四时开花”“长春”特性；宋代司马光著《月季新谱》，收录的月季名品代表了当时世界月季育种最高水平，历经元明而盛于清代，月季花的品种已超过百种（吴丽娟, 2014; 王国良, 2015）。国内现存的中国古老月季品种有100多个（张佐双和朱秀珍, 2006; 尹世华 等, 2021），但总体上利用率很低。2010年出版的《中国现代月季》一书中记载了现代月季品种337个，第一次摸清了我国现代月季育种的家底（王世光和薛永卿, 2010）。现在，月季已成为北京、天津、常州、莱州、淮阴、南阳、大连、西安等88个城市的市花（臧德奎, 2009; 王美仙 等, 2011; 王佳 等, 2013）。

现代月季（Modern Roses）国际登录品种已经超过4万个，原产中国的月季花、玫瑰、野蔷薇、香水月季*R. odorata*、华西蔷薇*R. moyesii*、黄蔷薇*R. hugonis*等原种和古老月季品种曾为推动世界月季育种进程发挥了突破性的作用，“中西合璧”创造了世界花卉育种史上的奇迹——现代月季。“在现代月季的生命里，流着中国月季的一半血液”“中国月季是世界现代月季之母”“中国原料，欧洲制造”等评价名副其实。200多年来，被用于培育月季新品种的蔷薇属原种大约有15种，其中约10种原产于中国，这对于拥有上百种野生种质和丰富变异的蔷薇属来说，开发利用尚不充分，也造成了现代月季遗传背景狭窄、育种瓶颈凸显等问题，因此，蔷薇属种质资源的挖掘与创新显得尤为重要和迫切。

在育种方面，杂交育种仍然是当代选育月季新品种的主要方法，80%的新品种都是通过现代月季品种间杂交获得的（韩倩, 2012; 王莉飞 等, 2021）；而通过野生蔷薇与现代月季品种开展远缘杂交是园艺工作者一直努力的方向。陈俊愉先生在20世纪90年代提出了自主培育具有中国特色的“刺玫月季品种群”，马燕博士等自1986年起利用中国古老月季（‘月月粉’*R. chinensis* 'Old Blush'、‘秋水芙蓉’*R.* 'Qiushui furong'等）、黄刺玫*R. xanthina*等野生蔷薇与现代月季进行远缘杂交，选育出‘雪山娇霞’*R.* 'Xueshan Jiaoxia'）、‘一片冰心’*R.* 'Yipian Bingxin'、‘珍珠云’*R.* 'Zhenzhu Yun'等10个抗性强、

观赏价值较高的现代月季品种（马燕 等, 1990）。唐舜庆（1994）通过种内和种间杂交，选育出高产型、观赏型、高产观赏兼用型、对锈病高抗型和免疫型等10多个玫瑰新品种，其中‘丰花’玫瑰 *R. rugosa* 'Fenghua'、‘紫枝’玫瑰 *R. rugose* 'Zizhi' 成为大面积推广和栽培应用的优良品种。中国农业科学院蔬菜花卉研究所利用弯刺蔷薇、中国古老月季品种培育出如‘天山之光’*R.* 'Tianshan Zhiguang'、‘天香’*R.* 'Tianxiang'、‘天山白雪’*R.* 'Tianshan Baixue' 等抗逆性强且长势强健的天山系列月季新品种（黄善武和葛红, 1989; 杨树华 等, 2016）。新疆职业应用技术学院利用疏花蔷薇与现代月季品种培育出‘天山祥云’*R.* 'Tianshan Xiangyun'、‘天山霞光’*R.* 'Tianshan Xiaguang' 等多个花色艳丽、重瓣、抗寒性强的新品种（郭润华 等, 2006），并在三北地区广泛应用。云南省农业科学院花卉研究所于1999年从野生中甸刺玫居群中通过自然芽变选择优良单株，选育出具有高原特色的中甸刺玫新品种‘格桑粉’*R. praelucens* 'Gesang Fen' 和‘格桑红’*R. praelucens* 'Gesang Hong'。可见，我国蔷薇属资源育种潜力巨大。此外，研究人员还利用诱变育种、转基因和分子标记辅助进行现代月季育种（王国良 等, 2001; 胡清坡 等, 2014），致力于培育观赏性高（常绿、连续开花、花香花色及花型多样）和抗性强（抗病虫害、耐寒、耐热、耐旱、耐盐碱）的新品种，以满足现代多元化需求（王丽勉 等, 2003; 赵小兰和赵梁军, 2006; 杨玉勇, 2009; 隋云吉 等, 2012; 向贵生, 2018），提升了对蔷薇属资源利用的迫切需求。

在园林应用方面，除了大量应用月季品种，蔷薇属其他种类也发挥着重要作用。在中国传统园林中，由早期仅具有药用价值的野生蔷薇，发展到包括黄蔷薇、‘五色粉团’蔷薇 *R. multiflora* 'Wuse Fentuan' 等在内的具有较高观赏价值的众多类群（陈意微和袁晓梅, 2017）。蔷薇成为传统园林重要的造景植物，配置手法也由早期的依墙种植，逐渐发展出架、屏、傍石构景等多种精心设计形式，从侧面反映出不同历史时期的审美趣味和传统园林植物品评标准的复杂变迁过程（任健, 2019）。黄刺玫等原生种凭借其生态适应性强、生长势较好、易繁殖等优点，引种驯化后现已成为西北、华北、东北等众多城市园林绿化的主要早春花灌木（杨逢玉, 2010; 祁云枝 等, 2010; 王晓华和包玉荣, 2010; 胡海辉 等, 2012）。野蔷薇及其品种粉团蔷薇、七姊妹 *R. multiflora* 'Grevillei' 等，由古至今在江南私家园林中常有应用，因其适应性强、着花繁盛而成为目前全国城市中重要的景观植物。还有缫丝花、玫瑰、木香花等蔷薇属植物也广泛应用于园林绿化中，而美蔷薇 *R. bella*、刺蔷薇、山刺玫等种类亟待开发或推广（吴小刚, 2003; 崔娇鹏, 2020）。总之，蔷薇属植物的园林应用形式十分丰富，可在基础种植、边坡与立体绿化、草坪、庭院及疏林林缘等多方面发挥绿化、观赏、生态保护等多重功能，已经成为我国各地城市园林发展中不可或缺的重要素材（刘应珍 等, 2014; 张天姝, 2016; 王君, 2018）。

除园林景观价值外，近年来随着生态文明的建设与发展，蔷薇属植物的生态价值也愈发凸显出来。补欢欢等（2021）研究认为野生蔷薇是治理干旱河谷脆弱生态环境的有效植物，在植被恢复与重建方面具有较好的研究价值和应用前景；张军等（2021）对岷江干旱河谷区的峨眉蔷薇地上生物量及模型进行研究，为干旱河谷生态恢复过程中物种的选择研究提供新思路；梁应林等（2019）归纳总结了蔷薇属植物的生长习性、栽培方法和主要作用，提出蔷薇属植物可作为贵州石漠化生态治理的植物资源并加以开发利用；王朝文等（2015）在玉龙雪山景区实施了乡土植物的引种驯化、适应性研究以及利用乡土植物进行植被恢复与生态系统的重建工作，筛选出丽江蔷薇 *R. lichiangensis*、香水月季、扁刺峨眉蔷薇 *R. omeiensis* f. *pteracantha* 等适合中高海拔地区栽培的种类，为玉龙雪山植被恢复及园林绿化提供了指导；刘有斌（2020）研究了自然分布于甘肃太统崆峒山国家级自然保护区的蔷薇属植物，发现蔷薇灌丛能够在立地条件较差的区域形成生物围栏，对林地生态自然修复、生物多样性具有明显的保护作用。

蔷薇属植物除了观赏，其价值还主要体现在食用、药用等方面。生产上所用玫瑰品种多是经过杂交而育成的栽培玫瑰（林霜霜 等, 2016），主要用于玫瑰精油的提取和食品加工，其中以山东平阴玫瑰、甘肃苦水玫瑰、北京妙峰山玫瑰、四川蜀玫、杭州玫瑰最负盛名（孟小华 等, 2013）。金樱子 *R. laevigata*（刺糖果、刺梨）在民间利用也有近千年的历史，明代的《救荒本草》种记载了不同产地的金樱子药用价值差别，在山东昆嵛山、福建罗源、广西等地均有野生分布（黄庶亮, 1999; 隋克洲 等, 2004; 韦霄 等, 2005），仅皖西大别山区每年可收获野生金樱子果实900 ~ 1400吨（陈乃富 等, 1995; 闵运江 等, 2001）。《本草纲目》中记载金樱子为药食同源植物，其果实有多种药用功效，西南民间多有应用，现代亦可加工成营养保健型食品，开发利用潜力极高。胡奇志等（2015）对贵州产软条七蔷薇 *R. henryi* 等14种蔷薇进行调查与药用评价研究。此外，月季花、缫丝花等蔷薇属植物在藏族、苗族、畲族、水族等少数民族传统医药学中也有重要地位（张天伦和何顺志, 2005; 王旭 等, 2016; 王仕宝 等, 2018; 刘凯良和陈勇, 2018; 李彪 等, 2018）。月季花、玫瑰花、金樱子被明确收录于《中国药典》(2020年版)。

作为世界蔷薇属植物的分布中心，中国对蔷薇属资源的利用率不高，很多资源尚未应用，同时，大量野生资源及生境因人为和自然综合因素受到威胁，关于蔷薇属植物多样性格局与保护的研究报道也较少。傅志军等（2001）运用濒危系数、遗传多样性损失系数和物种价值系数对太白山自然保护区的秦岭蔷薇 *R. tsinglingensis* 等特有珍稀植物的优先保护顺序进行定量分析，建议将秦岭蔷薇列入二级保护植物；刘伯选（2014）按个体数量的多少将鸡公山自然保护区的悬钩子蔷薇 *R. rubus*、钝叶蔷薇 *R. sertata* 等13种蔷薇划分为常见种、稀有种和濒危种三类建议保护；潘丽蛟等（2018）研究发现云南香格里拉中甸刺玫种群已进入衰退期，年幼树种较少，老年个体所占比例较大，种群更新慢，分布格局基本以聚集分布为主，整体进入极危状态；张晓龙等（2021）研究认为全球气候变暖总体上不利于新疆单叶蔷薇的生存繁衍，且基础设施建设和城市扩张已经对其生境产生了破坏性作用，某些居群面临着收缩、破碎的严峻挑战，采取就地保护、引种和生态修复等措施刻不容缓；赵娟娟（2005）、屈素青（2013）和童冉等（2017）分别采用分子标记技术、方差分析、聚类分析等方法，对国家二级保护植物野生玫瑰的遗传多样性、种群表型变异程度和变异规律进行研究，并结合生境破碎化特征、玫瑰生殖生态学特征等讨论了该种群受威胁的原因，提出相应保护对策。吉林珲春东北虎国家自然保护区中的野生玫瑰经过10年（2003—2012）封育后，玫瑰种群相对高度、相对盖度、重要值显著降低，可见封育保护方式对于沙丘生态系统关键种植物玫瑰的保护并没有起到积极的正面作用（甘文浩 等, 2018）。截至目前（2024年），被列入《国家重点保护野生植物名录》的中国蔷薇属植物共有8种，即银粉蔷薇*R. anemoniflora*、小檗叶蔷薇*R. berberifolia*（单叶蔷薇*R. persica*之异名）、单瓣月季花、广东蔷薇*R. kwangtungensis*、亮叶月季、大花香水月季、中甸刺玫、玫瑰，为二级保护植物，但仍缺乏更多野外居群本底材料。综上，中国蔷薇属资源及其生境的多样性复杂而多变，尤其是蔷薇属植物的居群内基因交流广泛，保护居群和生境更是为未来的保护和利用提供重要的基因基础。因此，开展相关基础理论研究和保护策略探索任重而道远。

总之，相较于蔷薇属本身的丰富度和多样性而言，该属植物资源的利用率、利用形式、利用结构以及与之紧密相关的经济、生态和社会效益还有非常大的拓展可能和上升空间（李淑颖, 2013），还需要更多相关领域的研究人员通过新思路、新角度、新技术对蔷薇属植物资源进行更全面、更深入的拓展和探索，为中国蔷薇属研究做出新的突破和贡献。

第二章

蔷薇属特征及分类系统研究

Chapter2

Classification system and characteristics of Rosa

一、蔷薇属特征综论

（一）蔷薇属的植物学特性及模式种

直立、蔓延或攀缘灌木，多数被有皮刺、针刺或刺毛，稀无刺，有毛、无毛或有腺毛。叶互生，奇数羽状复叶，稀单叶；小叶边缘有锯齿；托叶贴生或着生于叶柄上，稀无托叶。花单生或成伞房状，稀复伞房状或圆锥状花序；萼筒（被丝托、花托）球形、坛形至杯形，颈部缢缩；萼片5，稀4，开展，覆瓦状排列，有时呈羽状分裂；花瓣5，稀4，开展，覆瓦状排列，白色、黄色，粉红色至红色；花盘环绕萼筒口部；雄蕊多数分为数轮，着生在花盘周围；心皮多数，稀少数，着生在萼筒内，无柄，极稀有柄，离生；花柱顶生至侧生，外伸，离生或上部合生；胚珠单生，下垂。瘦果木质，多数，稀少数，着生在肉质萼筒内形成蔷薇果；种子下垂。

图5　樟味蔷薇
Fig. 5　*Rosa cinnamomea* L.

染色体基数x=7，一般2n=2x=14，亦有多倍体，2n=3x, 4x, 5x, 6x, 8x,10x=21, 28, 35, 42, 56, 70及非整倍体。

本属的模式种：樟味蔷薇*R. cinnamomea* L.。本属最早被选定的模式种是百叶蔷薇*R. centifolia* L.（Britton and Brown, 1913），《中国植物志》亦引证了百叶蔷薇作为属模式。但百叶蔷薇为一来源复杂的栽培种，其遗传背景可能包含了Sect. *Gallicanae*, Sect. *Caninae*及Sect. *Synstyla*e三个组（Rowley, 1976），导致其一度被作为无效属模式提名的典例（McNeill *et al*., 1987）。樟味蔷薇是被提议的第二个选择（Rydberg, 1918; Britton and Willson, 1923—1926），其为一有性生殖的二倍体，作为属模式十分合适。之后又有学者选择狗蔷薇*R. canina* L.作为模式种（Rehder, 1949），但却不是属模式的良好选择。Jarvis（1992）讨论了72个林奈属名（Linnaean Generic Names）的后选模式之去留，支持将樟味蔷薇作为蔷薇属的模式种。他的建议在2005年的维也纳会议被正式通过，樟味蔷薇自此被确立为蔷薇属的模式种，根据《国际藻类、菌物和植物命名法规（深圳法规）》（Turland *et al.*, 2018），樟味蔷薇所在的组名也由Sect. *Cinnamomeae* DC自动变更为Sect. *Rosa*。

（二）蔷薇属植物的形态特征（图6）

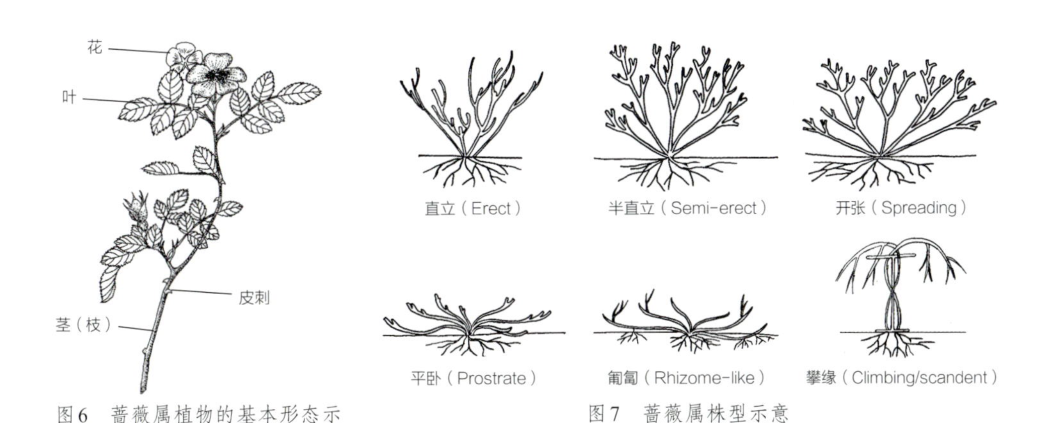

图6 蔷薇属植物的基本形态示意图

Fig. 6 Basic branch morphology of *Rosa* L.

图7 蔷薇属株型示意

Fig. 7 Habits and growth forms in genus *Rosa* L.

1. 茎 Stem

（1）株型Habits and growth forms

蔷薇属植物的株型结合分枝角度（基角）一般描述为：直立灌木（＜45°）、半直立灌木（=45°）、开张灌木（＞45°）、平卧灌木、匍匐灌木、攀缘藤本、半攀缘藤本等几种类型（图7）。

按照园艺分类，一般包括矮生（Dwarf plant）：植株矮小，高度和伸展宽度很少超过60 cm；矮丛（Bush）：植株紧凑，高度一般在60 ~ 150 cm；灌丛（Shrub）：在紧凑和松散之间，高度一般超过150 cm；藤本（Climber）：植株松散，高度一般超过200 cm；蔓性地被（Ground cover）：植株铺地，枝匍匐生长。

野生蔷薇的株高、枝条状态多样性强、变化大，受海拔、光照、水分、土壤等环境影子的影响较大。同一物种可能存在多种株型。

（2）茎的颜色 Stem color

茎包括新枝和老枝，一般新发枝条为绿色或紫红色，老枝为绿色、深绿色、灰色、灰褐色等。

2. 叶 Leaf（图8）

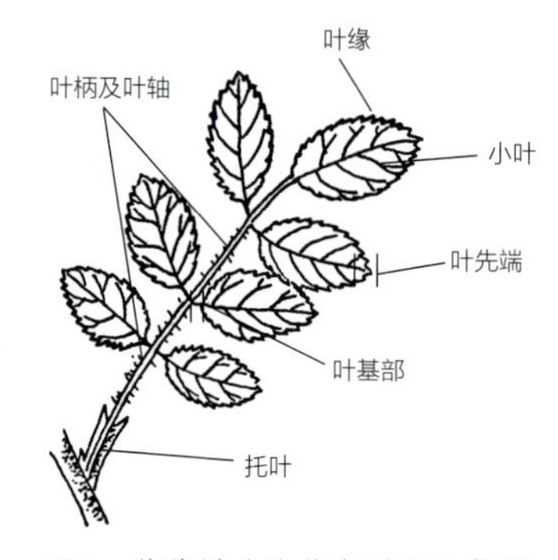

图8　蔷薇属叶的基本形态示意图
Fig. 8　Illustration of basic leaf morphology of *Rosa* L.

（1）小叶数量 Leaflet number

现已知的野生蔷薇属植物，除了单叶蔷薇 *R. persica* 为单叶，其余均为一回奇数羽状复叶（图9），少有发现二回羽状现象。总叶柄长8～30 cm，小叶有或无明显的小叶柄。小叶数有3、5、7、9、11及11枚以上，以5～7枚小叶居多。营养枝与花枝的小叶数常有差异。接近顶生花芽的小叶数通常较少、甚至为三裂状单叶。同一物种较稳定的小叶数量多有2～3对小叶的过渡，如描述小叶数为n～n+2枚或n～n+4枚。

（2）小叶大小 Leaflet size

小叶长多为5～11 cm，宽2～4 cm，但因生境及个体差异影响，有时变化较大。一般顶端小叶较大，其余成对小叶大小相近或近下端的小叶有时渐小。

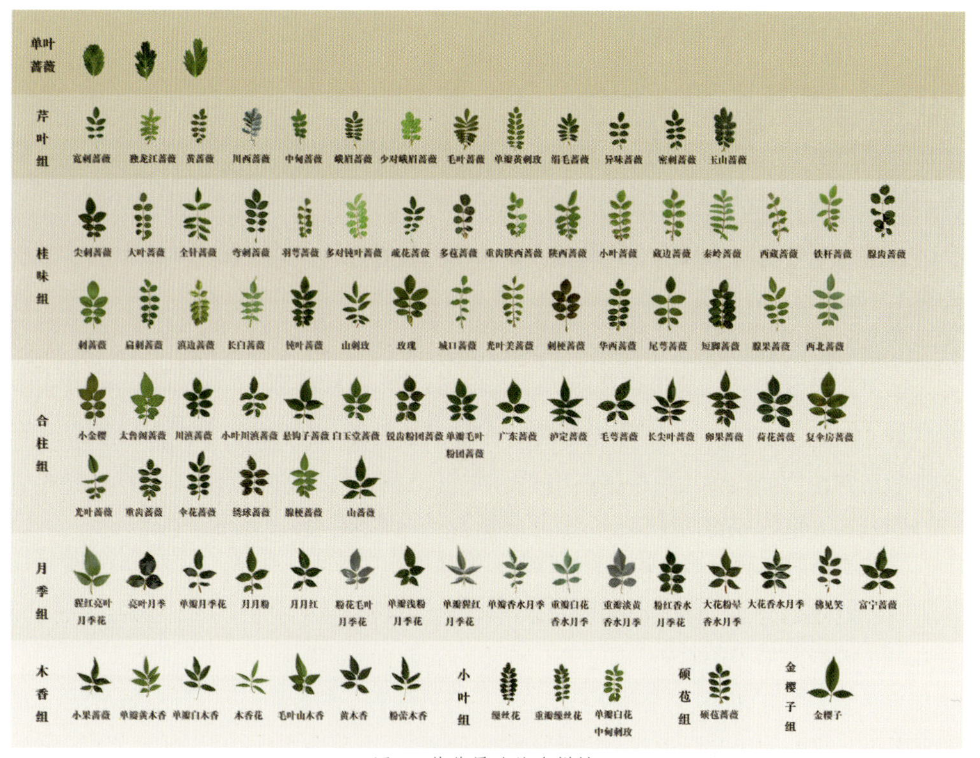

图9　蔷薇属叶的多样性
Fig. 9　Diversity of leaf morphology in genus *Rosa* L.

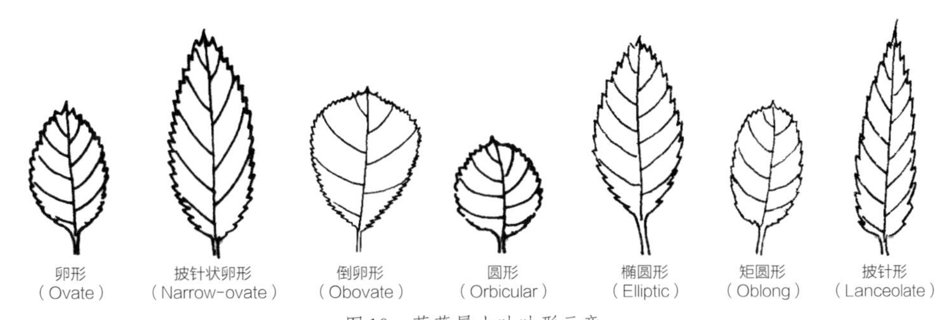

图10 蔷薇属小叶叶形示意
Fig. 10 Leaflet shapes in genus *Rosa* L.

图11 蔷薇属小叶叶缘示意
Fig. 11 Leaflet margin types in genus *Rosa* L.

图12 蔷薇属小叶叶先端示意
Fig. 12 Leaflet apex shapes in genus *Rosa* L.

图13 蔷薇属小叶叶基部示意
Fig. 13 Leaflet base shapes in genus *Rosa* L.

（3）小叶形态 Leaflet shape

小叶形状由卵形至椭圆形变化，包括披针状卵形、倒卵形、卵形、圆形、椭圆形、矩圆形、披针形等（图10）。

叶缘形态一般分为全缘、单锯齿（钝锯齿、细锯齿、粗锯齿等）、重锯齿等，有时有浅裂（深齿）、羽状深裂至全裂等（图11）；结合毛被情况，齿尖被腺体（毛）或无。

顶端小叶的叶先端（叶尖）形态分为锐尖、渐尖、突尖、急尖等（图12）。

顶端小叶基部形状分为楔形、钝形、圆形、心形等（图13）。

作为营养器官，同一物种不同植株、甚至同一植株不同枝条上的小叶形态常受发育状态及生境的影响存在差异，且小叶形状常存在连续性变化。

（4）托叶 Stipule

托叶是蔷薇属叶性状中甚至物种间较稳定的性状，是蔷薇属分类的重要依据之一。

根据托叶与叶柄的关系可分为无托叶（退化）、托叶贴生叶柄、托叶部分贴生叶柄、

图14　蔷薇属托叶与叶柄关系示意

Fig. 14　Spatial arrangement of stipules in relation to the petiole in genus *Rosa* L.

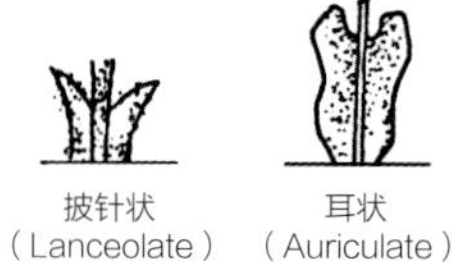

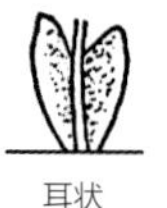

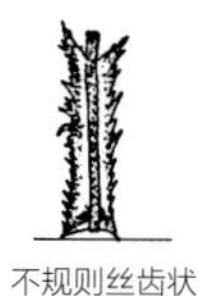

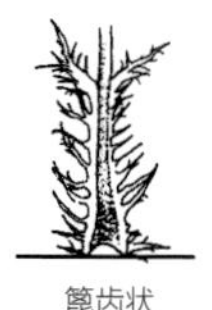

图15　蔷薇属托叶形状示意

Fig. 15　Stipule shapes in genus *Rosa* L.

光滑
(Glabrous)
柔毛
(Ciliate)
腺毛或腺体
(Glandular)

图16　蔷薇属托叶边缘形态示意

Fig. 16　Stipule margin morphology in genus *Rosa* L.

托叶离生、托叶宿存或早落等（图14）。

根据托叶外延部分的形状可分为钻形、披针状、耳状、不规则丝齿状、篦齿状等（图15）。

托叶边缘的形态又分为光滑、柔毛、腺毛或腺体等（图16）。

此外，托叶的质感包括膜质、草质等。

（5）叶色 Leaf color

叶色分为淡绿、浅绿、中绿、深绿（暗绿）、灰绿等。

（6）叶质地 Leaf texture

叶质地包括叶的厚度质感及叶表面的光泽度等，厚度质感常描述为纸质、革质等，叶表面的光泽度分为无光泽、半光泽、光泽等，且根据毛被情况又分为光滑无毛、少毛、多毛、被腺体等。此外，叶表面常因叶脉等影响呈现皱褶、无皱褶、波状等类型。

3. 刺 Prickle

（1）刺形态 Prickle morphology

刺一般分布于蔷薇属植物的茎上，绝大多数为皮刺、针刺或刺毛。此外，有的种在花梗、花托、萼片、叶轴等结构上亦有刺。

刺的形态分为直刺、扁平直刺、翅刺（扁刺）、斜直刺、钩刺（弯刺）、尖刺（棘刺）等（图17）。有的物种早期为刺毛，后期硬化为尖刺。同一物种常有1～2种甚至更多刺的形态，其分布往往受枝条类型、发育状况、生境等的影响。

（2）刺大小 Prickle size

刺大小包括刺长短及宽度，一般分为大刺、中刺、小刺等，结合刺的形态进行描述。

（3）刺密度 Prickle density

刺密度分为多刺（密刺）、少刺、无刺。同一物种的刺密度与枝龄、发育状况、环境都有关系。

4. 花 Flower（图18）

（1）花排列 Inflorescence

蔷薇属植物的花为单生或花序（图19）。单生花位于枝顶（顶芽），无论长枝或短枝，有时呈2～3朵次第开放实为节间缩短缘故。蔷薇属的花序基本单元主要为聚伞花序，即有限花序，但常因花量多而呈伞房状、伞形状、复伞房状或圆锥状，表现为复杂的混合花序类型。

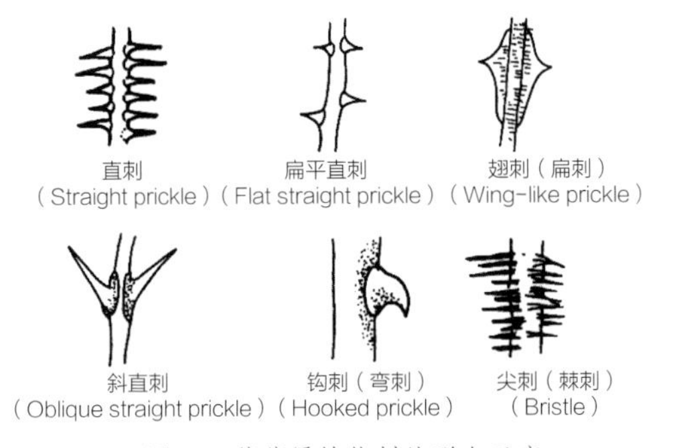

图17　蔷薇属植物刺的形态示意
Fig. 17　Prickle types in genus *Rosa* L.

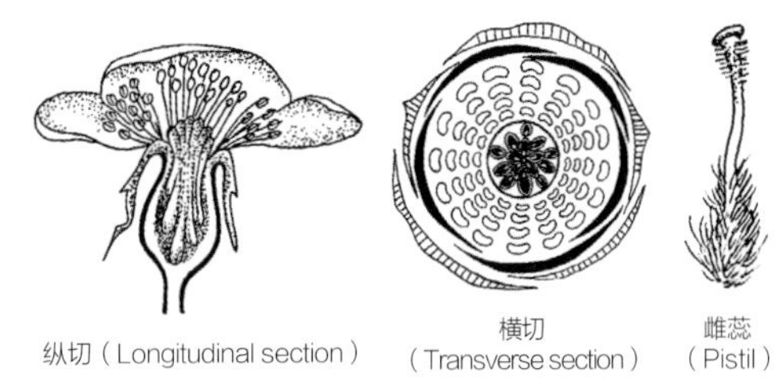

图18　蔷薇属花器官解剖示意
Fig. 18　Illustration of flower anatomy of *Rosa* L.

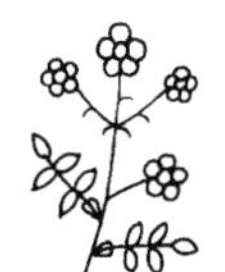

图19　蔷薇属花排列示意
Fig. 19　Inflorescence of *Rosa* L.

（2）花蕾形状 Alabastrum shape

花蕾形状在花萼分开之前描述，其形状可分为圆球形、圆尖形、卵圆形、三角状尖形等。

（3）苞片 Bract

花梗及花序基部时有苞片，花序基部的总苞片常多枚。苞片形态从披针形至卵圆形皆有，苞片边缘往往具腺体、腺毛或微齿。

（4）花梗（柄）Pedicel

花梗（单朵花）长度一般依据园艺分类，分为长（大于10 cm）、中（5 ~ 10 cm）、短（小于5 cm）。

（5）萼片 Sepal

萼片一般4或5枚（图20），离生，基部与花托联合。

萼片形状包括披针形、卵形至椭圆形（图21），常结合其边缘描述，包括全缘、先端分裂、先端叶状、羽裂等（图22），此外还有附属毛被等，如柔毛、腺毛等。

萼片延伸程度有直立、平展、反折等不同形态（图23）。花后凋落或不凋落。此外，萼片质感包括纸质、革质等；毛被包括柔毛、腺毛、腺体、刺毛等，萼片的毛被状况相对于叶片、花梗的情况受环境、个体发育的差异影响不大，较稳定。

（6）萼筒（被丝托、花托）Hypanthium

萼筒（被丝托、花托）形态有球形、坛形至杯形、颈部缢缩等，具体可参见果形（图33），常结合腺毛、柔毛、刺毛等毛被状况描述。

（7）雄蕊 Stamen

蔷薇属雄蕊多数，生于花盘的外围口部；花丝颜色常有白色、黄色、红色等不同；

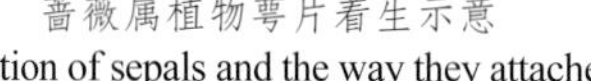
图20 蔷薇属植物萼片着生示意
Fig. 20 Illustration of sepals and the way they attached on the hypanthium of *Rosa* L.

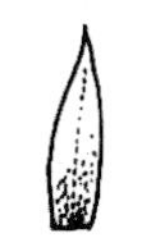

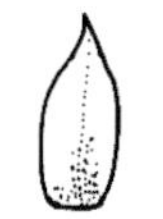

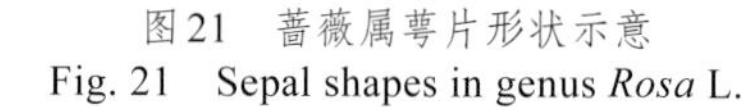
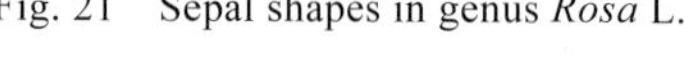
图21 蔷薇属萼片形状示意
Fig. 21 Sepal shapes in genus *Rosa* L.

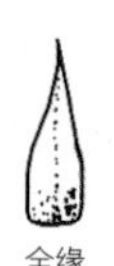

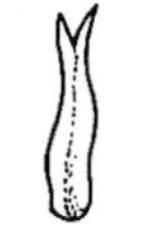

图22 蔷薇属萼片边缘示意
Fig. 22 Types of sepal margin in genus *Rosa* L.

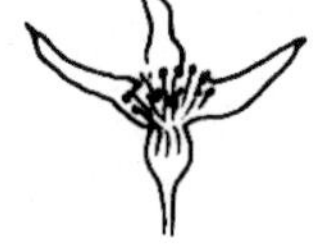

图23 蔷薇属萼片延伸程度示意
Fig. 23 Illustration of sepal's opening degree of *Rosa* L.

花药基底着生，黄色或紫红色。花粉都为单粒花粉、具三孔沟，属于$N_3P_4C_5$型，形状上有超长球形、长球形、近球形等（图24），有的物种存在二型性；花粉极面观包括三裂圆形、三裂圆三角形等；花粉极轴两端有尖锐、平圆、扁平等形态。花粉的萌发沟有的几乎与极轴等长，主要差异为萌发沟宽的变化较大。花粉外壁纹饰包括条纹、孔穴-条纹、复合网纹等类型，以孔穴-条纹为主（图25）。条纹深浅及走向分布、孔穴的形状、大小及分布等存在丰富的变化。

（8）雌蕊 Pistil

蔷薇属植物为离生心皮，聚集在花托及萼筒内，子房上位。雌蕊多数，柱头白色或红色，花柱有毛或少毛，子房常被毛。花柱有离生、聚合成柱状等类型（图26），但聚合花柱并未完全贴合生长，一般外力仍可分开。离生花柱有的短于雄蕊，有的与雄蕊近等长，而聚合成柱状的花柱则一般高出雄蕊群。

（9）花型 Flower form

野生蔷薇属植物基本都为单瓣花，花型较单一，从盛开时的立体观分为盘状、杯状、碗状等。

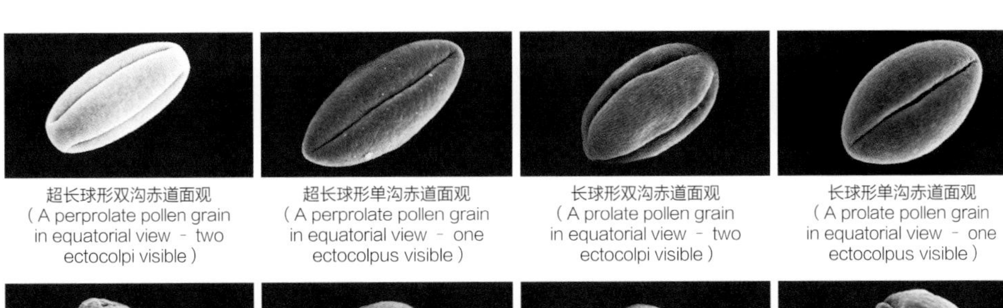

超长球形双沟赤道面观（A perprolate pollen grain in equatorial view - two ectocolpi visible）

超长球形单沟赤道面观（A perprolate pollen grain in equatorial view - one ectocolpus visible）

长球形双沟赤道面观（A prolate pollen grain in equatorial view - two ectocolpi visible）

长球形单沟赤道面观（A prolate pollen grain in equatorial view - one ectocolpus visible）

近球形双沟赤道面观（A subspheroidal pollen grain in equatorial view - two ectocolpi visible）

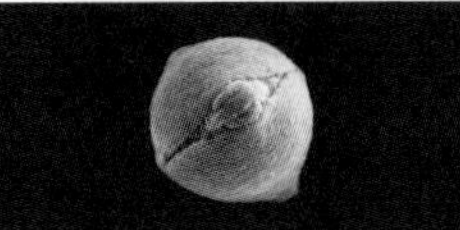

近球形单沟赤道面观（A subspheroidal pollen grain in equatorial view - one ectocolpus visible）

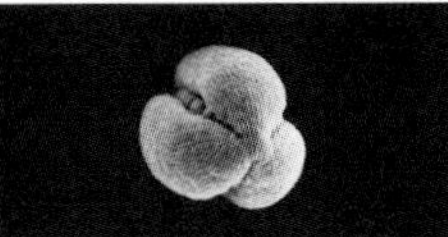

长球形三沟极面观（A prolate pollen grain in polar view - three ectocolpi visible）

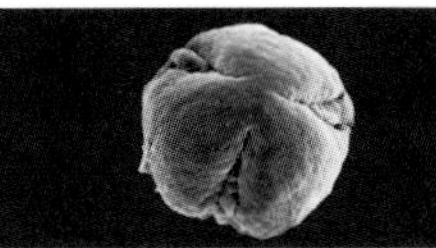

近球形三沟极面观（A subspheroidal pollen grain in polar view - three ectocolpi visible）

图24　蔷薇属植物花粉形状示意

Fig. 24　Pollen morphology of *Rosa* L.

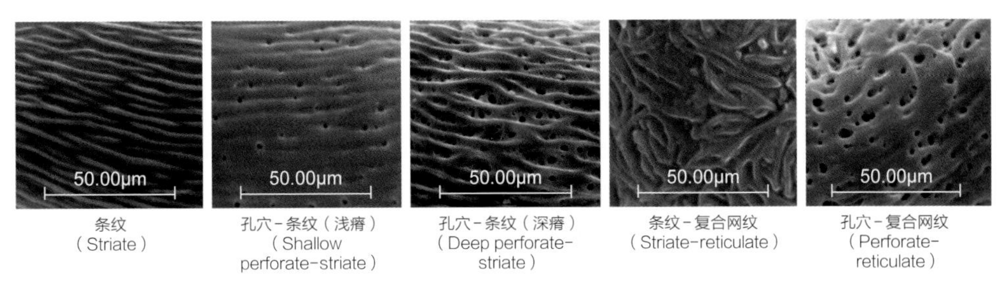

条纹（Striate）

孔穴-条纹（浅瘠）（Shallow perforate-striate）

孔穴-条纹（深瘠）（Deep perforate-striate）

条纹-复合网纹（Striate-reticulate）

孔穴-复合网纹（Perforate-reticulate）

图25　蔷薇属植物花粉外壁纹饰示意

Fig. 25　Pollen exine patterns in genus *Rosa* L.

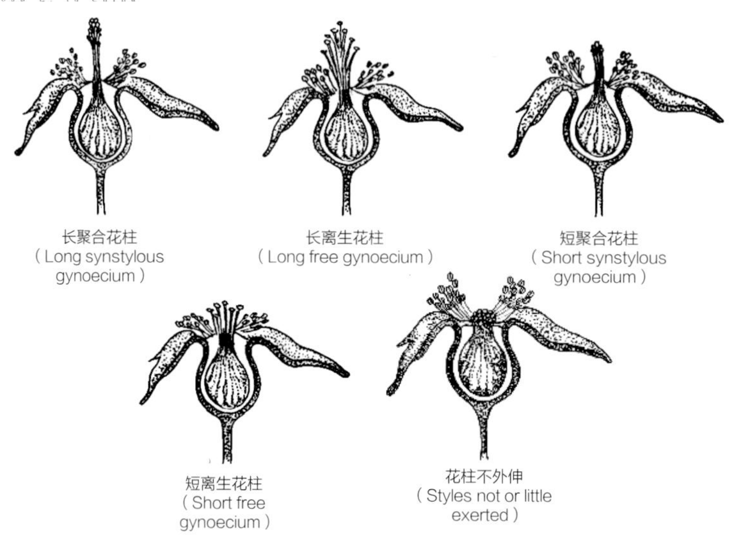

图26　蔷薇属花柱形态及着生示意

Fig. 26　Representation of style morphology and attached of *Rosa* L.

图27　蔷薇属花瓣数及着生示意

Fig. 27　Petal number of *Rosa* L.

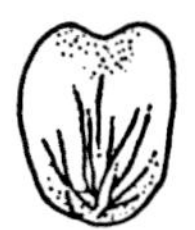

图28　蔷薇属花瓣形状示意

Fig. 28　Petal shapes in genus *Rosa* L.

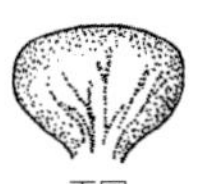

图29　蔷薇属花瓣先端形状示意

Fig. 29　Petal apex shapes in genus *Rosa* L.

图30　蔷薇属花瓣基部形状示意

Fig. 30　Petal base shapes in genus *Rosa* L.

（10）花径Flower diameter

花朵直径大小参照园艺分类分为大型（大于10 cm）、中型（5 ~ 10 cm）、小型（3 ~ 5 cm），但野生生境及个体差异，花径大小变化常较大。

（11）花瓣数Number of petals

野生蔷薇属植物的花瓣数为4枚或5枚（图27），野外常见部分雄蕊瓣化，花瓣数6 ~ 10枚，偶有10 ~ 20枚。20枚花瓣以上的则见于栽培品种。

（12）花瓣形状Petal morphology

蔷薇属植物花瓣离生，花瓣宽由上至下逐渐变小，花瓣形状一般为三角状倒卵形、倒卵形、椭圆形等（图28）。

花瓣先端为平圆、波状、微凹、凹缺等（图29）。

花瓣基部为楔形、广楔形，有时平圆形（图30）。

（13）花色Flower color

蔷薇属植物花色丰富，除蓝色外，几乎有全部色系（图31，物种参考本书新的分组）。根据花盛开时的颜色，一般分为白色、乳黄色、黄色、橘黄色、粉红色、红色、紫红色等，亦有复色、变色、花瓣基部色斑等特殊种类。

图31　蔷薇属花色的多样性

Fig. 31　Diversity of flower color in genus *Rosa* L.

（14）花香Flower fragrance

蔷薇属植物的花多具有香味，按香气程度分为不香（无）、微香（淡香）、香、浓香。根据香型包括有果香型、药香型、甜香型、茶香型、辛辣香型等，具体根据特色种类的划分，还有经典玫瑰香型、大马士革香型、木香型等。

5. 果实Hip

蔷薇属科植物花后多能结实，每子房发育成1枚瘦果，众多瘦果与膨大花托、萼筒构成聚合瘦果，俗称蔷薇果（Hips）（图32）。果梗一般较花梗长，而果实形状、大小及毛被在野外变异较丰富，受环境及个体差异等影响。

（1）果型Hip shape

蔷薇属植物果实形状分为扁球形、圆球形、卵圆形、倒卵圆形、椭圆形、梨形（基部较窄的倒卵形）、倒梨形（上部缢缩较窄的卵圆形）、纺锤形（上部缢缩较窄的椭圆形）等（图33）。

（2）果色Hip color

蔷薇属植物果实颜色以成熟时颜色划分，分为黄、橙红、红、紫黑等色。

（3）果梗Hip stem

蔷薇属植物果梗一般较花梗伸长或显著伸长，毛被情况同花梗，包括光滑、被腺体、

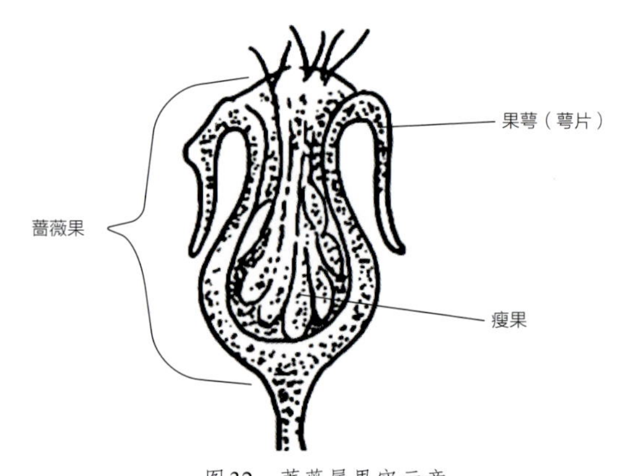

图32　蔷薇属果实示意
Fig. 32　Illustration of a rose hip.

扁球形（Depressed-globose）　圆球形（Globose）　卵圆形（Oval）　倒卵圆形（Obovoid）　椭圆形（Oblong）　梨形（Pyriform）　倒梨形（Obpyriform）　纺锤形（Fusiform）

图33　蔷薇属果形示意
Fig. 33　Hip shapes in genus *Rosa* L.

被刺毛等，有的在果实后期会脱落或部分脱落。此外，有的种类果梗易膨大，如芹叶组植物。

（4）果萼 Hip sepal

蔷薇属植物如果花后萼片不凋落，果萼即花萼在果期的状态，二者形态、大小基本相似，但毛被有可能减少。果萼在蔷薇果后期分宿存和脱落两种类型，其中宿存又分为直立宿存和反折宿存，脱落又分为仅萼片脱落、萼片连同花盘（萼筒口）一并脱落两种。

6. 根 Root

蔷薇属植物的根系大多较发达，侧根较丰满，根系具有一定的根蘖性，但一般都围绕在灌丛1 m左右范围。有的种类具备发达粗壮的地下根，可在1 m之外更远的范围进行克隆生长（图34）。

7. 毛被及腺体 Epidermal indumentum

毛被及腺体是蔷薇属植物表型的重要性状（图35），主要发生在茎、叶、萼片、苞片、花梗、花柱、果实等处。毛被和腺毛的分布数量变化很大，与环境、个体、时间等有关系，同一植株不同部位也会出现较大反差。在时间上，毛被及腺体常常会不断脱落。

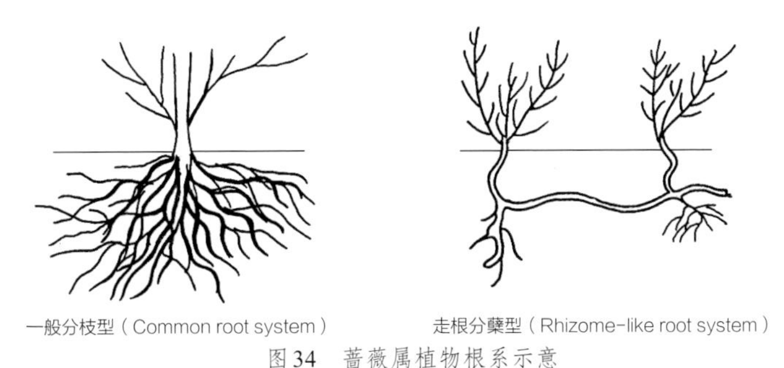

图34　蔷薇属植物根系示意
Fig. 34　Illustration of root system types in genus *Rosa* L.

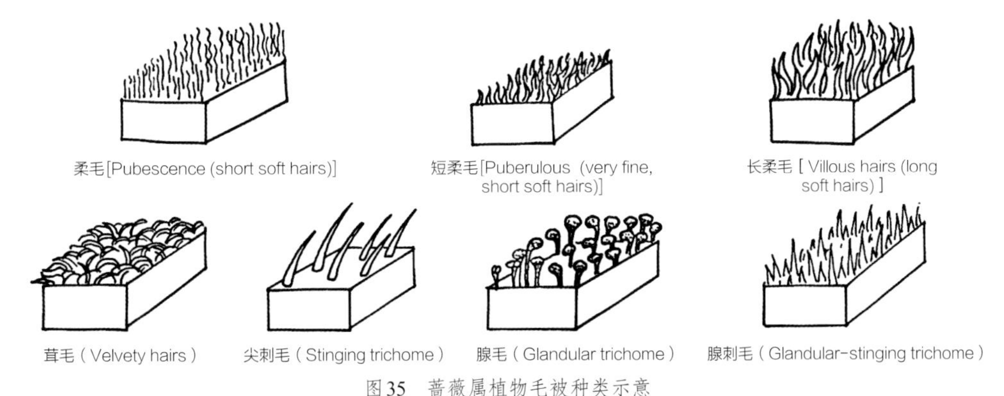

图35　蔷薇属植物毛被种类示意
Fig. 35　Indumentum types in genus *Rosa* L.

二、蔷薇属分类系统研究概述

（一）世界蔷薇属分类系统的研究历史

从18世纪开始，植物分类学家对蔷薇属植物进行调查，但由于其分布范围广，属内种间杂交频繁，在演化过程中受到自然杂交、基因渐渗、多倍化等因素影响，产生出广泛的表型、基因型和生态型变异。此外，蔷薇属常因人为因素（杂交、跨洋迁徙等）干扰而产生新种质，这些因素相互关联，给其分类造成很大障碍（关莹, 2023）。自蔷薇属建立起，属内分类问题一直争议不断。

International Plant Names Index（IPNI）共收录了4191个蔷薇属植物名称，依据Plants of the World Online的记录，其中389个为接受名，其余均为异名。《中国植物物种名录（2023）版》收录了174个被接受的蔷薇属种名，145个异名。以上数据表明，同物异名和同名异物现象一直困扰着蔷薇属的分类工作。

1. 19世纪前的蔷薇属分类历史

早期的植物分类是以应用为目的的人为分类。“植物学之父”Theophrastus（1916）根据植物性状进行分类，将植物分为乔木（tree）、灌木（shrub）、小灌木（under-shrub）和草本植物（herb），其中野生蔷薇属于带刺植物的范畴，如狗蔷薇Dog rose（wild rose）叶片具刺，代表灌木（bushes）和乔木（trees）之间的过渡类型。更多的植物分类则是依据其药用、食用等功能进行归类，公元1世纪的植物根据其治疗特性可分为芳香植物、食用植物、治疗植物和酿酒植物四类（Adanson, 1763）。在*De materia medica*一书中作者介绍了植物的治疗效果和药物制备的流程，并提及玫瑰酒、玫瑰油和玫瑰精油的制备，以及蔷薇属物种百叶蔷薇和法国蔷薇*R. gallica*（Parojčić *et al.*, 2006）。Pliny the Elder（公元23—79年）提到狗蔷薇的根具有治疗伤口等作用。这些是对蔷薇属植物医学或经济价值的讨论，而不是植物学特性及其分类。

西方最早对植物进行分类的是医生。Hieronymus Bock（1498—1554）建立自己的植物分类系统，描述了德国植物的名称、特性和医疗用途，将其分为3大类：具花香的野生植物（wild plants with fragrant flowers）；三叶草、草、蔬菜和攀缘植物（clover, grass, vegetables and creepers）；乔木和灌木（trees and shrubs）。Leonhart Fuchs（1501—1566）根据希腊名字的字母顺序对植物进行分类，并使用插图作为主要的识别手段。

Adam Lonitzer（Adanson, 1763）将植物分为两类：乔木和灌木（trees and shrubs）；草本植物（herbs）。并提到*R. sylvestris*及其药用价值。Rembert Dodoens（1517—1585）将植物分为6类，并对药用植物作了详述。医生和植物学家Matthias de L'Obel（1538—1616）关注植物的自然属性，将植物分为6类：草本植物（grass）；兰科植物（orchids）；蔬菜（vegetables）；乔木和灌木（trees and bushes）；棕榈（palms）；苔藓（moss）。在大约同时期的中国，明代医生李时珍（1518—1593）编写了《本草纲目》（后传入欧洲被翻译为“中国植物志”），就植物而言，李时珍将1195种药分为5部30类，其中包括草部、谷部、菜部、果部、木部等。植物分类法在《本草纲目》表现出很高的科学性，其中包含了野蔷薇、月季、刺梨、玫瑰等蔷薇属植物。宋代诗人杨万里（1127—1206）《红玫瑰》一诗中，“非关月季姓名同，不与蔷薇谱谍通。接叶连枝千万绿，一花两色浅深红。”用月季、蔷薇与玫瑰进行对比（名字、观赏形态），说明当时的人们无论是用途还是自然形态上已认识到三者是不同的。

John Gerard（约1545—1612）在*The Herball or Generall Historie of Plantes*（1597）中用13页的篇幅描述蔷薇属植物，将蔷薇属植物分为两类：麝香类蔷薇（musk roses，5种）和野蔷薇（wild roses，3种），罗列了白蔷薇*R. alba*、大马士革蔷薇*R. damascena*等6种蔷薇。书中对蔷薇的植物学特征描述较全面，包括灌木高度、皮刺、叶片数量、叶色和毛被、花梗长、花色和花香、花瓣数量、萼片、种子硬度、果色和果形、根长等，但未提到雌蕊的结构，仅将雄蕊描述为“threads”。

“英国植物学之父”William Turner（1509/10—1568）列举了两种蔷薇的希腊名字：*cynorrhodos*（*R. rubiginosa*）和*cynosbatos*（*R. canina*），并指出前者叶片没有气味，可用于区分两个物种。

Caspar Bauhin（1560—1624）应用“人为”和“自然”两种植物分类系统。在对蔷薇属植物的描述中，列举了许多同物异名，并使用双名词组，这使他成为林奈引入双名法命名的先驱。对种的描述主要包括颜色、气味、叶数和原产地，将39个种分为3组：*R. sativa*、*R. sylvestris*、*R. hierichuntica dicta*（Tomljenovi and Pejić, 2018）。

Pierre Magnol（1638—1715）建立了自然植物分类的概念，结合形态学特征将植物划分为科。August Rivin（1652—1723）第一个提出根据花的结构即花冠的形式进行植物分类。John Ray（1627—1705）出版了著作*Historia plantarum*，向现代分类学迈出了重要的一步（Ray, 1688），通过观察植物的“基本属性”，即花、花萼、种子和花托的相似性进行分类（Lazenby, 1995），在“*De arboribus quarum flos summo fructui insidet*”一章中列出了37种蔷薇，描述了花色、花香、皮刺、叶色、叶形和果实饱满度。

Linnaeus林奈（1735）在*Systema naturae*中，根据繁殖器官的特征描述植物，除植物界（kingdom）之外，列出4个分类单位：纲（classes）、目（orders）、属（genera）和种（species）。这个分类系统中基于雄蕊和雌蕊数量的分类提到蔷薇属，但未提到

任何种，将蔷薇属植物划归为雄蕊和雌蕊数量较多的组中。在*Species plantarum*中，林奈（1753）描述了12种蔷薇（*R. cinnamomea*, *R. eglanteria*, *R. villosa*, *R. canina*, *R. spinosissima*, *R. centifolia*, *R. alba*, *R. gallica*, *R. indica*, *R. sempervirens*, *R. pendulina*, *R. carolina*）。在1759年的版本中，林奈描述了13种蔷薇，增加*R. pimpinellifolia*，他试图根据果实形状对蔷薇进行分类，但因为果实在种内存在丰富变异而未取得成功。

18世纪末期，越来越多的植物分类学家开始关注对蔷薇属分类系统的研究，但蔷薇属植物几乎所有种都能进行种间杂交，很多种不易准确鉴定，因此其物种多样性的面纱未能彻底揭开（Wissemann, 2002）。

2. 19世纪的蔷薇属的科学（自然）分类

19世纪初，植物分类学家开始根据广泛的形态特征，即自然分类系统对植物进行分类。这一时期的分类文献主要来自西欧学者的论文和专著。蔷薇属的第一个科学分类是由de Candolle（1815）创建的。

1818年，Woods在伦敦林奈学会会议上发表了关于英国蔷薇属的研究论文。根据毛和刺的不同，将蔷薇属植物分为3大类。同年，Léman提出了基于叶片锯齿描述蔷薇属的新方法。de Candolle将蔷薇属分为11组（*Synstuleae*, *Rubigineae*, *Gallicanae*, *Chinenses*, *Cinnamomeae*, *Hebecladae*, *Pimpinellifoliae*, *Villosae*, *Centifoliae*, *Caninae* 和 *Eglanteriae*），该分类是蔷薇属植物自然分类的第一步（Tomljenovi and Peji , 2018）。

1820年，Rafinesque描述了北美的33种蔷薇，其中15种是新发现种，根据萼片和果实的形状将其分为两类（部，groups / divisions）和8组。同年，Lindley将蔷薇属分为11组（*Simplicifolia*, *Feroces*, *Bracteatae*, *Cinnamomeae*, *Pimpinellifoliae*, *Centifoliae*, *Villosae*, *Rubiginosae*, *Caninae*, *Synstylae*和*Banksianae*），对76个种进行了详细的描述。Lindley还利用根芽区分种，根据枝和侧枝形态、枝上刺密度、枝粗糙度、腺体、花序、托叶、茎下刺、刚毛和枝、茎或花萼被毛等性状区分不同的蔷薇，枝条、茎的毛被和萼片的凹缺是蔷薇不变的特性，叶的毛被可作为次要分类特征，特殊情况下也可参考叶片的锯齿分布情况进行分类，雄蕊由于仅在数量上有所不同，建议分类时减少参考（Lindley, 1820）。随后，Lindley研究小组提出可根据花蜜腺将蔷薇属划分为4亚属：*Chamaerhodon*，*Cassiorhodon*，*Cynorhodon*，*Stylorhodon*。

同年，Dumortier将蔷薇属中单叶的种类另行分出，建立了单叶蔷薇属*Hulthemia* Dumort.。此前30多年前，Pall一直将单叶蔷薇作为*Rosa*属中的一个种（惠俊爱 等，2013）。

1825年，de Candolle考虑到形态属性的多元性，将蔷薇属植物划分到类classes（双子叶植物*Dicotyledonae*）、亚类subclasses（萼叶植物*Calyciflorae*）、目orders（蔷薇目*Rosaceae*）、族tribes（蔷薇族*Roseae*）、属genera（蔷薇属*Rosa*）和种species。在其著

作*Prodromus systematis regni vegetabilis*中将*Rosaceae*分为8族tribes，其中*Roseae*分为4组（*Synstylae, Chinenses, Cinnamomeae, Caninae*）。

Reichenbach（1830—1832）在德国开花植物的研究中，根据茎皮的毛被程度将77种蔷薇分为两大类：*Setigerae*和*Aculeosae*。Koch（1837）根据心皮有无柄将蔷薇属分为4组。Grenier和Godron（1848）在*Flore de France*中提出第一个基于托叶形态的蔷薇属分类。

Burnat和Gremli（1886）将意大利的蔷薇分为两大类，并细分为组和亚组，其中*Chloristyae*类群由Gallicanae和Cynorhodon两组组成，后者又分为*Vestitae, Rubigineae, Tomentellae*和*Caninae* 4个亚组。*Synstyleae*类群分为两个亚组：*Repentes*和*Moschatae*。

1887年，Christ将蔷薇属划分为两个主要组：*Christyleae*和*Synstyleae*；1889年，Crepin将蔷薇属分为15组（*Synstylae, Stylosae, Indicae, Banksiae, Gallicae, Caninae, Carolinae, Cinnamomae, Pimpinellifoliae, Luteae, Sericeae, Minutifoliae, Bracteatae, Laevigatae*和*Microphyllae*）（Shinwari *et al*., 2003）。

1888年，德国植物分类学家Focke采用了亚属的概念，又将Dumortier建立的单叶蔷薇属并入蔷薇属中，进而将蔷薇属分为2个亚属，即单叶蔷薇亚属Subgen. *Hulthemia* Focke和蔷薇亚属Subgen. *Eurosa* Focke。

3. 20世纪的蔷薇属分类系统研究

在20世纪的前几十年，除Roulengek（1924—1937）体系外，还出现了两个蔷薇属分类和系统发育研究的体系，即Almquist（1916, 1919, 1920a）和Hurst（1925, 1928, 1932）提出的体系（Gustafsson, 1944)。Almquist提出了组（species groups）和种内特型（specific species）的分类方法，前者的分类是基于花、果或皮刺等特征，而后者是基于叶形和叶缘锯齿等特征。

Matthews（1920）根据叶缘锯齿程度、托叶腺体有无、花梗及叶片毛被发育情况对蔷薇属进行了初步划分。Matthews意识到蔷薇属分类的复杂性，“可能没有比蔷薇属更多变的植物了，也许可以毫不夸张地说，没有任何同种的两株蔷薇在所有分类学性状上是完全一样的……人们逐渐认识到，单靠外部形态是不足以解决分类问题的……我认为，只有通过栽培，并尽可能与细胞学研究相结合，才有可能最终确定许多物种的亲缘关系……”。

Boulenger在关于欧洲（1924—1932）和亚洲（1933—1936）蔷薇属植物的专题研究文章中，将蔷薇属野生种数量合并为121种（Erlanson, 1938）。与此同时，Wolley-Dod在英国蔷薇属研究中描述了许多品种（Graham and Primavesi, 1990），品种概念的出现为今后野生种和品种的混淆描述带来了新的问题。

Rehder（1940）认为在北半球温带和亚热带地区有100 ~ 200种蔷薇属植物。他说：

"该属的物种变化很大，很容易杂交，不同植物学家对种的概念认识差别很大。Bentham和Hooker识别到约30种，而Gandoger仅在欧洲和西亚就列出了4266种。"Rehder用于分类的形态学特征有枝条（branches）、小枝粗糙度（twigs roughness）、侧枝（lateral shoots）、芽（shoots）、皮刺（prickles）、被毛（setae）、叶片被腺（leaf glands）、枝条毛被（branch hairiness）、花梗（pedicels）、萼筒口（orifice）、托叶（stipules）、叶片（leaves）、叶色（leaf color）、小叶形（leaflets shape）、花朵（flower）、苞片（bracts）、萼片形状（sepals form）、子房（ovary）、花瓣（petals）和雄蕊（stamens）等20余个。Rehder建议将蔷薇属分为4亚属，即Subgen. *Hesperhodos*、Subgen. *Platyrhodon*、Subgen. *Hulthemia*、Subgen. *Eurosa*；其中前3亚属每属仅包含1个种，而Subgen. *Eurosa*有69种，分为10组，即Sect. *Pimpinellifoliae*，Sect. *Gallicanae*，Sect. *Caninae*，Sect. *Carolinae*，Sect. *Cinnamomeae*，Sect. *Synstylae*，Sect. *Indicae*，Sect. *Banksianae*，Sect. *Laevigatae* 及 Sect. *Bracteatae*（Cairns, 2000）。

在Rehder的分类基础上，de la Roche *et al.*（1978）将蔷薇类分为*Hulthemia*和*Rosa*两个属，后者进一步分为3个亚属：Subgen. *Rosa*、Subgen. *Platyrhodon*和Subgen. *Hesperhodos*，而Subgen. *Rosa*划分为10组，其中，由于采纳樟味蔷薇*R. cinnamomea*而非百叶蔷薇*R. centifolia*为属模式，故用Sect. *Rosa*的组名代替Sect. *Cinnamomeae*，此外，Sect. *Indicae*也更名为Sect. *Chinenses*。

Eide（1981）在欧洲西北部蔷薇科植物研究中发现，花粉在大小、形状、结构和纹饰上都有较大差异，可作为分类依据。后来有很多人开始通过花粉研究蔷薇属，甚至包括古化石证据。

到20世纪下半叶，利用化学分类学进行植物分类受到关注和应用（Shinwari *et al.*, 2003），检测形态相似种间的花、果实和叶片中的化学性质，发现维生素、花青素、类黄酮、类胡萝卜素、萜烯和微量元素等含量均存在差异，亦可作为分类参考。

4. 21世纪的蔷薇属分类研究

进入21世纪，Rehder（1940）的分类系统仍然被广泛应用，并作为现代科学论辩的基础（Cheikh-Affene *et al.*, 2015）。研究者更多的基于新技术、更大的野外样本和居群数量开展对蔷薇属起源和进化的研究，对蔷薇属分类系统进行讨论和修订。

在Wissemann和Ritz（2005）以及Joly *et al.*（2006）的一项研究中认为，蔷薇属分类混乱的首要原因是采用形态学特征作为分类基础，因为形态特性经常受到环境因素和选择压力的严重影响，例如当生长环境迅速变化时，植物的形态特征会有所变化。一方面选择压力可以使不同物种在适应相同环境的情况下具有相似的特性，另一方面也可以使适应不同环境的亲缘物种之间产生显著的形态差异。蔷薇属植物分类混乱的另一个原因是其复杂的进化历史，加上悠久的栽培历史和选定基因型间的杂交。复杂性是由几个因素造成的，往往又综合在一起：①古代和现代的广泛杂交；②许多种间没有明显的差异，部分原因是近期的爆炸似的扩张；③不完全谱系分选（新分化种的共同特征）；④多倍体——至少在某些种中多倍体具有多重/杂交起源（Koopman *et al.*, 2008）。

（1）杂交事件和属内物种的进化研究

在蔷薇属植物的进化史上，自然杂交常导致产生新性状和新种。Zhu *et al.*（2015）引用多位研究者的研究得出重要的结论：①由于蔷薇属植物的分布区域和开花时间重叠、具有共同的传粉媒介和可育的杂交种，自然杂交容易发生；②亲缘关系较近的种间及不同组的种间均可自然杂交；③多倍体非常普遍，尤其是狗蔷薇组（Sect. *Caninae*）和蔷薇组（Sect. *Gallicanae*）中；④杂交/渐渗在大多数植物类群的进化中起着重要作用，蔷薇属的植物类群也是如此。

（2）细胞学研究

蔷薇属染色体数是7的倍数，染色体范围从$2n=2x=14$到$2n=10x=70$，而非整倍体是少见的。根据《开花植物染色体图谱（*Chromosome Atlas of Flowering Plants*）》（Darlington and Wylie, 1955）公开的信息，*Hulthemia*亚属、*Platyrhodon*亚属和*Hesperodos*亚属中只有1个物种，均为$2n=2x$；第4个亚属*Eurosa*包含120余种，分为10组。其中*Banksianae*组、*Bracteata*e组、*Indicae*组、*Laevigatae*组和*Synstylae*组为$2n=2x$，*Gallicanae*组是$2n=4x$，*Carolinae*组和*Pimpinellifoliae*组是$2n=2x, 4x$，而*Caninae*组是$2n=4x, 5x$和$6x$，*Cinnamomeae*组是$2n=2x, 4x, 6x$和$8x$。*Caninae*组和*Cinnamomeae*组的倍性极其复杂。此外，在倍性研究中，流式细胞术是研究变异的一种有价值的方法，该方法可用于确定亲本和杂交种的倍性、筛选双倍染色体和单倍体植株以及在野生群体中进行倍性研究等。结合染色体显带和荧光原位杂交的细胞生物学技术亦逐渐应用于植物分类，可以很好地反映物种间的亲缘关系。

（3）微形态结合孢粉学研究

在20世纪后期较多的研究者开始关注花粉形态，同时借助显微技术的发展，结合其他器官的微形态进行关联研究，比如蔷薇属植物叶片的微形态及毛被微形态情况，对认识一些种间的差异、提出分类标准起到了很好的作用。花粉的结构和形态往往比较稳定和保守，对于复杂的蔷薇属而言，花粉形态可用于辅助组的划分或部分种的鉴定。

（4）利用生物技术方法鉴定种和变种

许多研究试图扩大和厘清蔷薇属的植物学分类成果。Gudin（2000）回顾了描述该属所采用的不同方法，如测定倍性水平的流式细胞术、基于DNA样本的RAPD分析、花朵酚类化合物的统计分析、挥发性物质的表征、计算典型判别分析和表型数据的聚类分析。总之，一些蔷薇属植物的鉴定和基于形态的分类仍然不尽人意，但分子的证据对解决种和变种的鉴定问题有较大帮助。

20世纪90年代，基于分子遗传学方法在分类学中的应用，分子标记被开发用于

鉴定月季品种及鉴定蔷薇属物种的亲缘关系。早期常用的是RAPD和RFLP标记，后来人们开发了微卫星标记（Morgante and Olivieri, 1993）和AFLP（Vos *et al*., 1995）。Koopman *et al*.（2008）认为，这两种类型的标记结合了高再现性和高多态性，潜在地增加了系统发育分析的可靠性和分辨率，最重要的是两种标记都允许在全基因组水平上采样，增加了数据集和系统发育中代表物种的进化特征的机会，而不是个体特征。

近年来，随着生物技术的迅猛发展，基因组和核苷酸序列分析被广泛应用于分类研究，特别是在识别相似物种时可有效解决植物系统发育关系。截至目前已完成多个蔷薇属植物的核基因组测序，包括玫瑰*R. rugosa*（Chen *et al*., 2021; Zang *et al*., 2021）、野蔷薇*R. multiflora*（Nakamura *et al*., 2018）、缫丝花*R. roxburghii*（Lu *et al*., 2016; Zong *et al*., 2024）、木香花*R. banksiae*（Jiang *et al*., 2024）、无籽刺梨*R. sterilis*（Zong *et al*., 2024）、'月月粉' *R. chinensis* 'Old Blush'（Hibrand *et al*., 2018; Raymond *et al*., 2018）和'赤龙含珠' *R. chinensis* 'Chilong Hanzhu'（Zhang *et al*., 2024），这些测序结果为深入研究蔷薇属植物物种起源、遗传多样性、基因挖掘和分子机制奠定了基础。如王思齐（2021）基于月季*R. chinensis*的参考基因组，对复伞房蔷薇*R. brunonii*复合群进行全基因组重测序，分析其群体遗传结构及遗传多样性，推测物种形成、演化机制及群体的历史动态；杨晨阳（2020）基于'月月粉'基因组获得单拷贝核基因标记的参考序列，进而开展月季组种质资源遗传多样性和系统进化分析。此外，利用叶绿体基因组的保守性特点对蔷薇属植物进行系统进化研究，结果发现蔷薇属以形态分析为主的传统属下分组系统与基于叶绿体全基因组系统学分析结果存在一定差异（Zhang *et al*., 2022; 关莹, 2023），并证实了一些近缘种间的亲缘关系（Jian *et al*., 2018; Lin *et al*., 2019; 纵丹 等, 2024）。

综上，回顾蔷薇属分类历史和研究结果，Rehder的分类系统被较广泛地接受。目前，大部分国家和地区蔷薇属植物的分类都是建立在Rehder分类系统的基础之上，并根据本国资源情况做出适当的调整。Wissemann *et al*.（2003）在前人基础上，对蔷薇属的分类系统进行了更新修订，该系统包含4亚属：*Hulthemia*（1种）、*Rosa*（约180种）、*Hesperhodos*（2种）和*Platyrhodon*（1种）。*Rosa*亚属分为10组（*Pinpinellifoliae*, *Rosa*, *Caninae*, *Carolinae*, *Cinnamomeae*, *Synstyae*, *Indicae*, *Banksianae*, *Laevigatae* 和 *Bracteatae*），*Caninae*组分为6亚组（*Trachyphylae*, *Rubrifoliae*, *Vestitae*, *Rubiginae*, *Tomentellae*和*Caninae*）。Wissemann保留了Rehder的亚属和科的划分，但定义了6个新的亚组。尽管已完成的系统演化分析无法推导出蔷薇属完全准确的分类结论，但在很大程度上已取得进展（Wissemann, 2003）。

Riaz *et al*.（2007）认为，蔷薇属物种没有得到很好的定义。在对野生蔷薇类群的研究中，多数研究者根据不同国家和地区植物特征，采用不同的分类标准来确定种。蔷薇属种的确定和分类应当结合现代的分子系统学研究，即基于形态学和分子生物学的使用，如APG分类系统解决了一些依据形态性状未能确定的类群系统位置。APG系统是基于对叶绿体和核糖体编码基因的分析，并结合形态学特性形成的被子植物系统发育树（Folta and Gardiner, 2009），该方法对研究世界蔷薇属的分类具有很好的借鉴意义。

（二）中国蔷薇属分类研究综述

中国蔷薇属虽然资源丰富，但系统分类研究晚于国外。针对世界蔷薇属分类问题，中国学者们多采用Focke（1888）的广义蔷薇属的分类概念。在分类系统上，《中国植物志》（1985）第37卷，俞德浚先生根据具体情况将已知原产和引进的蔷薇属植物共82种，分为2亚属9组7系，建立了适用于中国蔷薇属的分类系统。该系统与Rehder分类系统基本相同，将蔷薇亚属名称Subgen. *Eurosa*更改为Subgen. *Rosa*，取消原有的缫丝花亚属Subgen. *Platyrhodon*，成为蔷薇亚属下的一个组，即小叶组Sect. *Microphyllae*，同时未收录仅在国外分布的狗蔷薇组Sect. *Caninae*和卡罗莱纳组Sect. *Carolinae*，但保留了蔷薇组Sect. *Rosa*（现为Sect. *Gallicae*）。Ku和Kenneth在*Flora of China*（2003）继续沿用俞德浚分类系统，整理统计了中国分布的95种野生蔷薇种质资源，删除了上述的蔷薇组，保留了2亚属8组7系；蔷薇亚属包括了芹叶组Sect. *Pimpinllifoliae*（包括2系：四数花系Ser. *Sericeae*和五数花系Ser. *Spinosissimae*）、桂味组Sect. *Cinnamomeae*（包括3系：脱萼系Ser. *Beggeriana*、宿萼大叶系Ser. *Cinnamomeae*、宿萼小叶系Ser. *Webbianae*）、合柱组Sect. *Synstylae*（包括2系：齿裂托叶系Ser. *Multiflorae*、全缘托叶系Ser. *Brunonianae*）、月季组Sect. *Chinenses*、木香组Sect. *Banksianae*、金樱子组Sect. *Laevigatae*、硕苞组Sect. *Bracteatae*、小叶组Sect. *Microphyllae*等8组。这个分类系统为我国蔷薇属植物的开发、利用和研究奠定了重要的基础，具有重要的经济意义和学术价值。国内各省（自治区、直辖市）植物志及蔷薇属的主要研究者均使用该分类系统开展相关工作。但随着蔷薇属植物研究的深入，发现该分类系统的属内分类等级存在一定的局限性，与一些物种真实的进化关系亦存在矛盾，还存在同物异名的问题。

达尔文提到蔷薇属的分类是复杂和困难的（Wissemann, 2002）。一些种在自然生长条件下种间缺乏明显的差异，很难从谱系中估计种间的遗传关系和遗传多样性，也无法从学名上辨别种、杂交种和栽培类型，栽培品种也有很多重名（白锦荣 等, 2009），迫切需要新的分类工具对传统分类的补充和改进。近年来，随着生物技术的不断进步，前人在蔷薇属植物的分类工作中已做了大量研究，研究者们利用不同方法和手段来探索蔷薇属植物的遗传变异现象，已取得一定的进展，但其变异现象依旧丰富而复杂，制定出一个合理且全面的分类方案依旧十分困难。

以下分别从形态学、孢粉学、细胞学、分子生物学四个方面综合了中国学者最近30年在蔷薇属分类及相关研究的进展，仅按时间顺序列举，未做合并，所涉及植物名、学名等保持原文著述，仅供读者比较、思考。

1. 形态学研究进展

形态分类学是指运用形态标记进行分类的一种方法。依据植物外部形态特征，对植物全面观察和进行对比分析，研究其相似性与变异性，区别和确定不同的植物类群（贺学礼, 2010），能够直观反映植物演化及亲缘关系的远近，是科属分类和种以下分类的重要依据。

（1）叶

叶是植物重要的营养器官之一，也是用来鉴定植物种类的重要依据之一。植物的叶表皮特征具有一定的遗传稳定性，因此叶表皮的微形态特征在一定程度上能够反映类群间的亲缘关系，在植物种间或属间分类、植物系统关系探讨等多方面具有重要的研究价值。近年来，不少学者从叶表皮的微形态上对植物进行分类研究（吕海亮 等, 1996; 高武军 等, 2009; 王虹 等, 2014; 雒宏佳 等, 2015），但有关蔷薇属植物的叶表皮的微形态的研究报道较少。

和渊等（2008）对蔷薇亚科8属17种植物的叶表皮微形态特征进行观察研究，将蔷薇亚科植物可划分为3种气孔器类型，即无规则型、放射状细胞型和无规则四细胞型，表明叶表皮微形态特征在一定程度上能够反映该亚科一些属种之间的演化关系。

张雪梅和范曾丽（2012）对多花蔷薇*R. multiflora*、黄刺玫*R. xanthina*、伞花蔷薇*R. maximowiczian*、七里香*R. banksiae* 4种蔷薇及同科植物垂丝海棠*Malus halliana*的叶表皮微形态特征进行观察研究，发现5种蔷薇科植物叶表皮形态较为一致，但表皮细胞垂周壁式样、气孔长短轴之比及气孔器指数等细微特征在种间存在差异，可以区分种类。

曾妮等（2017）对30种中国蔷薇属植物叶表皮的微形态特征进行了观察，发现该属植物的叶表皮细胞大小种间差异较大，角质层纹饰多样，大多植物叶片表面具柔毛，均为单毛，有长柔毛和短柔毛，毛基部无特化。小檗叶蔷薇*R. berberifolia*的气孔器具有双层外拱盖，且仅上表皮被毛等特征，说明了其在演化上的特殊地位。蔷薇属植物叶表皮的微形态特征在属内各组间无明确的规律性，但可为探讨种间的分类及亲缘关系提供依据。

（2）种子

种子作为植物主要的繁殖器官具有相对稳定性，其特征差异在很大程度上反映了其遗传和系统发育上的差异，因此可为种的划分和探讨种间亲缘关系提供有价值的信息（Barthlott, 1984）。

韦筱媚（2008）对我国蔷薇属芹叶组14个种及相关组5个组共36种植物的种子宏观形态及种皮微形态特征进行了观察，结果显示，蔷薇属种子形态多样，其纹饰以网纹为主，可分为3种类型：近平滑型、负网纹型和网纹型。蔷薇属种子表面纹饰与地理分布关系不大，具有组及种内稳定性，其种子形态、大小、表面纹饰类型等特征可作为蔷薇属组及种水平上的分类依据。

曾妮（2016）对42个蔷薇属植物（2亚属9组）的种子形态特征研究，发现蔷薇属植物的种子形状多样，种子颜色以深浅不一的褐色为主，大小在各组间相差较小，宏观形态特征在组内具一致性。种皮纹饰特征在种间有差异，但在组内有一定的稳定性。其种皮特征可作为蔷薇属植物种水平的分类依据。此外，研究还发现叶片、花序、果实、种子及叶表皮微形态等43个性状在蔷薇属中分布不集中，性状间的相关性不强，表明在蔷薇属植物演化过程中，形态学性状的变异在一定程度上是独立的。

（3）综合形态及其他

王兰州（1990）对甘肃产蔷薇属植物的31个形态性状进行系统分析与整理，根据聚类分析及表型鉴定的结果，确定了甘肃有蔷薇属植物29种6变种和4变型。认为拟木香*Rosa banksiopsis*为尾萼蔷薇*R. caudata*的异名，确定了7种和1变种为甘肃分布的新记录，并将已知甘肃蔷薇属种类编制成检索表。

于守超等（2005）选取37个形态性状，对21个平阴玫瑰品种*R. rugosa* cvs.进行分类学研究。结果表明，玫瑰系与蔷薇系的品种亲缘关系较近，二者与月季系品种间的亲缘关系较远。

贾元义（2005）以150个月季品种为材料，初选39个形态性状进行编码分析，主成分分析认为株型为月季品种分类的第一级标准，花部性状为第二级标准，叶部特征为第三级标准。

张广进（2006）选取20个月季品种的37个形态性状进行数量分类学研究。结果表明，枝（株）型作为月季品种分类的主要标准是稳定的，作为一个比较高级的分类标准是适宜的；Q型聚类分析首先将供试品种分为两系：典型藤本系、藤本系；然后再分为三类：单瓣类、复瓣类和重瓣类。

李保忠（2008）以24个月季品种为材料，初选36个形态性状，从形态学方面对其进行分类鉴定和亲缘关系的探讨。结果表明，花部指标为月季品种分类的第一级标准，植株枝部指标为第二级标准，叶部综合指标为第三级标准。

邱显钦等（2010）对分布于云南的6个复伞房蔷薇*R.brunonii*天然居群的15个表型性状进行分类学研究，结果表明复伞房蔷薇表型性状在群体间和群体内均存在丰富的变异，群体内变异是复伞房蔷薇的主要变异来源。基于群体间欧氏距离的UPGMA聚类分析，可将6个天然群体划分为两类。

罗丹（2013）分析72个月季品种的28个性状指标，结果表明，植株生长习性及花器官的外部形态是月季分类的重要基础；花瓣的大小、植株高度、枝条曲直、皮刺状态及数量对月季分类较为重要，而枝条颜色、小刺数量、小叶形态、叶缘锯齿、花香、花瓣形状、花柱相对花药高低、抗病性对分类贡献小。

李丁男和张淑梅（2019）对白玉山蔷薇*R. baiyushanensis*外部形态进行对照研究发

现，白玉山蔷薇与原产欧洲的锈红蔷薇*R. rubiginosa*本质上没有区别，故将白玉山蔷薇处理为锈红蔷薇的异名。此外，根据Rehder蔷薇属分类系统白玉山蔷薇（锈红蔷薇）属于狗蔷薇组，纠正了*Flora of China*将白玉山蔷薇划分到桂味组的错误。

赵玲（2019）基于单瓣月季花*R. chinensis* var. *spontanea*与亮叶月季*R. lucidissima*居群表型性状分析发现，居群间没有以关键性状为标准分成两个大支。因此，认为传统分类上的单瓣月季花和亮叶月季应为同一种植物，居群间或居群内的不同植株因遗传变异和对环境长期适应产生了表型可塑性，在株型、叶片大小和形态、花色、花梗和嫩枝的腺毛有无等性状上出现了表型分化，建议将两个种合并成一个种，并根据种内的遗传变异将其定义为一个复合群。

赵梓安（2020）对蔷薇属80个品种的8个形态性状进行调查统计，结果表明其品种间茎叶刺的形态学差异较大，其中玫瑰、月季、野蔷薇之间皮刺形状差异明显，4种皮刺（平直刺、斜直刺、弯刺和钩刺）的形状都存在，同时叶片的大小、复叶中小叶数等也有明显区别。这些形态性可为分类研究提供参考。

Ullah *et al.*（2022）以中国分布的71个绢毛蔷薇*R. sericea*复合体居群的665个个体为材料，综合野外资料、生态因子和种群形态分析，发现该复合体具有重叠的性状，但大形态特征有明确的种界，可以区分。

洪铃雅（2006）及Hung and Wang（2022）在广泛的野外观察和详细的形态比较的基础上，从生态习性、根、茎、表皮、附属物、叶、花、果实、种子等特征对台湾产蔷薇属植物综合研究，特别是对合柱组的讨论。结果认为，托叶、花柱和顶生小叶的形状是台湾分类群的重要特征，托叶的形态是区分台湾分类群最可靠的特征，根据托叶边缘的类型可细分为全缘托叶系和齿裂托叶系；花柱是否有柔毛，形成柱状还是游离状，亦可作为本组成员与台湾其他分类群的区别。

2. 孢粉学研究进展

种子植物的花粉形态特征比较稳定，植物花粉的孔、沟数目、位置、花粉壁的结构和纹饰等特征可以用于植物分类学研究以及植物演化关系的探讨（贺学礼，2010）。

马燕和陈俊愉（1991）通过对中国原产的蔷薇属植物中的6个种（单瓣黄刺玫*R. xanthina* f. *normalis*、黄蔷薇*R. hugonis*、疏花蔷薇*R. laxa*、木香花、‘月月粉’、紫月季花*R. chinensis* var. *semperflorens*）和3个月季品种（‘丹凤朝阳’*R.* 'Danfeng Chaoyang'、‘杏花村’*R.* 'Betty Prior'、‘墨红’*R.* 'Glory Crimson'）的花粉进行扫描电镜观察，探讨了有关植物在进化过程中的地位，认为黄蔷薇、木香花在进化上较原始，其次是疏花蔷薇、单瓣黄刺玫，‘月月粉’又较紫月季花原始的演化趋势。

孙京田等（1993）对山东蔷薇属5种植物木香、黄刺玫、月季、玫瑰和野蔷薇的花粉进行扫描电镜观察，发现5种花粉外部形态有许多相似之处，这些相似的特征体现其亲缘关系，认为花粉形态及外壁纹饰能够为该属植物种间分类提供依据。

周丽华等（1999）对中国产蔷薇科蔷薇亚科10属12种植物的花粉进行观察，发现本亚科花粉呈单粒存在，花粉近球形至长球形，极面观常呈三裂圆形，赤道面观椭圆形至圆形。不同种花粉形态特征存在差异，认为穴状纹饰可能是蔷薇科较为原始的类型，并向条纹类型进化。

洪铃雅等（2006, 2022）对台湾分布的蔷薇属植物9个分类群进行花粉形态观察，结果表明蔷薇属花粉表面纹饰的基本形态属于条纹状，具有穿孔，在少数的几个分类群中有较大的差异，主要可以分为3类：花粉颗粒表面纹饰为条纹状，条纹间沟槽具不规则穿孔；花粉颗粒表面条纹较宽，呈不规则弯曲，条纹间沟槽具不规则穿孔；花粉颗粒表面纹饰为条纹-网纹状。

管晓庆（2007）对青岛地区蔷薇的1个变种、20个品种进行孢粉学研究，发现花粉形态特征较为一致：花粉粒多呈超长球形、长球形，赤道面观为椭圆形或长椭圆形，极面观为三裂圆形或近圆形，具三孔沟，以等间距环状分布，为$N_3P_4C_3$类型，为中等大小类型花粉，花粉外壁纹饰以条纹和覆盖层穿孔为主，花粉形态聚类分析可将其分为4类。

冯立国等（2007）以采自山东、辽宁和吉林的6个具有代表性的野生玫瑰居群的花粉为试材，对其形态进行系统地观察和比较，并进行聚类分析。结果认为花粉外壁的条纹从分枝短且粗、排列不整齐向分枝长、排列整齐发展，并且条嵴从宽、平向窄、嵴间沟深进化。吉林地区的野生玫瑰可能是较进化的居群，山东和辽宁地区的野生玫瑰可能是较原始的居群，而山东牟平的野生玫瑰则可能是最原始的居群。

韦筱媚等（2008）对绢毛蔷薇复合体，包括绢毛蔷薇、峨眉蔷薇 *R. omeiensis* 和毛叶蔷薇 *R. mairei* 等3种蔷薇的花粉形态进行扫描电镜观察。结果表明，三者花粉形态相差不大，但种间具细微区别，如峨眉蔷薇和绢毛蔷薇条嵴边缘具波状缺刻，毛叶蔷薇条嵴平滑，边缘无缺刻。同时，绢毛蔷薇花粉表面纹饰的条嵴为短条嵴，而峨眉蔷薇为长条嵴；对不同样品的研究发现，峨眉蔷薇花粉表面纹饰的条嵴存在两种类型，其中一种与绢毛蔷薇表面纹饰一样。

白锦荣等（2009, 2011）观察了野生蔷薇及中国传统月季品种的花粉形态，认为蔷薇属的外壁纹饰以条纹状纹饰为主，种间穿孔的有无、密度和大小有差异可辅助判断进化和亲缘关系，并认为芹叶组可能为较原始的类型，桂味组次之，合柱组与月季组较进化也比较相近。花粉大小和外壁纹饰特征在反映传统月季品种的类别上与形态分类基本一致。

罗乐等（2011, 2017）对蔷薇属25个种及4个月季品种的花粉形态进行观察分析，对蔷薇属植物的花粉形状、外壁纹饰等进行总结分类，探讨单叶蔷薇亚属及蔷薇亚属各组亲缘关系。结果表明，大部分花粉都为超长球形；在疏花蔷薇、托木尔蔷薇以及重瓣

黄刺玫*R. xanthina*花粉中发现有二型现象。聚类分析表明，小檗叶蔷薇与其他种亲缘关系较远；芹叶组的外壁纹饰多为较原始的条纹类；桂味组中的弯刺蔷薇*R. beggeriana*与其他蔷薇的纹饰有明显区别，被单独分开。

崔娇鹏（2018）对中国和国外原产的6种蔷薇属植物的花粉进行扫描电镜观察，表明6种蔷薇属植物花粉类型均为$N_3P_4C_5$型，3沟花粉；花粉在大小、外壁纹饰、孔穴等形态上具有比较明显的差异；花粉特征差异聚类结果与形态分类基本一致，其中单瓣月季花可能是6个物种中最为进化的种类。

程璧瑄等（2021）分析了月季组的香水月季*R. odorata*等25份材料的花粉形态，结果表明，不同种类之间花粉的外壁纹饰具有一定的相似性，但仍然在条纹走向和孔穴穿透等非数量性状方面有所差异，依据聚类分析结果将所有材料划分为4类。推测单瓣月季花是蔷薇属中较为原始的物种，而香水月季是蔷薇属中1个较为进化的物种。

3. 细胞学研究进展

19世纪末期进行大量染色体相关研究之后，蔷薇属的分类学研究有了较为快速的发展。细胞学的分类研究是利用染色体的形态结构、数目、核型来解决分类学问题，探讨种群的发育过程和演化关系，明确植物类群的变异和起源关系（贺学礼, 2010）。

蔷薇属植物是最先吸引了细胞学家注意力的庭园植物之一（Rowley, 1967），林奈时期即对其进行了染色体研究（Blackburn和Heslop Harrison, 1924）。从1904年Strasburger对蔷薇属染色体基数（由于材料较少不具有代表性，初步认定基数为8）的报道至今，全世界对其胞核学的研究已有很多（蹇洪英 等, 2009）。Täckholm（1920）通过对多个不同蔷薇物种材料的研究，发现基数为7，Blackbum与Harrison在选用蔷薇亚属的多个物种进行观察后，发现染色体全部为14个，也证明了这一结论（Rögl, 1999）。由此人们普遍认为蔷薇属植物的原始染色体为$2n$=14，基数为7，然而随着各类变种、变型以及新品种的报道，对于蔷薇属植物的染色体数目逐渐有了更多的认识。但鉴定蔷薇属的每一条染色体仍很困难，主要原因是蔷薇属植物的染色体为小染色体（Akasaka *et al*., 2002, 2003; Andras *et al*., 1999），导致清晰、全面的染色体形态信息获取存在困难，更使荧光原位杂交技术在蔷薇属中的应用受到一定的限制，难以稳定地得到高质量的荧光原位杂交图谱（Fernández-Romero *et al*., 2001）。目前，关于蔷薇属细胞学研究主要通过以下3个方面实现：

（1）染色体核型

刘东华和李懋学（1985）报道了蔷薇属5种及14个品种的染色体数目和核型，讨论了蔷薇属植物的倍性及混倍体存在的可能性。结果表明，花径大小与倍性有一定关系，小花型为二倍体，$2n=2x=14$，少数为混倍体；中花型为三倍体，$2n=3x=21$；大花型为四倍体，$2n=4x=28$。

马燕和陈俊愉（1991）报道了在刺玫月季育种中使用的6个亲本和4个F_1代杂种的染色体数目和核型，各亲本的染色体数目虽然不同，但在大小和类型上差异很小，有共同的起源和一定的同质性。之后，马燕等（1992）又对原产中国的6种蔷薇属植物（巨花蔷薇*R. gigantea*、疏花蔷薇、宽刺蔷薇*R. platyacantha*、弯刺蔷薇、月季花、紫月季花）进行核型分析。结果发现所有材料的倍性为二倍体或三倍体，均为小染色体，其中大部分属于对称核型。

杨爽等（2008）对新疆分布的弯刺蔷薇和疏花蔷薇根尖进行核型分析，结果表明，两者为小染色体类型，均属于2A型，为对称核型，属于原始的类型，亲缘关系近。其中弯刺蔷薇为二倍体，疏花蔷薇为四倍体。

罗乐等（2009）对16个特有的中国传统月季品种进行核型分析，结果表明，测试品种的倍性可分为3类，品种的倍性化与报道过的野生蔷薇、现代月季品种的演化基本一致，倍性与表型呈一定的正相关性，野生的种质多为二倍体，小花的、低矮的多为三倍体，大花的、重瓣性强的种质多为四倍体甚至更高。

于超等（2011）对新疆采集5份疏花蔷薇进行核型分析，结果表明，疏花蔷薇存在二倍体和四倍体两种核型，核型分类包括3种类型，认为不同倍性的出现与不同区域、不同生境下生长有一定相关性。研究结果支持将托木尔蔷薇作为疏花蔷薇在新疆的特殊地理种，建议喀什疏花蔷薇*R. laxa* var. *kaschgarica*作为疏花蔷薇的变种。

马雪（2013）通过对6个蔷薇种及变种（四季玫瑰、红玫瑰*R. rugosa* f. *plena*、刺玫蔷薇*R. davurica*、长白蔷薇*R. koreana*、深山蔷薇*R. marretii*及白玫瑰*R. rugosa*）进行核型分析，结果表明不同种核型存在差异，核型分析的方法可以作为染色体倍性确定的有效途径之一，根据核型分析可初步确定，深山蔷薇与长白蔷薇亲缘关系较近。

Jian *et al.*（2013）对云南分布的24个野生蔷薇进行核型研究，结果表明，云南野生蔷薇种质具有丰富的核型多样性，多倍体化可能在蔷薇属的进化和物种形成中发挥了非常重要的作用，且主要发生在滇西北高寒山区。

Deng *et al.*（2022）报道了中国蔷薇属植物托木尔蔷薇，其核型公式为$2n=4x=28$ m，核型为1B，同时结合形态特征、孢粉和基因组证据，证实了托木尔蔷薇与疏花蔷薇有明显不同，托木尔蔷薇是蔷薇属的独立种。

（2）流式细胞术

流式细胞术自20世纪80年代开始用于植物研究，具有测量速度快、测量参数多的优点，日益受到重视。Dickson *et al.*（1992）和Moyne *et al.*（1993）分别利用流式细胞术检测出野蔷薇和玫瑰的DNA含量，随后该方法被用于多个蔷薇属植物种（品种）的基因组大小和倍性检测。

我国学者运用该方法的研究起步较晚。丁晓六等（2014）以现代月季品种为母本，玫瑰品种为父本进行杂交，结果表明杂交后代整合了现代月季和玫瑰的遗传物质和表型

特征。研究结果也证明，流式细胞术可以作为不同倍性蔷薇属植物杂交后代的快速鉴定方法。

武荣花等（2016）以18个中国古老月季为试材，应用流式细胞术测定其基因组大小，为揭示中国古老月季的起源与进化提供了依据，也为其之后的基因组测序工作奠定了基础。

李诗琦等（2017）以17种中国野生蔷薇为试材，应用流式细胞术测定其核DNA含量及染色体倍性。结果表明，流式细胞术检测结果与常规染色体压片法结果一致，可对中国野生蔷薇的倍性研究进行补充。

吴钰滢等（2019）应用流式细胞术检测现代月季品种‘赞歌’*R.* 'Sanka'和粉团蔷薇*R. multiflora* var. *cathayensis*杂交后代群体的倍性，综合分析得到流式细胞仪测定倍性的准确率可达93.41%。

吉乃喆等（2019）以4个三倍体中国古老月季为材料，利用流式细胞术结合染色体压片对后代进行倍性检测来获得三倍体可育配子信息。

段登文等（2021）以6种食用玫瑰顶芽茎尖为试材，利用流式细胞术对其进行核DNA含量检测及染色体倍性检验。综上，流式细胞术能够有效用于蔷薇属植物的倍性检测和DNA含量大小测定。

（3）染色体原位杂交

田敏等（2013）采用荧光原位杂交技术研究45S rDNA在10个中国古老月季品种染色体上的差异，发现在月季组野生种到中国古老月季品种的形成过程中，45S rDNA位点数与多倍化过程紧密相关，与倍性成正比，数量和位点与原产中国的野生种一致，但在现代品种中的45S rDNA位点数减少。在一定程度上表明中国古老月季是由原产中国的一些野生种经长期的杂交或自然突变，经由人工选育固定下来而形成的。此外，对月季、香水月季不同变种进行染色体荧光原位杂交，发现不同变种之间在染色体结构及45S rDNA拷贝数上存在多样性。

张婷等（2014）对3个二倍体蔷薇野生种（多苞蔷薇*R. multibracteata*、川滇蔷薇*R. soulieana*、金樱子*R. laevigata*）进行原位杂交研究，结果表明45S rDNA和5S rDNA探针能准确地识别3种蔷薇属植物染色体组中的同源染色体，还能通过杂交位点数量、位置和强弱体现各自染色体的结构特征，从分子细胞遗传学层面对野生种间关系作了阐述。

张婷等（2018）利用45S和5S rDNA为探针对长尖叶蔷薇*R. longicuspis*染色体进行FISH研究，可准确识别其染色体组中的同源染色体，体现其在染色体水平上的特征。长尖叶蔷薇与同属于合柱组的野蔷薇、光叶蔷薇*R. wichuriana*及川滇蔷薇的45S rDNA位点数相同，但5S rDNA存在较强差异，rDNA的分布和杂交位点的特征可将这4种亲缘关系很近的物种在染色体水平上区分开。

谭炯锐（2019）对原产中国7个组的17种蔷薇属植物的45S和5S rDNA进行定位分析。结果表明，缫丝花与蔷薇属其他种的亲缘关系较远。阿克苏地区和伊犁地区的疏花蔷薇的核型不同，且45S和5S rDNA的数量和位置不同，支持阿克苏地区的疏花蔷薇应为疏花蔷薇的新变种。

方桥等（2020）以中甸刺玫*R. praelucens*及与其同域分布的20个近缘种为研究材料，以45S rDNA和5S rDNA为探针，采用双色荧光原位杂交技术研究其细胞核型，结果表明21种蔷薇属植物中只有中甸刺玫的核型为2B，其他种的核型均为2A。结合前人的分子证据，推测细梗蔷薇*R. graciliflora*、华西蔷薇*R. moyesii*和西南蔷薇*R. murielae*可能是中甸刺玫的原始亲本，但不排除川西蔷薇*R. sikangensis*是其亲本的可能性。

4. 分子生物学研究进展

DNA序列直接反映物种的基因型，记录了物种进化过程中发生的很多信息，因此，DNA序列研究为植物分类研究提供了更加可靠的证据（贺学礼, 2010）。与经典分类学相比，蔷薇属的分子系统学研究起步较晚，1994年Kim and Byrne（1994）等人采用同工酶对蔷薇属进行分类鉴定标志着蔷薇属分子系统学研究的开始，最初的结论基本支持Rehder（1940）分类系统（周玉泉, 2017）。随着分子生物学技术的不断更新，越来越多的利用*ITS*、*matK*等DNA片段所进行的系统发育研究认为Rehder（1940）所划分的类群不为单系。

（1）分子标记

Jan *et al*.（1999）利用RAPD标记技术对蔷薇亚属8组36种植物和1种沙蔷薇亚属植物、1种缫丝花亚属植物进行了分析，结果表明利用RAPD数据对蔷薇属的分类研究结果支持传统的分类方法；亚洲分布的蔷薇植物组（金樱子组、木香组、硕苞组、芹叶组、月季组和合柱组）与北美的蔷薇植物组（卡罗莱纳组和桂味组）始终分布较远，建议将卡罗莱纳组和桂味组归为一组，将沙蔷薇亚属和缫丝花亚属并入蔷薇亚属。

郭立海等（2002）利用RAPD技术对28个月季品种和2个蔷薇种进行了遗传多样性分析，聚类结果表明杂种茶香月季（Hybrid Tea Roses）、丰花月季（Floribunds Roses）、藤本月季（Climbing Roses）和大花月季（Grandiflora Roses）基本聚在了一起，而微型月季（Miniature Roses）和地被月季（Ground Roses）聚在一起，结果与各类群月季的外部形态相吻合。尖刺蔷薇*R. oxyacantha*和疏花蔷薇聚在一起，表明这两个蔷薇与月季的亲缘关系比较远，可能是比较原始的蔷薇种。

陈向明等（2002）对蔷薇属的玫瑰、月季、蔷薇3个种的15份材料进行RAPD分析并构建系统进化树，当相似性系数0.5时，玫瑰与月季为一个聚类组，蔷薇为另一个聚类组；当相似性系数0.6时，4个蔷薇品种分为4个不同的聚类组，5个月季品种为一个聚类组，5个玫瑰品种为一个聚类组，平阴紫枝玫瑰*R. rugosa* 'Zizhi'单独为一个聚类组，表明玫瑰与月季的亲缘关系较近，两者与蔷薇的亲缘关系较远。

李玉舒（2006）利用AFLP分子标记技术对山东平阴、甘肃苦水和北京妙峰山地区种植的37个玫瑰品种和5个蔷薇种进行研究，获得AFLP指纹图谱，结果将玫瑰品种与蔷薇品种明显区分开，从分子水平上证明了玫瑰与玫瑰杂交种的存在，和把枝（株）型作为玫瑰品种分类的第二级标准是正确的。

管晓庆等（2008）采用RAPD技术对青岛地区蔷薇的1个变种20个品种进行亲缘关系的分析，结果表明供试蔷薇品种间存在丰富的遗传多态性，21个材料被聚为两大类；白色、单瓣是蔷薇较为原始的一个性状，花径大、重瓣性高是现代蔷薇栽培品种的性状，而部分粉红色半重瓣蔷薇则是从野生种到现代栽培品种的中间过渡类型。

许凤（2009）基于SSR标记对蔷薇属40个野生种研究发现其具有丰富的遗传多样性。其中，野蔷薇和七姊妹 *R. multiflora* 'Grevillei' 间二者的亲缘关系最近；而全针蔷薇 *R. persetosa* 和野蔷薇、七姊妹间，滇边蔷薇 *R. forrestiana* 和野蔷薇、七姊妹间亲缘关系较远。进一步对21份古老月季品种以及29份现代月季品种进行多态性扩增发现月季组野生种与古老月季品种‘绿萼’*Rosa chinensis* 'Viridiflora'、‘月月粉’有较近的亲缘关系。

白锦荣（2009）建立适合于蔷薇属亲缘关系分析的SSR反应体系，对64份蔷薇属种质资源的研究得出，传统月季品种分别与合柱组、月季组聚在一起，亲缘关系较近，而与木香组、小叶组、芹叶组和金樱子组亲缘关系较远；野蔷薇、淡黄香水月季与现代杂种香水月季聚为一组；中甸刺玫与桂味组的玫瑰和山刺玫 *R. davurica* 聚为一类，而与缫丝花遗传距离较远。

周宁宁等（2011, 2012）利用SSR技术分析8个绢毛蔷薇居群和11个峨眉蔷薇群体的遗传多样性，表明绢毛蔷薇和峨眉蔷薇居群具有较高的遗传多样性，居群内遗传变异是绢毛蔷薇和峨眉蔷薇变异的主要来源，居群间变异是绢毛蔷薇和峨眉蔷薇变异的重要组成部分，基因流受阻和遗传漂变是绢毛蔷薇和峨眉蔷薇居群间产生遗传分化的原因之一。

张羽（2012）利用SSR标记研究显示4个绢毛蔷薇居群，4个峨眉蔷薇居群，2个川西蔷薇居群以及1个毛叶蔷薇居群遗传结构呈松散的地理隔离格局，同区域近缘种居群间关系比不同区域同种居群间遗传关系更近或者类似。种间基因流是形成峨眉蔷薇以及其成对居群遗传结构的主要因素，而共享祖先变异则是促成绢毛蔷薇和川西蔷薇遗传结构的主要原因。绢毛蔷薇复合群共同维持了一个基因库，且遗传结构与物种界定的关系不大，认为将绢毛蔷薇复合群作为一个分类单元来处理比较合适。

Jiang（2017）利用保守的DNA衍生多态性标记（CDDP）分析中国6个不同群体玫瑰的亲缘关系，聚类分析表明，这些玫瑰居群可划分为6个主要类群。表明该标记技术可以有效地揭示玫瑰中国特有群体的遗传多样性。尽管种群遗传结构在一定程度上反映了地理结构，但除了地理距离之外，其他因素也导致遗传变异的产生。

杨晨阳等（2018）运用SSR标记及单拷贝核基因GAPDH对50份蔷薇属植物样本、

42个种或品种进行遗传多样性分析，发现蔷薇属植物基于遗传关系的分类体系与现有的植物学分类系统有较大的差别，月季组、合柱组间遗传关系十分紧密，芹叶组、桂味组没有形成单系类群，这两组间可能存在着基因交流事件，传统分类中的小叶组中两个种没有很近的亲缘关系。

吴高琼（2020）利用SSR标记对中国古老月季、野生蔷薇、云南民间栽培月季和现代月季四类共191份材料进行亲缘关系和群体结构分析，发现野生蔷薇类群的遗传多样性最高，其他类群较低，蔷薇属植物的遗传变异主要来源于类群内的个体之间。野生单瓣月季花、粉红香水月季*R. odorata* var. *erubescens*与‘月月粉’、‘绿萼’、‘月月红’*R. chinensis* 'Yueyuehong'等古老月季品种的亲缘关系较近，玫红香水月季*R. odorata* 'Light Pink'与‘玉玲珑’*Rosa chinensis* 'Yulinglong'等品种的亲缘关系较近。

Li *et al.*（2023）利用SSR标记对42个单瓣月季花居群和2个亮叶月季居群进行分析，结果表明二者不能作为单独的种区分，单瓣月季花复合体的种群分化受地理隔离和气候异质性影响，长江和乌江是居群生态位分化的屏障，最冷季降水量是分化的关键因素，气候变化影响其分布范围。

（2）基因组分析

Matsumoto *et al.*（2000）基于*ITS*区域研究了蔷薇亚属的分子系统学，结果表明月季花、巨花蔷薇、野蔷薇、光叶蔷薇和法国蔷薇属于一个分化支，这与原种在杂交育种中利用的状况一致，但在种的归属上与经典分类略有差异，芹叶组中密刺蔷薇*R. spinosissima*、双色异味蔷薇*R. foetida* var. *bicolor*、绢毛蔷薇并未形成一个分化支。

Bruneau *et al.*（2007）对70个蔷薇属植物的*trnL-F*区叶绿体序列和*psbA-trnH*基因间间隔序列的系统发育分析表明，蔷薇属可分为两大分支，第一支系包括卡罗莱纳组、桂味组和芹叶组，但第二分支中木香、缫丝花和单叶蔷薇与其他各组并列，同时发现*R. minutifolia*与其他各组遗传距离较远。

白锦荣（2009）利用核糖体内转录间隔区分析了64份蔷薇属种质资源的序列*nrITS*序列，分析结果发现，传统月季品种分别与合柱组和月季组聚在一起，可以推导月季组和合柱组在古老月季品种的形成过程中具有重要作用。中甸刺玫和缫丝花分别与不同的桂味组野生种聚在一起。木香组形成一个单支，与其他各组并列，显示出较远的遗传距离。

Qiu *et al.*（2012）利用*ITS*区域和叶绿体基因*matK*对中国9个植物区系的39份野生蔷薇材料进行了分析，结果表明除黄刺玫外，芹叶组6个种形成一个分支，分子水平证实了合柱组和月季组具有相似性；而来自小叶组的中甸刺玫与桂味组的所有植物形成一个分支。

Gao *et al.*（2015）结合叶绿体片段和谱系地理学方法，对东亚特有的高山灌木类群绢毛蔷薇复合体开展研究。结果表明该类群的变异主要在居群间，而组间和居群内变

异较小，更多的变异可能来自居群内奠基者效应以及之后的随机漂变。

邓亨宁等（2015）为追溯无籽刺梨的物种起源，以该种及同域分布的蔷薇属14种2变种和2变型为实验材料，选取5个叶绿体基因片段及2个核基因片段进行扩增和测序，系统发育重建结果表明，无籽刺梨起源于长尖叶蔷薇与缫丝花的天然杂交，长尖叶蔷薇和缫丝花分别为其母本和父本。

朱章明（2015）用四个叶绿体片段和两个核基因片段对月季组和合柱组的系统发育关系进行重建，表明蔷薇属经典分类系统中的合柱组和月季组均不是单系，叶绿体基因、*nrITS*和单拷贝核基因GAPDH结果具有许多不一致的地方；谱系地理研究表明分布于横断山脉和青藏高原东缘的川滇蔷薇复合群构成很好的一个单系。此外，通过对丽江蔷薇*R. lichiangensis*来源进行鉴定发现，其母系祖先是川滇蔷薇，父系祖先是粉团蔷薇。

吴旻等（2018）通过2个单拷贝核基因和43个形态特征对川滇蔷薇进行亲缘关系研究，发现川滇蔷薇是横断山地区的特有种，安徽没有川滇蔷薇分布；其居群并没有严格地按照地理距离或4个变种的种下分类系统进行聚类，说明川滇蔷薇的变种不是独立的演化单元，而是复杂多变的生境条件的表型可塑性反应，居群间的变异是其表型变异的主要来源。

邓亨宁（2016）运用两个核基因片段及五个叶绿体基因片段对小叶组展开系统发育学研究，认为小叶组并非是一个单系类群。中甸刺玫与来自桂味组的大叶蔷薇*R. macrophylla*及华西蔷薇构成姐妹关系；无籽刺梨同合柱组的长尖叶蔷薇保持有较近的亲缘关系。缫丝花及其变型构成一个很好的单系支，与白花刺梨*R. roxburghii* f. *candida*及无刺刺梨并未获得很好的界限。暗示属内存在杂交及基因渐渗等现象。

Lu *et al.*（2016）利用Illumina Hiseq 2500技术测序及组装首次完成了缫丝花的基因组草图，其大小为480.97Mb。Zong *et al.*（2024）获得高质量的缫丝花和无籽刺梨染色体水平的基因组，大小分别为504Mb和981.2Mb。基因组水平分析结果表明，无籽刺梨起源于缫丝花和长尖叶蔷薇的杂交。

周玉泉（2017）采用2个核基因和5个叶绿体基因或基因间隔区，对72个蔷薇属植物（包括种、变种和变型）进行了系统发育和各组的分化时间的研究，基本包括了蔷薇亚属传统分类中的所有组。研究结果表明，各组间的系统关系较为复杂，其中月季组、合柱组、蔷薇组、桂味组、卡罗莱纳组、小叶组和狗蔷薇组均不为单系类群。蔷薇组、狗蔷薇组与月季组和合柱组的系统关系较近。桂味组和卡罗莱纳组关系较近建议归并为一个组。木香组为单系类群，粉蕾木香*R. pseudobanksiae*可能属于木香组。金樱子组、硕苞组与木香组系统关系较近。位于中国西南地区的芹叶组类群为单系类群，腺叶蔷薇*R. kokanica*和异味蔷薇*R. foetida*与该组其他种的系统关系较远。

王开锦（2018）以蔷薇属50个种及变种为材料，利用5S rDNA、叶绿体DNA片段和AFLP分子标记构建蔷薇属的系统关系。结果显示，中甸刺玫均与桂味组的物种聚在一起，与小叶组的刺梨*R. roxburghii*不构成姐妹类群，相互间亲缘关系较远，其系统位置应从小叶组移至桂味组，细梗蔷薇、华西蔷薇、尾萼蔷薇、西南蔷薇和西北蔷薇*R. davidii*是与其关系最近的野生近缘种。此外，结果还发现木香组、硕苞组、金樱子组的亲缘关系较近。芹叶组不是单系类群，该组与桂味组的系统关系较近，芹叶组的细梗蔷薇系统位置应从芹叶组移至桂味组。桂味组的粉蕾木香是一个杂交种，其系统位置应从桂味组移出。合柱组-月季组相互交织，未能分离成传统分类系统中的两个独立的组。

Gao *et al.*（2019）利用单拷贝核基因片段、叶绿体基因、SSR和质体DNA序列等遗传标记，对两种亲缘关系较近的绢毛蔷薇和峨眉蔷薇进行研究，提出将二者定义为独立的种。

Zhang *et al.*（2020）利用3种核标记和4种质体标记方法，对粉蕾木香的起源进行了研究，结果表明该种为天然的同倍体杂交种，来源于单瓣白木香*R. banksiae* var. *normalis*和粉团蔷薇，且存在母系遗传倾向。该结果进一步支持了王开锦（2018）对粉蕾木香系统位置的建议。此外，关莹（2023）通过叶绿体全基因组分析发现粉蕾木香位于木香组，亦支持将粉蕾木香从桂味组移出，归类于木香组。

Yin *et al.*（2020）对金樱子、玫瑰、狗蔷薇和单瓣月季花的叶绿体基因组进行分析，重建蔷薇属植物的系统发育树，结果与蔷薇属的分类现状基本一致，蔷薇属是一个单系类群，金樱子、玫瑰、狗蔷薇和单瓣月季花可以有效地区分并划分为不同的亚支系。

Chen *et al.*（2021）以高度耐盐碱的滩涂玫瑰为材料，破译了首个玫瑰植物的基因组，大小为382.6 Mb，揭示了玫瑰的基因组较为保守。同年，Zang *et al.*（2021）组装了序列大小约为407.1 Mb的野生玫瑰染色体水平基因组，系统发育分析表明，玫瑰在660万年前与月季发生分化，且在与月季发生分化后未发生谱系特异性全基因组复制事件，玫瑰与月季染色体之间具有高度保守的共线性。

俞旭昶（2021）以25个蔷薇亚属植物物种、4个栽培玫瑰品种和2个现代月季品种为材料，进行形态学分析和叶绿体基因组分析。结果表明蔷薇亚属9个组的植物被划分为三大类，分别对应芹叶组、桂味组和其他7个组；紫花重瓣玫瑰*R. rugosa* f. *plena*与桂味组植物的亲缘关系比较近，且与山刺玫有着更加密切的亲缘关系；与栽培玫瑰的亲缘关系非常近，可能是现在部分传统栽培玫瑰的重要亲本之一。

孟国庆（2022）利用全基因组重测序数据，对40个蔷薇属植物叶绿体基因组和核基因组数据进行了深度解析，研究结果将蔷薇属植物分为3个亚属和4个组，蔷薇属植物的不同分支的形成时间与中国大陆的板块变化高度吻合。山刺玫、紫花重瓣玫瑰和单瓣玫瑰为姊妹关系。苦水玫瑰*R. rugosa* 'Kushui'并不是由钝叶蔷薇*R. sertata*和其他蔷薇属植物杂交产生。

Cui *et al.*（2022）收集了16个国内主栽食用玫瑰品系，运用叶绿体基因组重建和核

糖体rDNA基因区的*ITS* 1/2序列分型的方法，构建质体基因组系统树。结果表明，或有月季花、玫瑰、法国蔷薇在内的6个野生种作为母本参与中国主栽食用玫瑰种质的形成。

王思齐（2022）利用全基因组重测序技术，模拟各谱系的生态位和分布地的环境因子分化情况，对复伞房蔷薇复合群内物种的进化历史和种间关系进行了研究，发现复伞房蔷薇复合群内物种间的系统关系混乱、难以区分。综合证据依然支持将复伞房蔷薇、卵果蔷薇*R. helenae*和腺梗蔷薇*R. filipes*、商城蔷薇作为独立的物种；认为泸定蔷薇*R. ludingensis*和维西蔷薇*R. weisiensis*是同域近缘物种的变型或杂种。

关莹（2023）利用高通量测序技术分析了68个蔷薇属植物的叶绿体全基因组，证实了蔷薇属为单系发育的属，但传统的以形态分析为主的属下分组系统与基于叶绿体全基因组系统学分析结果存在一定差异。基于系统学研究结果，建议将卡罗来纳组并入桂味组，将百叶蔷薇、波特兰蔷薇并入狗蔷薇组。

Zhang *et al.*（2022）报道了31个蔷薇属植物的完整质体基因组，与其他植物相比，*R. stellata*和小檗叶蔷薇间具有最高的平均遗传距离和核苷酸差，法国蔷薇和白玉山蔷薇之间最低，野蔷薇和月季花次之。

Zong *et al.*（2023）通过分析缫丝花和无籽刺梨的基因组数据，发现无籽刺梨起源于缫丝花和长尖叶蔷薇的杂交。

Gao *et al.*（2023）对现代月季、刺蔷薇*R. acicularis*和锈红蔷薇的叶绿体基因组进行组装，并与其他已报道的蔷薇属叶绿体基因组进行比较，确定了4个基因——*ycf3-trnS*、*trnT-trnL*、*psbEpetL*、*ycf1*可作为蔷薇物种分化的候选分子标记。系统发育分析表明，叶绿体系统发育中最早的分化大致区分了芹叶组和单叶蔷薇亚属的物种。

Jiang *et al.*（2024）组装了木香花的高质量基因组，大小约458.58Mb，并通过比较基因组学对13个蔷薇科和拟南芥的系统基因组进行分析，结果表明许多基因家族在蔷薇科多样化发生前后都具有谱系特异性，其中一些基因通过融合事件从亲本基因进化而来，这些新形成的融合基因能够调控植物生长发育的表型性状，在驱动表型进化中发挥重要作用。

Zhang *et al.*（2024）结合二、三代测序，组装了中国月季古老品种‘赤龙含珠’*R. chinensis* 'Chilong Hanzhu'的两个单倍型分辨染色体基因组，单倍型之间的差异有助于分析月季重要性状的调控机制。

Zhao *et al.*（2024）运用形态学和两个核基因区域、三个叶绿体基因区域的分子生物学方法，分析了苦水玫瑰与其可能的亲本物种之间的关系。结果表明，苦水玫瑰的杂交起源是玫瑰（父本）和小叶蔷薇*R. willmottiae*（母本），而不是传统认为的钝叶蔷薇*R. sertata*。

纵丹等（2024）分析6个蔷薇属植物（无籽刺梨、刺梨、贵州缫丝花*R. kweichowensis*、中国月季、长尖叶蔷薇、单瓣缫丝花*R. roxburghii* f. *normalis*）叶绿体基因组序列，结果表明，无籽刺梨和刺梨是独立的2个种类，其中无籽刺梨与贵州缫丝花有较近的亲缘关系，而刺梨与单瓣缫丝花有较近的亲缘关系。

此外，化学分类法也被应用于植物分类学研究，如Sun *et al.*（2024）提出了一种基于高效液相色谱-紫外检测（HPLC-UV）和荧光检测（HPLC-FLD）的非靶向分类方法，用于对中国贵州8个地理产地的缫丝花进行分类。该方法技术具有快捷性、直观性和重现性好的特点，可作为一种较理想的标记用于蔷薇属植物的分类鉴定。

以上文献展示了中国学者对蔷薇属分类与进化的研究进展，取样策略、名实相符直接影响了研究结果的可靠性和可重复性。因此，仅就研究材料而言，中国蔷薇属分类也亟须修订和完善。

（三）中国蔷薇属分类存在的问题

近年来系统学研究表明，广义的蔷薇属是一个单系类群（Wissemann and Ritz, 2005; Zhu *et al.*, 2015; 关莹, 2023），但蔷薇属的下级分类目前仍存很多问题与困难。

1. 可参考信息较局限，标本信息混杂或缺乏

《中国植物志》中存在部分物种描述信息相对较陈旧，性状描述不够充分、模糊或缺少等问题，如数量性状描述范围较窄，质量性状信息缺乏，分布地记载不全面等。举例而言，如合柱组和桂味组记载的很多种，常在花朵数量、毛被有无和多寡、小叶数量等性状上描述不够全面，给标本鉴定及野外调查带来很大困扰；又如桂味组分系（宿萼大叶系和宿萼小叶系）依据羽状复叶大小进行划分，不仅该标准划定的范围窄，且物种的叶大小信息也描述有限，导致实际应用中可操作性差，分类参考性不强；此外，株高、花朵直径、皮刺、果实等性状的描述很有限或很绝对，很多与实际调查不符，在分布、海拔、生境等方面记载也较早，缺乏更新。

标本是传统植物分类学的基础和凭证，但蔷薇属植物丰富的表型变化和变异可能反而让标本成为分类的困扰。每一份标本采集信息有限，信息缺失不可避免。当然，不同时间采集的标本可以完善信息，但不一定为同一居群，更不用说同一株。加上一些标本后期的信息丢失，如毛被等局部结构脱落、微小结构由于干燥变形、甚至更小，等等。以上这些积累的不同地域、不同时间采集的大量标本，也就是研究的样本，很有可能给研究者造成更大的困惑，得出错误的判断，后续的研究者可能再用错误的结论去开展鉴定和研究，这样只会造成更多的混乱。

在《中国植物志》基础上更新的*Flora of China*亦存在信息缺乏等问题，特别是补充的新种、新纪录，如昆明蔷薇*R. kunmingensis*，其花瓣描述仅为“花瓣重瓣”，缺少具体数量，且缺乏果实特征的描述（“Hip unknown”）；双花蔷薇*R. sinobiflora*亦缺乏花瓣特征的描述（“Petals unknown”）。此外，赫章蔷薇*R. hezhangensis*和岱山蔷薇

R. daishanensis 等均缺乏花瓣特征的记载；粉蕾木香、川东蔷薇 *R. fargesiana* 和单花合柱蔷薇 *R. uniflorella* 等缺乏果实特征的记载；羽萼蔷薇 *R. pinnatisepala*、琅琊山蔷薇 *R. langyashanica*、绣球蔷薇 *R. glomerata* 和毛萼蔷薇 *R. lasiosepala* 等缺乏苞片特征的记载（“Bracts unknown”）；丽江蔷薇、米易蔷薇 *R. miyiensis*、泸定蔷薇和维西蔷薇同时缺乏苞片和果实的相关描述；得荣蔷薇 *R. derongensis* 同时缺乏花瓣、果实和苞片的描述。由此可见，蔷薇属植物现有物种的记载信息或标本信息不足，使得开展相关研究和应用时，取材上缺乏分类参考，常出现指代不明的情况。

2. 研究材料样本较单一，同名异物、同物异名问题较多

准确全面的研究材料是构建高支持率和高可信度分类系统的基础。尽管蔷薇属的分类研究已经取得了较丰富的成果，但研究中所使用的样本往往针对蔷薇亚属中的某一组或少数组，涉及量少，涵盖物种数不全面，由此获得的实验结论代表性不足。近年来，一些研究试图通过选择分属不同组的物种来研究蔷薇属的亲缘和进化关系，但对于整个蔷薇属而言，样本覆盖率低，研究结论的局限性明显。而且有一个不容忽视的问题，可能很多研究者的成果从字面上介绍的都是同一物种，但由于鉴定差异及分歧等原因，实际研究样本可能并非同一物种、甚至差得很远，这种实际情况并不少，但也难以去复证，尤其是野外取样。

《中国植物物种名录2023版》收录了174个被接受的蔷薇属物种名，145个异名，同名异物和同物异名现象一直困扰着蔷薇属的分类工作。究其原因，一方面蔷薇属自身极易变异，传统的分类主要依据模式标本，获取的信息较局限，大量标本显示它们之间存在极强的相似性，导致比对时常出现同物异名的问题。另一方面，蔷薇属因地理分布、倍性差异或杂交事件导致遗传信息存在个体差异，早期各大植物园尤其是国外植物园在对中国蔷薇属植物引种和二次交换时，存在偶然性和随机性，最终研究认定的种类往往具有特异性而缺乏代表性，信息描述过于狭窄，后人难以核查，增加了蔷薇属分类的困难。

3. 研究方法不够系统，缺乏全面的进化证据

目前，植物分类学研究主要是基于形态学、数量学、孢粉学、细胞学和分子生物学等方法。模式标本的描述采用的是传统的形态学分类法，该方法易受环境条件和人为主观因素影响，数量学的应用某种程度上避免了该问题（于守超, 2005; 赵玲, 2019）。随着生物技术的进步，以植物花粉形态、外壁纹饰和花粉内容物为主要依据的孢粉学在植物分类研究中也有较广泛的应用（Hu *et al*., 2023），但植物的孢粉性状相对较保守，对于分化时期较短、较集中的类群而言，很难找到更多的证据。细胞学方法可通过核型信息反映物种的差异和进化程度，其中流式细胞术常用于对大量样品的快速倍性检测，但可靠性往往受到样品个体差异、实验标准体系不统一等因素影响（李诗琦 等, 2017）。结合染色体显带和荧光原位杂交的细胞生物学技术可以更好地反映物种间的亲缘关系（方桥, 2019; Tan *et al.*, 2019），但获取的差异信息仍然有限，往往需要进一步结合分子生物学手段。目前，分子标记和核苷酸序列分析已广泛应用于植物分类研究，如AFLP分析（王开锦, 2018）、RAPD分析（郭立海, 2002）、SSR标记分析（杨晨阳 等, 2018）、核糖体DNA内部转录间隔段（*ITS*）和叶绿体基因*matK*核苷酸序列分析（Cui *et al.*, 2022; Gao *et al.*, 2023）等，这些方法尽管从不同角度研究了蔷薇属的系统进化，但与该属的复杂性相比，其研究结果的分辨率和辨识度仍然很低（Liu *et al.*, 2015）。基于核基因和叶绿体基因序列分析的现代被子植物分类系统APG Ⅳ，其分类修订及精准度也仅局限于科级及以上分类单元。基因组测序技术的诞生为此提供了更加准确的方法（Lu *et al.*, 2021; 王思齐, 2021; 孟国庆, 2022），然而，随着越来越多方法的应用，研究者们发现使用不同方法研究同种蔷薇属植物所获得的结果并不一致，很难达成共识。

4. 属内分组或分种存在较多争议

目前中国蔷薇属分组中存在争议的主要是月季组和合柱组，《中国植物志》中将月季组和合柱组并列放置在蔷薇亚属下，但多个研究表明月季组与合柱组实为并系或复系类群，而非单系类群，月季组嵌入在合柱组内且位于几个不同的分支上（Matsumoto *et al.*, 1998; Wu *et al.*, 2000; Fougère-Danezan *et al.*, 2015; 朱章明, 2015）。月季组记载的野生种类少，除巨花蔷薇（大花香水月季）*R. gigantea*外，多呈散点式分布，尚有很多种类待研究和报道，因此要想更好地解决其分类位置就必须找到更多的野外证据。

组内物种的划分也存在较多分类争议，代表性的有细梗蔷薇、粉蕾木香、中甸刺玫、绢毛蔷薇和峨眉蔷薇等。如曹亚玲等（1996）根据蔷薇果的维生素含量提出将细梗蔷薇归入桂味组，邓亨宁（2015）和王开锦等（2018）的分子生物学证据也表明细梗蔷薇是桂味组分支内的一员。从形态特征来看，细梗蔷薇与桂味组的腺叶扁刺蔷薇*R. sweginzowii* var. *glandulosa*极为相似，仅以花无苞片而被置于芹叶组（俞德浚, 1985），事实上，在野外常会发现细梗蔷薇同一植株上的花朵存在有或无苞片的现象。孢粉学证据则表明，细梗蔷薇与芹叶组的其他种类具有共性，而与桂味组的种相差较远（韦筱媚, 2008）。因此，其是否为介于芹叶组与桂味组之间的过渡种有待进一步研究。韦筱媚等（2008）对绢毛蔷薇和峨眉蔷薇的形态学研究发现，两者无论在表型、花粉形态或是种皮表面特征，都存在明显的连续性，因此建议将峨眉蔷薇降至绢毛蔷薇变种。但张羽（2012）通过研究绢毛蔷薇复合群的居群遗传结构认为，峨眉蔷薇应该划分为一个独立种。以上研究均表明，蔷薇属内分组或分种存在较多争议，很多种类的分类界限尚需进一步明确，研究方法需进一步整合。

5. 栽培种类需要厘清，新发表种类待考证

《中国植物志》及*Flora of China*将栽培植物定为原种，如黄刺玫、木香花等种的标本模式皆为重瓣，实为栽培类型；月季组的种类在蔷薇属中利用率最高，其中月季花、香水月季至今未找到符合描述的野生分布，被很多学者认为是栽培类型，其下所列的很多变种如紫月季花、橘黄香水月季*R. odorata* var. *pseudindica*和粉红香水月季等实为中国古老月季品种；再者，如缫丝花、中甸刺玫、野蔷薇等记载的重瓣类型，介于野生与栽培之间，是进化还是驯化种类都有待进一步研究。以上例证也表明，历史原因及大量栽培种类的介入，给中国蔷薇属的分类也造成了一定的困难，明确蔷薇属的原始性状和演化规律可能是修订蔷薇属分类系统的关键。

一些新种和新变种的发表在《中国植物志》中未收录，如白玉山蔷薇（王庆礼, 1984）、南宁蔷薇*R. multiflora* var. *nanningensis*（万煜和黄增任, 1990）、重瓣小果蔷薇*R. cymosa* f. *plena*（俞志雄, 1991）、白花刺蔷薇*R. acicularis* var. *alba*（林湘 等, 1992）、粉花广东蔷薇*R. kwangtungensis* f. *roseoliflora*（徐耀良, 1992）、东北蔷薇*R. manshurica*（Buzunova, 1996）、琅琊山蔷薇*R. langyashanica*（张定成 等, 1997）、大盘山蔷薇*R. cymosa* var. *dapanshanensis*（张方钢 等, 2006）、腺瓣蔷薇*R. uniflorella* subsp. *adenopetala*（钱力 等, 2008）、光枝无籽刺梨*R. sterilis* var. *leioclada*（安明态 等, 2009）、龙首山蔷薇*R. longshoushanica*（Zhao and Zhao, 2016）、合欢小叶蔷薇*R. hohuanparvifolia*（Ying, 2022）、邵氏蔷薇*R. shaolinchiensis*（Ying, 2022）、宜兰高山蔷薇*R. yilanalpina*（Ying, 2022）、托木尔蔷薇（Deng *et al.*, 2022）、大花粉晕香水月季*R. yangii*（Lyu *et al.*, 2023）、富宁蔷薇*R. funingensis*（Zheng *et al.*, 2023）、紫斑滇边蔷薇*R. forrestiana* var. *maculata*（Tang *et al.*, 2024）等。这些新种和新变种中很多未被检索或收录，有的原因不详，且鲜有人重复调查与研究，有的为新近发表，以上都需要系统地调查和比较。

第三章

中国蔷薇属系统进化研究及分类修订

Chapter3

Systematic Research and Revision of the Rosa Genus in China

引言——假设

通过古地理学研究可以知道，大约距今3000万年，青藏高原尚在发育，昆仑山、秦岭、天山、太行山、东南丘陵等重要山脉都已形成，整个北方区域包括现在的新疆还比较湿润，华北及长江中下游平原是一片汪洋大海。大约距今2000万年前，大海逐渐退去，尤其是现中国的东南地区，陆地越来越多，青藏高原区域逐渐和昆仑山、天山闭合，西北地区开始变得干旱。在这千万年的进程中，古老的生物在不断地分化、进化，是否存在古蔷薇？答案是肯定的，数千万年的蔷薇叶化石就是证据。大量研究表明，青藏高原的快速隆升改变了原有的山脉地形格局和全球气候，使之成为大量新物种产生的摇篮。分子系统学研究认为蔷薇属起源于始新世早期（~50MYA），而其现存支系的分化时间集中在渐新世-中新世（~32~8MYA）；在蔷薇属起源大约20 MYA后，芹叶组（~32MYA）、单叶蔷薇*R. persica*（~30MYA）、桂味组（~25MYA）、合柱组（~25MYA）相继分化。现存的蔷薇属植物分化时间较短，大多在3~1.5MYA之间完成分化（孟国庆，2022）。因此，我们假设，如果古蔷薇的适应性较好，大约3000万年前，只要有陆地的地方就分布着古蔷薇，北部、西北部、中部及东南地区都生长着数量可观的古蔷薇。但真正对古蔷薇产生巨大影响的地理事件即青藏高原地理事件，现代蔷薇几乎都是该地质时期内分化完成的：西北昆仑天山一带的蔷薇变得越来越适应干旱、寒冷气候，沿着伊犁河谷往阿勒泰、再至亚欧的一脉蔷薇则更适应湿润、冷凉气候。秦岭以其特殊地理性，可能是现代蔷薇形成的重要摇篮，在高海拔区域保留或形成了适应干旱、寒冷的类群，而大量中低海拔的沟谷里形成了喜冷凉、耐阴的类群，并沿着北线和南线与原太行山脉、东南丘陵保留下来或已经进化的蔷薇发生了基因交流。水热条件是现代蔷薇属多样性形成的重要因子，我们推测，一些落差大的盆地、谷地为重瓣、多花、多色及连续开花的类群提供了温床，如月季花*R. chinensis*；东南沿海一带的高温、高湿则孕育出了早花、厚革质叶、抗病的类群，如金樱子*R. laevigata*。此外，高海拔及紫外线的影响，为多倍体物种尤其是同源多倍体的形成提供了环境。复杂的地形地貌又为不同类群间的基因交流提供了廊道和繁衍场所。

因此，假设原始的古蔷薇种类很可能已经消失，但一些祖先性状却得以保留。现有分布的野生蔷薇都是在距今约300万年的时间尺度内相继形成的，环境因素、多倍化、广泛的基因交流等，最终呈现了现代蔷薇属的多样性。当然，上述都是基于现有研究的推测，还需要更多的化石证据、分子证据及野外调查证据。

一、基于全基因组测序的分子系统学研究

（一）中国蔷薇属的分类系统观点

单叶蔷薇通常被认为是蔷薇属中保留较多原始性状的物种（Zhang *et al.*, 2019）。单叶蔷薇在中国的分布也极其特殊，几乎没有伴生近缘种，生境与其他蔷薇差异大，是研究中国蔷薇属系统发育与进化的重要材料（张晓龙 等, 2021）。因此，为了厘清蔷薇属系统分类关系、解析蔷薇属植物演化模式和驯化历史，我们利用单叶蔷薇基因组数据（基因组大小约为364Mb），结合186份蔷薇属材料（覆盖*Flora of China*中84%的蔷薇属物种）的重测序数据，基于全基因组范围的单核苷酸多态性位点（SNP）和单拷贝核基因SNP分别构建系统发育树，对蔷薇属物种的系统进化关系进行探讨。

与形态学的分类结果一致的是，全基因组SNP进化树（图36）和单拷贝核基因SNP进化树（图37）均清晰地将所有蔷薇属材料分为了3个主支，支持了单叶蔷薇亚属Subgen. *Hulthemia*、沙漠蔷薇亚属Subgen. *Hesperhodos*和蔷薇亚属Subgen. *Rosa*的分类地位，且单叶蔷薇亚属和沙漠蔷薇亚属被认为是蔷薇属下最早分化的谱系。而传统分类系统中的缫丝花亚属Subgen. *Platyrhodon*位于蔷薇亚属进化支的内部，并在蔷薇亚属下形成了单系进化支。因此在最新的分类系统中，建议取消缫丝花亚属，而将其下的缫丝花*R. roxburghii*和贵州缫丝花*R. kweichowensis*归入蔷薇亚属下的小叶组处理。

在物种数量最多的蔷薇亚属分支中，形成了许多单系类群。基于分子证据的系统进化树与基于形态学的系统分类体系相互印证，在物种上也能较好一一对应。以全基因组SNP系统进化树为例，单系群C1（Clade C1）包含了所有芹叶组材料；而主要分布于中国南部地区的硕苞组-金樱子组-木香组作为姊妹分支形成了一个单系进化群（Clade C2）；在小叶组单系进化支后（Clade C3），与桂味组单系群（Clade C4）较近，且支持将原小叶组的中甸刺玫划入桂味组。源自欧洲的狗蔷薇组、法国蔷薇组以及田野蔷薇*R. arvensis*（Clade C5）另聚为一支。基于单拷贝SNP的进化树与全基因组SNP进化树略有差异，桂味组（Clade C2）较硕苞组-金樱子组-木香组进化支（Clade C3）更早分化。而小叶组的材料（Clade C5）出现在欧洲蔷薇进化支（Clade C4）后。同全基因组SNP进化树一致的是，单拷贝SNP系统进化树也将同一组内的物种聚为单系，较好地支持了蔷薇属传统分类体系中“组”的分类单元。

然而，对于合柱组和月季组，情况并非如此。传统分类系统以花柱形态和小叶数量

作为依据，将花柱合生、5～9小叶的种类归为合柱组；将花柱离生、3～5小叶的种类归于月季组。而在多个蔷薇属分子系统研究中可以看出，这些种类的分组并不是泾渭分明的。在两个系统进化树中，合柱组、月季组和栽培月季品种通常组合成一个大的分支（Clade C6）。种群水平的分析进一步证明了合柱组、月季组和栽培月季材料具有相近的遗传背景，且合柱组与月季组间基本未出现遗传分化，表明二者尚未完全分化为独立的分类单元。因此在新的分类系统中，可以考虑将合柱组和月季组合并。

（二）中国蔷薇属的起源与分化观点

蔷薇属植物以频繁的种间杂交闻名，这给准确识别杂交起源物种及其关系带来挑战。利用基因频率推断，成功地证实了部分蔷薇属材料的天然杂交起源。例如芹叶组的异味蔷薇 *R. foetida* 融合了芹叶组和桂味组的遗传背景，验证了关于其天然异源四倍体起源的推测（Debray *et al*., 2022）。粉蕾木香的杂合起源也得到证实，它可能是单瓣白木香与野蔷薇的天然杂交种（Zhang *et al*., 2020）。此外，源自欧洲的狗蔷薇也具杂合背景，其分化可能源于欧洲合柱组与桂味组种间杂交。

虽然天然杂交事件在蔷薇属中普遍存在，但基因流分析表明，蔷薇属种群水平仍然受到地理分布的限制，天然杂交通常发生在相同或相近地理范围内。例如，在秦岭以南广泛分布的木香组、硕苞组和金樱子组之间存在着基因交流；木香组与合柱组之间也存在着双向的基因渐渗现象，且二者具有相似的地理分布；主要分布于秦岭以北的单叶蔷薇和芹叶组物种，与上述南部分布的蔷薇属群体均无直接基因交流事件发生。

研究初步还原了蔷薇属的起源与演化历史。大约在53MYA的始新世，随着印度-亚洲板块的碰撞，青藏高原逐渐形成了褶皱的山脉，而秦岭地区则仍为准平原。在早始新世气候适宜期（53～51MYA），地理和气候的变化直接促进了高等植物的快速繁衍和物种多样化，蔷薇属植物也正是在这一时期诞生。随着时间的推移，在始新世到渐新世转变期（～30MYA），全球气温的显著下降催生了蔷薇属植物的多样化，许多支系在这一时期集中分化和扩散，形成了早期分化的单叶蔷薇亚属、芹叶组、木香组。伴随着晚第三纪时期秦岭的隆起，桂味组、合柱组也相继分化（～25MYA）。随着喜马拉雅造山运动的持续，秦岭和太行山脉垂直抬升，华北平原沉降，季风环流增强，形成了现今的地理气候格局（～1.6MYA至今），包括月季组在内的现存蔷薇属植物在这段时期集中分化。同时，由于地理和气候的差异，早期分化的分支逐渐产生了生殖隔离，形成了蔷薇属不同分类单元。

有趣的是，秦岭地区作为我国南北地理分界线，既是蔷薇属植物地理隔离的天然屏障，但同时又为南北种群的交流建立了桥梁。以桂味组为例，其下物种主要分布于我国地势的二级阶梯，在新疆、华中和东北地区均有分布。秦岭以北分布的桂味组与芹叶组物种有基因交流；同时，桂味组也与分布在我国中部和南部的合柱组和月季组之间存在

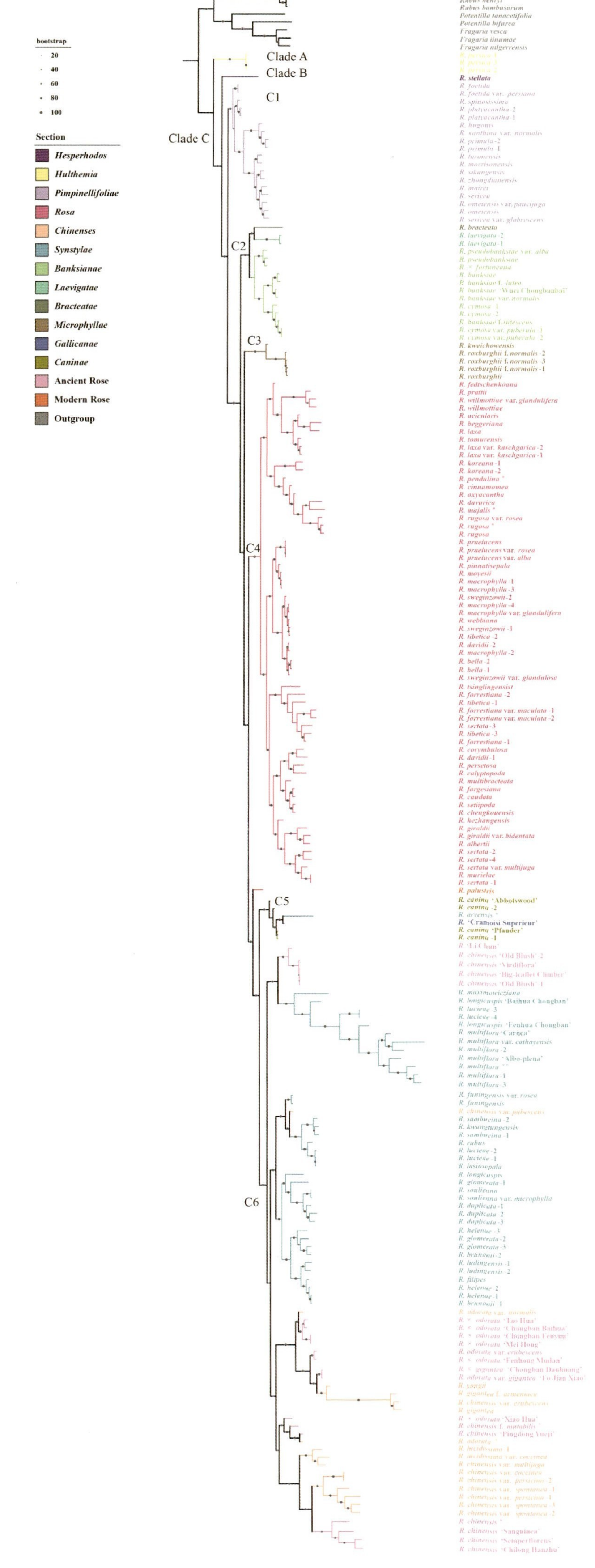

图36　基于全基因组SNP构建的186份蔷薇属材料的最大似然系统发育树

注：灰点表示节点支持率；不同颜色对应不同分类单元的植物材料。

Fig.36　Phylogenetic tree of 186 *Rosa* accessions estimated by Maximum Likelihood algorithm using IQ-TREE, based on whole-genome SNPs. The bootstraps are indicated at the tree nodes with gray dots. The colors represent accessions from different botanical groups.

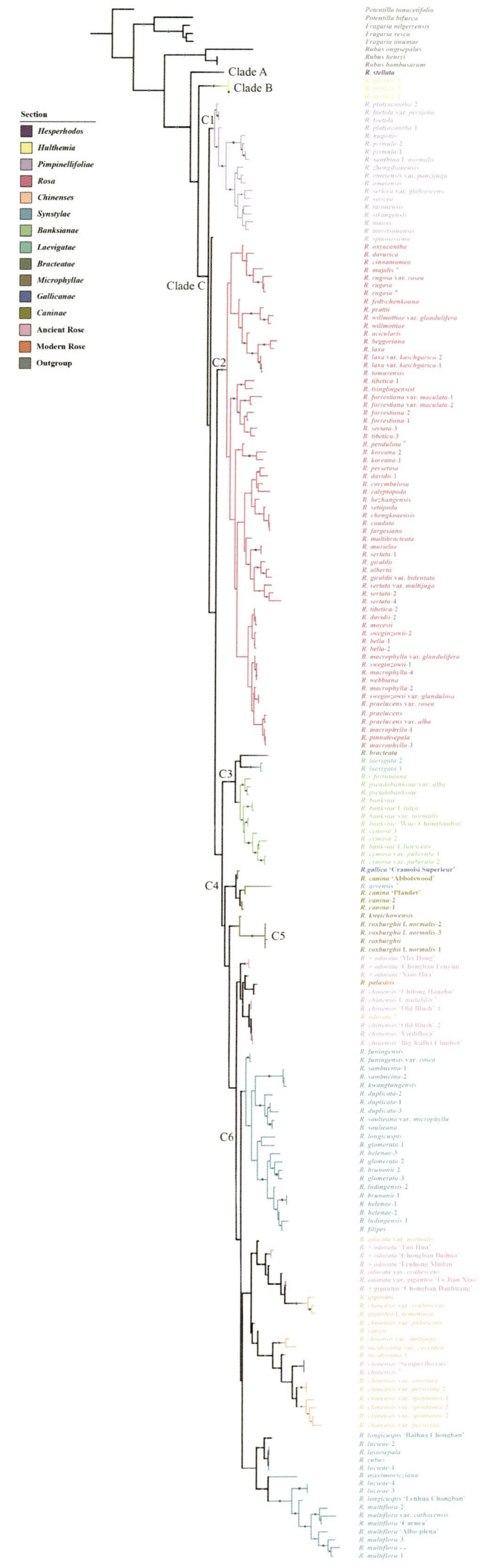

图37　基于6048个单拷贝SNP构建的186份蔷薇属材料的最大似然系统发育树
注：灰点表示节点支持率；不同颜色对应不同分类单元的植物材料。

Fig.37　Phylogenetic tree of 186 *Rosa* accessions estimated by Maximum Likelihood algorithm using IQ-TREE, based on 6048 single-copy SNPs. The bootstraps are indicated at the tree nodes with gray dots. The colors represent accessions from different botanical groups.

着基因渐渗。因此我们推测，蔷薇属植物在中国存在南、北两个分布中心，不同分布中心的种群受地理隔离和气候差异的影响较为独立。而秦岭地区的特殊地理环境在孕育中部蔷薇种群多样性的同时，也起到促进南北交流的作用。较晚分化的月季组具有较广泛的分布，这可能是多方基因交流的结果。

（三）中国蔷薇属的祖先性状及其演化观点

来自亚洲、欧洲和北美的蔷薇属植物化石记录表明，古蔷薇在渐新世（~30MYA）已广泛分布于北半球。化石信息中古蔷薇的原始特征：五瓣花和独特的椭圆形带锯齿叶片，这些性状在现代蔷薇属植物中仍被保留下来。我国云南出土的古蔷薇*R. fortuita*化石的小叶数为7，至少代表了500万~1000万年前叶的古老形态（Su *et al.*, 2016）。因此，根据现存物种的形态、分布及遗传信息，我们认为蔷薇属的祖先形态为花单生、黄色、五瓣花和七小叶。

在蔷薇属演化过程中，花色、花型、小叶数量、开花习性等一系列性状都发生了明显的改变。这些性状的转变和特征性的地理分布，可能与环境、水热条件以及传粉者行为相关。例如，主要分布于我国西北地区的单叶蔷薇和芹叶组的物种，其花朵大多呈现明亮的黄色，甚至在花瓣中心形成花斑，可以有效吸引昆虫传粉。同时，这些植物叶片较小且小叶数量较多，这可能是受高纬度和干旱气候影响，为减少水分散失产生的适应性进化的结果。在秦岭以南地区，以木香组和合柱组为代表的蔷薇属植物，其主要生物学特征为花白色、花小而花量大、具芳香，这些特征可能与温暖湿润的环境有关，同时也反映出这些植物可能依靠香味而非花色来吸引传粉者。

此外，人类的定向育种也在一定程度上影响了现代蔷薇属植物的表型特征。分子系统发育研究为深入了解蔷薇属植物的多样性和复杂性提供了全新的视角，后期我们又补充了一些重要的中外月季品种的重测序数据进行分析。从野生蔷薇到栽培月季的驯化过程中，特定遗传位点在人工选择下被频繁地强化，导致一些性状得到固定和保留。这一过程见证了花部性状的显著转变，从原始的单瓣黄色或白色花朵，演变为现在常见的以粉色和红色为主的重瓣花朵。通过对蔷薇属植物全基因组的深入分析，我们鉴定到多个处于强烈选择下的遗传位点，在这些位点中包含了与色素代谢、花发育、开花时间等相关的基因。这些发现提供了分子层面的证据，表明现代月季中那些吸引人的观赏特性，如重瓣的花型、鲜艳的花色以及连续开花等性状，很大程度上是人工选择和驯化的结果。对这些驯化位点进行深入研究，追溯育种过程中的关键基因，将为现代月季的遗传改良和品种创新提供重要的科学基础。

二、本书与《中国植物志》、*Flora of China* 收录比较

（一）《中国植物志》与 *Flora of China* 收录比较

《中国植物志》收录82种（包含外来组蔷薇组4种）、35变种、17变型、1杂交种（大花白木香*R.* × *fortuneana*），共135个分类单位，另外，约有8种在讨论中有较详细的记录，分别为乌苏里蔷薇*R. ussuriensis*、鸭绿蔷薇*R. jaluana*、川东蔷薇*R. fargesiana*、道孚蔷薇*R. dawoensis*、矮蔷薇*R. nanothamnus*、打箭炉蔷薇*R. tatsienlouensis*、小金樱*R. taiwanensis*、山蔷薇*R. sambucina*。

*Flora of China*收录93种、38变种、17变型，共148个分类单位。原书统计为95种，实为误将2变种重瓣异味蔷薇*R. foetida* var. *persiana*、山蔷薇*R. sambucina* var. *pubescens*统计在内。此外，书中提到*R. atroglandulosa*、*R. beauvaisii*、*R. tunquinensis* 3种一百年前发表的中国产蔷薇有待进一步调查研究。

此外，*Flora of China*相比《中国植物志》，未收录5种、4变型、1杂交种，新收录14种、2变种、5变型；将1变型改为变种。

（二）本书与《中国植物志》、*Flora of China* 收录比较

《中国蔷薇属》（下称本书）收录86种、53变种、26变型、60品种，共225个分类单位。本书记载了《中国植物志》、*Flora of China*收录的所有中国产蔷薇物种（除收录的所有中国产蔷薇物种）以及其他文献记录的、本团队新发表的所有蔷薇物种，仅极少量收录的变种或变型缺乏照片记录，白玉山蔷薇*R. baiyushanensis*作为外来种，仍收录做讨论。本书通过新收录、合并、重新分类、完善描述对116个分类单位进行了新收录（含新发表）、新拟订、修订或补充，其中109个分类单位的分类地位与《中国植物志》、*Flora of China*保持一致（详见表3）。

表3 *Flora of China* 与《中国植物志》的收录对照列表

Tab. 3 Comparative analysis of changes between *Flora of China* and *Flora Reipublicae Popularis Sinicae*

亚属/组	《中国植物志》(FRPS)	*Flora of China*(FOC)	FOC与FRPS收录相比
单叶蔷薇亚属	1种	1种	不变
芹叶组	18种、2变种、8变型；讨论记录1种（乌苏里蔷薇）	17种、3变种、8变型	移出1种：将高山蔷薇移入合柱组； 新收录1种：中甸蔷薇； 新收录1变型：腺叶川西蔷薇； 删除1种：异味蔷薇； 调整1变型：重瓣异味蔷薇由变型改为变种
桂味组	31种、15变种、4变型；讨论记录4种（鸭绿蔷薇、川东蔷薇、道孚蔷薇、矮蔷薇）	36种、16变种、2变型	新收录5种：川东蔷薇、羽萼蔷薇、双花蔷薇、赫章蔷薇、白玉山蔷薇； 新收录1变种：毛瓣扁刺蔷薇； 未收录4变型：单瓣红玫瑰、单瓣白玫瑰、重瓣紫玫瑰、半重瓣白玫瑰； 新收录2变型：多腺羽萼蔷薇、腺叶滇边蔷薇
小叶组	3种、1变型	3种、1变型	不变
硕苞组	1种、1变种	1种、1变种	不变
金樱子组	1种、1变型	1种、1变型	不变
木香组	2种、2变种、2变型、1园艺杂交种	2种、2变种、2变型	未收录1园艺杂交种：大花白木香
合柱组	18种、10变种、1变型；另外，讨论记录3种（打箭炉蔷薇、小金樱、山蔷薇）	29种、11变种、3变型	移入1种：高山蔷薇从芹叶组移入本组； 新收录10种：琅琊山蔷薇、岱山蔷薇、商城蔷薇、昆明蔷薇、米易蔷薇、泸定蔷薇、德钦蔷薇、得荣蔷薇、小金樱、太鲁阁蔷薇； 新收录1变种：粉花光叶蔷薇； 新收录2变型：重齿卵果蔷薇、腺叶卵果蔷薇
月季组	3种、5变种	3种、5变种	不变
蔷薇组	4种	0	不收录4种
合计	82种、35变种、17变型、1杂交种（栽培），共135种蔷薇属植物；另外，8种讨论记录	93种、38变种、17变型，共148种蔷薇属植物	不收录：5种、4变型、1杂交种； 新收录：14种、2变种、5变型； 调整：1变型改为变种

相比《中国植物志》，本书新收录13种、26变种、13变型、50品种；将1种降为变种、1变种升级为种、5变种和4变型改为品种；将7种、2变种与其他蔷薇进行合并，重新分类。

相比*Flora of China*，本书新收录7种、23变种、10变型、53品种；将1种降为变种、1变种升级为种、6变种和1变型改为品种；将*Flora of China*中14种、2变种与其他种、变种、品种进行合并，重新分类（详见表4）。

表4　本书与 *Flora of China* 的收录对照列表

Tab. 4 Comparative analysis of changes between this book and *Flora of China*

亚属 / 组	Flora of China(FOC)	《中国蔷薇属》	本书与 FOC 收录相比
单叶蔷薇亚属	1种	1种	不变
芹叶组	17种、3变种、8变型	13种、2变种、9变型、1品种	移出4种：秦岭蔷薇、长白蔷薇、刺毛蔷薇、细梗蔷薇移入桂味组； 移出1变种：腺叶长白蔷薇移入桂味组；调整1种：腺叶蔷薇降为密刺蔷薇变种； 调整1变型：重瓣异味蔷薇由变型改为品种； 新收录1种：异味蔷薇； 新收录1变型：宽刺黄蔷薇
桂味组	36种、16变种、2变型	39种、25变种、5变型、6品种	移入5种：原芹叶组秦岭蔷薇、长白蔷薇、刺毛蔷薇、细梗蔷薇移入本组；原小叶组中甸刺玫移入本组； 移入1变种：腺叶长白蔷薇； 合并4种：双花蔷薇合并至藏边蔷薇；拟木香、刺毛蔷薇、细梗蔷薇合并至钝叶蔷薇； 移出2种：粉蕾木香移出至木香组；白玉山蔷薇移出至外来组狗蔷薇组； 新收录4种：伊犁蔷薇、托木尔蔷薇、疏刺蔷薇、樟味蔷薇； 新收录8变种：白花单瓣中甸刺玫、玫红单瓣中甸刺玫、粉红半重瓣中甸刺玫、粉花托木尔蔷薇、白花刺蔷薇、喀什疏花蔷薇、粉花疏花蔷薇、紫斑滇边蔷薇； 新收录3变型：深齿铁杆蔷薇、单瓣红玫瑰（FRPS收录）、单瓣白玫瑰（FRPS收录）； 新收录6品种：单瓣淡粉玫瑰、四季玫瑰、重瓣紫玫瑰、半重瓣白玫瑰、苦水玫瑰、荼薇
小叶组	3种、1变型	2种、2变型	移出1种：中甸刺玫移出至桂味组； 增加1变型：单瓣白花缫丝花
硕苞组	1种、1变种	1种、1变种	不变
金樱子组	1种、1变型	1种、1变种、1变型	新收录1变种：无刺光果金樱子
木香组	2种、2变种、2变型	3种、6变种、1变型、3品种	移入1种：粉蕾木香从桂味组移至本组； 新收录4变种：无刺单瓣白木香、白花粉蕾木香、无刺毛叶山木香、大盘山蔷薇； 新收录2品种：大花白木香（FRPS收录）、'无刺重瓣白'木香 调整1变型：黄木香花降为品种
合柱组	29种、11变种、3变型	19种、10变种、4变型、22品种	合并10种：丽江蔷薇合并至单瓣粉团蔷薇（变种）；昆明蔷薇、米易蔷薇合并至'白玉堂'（品种）；岱山蔷薇、商城蔷薇、单花合柱蔷薇合并至光叶蔷薇；维西蔷薇、德钦蔷薇合并至重齿蔷薇；软条七蔷薇合并至山蔷薇（变种）；得荣蔷薇合并至小叶川滇蔷薇（变种）； 合并2变种：毛叶广东蔷薇、重瓣广东蔷薇合并至'白玉堂'；

续表

亚属 / 组	*Flora of China*(FOC)	《中国蔷薇属》	本书与 FOC 收录相比
合柱组	29种、11变种、3变型	19种、10变种、4变型、22品种	调整2变种：七姊妹、'白玉堂'改为品种； 新收录3变种：单瓣毛叶粉团蔷薇、单瓣刺梗粉团蔷薇、粉花太鲁阁蔷薇； 新收录1变型：粉花广东蔷薇； 新收录20品种：'荷花'蔷薇、'重瓣银粉'蔷薇等
月季组	3种、5变种	6种、8变种、4变型、28品种	新收录2种：大花粉晕香水月季、富宁蔷薇； 调整4变种：巨花蔷薇（大花香水月季）升级为种；紫月季花（月月红）、粉红香水月季、重瓣橘黄香水月季改为品种； 新收录7变种：猩红亮叶月季、多对单瓣月季花、粉花毛叶月季花、单瓣猩红月季花、单瓣浅粉月季花、单瓣桃红月季花、单瓣香水月季； 新收录4变型：单瓣杏黄香水月季、单瓣橘黄香水月季、粉花富宁蔷薇、小叶富宁蔷薇； 新收录25品种：'重瓣粉晕'香水月季、'重瓣桃红'月季花等25个品种
狗蔷薇组	0	1种	移入1种：白玉山蔷薇（实为锈红蔷薇）从桂味组移入本组
合计	93种、38变种、17变型，共148种蔷薇属植物	86种、53变种、26变型、60品种，共225种蔷薇属植物	新收录：7种、23变种、10变型、53品种； 合并：14种、2变种分别合并至其他种、变种、品种； 调整：1种降为变种、1变种升级为种、6变种改为品种、1变型改为品种

严格来说，以上收录统计的"种"这一等级中，黄刺玫 *R. xanthina*、玫瑰、中甸刺玫 *R. praelucens*、缫丝花、木香花 *R. banksiae*、月季花、香水月季 *R.* × *odorata* 这7种皆为重瓣至高度重瓣花类型，其对应的单瓣花变种或变型才是真正意义上的野生种。

在命名方面，本书对《中国植物志》、*Flora of China* 记录的小檗叶蔷薇 *R. berberifolia*、樱草蔷薇 *R. primula* 等多个蔷薇的中文名或拉丁名进行了修订。

在分组上，本书沿用了《中国植物志》、*Flora of China* 对中国蔷薇属的分类：亚属-组-系，分为单叶蔷薇亚属和蔷薇亚属2个亚属，蔷薇亚属包括了芹叶组 Sect. *Pimpinellifoliae*、桂味组 Sect. *Rosa* (Sect. *Cinnamomeae*) 等8个组。分系上本书较之前的四数花系 Ser. *Sericeae*、五数花系 Ser. *Spinosissimae*、脱萼系 Ser. *Beggerianae*、宿萼大叶系 Ser. *Rosa* (Ser. *Cinnamomeae*)、宿萼小叶系 Ser. *Webbianae*、齿裂托叶系 Ser. *Multiflorae*、全缘托叶系 Ser. *Soulieanae* (*Brunonianae*) 等7个系，增加了月季系 Ser. *Chinensesae*、香水月季系 Ser. *Odoratae* 2个系，其中月季系和香水月季系为新增，因此，本书的中国蔷薇属分类系统——包括2亚属8组9系。

三、本书修订说明综述

（一）本书修订基本原则

尽管大量的蔷薇属研究为认识物种和性状提供了重要的分类证据，尤其是分子生物学的发展为植物的系统进化研究奠定了基础，但是回到形态鉴定的应用上，仍然存在一些问题，概括而言就是如何解决宏观与微观之间相协调的问题。本书最重要的目的，是为研究者提供详细的可供讨论的材料视野，以便为今后的持续调查、深入研究、分类地位修订等提供一个可见的、可靠的物质和信息平台。因此，本书提出4条基本原则进行编写：

①分组划定及鉴定定种仍首先参考形态学分类，同时参考分子系统学证据进行适当地佐证、调整、讨论。

②将野生型与栽培型分开。野生型应具有野外种群及一定分布数量、区域，花为单瓣（偶有少量雄蕊瓣化）；而花为复瓣、重瓣且无野生分布的定为栽培类型，用品种表示。

③基于野外连续调查及引种栽培同一处的多年测量数据，参考部分标本数据，基于《中国植物志》、*Flora of China*进行性状修订和补充。

④基本沿用《中国植物志》分组、分系原则，对分组、分系标准进行适当修改、完善，对原记载物种、新发表物种进行重新梳理、归类或归并。

（二）芹叶组Sect. *Pimpinellifoliae* DC. ex Ser. 修订说明综述

《中国植物志》收录18种（不统计变种、变型），*Flora of China*收录17种（不统计变种、变型），高山蔷薇*R. transmorrisonensis*移入合柱组，补充1种中甸蔷薇*R. zhongdianensis*。本书收录13种（不统计变种、变型），与*Flora of China*相比，腺叶蔷薇*R. spinosissima* var. *kokanica*由种改为密刺蔷薇*R. spinosissima*的变种，秦岭蔷薇*R. tsinglingensis*、长白蔷薇*R. koreana*、刺毛蔷薇*R. farreri*、细梗蔷薇*R. graciliflora*等4种移入桂味组，重瓣异味蔷薇收录但改为品种。

芹叶组在分系上沿用了原来的五数花系与四数花系。

①五数花系多为黄色花，分类依据包括皮刺、小叶数、叶缘等，标准较为清晰。该系中单瓣黄刺玫*R. xanthina* f. *normalis*与黄蔷薇*R. hugonis*两个分类群似可合并，二者无论从生境、分布、形态等多方面都存在极大的相似性和过渡性，尤其是原分类中的小

叶毛被及叶缘的区别，在二者自然分布中的差异及个体发育变化中均可体现。腺叶蔷薇实为标本鉴定错误，归入密刺蔷薇并作为种下变种处理*R. spinosissima* L.var. *kokanica* (Regel) L. Luo，详见各论。

②秦岭蔷薇、长白蔷薇、刺毛蔷薇、细梗蔷薇由芹叶组调入桂味组。芹叶组明确定义的主要特征为单花顶生、无苞片，而秦岭蔷薇与长白蔷薇两种实为单花或1～3朵，且具有明显的苞片。后又比对大量标本，发现相当数量的标本明显有苞片甚至多果。刺毛蔷薇的描述为粉花、有苞片，完全符合桂味组特征。细梗蔷薇为粉花，植物志中记载未见苞片，而野外调查未见符合《中国植物志》重要性状描述的植株，而符合大部分特征但有苞片的植株大量存在，对照大量采集标本发现存在苞片。因此，《中国植物志》关于以上4个种的描述不够全面，推测主要是当时采集的标本尤其是果期的标本，因苞片早落、花果容易落单而造成性状描述局限。本书分子系统研究证据也表明，以上4个种划入桂味组应为合理。

③四数花系几为白色花，分类依据包括叶缘、毛被、小叶数、果实等。实际调查中发现，多个物种间相似性很强，仅仅依据《中国植物志》检索表很难鉴定，如：果实形状及果梗是否膨大在野外群体中常出现各种变异和过渡类型，难以定种。已有的大量标本差异也很多，或标本鉴定有误，天然信息缺失，给研究带来很大的不确定性。由于缺乏大量野外群体的表型多样性研究证据，本书暂时尽量维持原有种类的划分，在分类上结合引种观察，采用叶缘性状、小叶数作为主要性状进行分类。

在《中国植物志》中，缺少对四数花系果实毛被的总结与描述，该性状较稳定，因此本书中提出一个可能更为合理的分类办法：首先划分为两大类，第一类为果实有较明显毛被，对应的叶较皱，较多毛，这一类有绢毛蔷薇*R. sericea*与毛叶蔷薇*R. mairei*，该两种目前只能通过小叶数来进行区分，其他性状都较为相似，但二者小叶数存在包含关系，未来有可能合并为一种；第二类为果实几乎光滑无毛，叶相对光滑，其中川西蔷薇*R. sikangensis*、中甸蔷薇二者皆为重锯齿易于区分出来，当然，该2种也有可能合并为一种；而其余的果实光滑无毛的种类在《中国植物志》中尚需要结合果实形状、果梗膨大状态等性状加以区分。在实际的野外经验中，一个种群内的不同植株就存在各种变异，不宜划分过细。因此，建议采用一些学者提出的复合体（群）概念，可以定一个大的种（分类群），如峨眉蔷薇*R. omeiensis*复合体，将果形、小叶数、毛被等各种性状变异囊括其中。有学者提过绢毛蔷薇复合体（韦筱媚 等, 2008)，似该分类群发表较早，但绢毛蔷薇分类群本身定义较窄，字面也容易产生被毛的印象，故本书建议用峨眉蔷薇复合体更利于应用。

综上，四数花系物种分布海拔高，多为广布，种群数量多且变异丰富，未来在分类上可能仅有2～3个种，即峨眉蔷薇复合体、绢毛蔷薇（含毛叶蔷薇）、川西蔷薇（含中甸蔷薇）。如果按照峨眉蔷薇复合体分类，还可根据叶及果实的毛被划分两个类型，

至于多叶及少叶亚型的划分则需要重新定义对原种的描述，缩小性状描述范围，否则无法定种。大致检索如下：

1　叶缘多为重锯齿，果梗基本不膨大 ……………………………… 川西蔷薇（含中甸蔷薇）

1　叶缘多为单锯齿，果梗膨大或不膨大 ……………………………… （2）峨眉蔷薇复合体

2　峨眉蔷薇复合体--多毛类型：叶厚纸质，两面被毛，果实被柔毛 ……………………………………………………………………………… 绢毛蔷薇、腺叶绢毛蔷薇、毛叶蔷薇

2　峨眉蔷薇复合体--无毛或少毛类型：叶纸质，至少叶上面较光滑无毛，果实几乎光滑无毛或有腺体 ……………………………………………………………… （3）多叶及少叶亚型

3　小叶9～13（17），11枚为主及以上 ……………………………………………… 多叶亚型
峨眉蔷薇原变种、腺叶峨眉蔷薇、扁刺峨眉蔷薇

3　小叶（7）9～13，9枚及以下为主 ……………………………………………… 少叶亚型
少对峨眉蔷薇、玉山蔷薇、独龙江蔷薇

（三）桂味组Sect. *Rosa* (Sect. *Cinnamomeae*) 修订说明综述

根据命名法规，属模式在本组，故桂味组及宿萼大叶系的拉丁名都更改为*Rosa*。桂味组是蔷薇属中种类最多的一个组，《中国植物志》收录31种（不统计变种、变型），*Flora of China*收录36种（不统计变种、变型），新收录川东蔷薇*R. fargesiana*、羽萼蔷薇*R. pinnatisepala*、双花蔷薇*R. sinobiflora*、赫章蔷薇*R. hezhangensis*及白玉山蔷薇*R. baiyushanensis* 5种。与*Flora of China*相比，本书收录39种（不统计变种、变型），其中，从原芹叶组调入秦岭蔷薇*R. tsinglingensis*、长白蔷薇*R. koreana*、刺毛蔷薇*R. farreri*、细梗蔷薇*R. graciliflora* 4种，从原小叶组调入1种中甸刺玫*R. praelucens*，收录《新疆植物志》记载的弯刺蔷薇*R. beggeriana* 1变种：伊犁蔷薇*R. iliensis*，并恢复为种，收录《新疆蔷薇》记载的3种：单果疏花蔷薇（变种）重新发表升级为新种托木尔蔷薇*R. tomurensis*，以及疏刺蔷薇*R. schrenkiana*、樟味蔷薇*R. cinnamomea*（中国新分布）；双花蔷薇合并至藏边蔷薇*R. webbiana*，拟木香*R. banksiopsis*及原芹叶组的刺毛蔷薇、细梗蔷薇等3种合并至钝叶蔷薇*R. sertata*，移出粉蕾木香*R. pseudobanksiae*至木香组，移出白玉山蔷薇至外来组狗蔷薇组Sect. *Caninae*。

《中国植物志》中该组在分类上主要存在两大问题：一是小叶的大小（长度）作为主要分类性状，但界线划定过窄，在实际应用中很难确定；二是花朵数量的记载或过于绝对，或过于模糊甚至缺乏资料，定种依据不清。本次修订首先是根据本书的第三条原则“基于大量野外和引种观测数据”，在分系上仍保留3系，即脱萼系、宿萼大叶系、宿萼小叶系，并在分系的标准描述上进行补充或重新规定，基于新的标准对物种划系重新划分调整。值得强调的是，本组分系描述的脱萼，实为萼片连同萼筒、花盘一起脱落。此应在物种描述中说明清楚，避免混淆。

（1）**钝叶蔷薇** *R. sertata*

该种经查实为一广布种，其小叶数、毛被（叶、花、果等）、花朵数量、花梗长等性状存在较大的变化范围，其花序的花朵数量从1朵至多朵；垂直海拔差异上千米，在高海拔的坡地上分布的植株不仅花朵少，且小叶的大小也偏小甚至很小，果实形状及毛被上存在连续变化，因此在鉴定上易被划分为多个分类群。查不同时期、地点的标本发现存在各种变化情况，从《中国植物志》桂味组检索表上可看出，钝叶蔷薇同时存在于宿萼大叶系的多花和单花两个分支，亦存在于宿萼小叶系，可见其变异类型多样。经野外和引种查定，刺毛蔷薇、细梗蔷薇、拟木香实为一个种，皆为钝叶蔷薇的单枝或单株所定的种，应予合并。尤其是刺毛蔷薇、细梗蔷薇2种在《中国植物志》中的描述，恰属于钝叶蔷薇的多变情况之一。或者，未来可从海拔等生境因素出发，基于花朵数、小叶数、小叶大小等考虑钝叶蔷薇复合体的分类方案，如：

1　花一般单朵，小叶较小（＜3cm）……………………………………（2）

1　花多数聚伞，小叶较大（≥3cm）……………………………………（3）

2　小叶7～9 ……………………………………单花少叶小叶类型（刺毛蔷薇）

2　小叶9～11 ……………………………………单花多叶小叶类型（细梗蔷薇）

3　小叶7～9 ……………………………………多花少叶大叶类型（拟木香）

3　小叶9～11 ……………………………………多花多叶大叶类型（多对钝叶蔷薇）

（2）**中甸刺玫** *R. praelucens*

该种具备桂味组少花类型的特征，且从地理分布、分子证据上看，其与原同为小叶组的缫丝花 *R. roxburghii* 关系甚远，仅凭小叶数和果实具刺来划分略显单薄，而与桂味组有着更密切、直接的亲缘关系，故划归于本组。白锦荣（2009）、Qiu *et al.*（2012）、邓亨宁（2016）、王开锦（2018）等基于不同的参考样本体系、从不同角度开展研究，都认为中甸刺玫应划入桂味组。本书基于全基因组测序的分子系统学研究支持该划分。

（3）**粉蕾木香** *R. pseudobanksiae*

形态上与桂味组相差较远，尤其果实形态更像木香组、合柱组，柱头在果期有合柱现象。本章的分子系统学证据将其归入木香组，而王开锦（2018）、Zhang *et al.*（2020）、关莹（2023）等研究也支持其划入木香组。因此，本书将其从桂味组归入木香组。

（4）**双花蔷薇** *R. sinobiflora*

形态上与藏边蔷薇描述几乎无异，仅花朵数量上该种为2朵，而藏边蔷薇则为1～3朵。实际调查发现，不同环境与发育状况下，单朵、两朵甚至多朵的情况都有。而双花蔷薇仅有文字描述，缺少标本。就目前我们调查可知，未发现单株都是双花的蔷薇属植物，因此猜测可能当时是根据一份双花的标本而描述的种类，孤证且已丢失。本书基于以上理由，将双花蔷薇并入藏边蔷薇。

（5）伊犁蔷薇 *R. iliensis*

该种发表较早，在《新疆植物志》（1993）等文献中作为弯刺蔷薇的变种处理。经调查，其分布区域特殊，且果实等性状与弯刺蔷薇有明显区别，有较稳定的群体分布，为新疆的地域特有种，故恢复其更早作为种的分类地位。

（6）托木尔蔷薇 *R. tomurensis*

该种分布于新疆，早期作为疏花蔷薇 *R. laxa* 的变种记载，典型特点为单花为主，花大、果大、皮刺较大。经调查和研究，核型及分子系统学证据都支持其区别于广泛分布的疏花蔷薇，故重新发表将其升级为种。同时调查到其分布区域较原有记载有较大地扩展，性状描述也有更多补充。

（7）樟味蔷薇 *R. cinnamomea*

该种在《中国植物志》没有记载，但在新疆文献中多有记载，经调查在北疆阿尔泰地区有野生分布，对照标本其特征较为明显并符合描述，故认定其作为在中国的新分布并收录本书。樟味蔷薇是现认定的蔷薇属模式种，对于中国作为世界蔷薇属植物的分布中心具有重要的资源价值与分类意义。

《中国植物志》检索表将小叶大小作为重要的判定标准，但1.5 ~ 7 cm值域很难把握，在野外鉴定或看标本时差异巨大，容易造成错误鉴定，因此，本书认为须依据多年生枝条上新发的长枝（非徒长枝）中部的羽状复叶，该复叶顶端的第一对正常小叶为判定标准，小叶长≥3 cm（大叶类型）归入宿萼大叶系，小叶长<3 cm（小叶类型）的归入宿萼小叶系。将判定标准限定在相同发育状态、相似部位的羽状复叶的顶端第一对小叶上，误差小、便于统一。

同时，《中国植物志》检索表将大叶与多花、小叶与单花及少花两组性状相对应，实际情况并非如此。本组植物的单花并非完全都是单花，往往是1 ~ 3朵甚至多朵并存，这与环境、枝条发育类型等有很大关系，而单一的标本信息往往反映不出这种变化，具有局限性，引起种的鉴定错误。本书依据观察经验，去掉单花与多花的划分界限，而将7朵花划为一个界限，≤7朵的视为少花类型，而≥8朵的视为多花类型，且须满足一个植株上60%以上的花序符合上述标准。因此，无论是宿萼大叶系还是宿萼小叶系之下，分别划分为少花、多花两个类型。基于以上观点概括如下：

1　果实成熟脱萼（连同花盘）………………………………………………………… 脱萼系

1　果实成熟不脱萼（连同花盘）…………………………………………………………（2）

2　小叶长≥3cm（大叶类型）…………………………（3）宿萼大叶系（少花、多花类型）

3　少花类型（≤7朵）

3　多花类型（≥8朵）

2　小叶长<3cm（小叶类型）……………………………（4）宿萼小叶系（少花、多花类型）

4　少花类型（≤7朵）

4　多花类型（≥8朵）

以上划分虽然基于大量观测，但代表性仍然不够。很多物种尤其是广布种，往往不在某个叶大叶小、花多花少的固定范围，如钝叶蔷薇在《中国植物志》检索表中既属于宿萼大叶系（不仅有多花类型，还有少花类型），又属于宿萼小叶系，可见前人也注意到该普遍现象。因此，在使用检索表时可不拘泥于参考的长度大小，灵活把握多个检索方向以鉴定。

（四）小叶组Sect. *Microphyllae*修订说明综述

小叶组种类很少，《中国植物志》与*Flora of China*都收录3种（不统计变种、变型），本书收录2种（不统计变种、变型），调出1种至桂味组，即中甸刺玫*R. praelucens*。本组缫丝花*R. roxburghii*分布较广，而贵州缫丝花*R. kweichowensis*仅产贵州。本组主要特点为小叶数多且较小，叶质厚，革质或近革质，单花、大花，苞片小或早落，果实密被针刺。前人将果实特征作为本组鉴定主要特征显然不太恰当，中甸刺玫的调整便为例子。该组很可能是西南山区环境中进化或特化的一支分类群，分子系统学研究表明其与桂味组亦有一些关联，有待进一步研究。从形态分类而言，仍保留该组。

（五）硕苞组Sect. *Bracteatae*和金樱子组Sect. *Laevigatae*修订说明综述

硕苞组和金樱子组各1种（不统计变种、变型），《中国植物志》、*Flora of China*及本书都相同。荼蘼*R. × fortuneana*可能是金樱子与木香的杂交种（*R. laevigata × R. banksiae*），收录于木香组用于讨论。

（六）木香组Sect. *Banksianae*修订说明综述

木香组在《中国植物志》及*Flora of China*收录2种（不统计变种、变型），本书收录3种（不统计变种、变型），其中，从原桂味组调入1种，即粉蕾木香*R. pseudobanksiae*。除3种之外还收录了1种：大花白木香*R. × fortuneana*——荼蘼。本组单瓣白木香*R. banksiae* var. *normalis*及小果蔷薇*R. cymosa*分布广泛，垂直分布广，其托叶膜质、离生、早落为该组典型特征，花色以白色为主，也有黄色，天然分布与合柱组、金樱子组植物有较多交集。张方钢等（2006）曾发表大盘山蔷薇*R. cymosa* var. *dapanshanensis*，托叶边缘具腺毛且宿存，调查中未有明确发现，待考。

关于新调入的粉蕾木香，上述桂味组已讨论其应划至木香组，认为其应是单瓣白木香与野蔷薇*R. multiflora*的天然杂交种，且认为粉蕾木香偏母系遗传，单瓣白木香为母本，应写作*R. × pseudobanksiae*。由于发生了基因交流，故性状上与该组一般特征有差异，如花色出现粉色可能来源于合柱组，托叶形态介于木香组与合柱组之间，果实及花柱形态更像木香组。

（七）月季组Sect. *Chinenses*修订说明综述

月季组是极受关注和极为重要的分类组，因为现代月季的重要亲本和性状来自该组，而且现代月季拥有的连续开花基因、变色基因、特色香味基因等可能都来自该组。实际上在《中国植物志》与*Flora of China*中该组收录的种不多，仅3种（不统计变种、变型），除了亮叶月季*R. lucidissima*及2个变种单瓣月季花*R. chinensis* var. *spontanea*、大花香水月季*R. odorata* var. *gigantea*为野生种外，其他记载的种、变种实则多为栽培品种或记载不详，将栽培类型作为种描述是该组的一个重大问题，也给研究本组进化和分类带来很多困扰。在很多关于本组的研究和应用中，种和品种常混淆不清。因此，要厘清月季组的分类与资源，首先要明确其野生型和栽培型。

本书共收录6种（不统计变种、变型），其中月季花*R. chinensis*、香水月季*R. odorata*仅沿用原描述作为原变种参考，1变种大花香水月季升级为种巨花蔷薇*R. gigantea*，收录新发表2种：大花粉晕香水月季*R. yangii*、富宁蔷薇*R. funingensis*。收录月季花变种6种（其中新拟5种），收录香水月季变种1种（新拟）。同时，因该组特殊性，为便于更多比较，亦收录了28个栽培品种，有的介于野生型和栽培型之间。

基于长期调查和引种研究，本书制定了月季组的野生型和栽培型的主要划分标准，结合历史名称习惯，将月季组野生型分为两系：月季系和香水月季系。同时也将收录的栽培型划分为两类：栽培月季类和栽培香水月季类。具体描述如下：

1 直立或藤本灌木，小叶3～5～7（9），花单瓣，一季花 ……………………（2）野生型

2 藤本或松散灌木；新枝有毛或无毛；小叶3～5（7）枚；花色白、粉或红色；萼片花后常反折；果实卵球形、倒卵球形或梨形 …………………………………………… 月季系

2 藤本；新枝光滑无毛；小叶5～9枚，通常7枚，花色白、淡黄或粉色；萼片花后常反折或平展；果实球形、扁球形，少有倒卵形或梨形 ……………………… 香水月季系

1 直立或藤本灌木，小叶5～7（9），花复瓣至重瓣，一季花或多季花 ……（3）栽培型

3 小叶3～5（7）枚，复瓣至重瓣，一季花或多季花 ……………………… 栽培月季类

3 小叶5～7（9）枚，复瓣至重瓣，一季花 …………………………… 栽培香水月季类

基于以上分类原则，有几点说明讨论如下：

（1）月季花*R. chinensis*

该种一直未找到野生分布，且众多可查标本亦为重瓣类型。《中国植物志》附插图为单瓣，但记载的性状述为复瓣至重瓣，《中国高等植物图鉴》绘图亦为重瓣，故很多人都认为其为栽培品种。近年野外考察发现，除了单瓣月季花较早被国外植物学者发现并发表，尚有众多的单瓣野生类型：粉花毛叶月季花（新拟）*R. chinensis* var. *pubescens*、单瓣猩红月季花（新拟）*R. chinensis* var. *coccinea*、单瓣浅粉月季花（新拟）*R. chinensis* var. *persicina*、单瓣桃红月季花（新拟）*R. chinensis* var. *erubescence*、多对单瓣月季

花（新拟）*R. chinensis* var. *multijuga*，这些都是新发现的具有野生分布的月季花变种（新拟）。以上变种均为一季开花类型，且开花之后花瓣都有颜色变深的现象。'月月粉' *R. chinensis* 'Old Blush'被认为是最接近月季花描述的中国古老月季品种，其很可能是上述某个野生单瓣类型在自然环境和人为栽培的双重选择下发生的变异。

（2）香水月季 *R. odorata*

《中国植物志》记载未明确单瓣或复瓣，也无绘图，*Flora of China*记载为"花瓣5，半重瓣或重瓣"，描述前后矛盾。《中国高等植物图鉴》绘图为重瓣，为栽培类型，更早的文献也认为香水月季为栽培品种，早期引种到欧洲栽培后的绘图也是粉花重瓣的类型（Andrews, 1810），描述上明确强调了其连续开花的性状。还有一些学者认为香水月季可能是巨花蔷薇与月季花的杂交种，但由于月季花原种尚且无法证实，用其推断香水月季只能越描越乱。近年来经调查，野外存在符合《中国植物志》所描述香水月季的单瓣类型，其花色为初开淡粉色，后逐渐褪为白色，而植物志描述为白色或带粉红色，其他性状也基本吻合，本书将该种定为香水月季野生种，且为避免混淆，中文名采用单瓣香水月季（新拟）*R. odorata* var. *normalis*。

（3）大花香水月季 *R. odorata* var. *gigantea*

在《中国植物志》记载的香水月季下有大花香水月季、橘黄香水月季 *R. odorata* var. *pseudindica*、粉红香水月季 *R. odorata* var. *erubescens* 3个变种。只有大花香水月季为野生种，其形态、花色、花径等均与前述的单瓣香水月季 *R. odorata* var. *normalis* 差异较大，且存在大量的野生分布种群，本书同意Coll. ex Crép.（1888）的观点，将其视为一个种，即巨花蔷薇。

（4）橘黄香水月季 *R. odorata* var. *pseudindica*

《中国植物志》记载的橘黄香水月季为重瓣的古老月季品种'佛见笑' *R.* × *gigantea* 'Fo Jian Xiao'，而单瓣、大花、黄色的香水月季在植物志之外的文献多有记载，即单瓣杏黄香水月季 *R. gigantea* f. *armeniaca* 与单瓣橘黄香水月季 *R. gigantea* f. *pseudindica* 两个变种。根据文献及历史图片比对，其形态与巨花蔷薇极其相似，仅花色有区别，从野外调查来看，巨花蔷薇的花色初开时常为乳白或乳黄色，后逐渐变白，因此该两种黄色的变种很有可能就是巨花蔷薇的野生突变单株，或仅是当时根据其初开阶段采集标本的描述而定的变种。实际上很可能还是巨花蔷薇1个种。本书认为单瓣杏黄香水月季与单瓣橘黄香水月季应为同物异名，定为巨花蔷薇变种。

（5）亮叶月季 *R. lucidissima*

为《中国植物志》记载的月季组为数不多的野生种，其分布区域很狭窄，且呈点状分布，濒危。早期仅发现分布于四川，近年调查在重庆金佛山、贵州佛顶山、广西龙虎山等地也有发现，数量极少。其形态与单瓣月季花 *R. chinensis* var. *spontanea* 极为相似，仅小叶数及形态上存在部分差异，且分布数量明显少于单瓣月季花，但其分布区域常与

单瓣月季花有交集，因此，未来二者可能可合并为一种。二者皆为变色的种类，此外调查中还发现亮叶月季一新变种：猩红亮叶月季（新拟）*R. lucidissima* var. *coccinea*。

（6）大花粉晕香水月季 *R. yangii*

该种是本书收录已正式发表的新种，是野外新发现的月季组开粉花的大花种类，花径大，其花色变化由白色变成深粉红色。该种有一定的野外分布种群，且与巨花蔷薇分布区不重叠。该种可能是研究月季组物种进化、性状较为重要的野生种质之一。系统进化树显示其位置与单瓣月季花、亮叶月季等较近。最新研究认为其可能是产生连续开花月季的原始种（易星湾, 2024）。

（7）富宁蔷薇 *R. funingensis*

该种也是本书收录已正式发表的新种，与巨花蔷薇有较大的相似性，但毛被及新枝开花数量有异，巨花蔷薇叶光滑无毛，单花，而本种叶背有毛，单花至多花聚伞。该种分布区与巨花蔷薇分布区有重叠，且有合柱组近缘种分布，从表型上看，本种偏向于月季组，但又融入了合柱组的基因，但本种不具备雌蕊合柱特征。通过分子系统学证据可以看出，本种与部分合柱组种类聚在一支，而没有和巨花蔷薇聚到一支，可能该种也是杂交起源，有待进一步研究。

基于形态划分的月季系、香水月季系的物种在系统进化树中基本能聚合到各自的小分支，但以上讨论的富宁蔷薇、大花粉晕香水月季的系统位置并没有较好对应到形态学分类的系中，还有一些月季栽培类型和香水月季栽培类型也穿插其中，合柱组种类大致分为两支，与月季组种类交叉。因此，月季组分系只是大致解决了形态分类问题，而在进化上而言可能仍是一个组，甚至未来与合柱组合并，作为一个系或亚组处理。

（八）合柱组 Sect. *Synstylae* 修订说明综述

合柱组在《中国植物志》中收录18种（不统计变种、变型），*Flora of China* 收录29种（不统计变种、变型），新补充了11种（不统计变种、变型）。本书收录了 *Flora of China* 的所有种类，并进行了大量合并，最终定为19种（不统计变种、变型），其中，昆明蔷薇 *R. kunmingensis*、米易蔷薇 *R. miyiensis* 2种定为品种，丽江蔷薇 *R. lichiangensis* 合并至单瓣粉团蔷薇 *R. multiflora* var. *cathayensis*，岱山蔷薇 *R. daishanensis*、商城蔷薇 *R. shangchengensis*、单花合柱蔷薇 *R. uniflorella* 3种都合并至光叶蔷薇 *R. lucieae*，维西蔷薇 *R. weisiensis*、德钦蔷薇 *R. deqenensis* 2种合并至重齿蔷薇 *R. duplicata*，软条七蔷薇 *R. henryi* 1种合并至山蔷薇 *R. sambucina* var. *pubescens*，得荣蔷薇 *R. derongensis* 1种合并至小叶川滇蔷薇 *R. soulieana* var. *microphylla*（变种），琅琊山蔷薇 *R. langyashanica* 收录但不定种，待考。

托叶是蔷薇属分类的重要性状，本组分类沿用原有的两系，齿裂托叶系与全缘托叶系。该组在实际分类中存在以下主要问题：一是托叶的性状描述与规定不明确、不够清晰，鉴定时矛盾较大；二是标本上的托叶往往已经发生了较大变化，造成鉴定误差和失误；三是分类性状未充分考虑器官在发育时间上的差异，鉴定时容易产生误解；四是小叶的大小性状与实际调查有较多矛盾，缺乏测量标准；五是关于野蔷薇分类群，应处理其大量的变异及栽培品种混淆不清的问题。此外，关于合柱的定义，应进一步明确“合柱”并非柱头及花柱黏合生长在一起，而是花柱伸长并聚合成束，果期宿存干枯的花柱更像是1束，实则为聚集，仍可人为分散开。

①关于托叶的观测判定标准。首先，明确正常的完全展开的新叶；再者，看托叶边缘是否有规则或不规则的齿或齿状裂；第三，如果托叶边缘不存在齿或分裂，则进一步观测其是否光滑或具腺体、柔毛等附属物；第四，进一步明确托叶边缘观测性状的稳定性，即留存时间。因为很多边缘往往在植物发育后期都会脱落而显得平滑，因此，明确第一条鉴定新叶尤为重要，而托叶叶缘裂片及附属物后期脱落的现象亦可作为补充描述便于鉴定。基于以上理由，《中国植物志》划分在托叶全缘系中的复伞房蔷薇、卵果蔷薇*R. helenae*、长尖叶蔷薇*R. longicuspis* var. *longicuspis*、毛萼蔷薇*R. lasiosepala*、腺梗蔷薇*R. filipes*经观察都不符合全缘要求，都有不同程度的齿或齿状裂，有的有腺毛但也是附着在齿裂上的，裂的比较浅的可能到后期就脱落显得光滑了，尤其是标本容易干燥缩减脱落，造成误判。以上5种在本书中都移出全缘托叶系。而全缘托叶系原是以复伞房蔷薇作为模式命名Ser. *Brunoaianae* T. T. Yu et T. C. Ku，由于其移出，故该系改以托叶全缘性状稳定的川滇蔷薇*R. soulieana*作为模式，全缘托叶系名改为Sect. *Soulieanae* L. Luo et Y. Y. Yang。

②关于小叶大小。该性状的变化极大，建议参考桂味组的测量标准，明确稳定的枝条、部位及小叶位置进行测量判断。对于广布种，在具体检索时，亦同桂味组处理，可不拘泥于参考的长度大小，灵活把握。

③关于野蔷薇*R. multiflora*的分类群处理。野蔷薇分布广泛，栽培亦十分广泛，因此其野生群体和栽培群体变异都很丰富，野生群体可做一复合体研究。篦齿状分裂的托叶为野蔷薇典型特征，而在花色、花径、毛被与皮刺多寡等方面又存在很多差异变化，常造成分类混乱。

第一，应遵循单瓣为野生型的基本原则，首先要将野生型和栽培型较好地区分，重瓣的都划分到栽培品种当中。故米易蔷薇、昆明蔷薇甚至重瓣广东蔷薇*R. kwangtungensis* var. *plena*，都为白色重瓣花描述，查其标本亦明显与野蔷薇性状吻合，且典型的标本极少，亦未发现有野生群体，本书都合并至野蔷薇的品种‘白玉堂’*R. multiflora* 'Bai Yu Tang'。野蔷薇的变种，除单瓣粉团蔷薇外，新收录单瓣毛叶粉团蔷薇（新拟）*R. multiflora* var. *pubescens*、单瓣刺梗粉团蔷薇（新拟）*R. multiflora* var. *spinosa* 2变种。

第二，《中国植物志》明确了粉花单瓣的野蔷薇变种即粉团蔷薇，在野外有大量的分布，粉色明显，但有深浅之分、花径大小之分，*Flora of China*收录的丽江蔷薇符合

粉团蔷薇的特征，有研究认为丽江蔷薇似为合柱组内川滇蔷薇与粉团蔷薇的杂交种（朱章明, 2015）。由于本种标本较乱，前人研究的材料亦无从指认，包括查中国植物图像库（PPBC）上传照片皆为半重瓣且托叶篦齿状，与《中国植物志》描述的托叶全缘不符合。因此，本书认为丽江蔷薇应为粉团蔷薇的同名异物，合并比作为独立种的意义更大，此外，因"粉团"一词在众多品种中大量应用，为避免混淆，用名单瓣粉团蔷薇。

第三，本书明确蔷薇属野生型标准为单瓣，有时少量雄蕊瓣化的花朵亦能找到，而野外单株大量出现半重瓣现象则极少见。上述提到米易蔷薇、昆明蔷薇都是缺乏野生分布的例子，因此定为个例，并归为品种。但本书中收录的毛叶粉团蔷薇，在广西南宁周边的乡间亦发现疑似野生的成片分布，其呈现出典型的复瓣花，即3～4轮花瓣，曾被发表为野蔷薇变种南宁蔷薇*R. multiflora* var. *nanningensis*（万煜和黄增任, 1990），因此，该种类是否是野生型留待进一步研究考证，本书按基本原则暂时划分到栽培品种中，供参考。

第四，琅琊山蔷薇为*Flora of China*收录的新发表种类，分布区域狭窄，经反复查实该区域主要分布单瓣粉团蔷薇、木香及山木香*R. cymosa*等种，未见该奇特叶型的种类，标本亦很有限，结合其托叶性状可定位至野蔷薇。调查中也发现个别单瓣粉团蔷薇的部分小叶会发生轻度至中度的叶裂变化，推测琅琊山蔷薇可能是根据单株变异命名描述的，目前调查结果说明现其已经消失。

（1）川滇蔷薇*R. soulieana*

该种在西南山区广泛分布，海拔、地域的跨度都较大，存在丰富的地理环境变异，可做一复合体研究。目前收录3个变种：毛叶川滇蔷薇*R. soulieana* var. *yunnanensis*、大叶川滇蔷薇*R. soulieana* var. *sungpanensis*及小叶川滇蔷薇，前两者分布的海拔相对较低，而小叶川滇蔷薇较高、生境较干旱、贫瘠。关于小叶川滇蔷薇，性状描述与*Flora of China*收录的得荣蔷薇几乎一致，且得荣蔷薇缺乏标本考证，本书将其与小叶川滇蔷薇合并。另《中国植物志》在小叶川滇蔷薇处讨论其与台湾产太鲁阁蔷薇有可能近似，经查定，二者有较明显差别，叶形相异，托叶差别很明显，太鲁阁蔷薇的托叶边缘为不规则锯齿，而小叶川滇蔷薇的托叶近全缘。

（2）光叶蔷薇*R. lucieae*

该种全国多地分布，托叶特征明显，叶型、小叶数相对稳定，但花朵数量存在差异，1至数朵呈伞房状分布，有过渡类型。此外，植物志描述的叶片两面无毛亦存在局限性，实际情况为新叶常疏被毛或沿脉被毛，之后逐渐脱落。光叶蔷薇与本组多种蔷薇可能存在同物异名现象，分述如下：

单花合柱蔷薇、岱山蔷薇、商城蔷薇与光叶蔷薇。这3种蔷薇除了花朵数量与光叶蔷薇有异，其他都几乎无差别，考虑到该3种在野外都没有找到稳定的群体，凭个体定种不利于今后研究，本书建议将其都合并至光叶蔷薇，或许未来调查到新情况再做分解。

广东蔷薇*R. kwangtungensis*与光叶蔷薇。二者主要区别在于叶背的毛被，且调查中发现光叶蔷薇群体中也并非完全两面光滑无毛，叶背也存在有毛或无毛现象，这也就给二者在共有的广东、广西、福建一带的分布区鉴定带来麻烦。

小金樱、太鲁阁蔷薇与光叶蔷薇。《中国植物志》、*Flora of China*收录的小金樱、太鲁阁蔷薇依据的是《台湾木本植物志》，早期《中国植物志》认为小金樱与光叶蔷薇可能同物异名，但缺乏更多资料。后依据洪铃雅（2006）及Hung and Wang（2022）的研究和提供的照片比对显示，太鲁阁蔷薇及粉花变种*R. pricei* var. *rosea*与光叶蔷薇确实相似。关于小金樱，在洪铃雅（2006）早期的研究中认为与太鲁阁蔷薇同名异物，但在其2022年的研究中又根据小叶数及叶背毛被又将二者分开。此外，广东蔷薇及其粉花变型与太鲁阁蔷薇也很相似，只是毛被、小叶数上可能有区别，这只是做一个图像推测。由于缺乏台湾实地调查比对，本书将小金樱、太鲁阁蔷薇都收录并引用台湾当地拍摄照片供参考。

以上是关于光叶蔷薇的讨论，也与洪铃雅等人交换了意见，本书认为光叶蔷薇作为广布种，其与广东蔷薇、小金樱、太鲁阁蔷薇分布地理重叠，都存在丰富的相似的变异，未来可作为一个较大的复合体研究。

（3）山蔷薇 *R. sambucina* var. *pubescens*、**软条七蔷薇** *R. henryi*

山蔷薇记载分布于我国台湾地区，原变种产于日本，经调查其与软条七蔷薇同物异名，由于山蔷薇先于软条七蔷薇发表，故将二者合并，山蔷薇为正名。

（4）维西蔷薇 *R. weisiensis*、**德钦蔷薇** *R. deqenensis*与**重齿蔷薇** *R. duplicata*

三者都为小叶具重锯齿类型，花、果无异，经查阅标本比对相似度高，小叶都较小，大小上略有差别，三者在分布区上也有重叠。结合野外调查情况，本书认为三者为同物异名，应合并为重齿蔷薇1种，亦可作为一复合体研究。此外，由于以上讨论的小叶重锯齿均为较为圆钝的锯齿，该类型锯齿在叶片发育后期也会出现重锯齿不明显现象，该特点在鉴定时应注意。

（5）复伞房蔷薇 *R. brunonii*复合体

王思齐等（2021）曾研究了复伞房蔷薇、卵果蔷薇、腺梗蔷薇、商城蔷薇、泸定蔷薇*R. ludingensis*、维西蔷薇构成的复合体，6种蔷薇形态相近，有不同的生态位或生态位交叠，研究认为前四者存在密切基因交流但分化程度较高，仍然可以作为独立种；后两者狭域分布，没有独立的生态位分化，可能是同域近缘物种的变型或杂种。本书认为该结果具有一定的参考性，但正如其研究中提到，取材及材料鉴定的困难，很可能一开始就对6个种的划定造成了矛盾。本书分子系统学证据认为复伞房蔷薇与卵果蔷薇、腺梗蔷薇、泸定蔷薇、绣球蔷薇*R. glomerata*等关系较近，是否作为复合体，有待进一步研究。

本组主要鉴定特征依据托叶形态、花序、雌蕊合柱，毛被主要关注叶部器官，较少

关注花柱及子房的毛被情况，有研究表明雌蕊的毛被状况较稳定，有助于辅助分类，后期可以关注补充。

（九）合柱组 Sect. *Synstylae* 与月季组 Sect. *Chinenses* 关系讨论

上文基于全基因组测序的分子系统学研究结果表明，大量合柱组、月季组的材料互相交融在一起，研究认为二者可合并，此观点在前人的众多研究中都有不同角度地提出（白锦荣, 2009; 罗乐, 2011; Qiu *et al*., 2012; 朱章明, 2015; 王开锦, 2018; 杨晨阳, 2020）。

相比《中国植物志》，本书将大量新发现的月季组野生种类纳入，为研究该组进化与分类提供了更宽的视野。本书收录的栽培品种，有部分古老品种，更多的则是调查中发现栽培于比较边远地区、山区的重要资源。一方面纠正植物志将栽培型作为野生型，另一方面也便于对月季组的进化开展比较。在本书展示的系统进化树中，一些完全中国原产的品种也穿插在野生的月季组、合柱组种类中，说明无论是自然选择还是人为选择，二者存在基因交流。基于表型的观测结果，我们发现月季组与合柱组关系极为密切，托叶、花序、果形都很相似，且月季组的一些种类花柱也存在“合柱”或“半合柱”现象。野外调查发现两个组交叠且可能发生天然杂交的可能性存在，如月季组与野蔷薇、光叶蔷薇、长尖叶蔷薇、山蔷薇（软条七蔷薇）、复伞房蔷薇、悬钩子蔷薇 *R. rubus* 等，新发表的富宁蔷薇也认为是月季组与合柱组天然杂交的产物。因此，将两个组合并也有可能，但分子层面可能不需要考虑表型，要做分类应用就需要考虑表型。本书（第一版）仍保留经典分组分类，未来可能基于一些大的分类群、复合体去研究蔷薇属，分类系统更能兼顾宏观与微观的关系。当然，前提是首先将目前各组内的物种关系厘清，进一步明确关键的分类性状，进而利用传统与现代技术手段进行分类研究，野外材料齐全非常必要。

第四章
中国蔷薇属各论

Chapter4

Taxa Profiles

（一）中国蔷薇属分类检索表

1. 蔷薇属分亚属、分组检索表

1 单叶，无托叶；花单生；萼筒坛状 …… **单叶蔷薇亚属** Subgen. *Hulthemia* (Dumort.) Focke

1 羽状复叶，有托叶；花常呈伞房状花序或单生 ……………………………………………（2）**蔷薇亚属** Subgen. *Rosa* T. T. Yu et T. C. Ku

2 萼筒杯状；瘦果着生在基部突起的花托上；花柱离生不外伸 ……………………………… **小叶组** Sect. *Microphyllae* Crép.

2 萼筒坛状；瘦果着生在萼筒边周及基部；花柱同上或不同上 ……………………………（3）

3 托叶大部分贴生叶柄上，宿存 ……………………………………………（4）

3 托叶离生或近离生（偶有一半离生），常早落 ……………………………………（7）

4 花柱离生，不外伸或稍外伸，比雄蕊短 ……………………………………（5）

4 花柱合生或离生外伸，比雄蕊长或短 ……………………………………（6）

5 花多数呈伞房花序或单生，均有苞片；小叶5～11 ……………………………………………… **桂味组** Sect. *Rosa*

5 花单生，无苞片，稀有数花；花常白色或黄色 … **芹叶组** Sect. *Pimpinellifoliae* DC. ex Ser.

6 花柱离生或稍合生，短于雄蕊；小叶3～5（7） …… **月季组** Sect. *Chinenses* DC. ex Ser.

6 花柱合生，结合成柱，约与雄蕊等长；小叶5～9 … **合柱组** Sect. *Synstglae* DC. ex Ser.

7 小枝密被茸毛或柔毛；小叶7～9，托叶篦齿状分裂；花单生为主，有大型苞片 …… ……………………………………… **硕苞组** Sect. *Braeteatae* Thory

7 小枝光滑无毛；小叶3～5；托叶不篦齿状分裂 ……………………………（8）

8 花梗和萼筒均光滑；花小，白色或黄色，稀粉色，多花成花序；托叶钻形 ……………（线状披针形）……………………………… **木香组** Sect. *Banksianae* Lindl.

8 花梗和萼筒被针刺；花大，白色，单生；托叶披针状 … **金樱子组** Sect. *Laevigatae* Thory

2. 蔷薇亚属分组检索表

组一：芹叶组 Sect. *Pimpinellifoliae* DC. ex Ser.

1 花瓣4（5），萼片4（5），花以白色为主（2）……………………………………………… **四数花系** Ser. *Sericeae* (Crép.) T. T. Yu et T. C. Ku

1 花瓣5，萼片5，花以黄色、淡黄色为主（8） ……………………………………………… **五数花系** Ser. *Spinosissimae* T. T. Yu et T. C. Ku

2 小叶叶缘为重锯齿，常具腺 ……………………………………………（3）

2 小叶叶缘为单锯齿，有腺或无 ……………………………………………（4）

3　果梗及果皮常被腺毛，果常近球形 ………………… 川西蔷薇 *R. sikangensis* f. *sikangensis*
3a 小叶被腺毛或仅沿脉具腺毛 ……………………… 腺叶川西蔷薇 *R. sikangensis* f. *pilosa*
3　果梗及果皮常光滑无毛，果常卵球形 ……………………… 中甸蔷薇 *R. zhongdianensis*
4　叶皱，两面有毛；果梗、果皮有毛 …………………………………………………（5）
4　叶上部光滑，下面有毛或无毛；果梗常较膨大光滑 ………………………………（6）
5　小叶7～13，11为主；叶下面明显被柔毛 ………………… 绢毛蔷薇 *R. sericea* f. *sericea*
5a 小叶下面无毛或近无毛 ……………………… 光叶绢毛蔷薇 *R. sericea* f. *glabrescens*
5b 小枝具宽扁大形皮刺；小叶片下面被柔毛 … 宽刺绢毛蔷薇 *R. sericea* f. *pteracantha*
5c 小叶下面被腺毛和柔毛 ………………………… 腺叶绢毛蔷薇 *R. sericea* f. *glandulosa*
5　小叶（5）7～9，9为主；叶两面明显被柔毛 …………………… 毛叶蔷薇 *R. mairei*
6　小叶9～13（17），11为主及以上，厚纸质 ………… 峨眉蔷薇 *R. omeiensis* f. *omeiensis*
6a 幼枝密被针刺及宽扁大形紫色皮刺，上面叶脉明显，下面被柔毛 …………………
……………………………………………………… 扁刺峨眉蔷薇 *R. omeiensis* f. *pteracantha*
6b 叶柄及叶片下面有腺体，叶边单锯齿或部分近重锯齿 ………………………………
………………………………………………………… 腺叶峨眉蔷薇 *R. omeiensis* f. *glandulosa*
6c 小叶（5）7～9，长圆形或倒卵长圆形，仅前半部有锯齿，两面无毛 ……………
……………………………………………………… 少对峨眉蔷薇 *R. omeiensis* f. *paucijugs*
6　小叶（7）9～13，9及以下为主，纸质 ……………………………………………（7）
7　小叶下无毛；果梗稍膨大 …………………………………… 玉山蔷薇 *R. morrisonensis*
7　小叶下脉上有毛；果梗膨大 ………………………………… 独龙江蔷薇 *R. taronensis*
8　着花枝密被针刺、皮刺，花乳黄至黄白色 ………………………………………（9）
8　着花枝仅被皮刺，稀具针刺，花黄或淡黄色 ……………………………………（10）
9　小叶边缘多为单锯齿，下面无腺或有腺 ……… 密刺蔷薇 *R. spinosissima* var. *spinosissima*
9a 花梗被毛较少，果期几乎光滑；花较大，直径4～6cm ………………………………
……………………………………………………… 大花密刺蔷薇 *R. spinosissima* var. *altaica*
9　小叶边缘为重锯齿，下面有腺 ……………………… 腺叶蔷薇 *R. spinosissima* var. *kokanica*
10 小叶具重锯齿，齿尖及下面有腺 ……………………………………………………（11）
10 小叶具单锯齿，下面无腺；花黄色 …………………………………………………（12）
11 小叶9～13，长圆形；花淡黄色并逐渐变白 ………………………… 报春刺玫 *R. primula*
11 小叶7～9，椭圆形；花亮黄色 ……………………………………… 异味蔷薇 *R. foetida*
12 小叶5～9，边缘常上半部具齿；枝条皮刺基部较宽大 ……… 宽刺蔷薇 *R. platyacantha*
12 小叶5～13（15），边缘常全部具齿或2/3具齿 ……………………………………（13）
13 小叶上下无毛；营养枝条基部有时具针刺 ………………………………… 黄蔷薇 *R. hugonis*
13a 新老枝皆遍布宽大皮刺及尖刺 ……………… 宽刺黄蔷薇 *R. hugonis* f. *pateracantha*
13 小叶上面无毛，下面常被毛；全株常无针刺 ………… 单瓣黄刺玫 *R. xanthina* f. *normalis*

组二：桂味组 Sect. *Rosa*

1　果实成熟时几乎脱萼（连同萼筒上部）（2）　**脱萼系** Ser. *Beggerianae* T. T. Yu et T. C. Ku
1　果实成熟几乎不脱萼（连同萼筒上部）：［以下依据多年生枝条上新发长枝（非徒长枝、短枝）中部的羽状复叶，复叶顶端第一对正常小叶为判定标准］ ……………………（6）
2　花粉红色或紫红色 ……………………………………………………………………（3）

2 花常为白色（蕾期有时带红晕）……（4）

3 小叶7～9（11），单或重锯齿；叶缘较平；苞片2～4；果球形或卵球形……小叶蔷薇 *R. willmottiae* var. *willmottiae*（龙首山蔷薇 *R. longshoushanica*）

3a 小叶边缘为重锯齿，齿尖及叶片下面有腺毛……多腺小叶蔷薇 *R. willmottiae* var. *glandulifera*

3 小叶7～15；重锯齿；叶缘常下弯；花开时萼片伸出花瓣；苞片2枚；果近球形……铁杆蔷薇 *R. prattii* f. *prattii*

3b 小叶7～9，边缘具羽状深齿……深齿铁杆蔷薇 *R. prattii* f. *incisifolia*

4 老枝常具成对弯镰状皮刺；果小，近球形……（5）

4 老枝常具成对直立尖长刺；果大，卵球形或球形……腺齿蔷薇 *R. albertii*

5 托叶边缘腺齿有腺或腺齿，较明显；果实成熟时红色或暗紫色……弯刺蔷薇 *R. beggeriana* var. *beggeriana*

5a 小叶片两面密被柔毛；花梗和萼筒亦密被柔毛，果期有脱落……毛叶弯刺蔷薇 *R. beggeriana* var. *licuii*

5 托叶全缘或少有腺齿；果实成熟时紫黑色至黑色……伊犁蔷薇 *R. iliensis*

6 小叶长≥3cm（大叶类型）（7）……**宿萼大叶系** Ser. *Rosa*

6 小叶长<3cm（小叶类型）（26）……**宿萼小叶系** Ser. *Webbianae* T. T. Yu et T. C. Ku

7 少花类型（≤7朵）……（8）

7 多花类型（≥8朵）……（20）

8 花单生；小叶7～13，托叶密被柔毛；花大，花径8～9cm，深粉色，苞片大型……中甸刺玫 *R. praelucens* var. *praelucens*

8a 花单瓣，初开粉白色，后白色……白花单瓣中甸刺玫 *R. praelucens* var. *alba*

8b 花单瓣，玫红色……玫红单瓣中甸刺玫 *R. praelucens* var. *rosea*

8c 花半重瓣，7～10枚，初开粉红，盛开浅粉……粉红半重瓣中甸刺玫 *R. praelucens* var. *semi-plena*

8 花1～5朵……（9）

9 枝被毛；叶脉深陷且叶皱，两面密被柔毛；花单瓣，玫红色……粉红单瓣玫瑰 *R. rugosa* f. *rosea*

9a 花单瓣，粉白色至白色……白花单瓣玫瑰 *R. rugosa* f. *alba*

9 枝无毛；叶脉不深陷，叶较平滑……（10）

10 小叶5～9；花完全开放时白色或粉白色，稀粉色……（11）

10 小叶5～11；花常多朵聚伞；花完全开放时多为粉红或红色，稀白色……（13）

11 小叶5～7；新枝条较光滑少刺，常下弯；花常单朵或2～3朵，白色……疏刺蔷薇 *R. schrenkiana*

11 小叶7～9；新枝条皮刺适中或密集；花白色或粉白色……（12）

12 有弯曲变大镰状皮刺；叶缘单锯齿；花白色，常单朵或2～3朵簇生，不具总梗……托木尔蔷薇 *R.tomurensis*

12a 花粉色……粉花托木尔蔷薇 *R. tomurensis* var. *rosea*

12 有直立小型皮刺；叶缘有时部分至重锯齿；花白色或粉白色，常2～4朵聚伞，具总梗……川东蔷薇 *R. fargesiana*

13 小枝有皮刺及针刺……（14）

13 小枝常只具有皮刺 ··· （16）
14 小叶5～7，常有下弯尖锐皮刺；花常2～3朵；果皮光滑 ······ 樟味蔷薇 *R. cinnamomea*
14 小叶7～9 ··· （15）
15 小叶下面被柔毛；果梗少腺，果皮光滑；花粉红色或浅粉色········· 刺蔷薇 *R. acicularis*
15a 花白色 ································· 白花刺蔷薇 *R. acicularis* var. *albifloris*
15 叶两面无毛；果梗及果皮多腺毛························ 美蔷薇 *R. bella* var. *bella*
15a 萼筒和花梗平滑而无腺毛；花梗（果梗）少腺毛或无　光叶美蔷薇 *R. bella* var. *nuda*
16 叶背光滑几乎无毛；花玫红色；果实较光滑············ 大红蔷薇 *R. saturata* var. *saturata*
16a 小叶边缘有部分为重锯齿，齿尖有腺，叶片下面满布腺点 ·································
······································ 腺叶大红蔷薇 *R. saturata* var. *glandulosa*
16 叶背有柔毛或腺毛；果实有腺毛及棱（有时有脱落）························ （17）
17 小叶7～9，单或重锯齿；花粉色或粉白色 ······················ 城口蔷薇 *R. chengkouensis*
17 小叶7～11或更多，单或重锯齿；花粉色或红色 ································ （18）
18 小叶7～11（13），单锯齿，叶背及叶缘有腺毛；花正红色；果皮多腺毛，成熟时黄或橘红色······························ 华西蔷薇 *R. moyesii* var. *moyesii*
18a 小叶下面和叶轴密被柔毛 ························ 毛叶华西蔷薇 *R. moyesii* var. *pubescens*
18 小叶7～11，单或重锯齿，叶背有柔毛；花粉红色；果实有腺毛或脱落，熟时红或橘红色··· （19）
19 小枝较光滑，少皮刺；小叶（7）9～11，单锯齿···································
······································ 大叶蔷薇 *R. macrophylla* var. *macrophylla*
19a 小叶下面有腺，常为重锯齿；萼筒和花梗常密被腺毛 ·································
······································ 腺果大叶蔷薇 *R. macrophylla* var. *glandulifera*
19 小枝着生纵向扁宽尖锐皮刺、老枝有针刺；小叶7～11，重锯齿或部分单锯齿 ·········
······································ 扁刺蔷薇 *R. sweginzowii* var. *sweginzowii*
19a 小叶下面密被有柄腺体；花梗较长，2～3cm·····································
······································ 腺叶扁刺蔷薇 *R. sweginzowii* var. *glandulosa*
19b 萼片全缘；花瓣背面被茸毛 ················ 毛瓣扁刺蔷薇 *R. sweginzowii* var. *stevensii*
20 皮刺镰状弯曲；小叶7～9，卵圆形至倒卵圆形，纸质；花白色；花梗有腺或无 ······
·· 疏花蔷薇 *R. laxa* var. *laxa*
20a 小叶上面疏被短柔毛，下面密被柔毛，叶纸质 ······ 毛叶疏花蔷薇 *R. laxa* var. *mollis*
20b 小叶较小，几乎无毛倒卵圆形至近圆形，锯齿多在上部，叶革质；花常1～3朵···
······································ 喀什疏花蔷薇 *R. laxa* var. *kaschgarica*
20c 花粉色或粉白色 ······························ 粉花疏花蔷薇 *R. laxa* var. *rosea*
20 皮刺较直立；小叶7～9～11；花粉、淡粉或粉白色 ································ （21）
21 果皮光滑无毛，果梗光滑或有腺··· （22）
21 果皮有腺毛，果梗亦带有腺毛·· （24）
22 小叶数少，5～7～9，近花处常3枚；花2～9朵呈近伞形或伞房状；果梗有腺 ·········
·· 伞房蔷薇 *R. corymbulosa*
22 小叶较多7～9～11，近花处常5枚；叶缘为单锯齿或部分重锯齿····················· （23）
23 小枝被针刺；小叶7～11，单锯齿，叶纸质，两面无毛；果梗无毛 ·····················
·· 全针蔷薇 *R. persetosa*

23 小枝带有成对或散生尖锐皮刺；小叶7～9，单锯齿或部分重锯齿，叶厚纸质，背面有白霜、柔毛及腺毛 ········ 山刺玫 *R. davurica* var. *davurica*

23a 小枝密生大小不等皮刺；小叶下面常无毛，仅沿脉有短柔毛 ········ 多刺山刺玫 *R. davurica* var. *setacea*

23b 小叶可达4cm，两面常无毛，仅沿脉有短柔毛 ··· 光叶山刺玫 *R. davurica* var. *glabra*

24 小叶7～9，两面常无毛或少毛；果实为长椭圆或长卵圆形，果梗及果皮具腺或脱落 ········ （25）

24 小叶9～11，有时13～15，下面密被柔毛，至少脉有毛；果倒卵球形 ········ 西北蔷薇 *R. davidii* var. *davidii*

24a 小叶片较长大，下面被毛；果长椭圆形两端延伸，长2.5cm，有长果梗，3～4cm ········ 长果西北蔷薇 *R. davidii* var. *elongata*

25 小叶长5～6cm，边缘为单锯齿 ········ 尾萼蔷薇 *R. caudata* var. *caudata*

25a 叶片花朵均较大，小叶长8～10cm；花8～10朵伞房状聚伞，花径4～6cm ········ 大花尾萼蔷薇 *R. caudata* var. *maxima*

25 小叶长2.5～3cm；边缘常具重锯齿 ········ 刺梗蔷薇 *R. setipoda*

26 少花类型（≤7朵） ········ （27）

26 多花类型（≥8朵） ········ （35）

27 萼片常羽裂，叶片边缘及下面、萼片、苞片、花萼等均被腺体 ········ 羽萼蔷薇 *R. pinnatisepala*

27a 花托和萼片密被腺状短柔毛 ········ 多腺羽萼蔷薇 *R. pinnatisepala* f. *glandulosa*

27 萼片一般不羽裂，但常有腺体 ········ （28）

28 花白色或初开时粉色后白色，稀粉色 ········ （29）

28 花粉红色或紫红色 ········ （32）

29 小叶5～7～9；花常1～3（4）朵 ········ （30）

29 小叶7～9～13；花常单朵 ········ （32）

30 小叶5～7，叶缘重锯齿，常带腺；果倒卵球形，光滑无毛 ········ 西藏蔷薇 *R. tibetica*

30 小叶7～9，叶缘单锯齿；果实密被腺毛或稍脱落，有时萼筒亦脱落 ········ 腺果（毛）蔷薇 *R. fedtschenkoana*

31 小枝多针刺，小叶7～11（13），两面无毛，单或重锯齿；果梗常具腺，果皮光滑 ········ 长白蔷薇 *R. koreana* var. *koreana*

31a 小叶片边缘为重锯齿，叶片下面、锯齿尖端以及叶轴和叶柄上均密被腺体 ········ 腺叶长白蔷薇 *R. koreana* var. *glandulosa*

31 小枝少针刺，小叶（9）11～13，常具重锯齿；果梗及果皮光滑或具腺 ········ 秦岭蔷薇 *R. tsinglingensis*

32 小叶5～7；叶缘常有重锯齿，齿尖常有腺 ········ （33）

32 小叶7～9；叶缘有单或重锯齿 ········ （34）

33 花浅紫色或紫粉色，花梗长1.5～3cm；果光滑，果梗偶有腺 ········ 滇边蔷薇 *R. forrestiana* var. *forrestiana*

33a 花紫红色，花瓣基部有紫色圆斑 ········ 紫斑滇边蔷薇 *R. forrestiana* var. *maculata*

33b 叶背有腺毛分布 ········ 腺叶滇边蔷薇 *R. forrestiana* f. *glandulosa*

33 花浅粉色，花梗长1～2cm；果光滑或有腺，果梗有腺 ········

……………………………………………………… 重齿陕西蔷薇 *R. giraldii* var. *bidentata*

34 小枝直立皮刺极多，长短粗细不等；叶缘重锯齿或不明显；花粉红色；果梗及果皮常有腺毛，果皮腺毛后期脱落…………………………………………… 尖刺蔷薇 *R. oxyacantha*

34 小枝仅有皮刺，且皮刺直立，较长；叶缘单锯齿，且下部近全缘；果皮光滑，果梗或有腺毛……………………………………… 藏边蔷薇 *R. webbiana*（双花蔷薇 *R. sinobiflora*）

35 小叶7～9（11），小叶下面一般无皮刺或沿脉有柔毛，单锯齿；花梗少或无腺 …（36）

35 小叶7～9或更多，小叶下面常被毛或沿脉有柔毛，单锯齿；花梗有腺或疏腺 …（37）

36 小枝散生皮刺及刺毛；小叶卵形或椭圆形；花单生或数十朵，花梗长1～3.5cm；果形变化大……… 钝叶蔷薇 *R. sertata* var. *sertata*（刺毛蔷薇 *R. farreri*、细梗蔷薇 *R. graciliflora*、拟木香 *R. banksiopsis*）

36a 小叶9～15，叶边锯齿不整齐，有少部分重锯齿；小叶下面沿主脉被毛 …………
……………………………………………………… 多对钝叶蔷薇 *R. sertata* var. *multijuga*

36 小枝疏生皮刺；小叶近圆形，厚纸质；花单生或多达20朵成花序，花梗近无；果卵球形
……………………………………………………………… 短脚蔷薇 *R. calyptopoda*

37 叶质厚，革质或近革质；花梗有腺或无 ………………………………………………（38）

37 小叶纸质，质较薄；花梗长且具长柄腺点 ……………………………………………（39）

38 小枝具成对或散生直立皮刺，但上半部常无刺；小叶7～9；花粉红色，花梗多腺；果近球形……………………………………………………… 多苞蔷薇 *R. multibracteata*

38 小枝疏生小型钩状皮刺；小叶（7）9～15，齿尖有腺；花白色或粉红色、粉白色，花梗疏生腺；果近球形……………………………………………… 西南蔷薇 *R. murielae*

39 小枝绿色无皮；小叶7～9，单锯齿，下面浅被柔毛；花粉红色；果卵球形，疏被腺毛
……………………………………………………… 陕西蔷薇 *R. giraldii* var. *giraldii*

39a 叶片下面网脉明显，两面被柔毛，下面较密集 … 毛叶陕西蔷薇 *R. giraldii* var. *venulosa*

39 小枝绿色有疏腺毛；小叶7～11，单锯齿或部分重锯齿，下面密被腺毛与柔毛；花玫红色；果卵球形，疏被腺毛……………………………………… 赫章蔷薇 *R. hezhangensis*

组三：小叶组 Sect. *Microphyllae* Crép.

1 直立灌木；花重瓣，粉色………………………………缫丝花 *R. roxburghii* f. *roxburghii*

1 直立或半攀缘灌木；花单瓣，白色或粉色 ……………………………………………（2）

2 花白色；果实密被长针刺，种子多数……………… 白花单瓣缫丝花 *R. roxburghii* f. *alba*

2 花粉色 ………………………………………………………………………………（3）

3 果实密被长针刺，种子多数…………………… 粉花单瓣缫丝花 *R. roxburghii* f. *normalis*

3 果实密被刺毛，种子极少或无……………………………… 贵州缫丝花 *R. kweichowensis*

组四：硕苞组 Sect. *Bracteata* Thory.

1 匍匐藤本；小枝条褐色，密被柔毛…………………… 硕苞蔷薇 *R. bracteata* f. *bracteata*

1 匍匐藤本；小枝条褐色，密被柔毛和针刺…… 密刺硕苞蔷薇 *R. bracteata* f. *scabriacaulis*

组五：金樱子组 Sect. *Laevigata* Thory.

1 匍匐藤本，花单生，单瓣，花瓣5 ……………………………………………………（2）

1 匍匐藤本，花单生，半重瓣，花瓣6～10 ……… 半重瓣金樱子 *R. laevigata* f. *semiplena*

2 果梨形或卵形，密被针刺……………………………金樱子 *R. laevigata* var. *laevigata*

2 果梨形或卵形，较光滑，无针刺……………………光果金樱子 *R. laevigata* var. *leiocapus*

组六：木香组 Sect. *Banksianae* Lindl.

1 伞房状聚伞花序；萼片全缘；雌蕊花柱一般光滑……………………………………（2）

1 复伞房状聚伞花序；萼片常羽裂；雌蕊花柱被毛……………………………………（7）

2 花重瓣……………………………………………………………………………………（3）

3 花白色，较香…………………………………………… 白木香 *R. banksiae* var. *banksiae*

3 花黄色，微香…………………………………………………… 黄木香 *R. banksiae* 'Lutea'

2 花单瓣，花白色、黄色或粉色……………………………………………………………（4）

4 花白色……………………………………………………………………………………（5）

5 托叶离生，早落；花瓣基部偏窄；花开较香……… 单瓣白木香 *R. banksiae* var. *normalis*

5a 枝条、叶柄、叶轴较原变种均无刺 ……… 无刺单瓣白木香 *R. banksiae* var. *inermis*

5 托叶约1/2离生，宿存；花瓣基部略宽；花开一般香 ……………………………………
…………………………………………………… 白花粉蕾木香 *R. pseudobanksiae* var. *alba*

4 花黄色或粉色……………………………………………………………………………（6）

6 花黄色，花开微香……………………………………… 单瓣黄木香 *R. banksiae* f. *lutescens*

6 花粉色，花开具香味…………………… 粉蕾木香 *R. pseudobanksiae* var. *pseudobanksiae*

7 托叶与叶柄分离，披针状，纸质，早落…………………………………………………（8）

7 托叶与叶柄分离，披针状，近革质，具1脉，边缘有腺齿，宿存 ………………………
…………………………………………………… 大盘山蔷薇 *R. cymosa* var. *dapanshanensis*

8 叶两面无毛或幼时叶背被短柔毛，后期有脱落…………………………………………
…………………………………………………… 小果蔷薇 *R. cymosa* var. *cymosa*（山木香）

8 叶片两面、枝条均密被短柔毛，后期有部分脱落… 毛叶山木香 *R. cymosa* var. *puberula*

8a 枝条光滑无皮刺 ……………………………… 无刺毛叶山木香 *R. cymosa* var. *inermis*

组七：合柱组 Sect. *Synsyylae* DC.

1 新叶的托叶呈齿裂状，依据分裂深浅、大小有不同，如篦齿状、不规则齿裂、疏齿状
…………………………………………（2）**齿裂托叶系** Ser. *Multiflorae* T. T. Yu et T. C. Ku

1 新叶的托叶不裂，常被腺毛、腺体或柔毛，但老时常脱落呈全缘光滑状………………
…………………………………………（17）**全缘托叶系** Sect. *Soulieanae* L. Luo et Y. Y. Yang

2 新叶托叶边缘呈篦齿状，密被腺毛或柔毛…………………………………………………（3）

2 新叶托叶边缘呈不规则锯齿、疏齿，稀为篦齿状……………………………………………（6）

3 小叶叶缘不具深刻锯齿或深裂，两面无毛或有毛；花白色或粉色……………………（4）

3 小叶（5）7～9，叶缘具深刻锯齿，有的甚至深裂，两面无毛；花粉色 ………………
………………………………………………………………… 琅琊山蔷薇 *R. langyashanica*

4 小叶（5）7～9，小叶长1～3cm，两面无毛或叶背沿脉有毛（后脱落）；托叶边缘具腺毛；花瓣倒卵形，花白色；果卵球形或近球形……… 光叶蔷薇 *R. lucieae*（单花合柱蔷薇 *R. uniflorella*、岱山蔷薇 *R. daishanensis*、商城蔷薇 *R. shangchengensis*）

4a 花粉色 ……………………………………………… 粉花光叶蔷薇 *R. luciae* var. *rosea*

4 小叶（5）7～9，小叶长3～5cm，下面常被柔毛……………………………………………（5）

5　小叶倒卵形至卵形，托叶边缘、叶轴甚至叶缘常密被腺毛；花瓣阔倒卵形；花白色；果近球形 ………………………………………………… 野蔷薇 *R. multiflora* var. *multiflora*

5a 叶上面无毛，下面被柔毛；花单瓣粉色 ………………………………………………………………… 单瓣粉团蔷薇 *R. multiflora* var. *cathayensis*（丽江蔷薇 *R. lichiangensis*）

5b 叶两面被柔毛；花单瓣粉色 ………… 单瓣毛叶粉团蔷薇 *R. multiflora* var. *pubescens*

5c 叶两面被柔毛；叶柄及叶轴具被稀疏小皮刺；果梗及总梗密被钉刺；花单瓣粉色 ……………………………………………… 单瓣刺梗粉团蔷薇 *R. multiflora* var. *spinosa*

5d 叶两面密被柔毛、腺毛；萼片密被柔毛、腺毛；花重瓣粉色 …… 毛叶粉团蔷薇 *R. multiflora* 'Maoye Fentuan'（南宁蔷薇 *R. multiflora* var. *nanningensis*）

5e 叶两面少毛或被柔毛；花重瓣白色 …………… 白玉堂 *Rosa multiflora* 'Bai Yu Tang'（米易蔷薇 *R. miyiensis*、昆明蔷薇 *R. kunmingensis*）

5　小叶长卵圆形至卵状披针形，托叶边缘及叶轴常被柔毛，疏腺毛；花瓣窄倒卵形；花白色；果卵球形、椭圆形或倒卵圆形 ……………………………………… 卵果蔷薇 *R. helenae*

5a 小叶叶缘多为重锯齿，叶背面一般无腺毛 …… 重齿卵果蔷薇 *R. helenae* f. *duplicata*

5b 小叶叶缘为单锯齿，叶背被腺毛 …………… 腺叶卵果蔷薇 *R. helenae* f. *glandulifera*

6　新叶托叶边缘具明显腺毛或柔毛 ……………………………………………………（7）

6　新叶托叶边缘不具明显腺毛或柔毛 …………………………………………………（12）

7　小叶7～9，叶缘单锯齿，叶两面几乎无毛；花白色或粉色 …………………………（8）

7　小叶5～7（9），叶缘具单或重锯齿，叶下面多少被毛；花白色 ……………………（9）

8　小叶卵形至长圆形；花白色，花柱无毛；果卵球形 ……… 伞花蔷薇 *R. maximowicziana*

8　小叶椭圆形至卵形；花白色，花柱有毛；果卵球形或近球形 …………………………………………………………………………………… 太鲁阁蔷薇 *R. pricei* var. *pricei*

8a 花粉色或粉白色 ……………………………………粉花太鲁阁蔷薇 *R. pricei* var. *rosea*

9　叶缘具单锯齿 ……………………………………………………………………（10）

9　小叶长圆形至长卵圆形，叶缘单锯齿或部分重锯齿；小叶上面疏被毛，下面被柔毛；托叶老后渐成全缘状；花柱被毛；果近球形 ………………………………腺梗蔷薇 *R. filipes*

10　花柱被毛 …………………………………………………………………………（11）

10　小叶长圆形，先端圆盾、急尖或平截；叶上面无毛，下面沿脉被疏毛；托叶锯齿老时部分脱落全缘；花柱无毛或近无毛；果近球形 ………………………………………………………………… 高山蔷薇 *R. transmorrisonensis* f. *transmorrisonensis*

11　小叶长椭圆形至长圆形，长0.5～5cm，上面常无毛，叶背沿脉有毛；果近球形 ……………………………………………………………………………… 小金樱 *R. taiwanensis*

11　小叶长圆形，长4～6cm，上面无毛或被疏毛，下面被柔毛；托叶锯齿老时部分脱落全缘；果卵形至卵球形 ………………………………………………复伞房蔷薇 *R. brunonii*

12　小叶3～5，3为主，卵状披针形或长圆披针形，先端渐尖；花粉色或粉白色 ……………………………………………………… 银粉蔷薇 *R. anemoniflora* var. *anemoniflora*

12　小叶5～7～9，花白色，稀粉色 …………………………………………………（13）

13　小叶7（9），叶缘重锯齿，先端锐尖的或短尾状，上面疏被毛，下面及叶缘密被腺毛 ……………………………………………………………………… 泸定蔷薇 *R. ludingensis*

13　叶缘单锯齿 ………………………………………………………………………（14）

14　小叶5～7～9，叶两面光滑，几乎无毛 ……………………………………………（15）

14 小叶5～7（9），叶上面无毛或被疏毛，下面密被柔毛 ………………………………（16）

15 小叶7～9，椭圆形，先端尾尖或渐尖，小叶长6～7cm；花柱有柔毛 ……………………
………………………………………………………… 长尖叶蔷薇 *R. longicuspis* var. *longicuspis*

15a 小叶常5，较大叶形；花较多可达30朵 ……………………………………………………
……………………………………………… 多花长尖叶蔷薇 *R. longicuspis* var. *sinowilsonii*

15 小叶常5，椭圆形，先端尾尖或急尖，长8～10cm；上面中脉明显下陷，下面中脉和侧脉显著；托叶锯齿较浅，老时常脱落全缘；新枝常具棱……… 毛萼蔷薇 *R. lasiosepala*

16 小叶5～7，卵形，长3～4cm，上面网脉不明显下陷；花白色，10余朵呈复伞状 ……
……………………………………………………………… 广东蔷薇 *R. kwangtungensis*

16a 花粉色 ……………………………… 粉花广东蔷薇 *R. kwangtungensis* var. *roseoliflora*

16 小叶5～7，卵形或长圆形，长6～7cm，上面网脉明显下陷；托叶锯齿较浅，老时常脱落全缘；小花多可达80朵呈圆锥状 ……………………………… 绣球蔷薇 *R. glomerata*

17 直立灌木；小叶5～7，叶小，倒卵形或椭圆形，顶端圆钝或截形，上面无毛，下面光滑或疏被腺毛；叶缘为重锯齿，齿尖常有腺；……………………………………………
…………………… 重齿蔷薇 *R. duplicata*（维西蔷薇 *R. weisiensis*、德钦蔷薇 *R. deqenensis*）

17 灌木或藤本；小叶叶缘全部或大部分为单锯齿……………………………………（18）

18 松散灌木，新枝较光滑或被白粉；小叶7～9；长1～4cm，纸质 ……………………
………………………………………………………… 川滇蔷薇 *R. soulieana* var. *soulieana*

18a 小叶下面和叶轴被柔毛；花梗被柔毛和腺毛 …………………………………………
………………………………………………… 毛叶川滇蔷薇 *R. soulieana* var. *yunnanensis*

18b 小叶片较大，长3～3.5cm；花序呈伞房状 ………………………………………
……………………………………………… 大叶川滇蔷薇 *R. soulieana* var. *sungpanensis*

18c 小叶片较小，长1～2cm；花常单生或2～10朵聚伞…………………………………
……………… 小叶川滇蔷薇 *R. soulieana* var. *microphylla*（得荣蔷薇 *R. derongensis*）

18 藤本，新枝被腺毛或白粉；小叶3～5，小叶长6～7cm，革质或近革质 …………（19）

19 小叶5为主，卵状椭圆形，厚革质；小叶上面网脉下陷明显；果近球形 ………………
……………………………………………………………… 悬钩子蔷薇 *R. rubus* f. *rubus*

19a 小叶下面密被腺毛 ……………………………… 腺叶悬钩子蔷薇 *R. rubus* f. *glandulifera*

19 小叶3～5；叶形变化大，近革质；小叶上面网脉下陷不明显；果倒卵形 ……………
……………………………… 山蔷薇 *R. sambucina* var. *pubescens*（软条七蔷薇 *R. henryi*）

组八：月季组 Sect. *Chinenses* DC. ex Ser.

1 藤本或松散灌木；小叶3～5（7）；花白色、黄色、紫红色或红色，萼片花后常反折；果实卵球形、倒卵球形或近球形（2）……… **月季系** Ser. *Chinensesae* L. Luo et Y. Y. Yang

1 藤本新枝无毛；小叶5～9，通常7；花白色、淡黄色或粉色系，萼片花后反折或平展；果实球形或扁球形，偶为倒卵形或梨形（9）…………………………………………………
…………………………………………… **香水月季系** Ser. *Odoratae* L. Luo et Y. Y. Yang

2 藤本新枝表面常被柔毛或腺毛，老时脱落；小叶常3，少有5，小叶片卵形 …………
……………………………………………………………………………………………（3）

2 松散灌木，新枝表面通常光滑无毛；小叶常5，少有3或7，小叶片常椭圆形…………
……………………………………………………………………………………………（4）

3　花初开粉白色，后深红色…………………………　亮叶月季 *R. lucidissima* var. *lucidissima*

3　花初开红色，后变红黑色………………………　猩红亮叶月季 *R. lucidissima* var. *coccinea*

4　小叶常不超过5 ……………………………………………………………………………………（5）

4　小叶（3）5～7（9），两面无毛；花瓣5，初开浅红色，后为红色，香味淡…………
……………………………………………………　多对单瓣月季花 *R. chinensis* var. *multijuga*

5　小叶3～5，近花处常3 ……………………………………………………………………（6）

5　小叶常5 …………………………………………………………………………………………（7）

6　叶两面无毛；花初开淡红色，后渐变为红色……　单瓣月季花 *R. chinensis* var. *spontanea*

6　叶上面幼时有疏毛，下面密被长柔毛；花初开乳黄色，渐变淡粉色，后为粉红色……
……………………………………………………　粉花毛叶月季花 *R. chinensis* var. *pubescens*

7　叶光亮无毛；花瓣5，花初开深红色，后渐为黑红色 ………………………………………
……………………………………………………　单瓣猩红月季花 *R. chinensis* var. *coccinea*

7　叶光亮无毛；花不为深红色至黑红色……………………………………………………（8）

8　花瓣5或5～7，花粉白，花瓣基部具粉色斑块………………………………………………
……………………………………………………单瓣浅粉月季花 *R. chinensis* var. *persicina*

8　花瓣5，花初开淡桃红色，花瓣基部颜色深，先端有深桃红色尖角，盛开后桃红色 …
……………………………………………………　单瓣桃红月季花 *R. chinensis* var. *erubescens*

9　小叶5～9，叶背一般光滑无毛；花白色带粉、粉白色或鲑粉色；花常单朵或2～3朵（10）

9　小叶5～7，叶背沿脉常被毛；花开放后花色较稳定；花1～4朵聚伞 ……………（14）

10　花开放后花色逐渐变化……………………………………………………………………（11）

10　花白色或黄色系……………………………………………………………………………（12）

11　新枝散生小钩刺；花初开淡粉，后渐褪色为白色；花径6～8cm；萼片花后反折 ……
……………………………………………………　单瓣香水月季 *R. odorata* var. *normalis*

11　新枝散生大型红褐色钩刺；花初开乳白色，后多数转为粉红色，花径10～12cm；萼片花后平展……………………………………………………大花粉晕香水月季 *R. yangii*

12　花乳白或乳黄色，初开色深，后渐变为白色；果实近球形………………………………
……………………………………………　巨花蔷薇 *R. gigantea* f. *gigantea*（大花香水月季）

12　花黄色，较上述深；果实倒卵球形或梨形………………………………………………（13）

13　花杏黄色，后变浅…………………………　单瓣杏黄香水月季 *R. gigantea* f. *armeniaca*

13　花橘黄色……………………………………单瓣橘黄香水月季 *R. gigantea* f. *pseudindica*

14　花白色……………………………………………　富宁蔷薇 *R. funingensis* f. *funingensis*

14a 小叶较小，小叶长1.5～2cm；花初开鲑粉色，开放全白色 ………………………………
……………………………………………………小叶富宁蔷薇 *R. funingensis* f. *parvifolia*

14　花鲑粉色……………………………………………　粉花富宁蔷薇 *R. funingensis* f. *rosea*

（二）单叶蔷薇亚属 Subgen. *Hulthemia* (Dumort.) Focke

单叶，无托叶；花单生，萼筒坛状。本亚属主要分布于中亚地区，仅1种，中国亦产。

单叶蔷薇 *Rosa persica* Michaut ex Juss.

别名：小檗叶蔷薇、波斯单叶蔷薇

Rosa persica Michaut ex Juss. in Gen. Pl.:452(1789); 经济植物手册. 1(2):618(1955); 新疆植物检索表. 2:509(1982); ——*Rosa berberifolia* Pall. in Nov. Act. Acad. Sci. Petrop. 10:379. t. 10(5). (1797); 中国植物志. 37:371(1985); Fl. China 9:350(2003)——*Hulthemia persica* (Michaut). Bornm. in Bull. Herb. Boiss. sci. 11:6(1906); Fisjun in Fl. Kazachst. 4:502(1961).

形态描述

低矮铺散灌木，高30～50（80）cm。深根系，较发达，深可达1～1.5 m，有横走的地下根茎。有长短枝，短枝叶集生。小枝幼时黄绿色，光滑或有毛，老时暗褐色，粗糙，无毛；皮刺黄色，散生或成对生于叶柄基部，弯曲或直立，有时混有腺毛。单叶，无柄或近无柄；小叶片椭圆形、长圆形，稀卵形，长1.1～2.8 cm，宽0.5～1.7 cm，先端急尖或圆钝，偶浅裂或3裂，基部近圆形，稀宽楔形，边缘具单锯齿，近基部全缘；叶厚纸质或近革质，灰绿色；两面无毛或下面在幼时被稀疏短柔毛。无托叶。花单季开放，单生于枝顶；花无苞片；花梗长1～3 cm，无毛或具针刺；花朵直径2～3.5 cm；萼片5枚，披针形，先端尾尖或长渐尖，外侧被短柔毛和稀疏针刺，内面被灰白色茸毛，萼筒外具长针刺，宿存；萼筒常绿色，亦有发现与花梗同呈紫红色；花单瓣，5枚，倒卵形，比萼片稍长，黄色，基部有紫红色斑块，有时斑块较小，无香味；花柱离生，密被长柔毛，比雄蕊短，柱头多数，常紫红色；雄蕊黑紫色，多数。果近球形，直径约1 cm，紫褐色，无毛，密被针刺。

染色体倍性

$2n=2x=14$（Jafarkhani Kermani *et al*., 2009; 惠俊爱 等, 2013; Jafarkhani Kermani *et al*., 2017; Lunerová *et al*., 2020; 待发表数据，2024）。

分布及生境

《国家重点保护野生植物名录》二级保护植物。分布于我国新疆北部地区；生于山坡、荒地或路旁等干旱地区，海拔120～950 m，多数集中于海拔150～500 m区域。伊朗、阿富汗、帕米尔等中亚地区和国家也有分布。

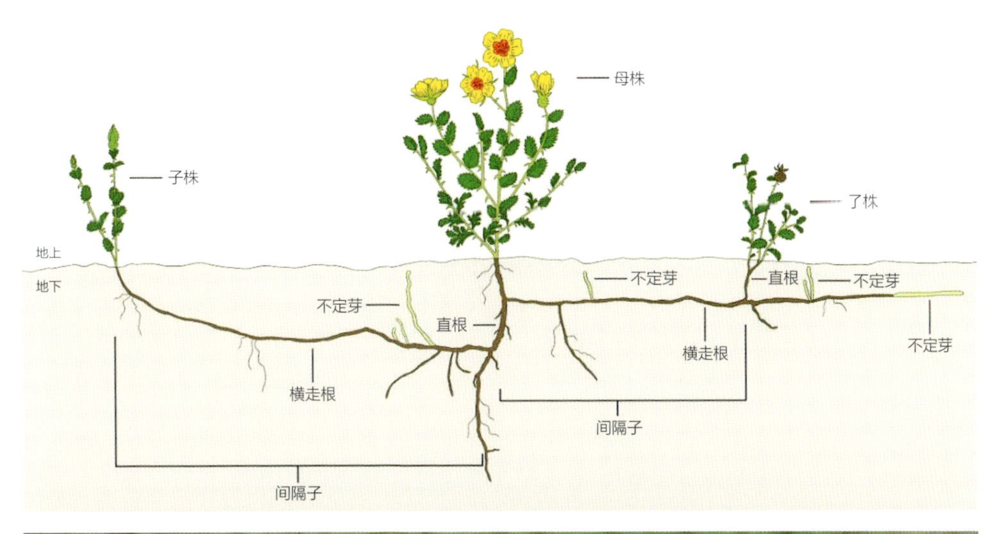
母株
子株
了株
地上
地下
不定芽
直根
不定芽
不定芽
直根
横走根
横走根
不定芽
间隔子
间隔子

讨论

本种在《中国植物志》上收录为小檗叶蔷薇*R. berberifolia*，而《新疆植物志》则收录为2种——小檗叶蔷薇与单叶蔷薇（波斯单叶蔷薇，*R. persica*），后者唯小叶及幼枝上有毛与前者区别。经多年调查研究和标本比对，《新疆植物志》所记载的小檗叶蔷薇和单叶蔷薇实为1种，仅毛被略微有区别且常混合生长在一起，以性状表现为光滑者居多，显然是个体间的较小差异，不宜作为2个种。目前国内外绝大部分研究文献都沿用学名*R. persica*，世界植物在线（Plants of the World Online，POWO）中也将*R. berberifolia*作为*R. persica*的异名（synonym）处理。

研究发现，单叶蔷薇居群表型多样性和变异水平较高，表型变异主要来源于居群内，花与叶的性状贡献最大（刘学森，2024）。邓童等（2022）研究认为，单叶蔷薇形成了一套适应异质环境的叶功能性状组合，叶面积、叶长、叶组织密度、叶宽和叶相对含水量可作为单叶蔷薇叶功能性状变异的主要指标。

单叶蔷薇是蔷薇属中唯一的单叶种类，分类地位极其特殊，曾单划为一个属*Hulthemia*，是研究蔷薇属演化、进化及育种的非常重要的材料。在调查中还发现了叶裂从浅裂到全裂的变异，很值得关注和研究。国外分布多属于高海拔（1000 ~ 2500 m）区域，而新疆属于其世界分布的低海拔边缘地带，无论是生境还是居群都具有极强的地域特殊性，尤其是其生境与人居及耕作区交互越来越多，呈现破碎化趋势，故保护其生境比保护野生植物本身更重要。

（三）蔷薇亚属 Subgen. *Rosa* L.

蔷薇亚属收录有85种、55变种、24变型及60品种。

羽状复叶，有托叶；花单生或常呈伞房或伞状有限花序；萼筒坛状，稀杯状。

组一：芹叶组 Sect. *Pimpinellifoliae* DC. ex Ser.

芹叶组收录有13种、2变种、9变型、1品种。

直立灌木。具皮刺和针刺。奇数羽状复叶，小叶5～15枚，小叶片狭长，表面叶脉凹陷。托叶大部贴生于叶柄。无苞片。花单生（偶有顶花2朵，实为顶芽与侧芽节间极短所致），单瓣，花瓣4～5枚，单季开放；花色常为白或黄色。萼片4～5枚，宿存。

分为2系：四数花系 Ser. *Sericeae* (Crép.) T. T. Yu et T. C. Ku，五数花系 Ser. *Spinosissimae* T. T. Yu et T. C. Ku。

四数花系 Ser. *Sericeae* (Crép.) T. T. Yu et T. C. Ku

川西蔷薇 *Rosa sikangensis* T. T. Yu et T. C. Ku f. *sikangensis*

别名：西康蔷薇

Rosa sikangensis T. T. Yu et T. C. Ku in 植物分类学报. 18(4):501(1980); 中国植物志. 37:387(1985); Fl. China 9:355(2003).

形态描述

灌木，高1～1.5 m。新枝表皮褐色，无毛；叶柄下具成对尖锐长皮刺和散生细密针刺。小叶9～11枚，连叶柄长4～6 cm；小叶片倒卵形或长椭圆形，长1～1.2 cm，宽0.8～1 cm，先端圆钝，边缘具重锯齿；叶薄纸质；上面无毛，下面有柔毛和腺毛；叶轴和叶柄被腺毛和具小皮刺；托叶大部贴生于叶柄，离生部分卵形，先端渐尖，边缘被腺毛。花单季开放，常单生于短枝的枝顶；无苞片；花梗长1～2 cm，稍膨大，被腺毛；花朵直径3～4 cm；萼片4枚，卵状披针形，先端渐尖，全缘，内侧密被柔毛，外侧被腺毛，直立，宿存；花单瓣，花瓣4枚，倒卵形，先端微凹，白色，香味极淡；花柱离生，被柔毛，稍外伸，柱头黄色。果卵球形或倒卵球形，直径0.8～1 cm；成熟时橘红色，果皮常有腺毛。

染色体倍性

$2n=2x=14$（Jian *et al*., 2013; 方桥, 2019）。

分布及生境

分布于云南西北部、四川西部、西藏东部；多生于河边、路旁或灌丛中，海拔2900～4200 m。

讨论

本种花、叶、果形态近似绢毛蔷薇（原变种）*R. sericea* var. *sericea*，形态上本种小叶边缘重锯齿，小叶片下面有腺毛，叶片质地薄，分子系统学研究则表明其与中甸蔷薇 *R. zhongdianensis*（基于全基因组 SNP）或独龙江蔷薇 *R. taronensis*（单拷贝 SNP）亲缘关系较近。

另 *Flora of China* 记载了一个变型腺叶川西蔷薇 *R. sikangensis* f. *pilosa*（Yu et Ku, 1990），小叶上面无腺毛或仅沿叶脉分布腺毛，实际调查中有此现象，但腺毛多与少并不稳定，似归入原变种更合理。

中甸蔷薇 *Rosa zhongdianensis* T. C. Ku

Rosa zhongdianensis T. C. Ku in 植物研究. 10(1):1(1990); Fl. China 9:355(2003).

形态描述

灌木，高1～2 m。新枝表皮紫褐色，无毛；在叶柄下具成对尖锐皮刺和散生细密针刺。小叶9～11枚，连叶柄长4～6 cm；小叶片倒卵形或椭圆形，长1.5～2 cm，宽0.8～1 cm，先端圆钝，边缘具重锯齿；叶薄纸质；上面被稀疏短柔毛，下面无毛，沿叶脉被稀疏腺毛；叶轴和叶柄被柔毛和腺毛及具散生小皮刺；托叶大部贴生于叶柄，离生部分卵状长圆形，先端急尖，边缘被腺毛。花单季开放，常单生于短枝的枝顶；无苞片；花梗长1～1.5 cm，稍膨大，无毛；花朵直径3～4 cm；萼片4枚，卵状披针形，先端渐尖，全缘，内侧密被柔毛，外侧无毛，直立，宿存；花单瓣，花瓣4枚，近圆形，先端凹凸不平，白色，微具甜香味；花柱离生，外伸，柱头淡红色。果卵球形或倒卵球形，直径0.8～1 cm；成熟时橘红色，果梗膨大，果皮无毛。

染色体倍性

$2n=2x=14$（Jian *et al*., 2013; 方桥, 2019）。

分布及生境

多分布于云南西北部；常生山坡、路旁或灌丛中，海拔2100～3400 m。

讨论

本种花瓣基部常见小范围红色晕斑。《中国植物志》记载本种与川西蔷薇*R. sikangensis*形态相近，小叶边缘都是重锯齿，但主要区别在于果梗和果皮上的毛被差异，在同一居群中亦常发现该现象；分子系统学研究（基于全基因组SNP）结果表明二者亲缘关系较近。

绢毛蔷薇（原变型）*Rosa sericea* Lindl. f. *sericea*

别名：刺毛蔷薇、刺柄蔷薇

Rosa sericea Lindl. in Ros. Monogr. 105:120(1820); Curtis's Bot. Mag. 16:5200(1860); f. Fl. Brit. Ind.(2):367(1878); Gen. Ros. 1:163(1911); Fa. & Fl. Nepal Himal. 1:157(1952-53); Fl. E. Himal.:127(1966); 中国高等植物图鉴. (2):246(1972); Enum. Flow. Pl. Nepal(2):143(1979); 中国植物志. 37:385(1985); Fl. China 9:354(2003)——*R. wallichii* Tratt. in Ros. Monogr.(2):293(1823)——*R. tetrapetala* Royle in Bot. Himal. 208.:42.(1835).

形态描述

直立灌木，高1～3 m。新枝表皮绿色；基部具膨大的成对尖锐皮刺，密生毛刺。小叶9～13枚，偶5～7枚，连叶柄长6～8 cm；小叶片狭倒卵形或狭长圆形，长1.8～2.2 cm，宽0.6～0.8 cm，先端圆钝，边缘仅上半部具单锯齿；叶厚纸质；上面被稀疏短柔毛，下面密被长柔毛；叶轴和叶柄具极稀疏小皮刺，密被长柔毛；托叶大部贴生于叶柄，离生部分耳状，先端渐尖，边缘和背面被柔毛和腺毛。花单季开放，常单生于短枝的枝顶；无苞片；花梗长1～2 cm，嫩时密被柔毛，成熟时疏被柔毛，稍膨大；花朵直径3～5 cm；萼片4枚，亦常见5枚，卵状披针形，先端渐尖，全缘，外侧被短柔毛，内侧和边缘被长柔毛，直立，宿存；花单瓣，花瓣4枚，偶5枚，近圆形，先端凹陷，白色，具木香花香味；花柱离生，黄色，稍外伸，柱头黄色。果实倒卵球形或长卵球形，直径0.8～1.2 cm；成熟时果皮橘黄色至橘红色皆有，被长柔毛。

染色体倍性

2*n*=2*x*=14（Fernández-Romero *et al*., 2009; Roberts *et al*., 2009; Jian *et al*., 2010; Jian *et al*., 2013; 方桥, 2019）。

分布及生境

分布于云南、四川、重庆、西藏、贵州；多生山顶、山谷斜坡或向阳干燥地，海拔 1800 ~ 3800 m。印度、缅甸、尼泊尔、不丹等喜马拉雅地区亦有分布。

讨论

本种偶有5枚花瓣和5枚萼片，有4数花向5数花过渡的趋势。

本种与峨眉蔷薇（原变型）*R. omeiensis* f. *omeiensis*形态相近，差异主要在叶片及果皮毛被上，绢毛蔷薇果梗膨大程度一般较峨眉蔷薇小或者不明显膨大。二者在分布区内皆广泛生长，且存在大量天然分布交集及形态连续变异，二者在《中国植物志》及其他可查文献中也收录了多个变型，彼此之间存在很多形态相似之处，野外常常混淆难以辨析。分子系统学证据表明二者亲缘关系较近，似可合并为一个大的复合群（见总论第二章）。

《中国植物志》认为本种与毛叶蔷薇*R. mairei*形态相近，仅叶片、果实差异明显，后者上下两面均被长柔毛，果实多较圆、光滑。韦筱媚等（2008）对二者小叶、花粉及种子的形态定量分析表明，二者的区别较为明显。本研究的系统分类学证据表明二者亲缘关系非常近，似可合并。

光叶绢毛蔷薇 *Rosa sericea* Lindl. f. *glabrescens* Franch.

Rosa sericea Lindl. f. *glabrescens* Franch. in Pl. Dalav.:220(1890); 中国植物志. 37:387(1985); Fl. China 9:354(2003).

形态描述

本变型小叶上面光亮无毛，下面近无毛。小叶柄和叶轴小皮刺密集。

染色体倍性

$2n=2x=14$（待发表数据，2024）。

顶芽与侧芽节间极短情况

分布及生境

分布于四川西部、云南西北部、西藏东部；生山坡灌丛中或疏林中，海拔2600 ~ 3400 m。

讨论

韦筱媚等（2008）将本变型纳入绢毛蔷薇的异名处理，调查中亦发现毛被不是很稳定。本变型常混生在绢毛蔷薇（原变型）*R. sericea* f. *sericea*与峨眉蔷薇（原变型）*R. omeiensis* f. *omeiensis*的居群中，数量不多或呈点状分布。从形态来看，典型的叶片毛被是绢毛蔷薇分类群形态识别的主要特征，但本变型叶片几乎无毛，更像峨眉蔷薇。结合分子系统学证据，似可将本变型纳入峨眉蔷薇分类群范畴。

宽刺绢毛蔷薇 *Rosa sericea* Lindl. f. *pteracantha* Franch.

Rosa sericea Lindl. f. *pteracantha* Franch. in Pl. Delav.:220(1890); 中国植物志. 37:387(1985); Fl. China 9:354(2003).

形态描述

本变型新枝基部有明显宽扁大皮刺，嫩时小叶上面有柔毛，后脱落，下面被柔毛。

染色体倍性

$2n=2x=14$（Yokoya *et al.*, 2000）。

分布及生境

分布于西藏东部，云南北部、西北部；生山沟、干河谷或山坡灌丛中，海拔2000～4300 m。

讨论

本变型的典型特征为宽大皮刺，但纵观绢毛蔷薇 *R. sericea* f. *sericea*，包括其相似种峨眉蔷薇 *R. omeiensis* f. *omeiensis*，较普遍存在宽大皮刺现象，有的同株不同枝条，宽刺有多有少甚至没有，有的植株不同年份也有宽大皮刺多寡之分，因此，该现象是否与营养和环境有关，有待进一步研究。或可建议全部归并至原变种进行补充描述，韦筱媚等（2008）研究观点亦同。

腺叶绢毛蔷薇 *Rosa sericea* Lindl. f. *glandulosa* T. T. Yu et T. C. Ku

Rosa sericea Lindl. f. *glandulosa* T. T. Yu et T. C. Ku in 植物分类学报. 18(4):503(1980); 中国植物志. 37:387(1985); Fl. China 9:354(2003).

形态描述

本变型小叶上面无毛，下面被稀疏腺毛，沿主脉有柔毛，托叶边缘有齿状腺毛，无柔毛。

染色体倍性

$2n=2x=14$（待发表数据，2024）。

分布及生境

分布于云南西北部、西藏东部；生山坡灌丛中、河谷或林缘山麓，海拔2600 ~ 4300 m。

讨论

韦筱媚等（2008）将本变型纳入峨眉蔷薇 *R. omeiensis* f. *omeiensis* 的异名处理。本变型叶片毛被特征与原变种差别较大，认为其可以纳入峨眉蔷薇。

毛叶蔷薇 *Rosa mairei* H. Lév.

Rosa mairei H. Lév. Fedde in Repert. Sp. Nov. 11:299(1912); Journ. Arn. Arb. 13:319(1932); Symb. Slit. 7:528(1933); Journ. Arn. Arb. 17:399(1936); 中国植物志. 37:387(1985); Fl. China 9:355(2003).

形态描述

直立灌木，高1～2 m。新枝表皮红褐色，嫩时被柔毛；具成对基部扁平翼状长尖皮刺。小叶7～9枚，连叶柄长6～7 cm；小叶片狭倒卵形或长圆形，长1.5～2 cm，宽0.8～1 cm，先端圆钝，边缘上半部具单锯齿；叶厚纸质；两面密被长柔毛；叶柄和叶轴有小皮刺和长柔毛；托叶大部贴生于叶柄，离生部分卵形，先端渐尖，边缘被柔毛。花单季开放，常单生于短枝的枝顶；无苞片；花梗长1～2 cm，被柔毛；花朵直径4～5 cm；萼片4枚，卵状披针形，先端渐尖，全缘，边缘被长柔毛两面被柔毛，平展，宿存，偶直立，宿存；花单瓣，花瓣4枚，倒卵形，先端微凹，白色，具淡香味；花柱离生，黄绿色，被柔毛，稍外伸，柱头黄色。果倒卵球形，直径1～2 cm，成熟时果皮橘黄色、橘红色、红色、紫黑色尽有，表皮无毛或几乎无毛。

染色体倍性

$2n=2x=14$（Jian *et al*., 2013; 方桥, 2019; 待发表数据，2024）。

分布及生境

分布于云南西北部、四川、西藏、贵州；生山坡阳处或沟边杂木林中，海拔2300～3100 m。

讨论

本种性状较稳定，但与绢毛蔷薇*R. sericea* f. *sericea*、腺叶绢毛蔷薇*R. sericea* f. *glandulosa*较为相似。总论第三章讨论的峨眉蔷薇复合体（群），似可将三者归入峨眉蔷薇复合体——多毛类型。

峨眉蔷薇（原变型） *Rosa omeiensis* Rolfe f. *omeiensis*

别名：山石榴、刺石榴

Rosa omeiensis Rolfe in Curtis's Bot. Mag. 138:8471(1912); Sarg. Pl. 2:331(1915); Cat. Pl. Yunnan:235(1917); Journ. Arn. Arb. 10:102(1929); Icon. Pl. Sin 2:31(1929); Journ. Arn. Arb. 13:318(1932); Symb. Sin. 7:528(1933); Rehd. in l. c. 17:339(1936); 中国高等植物图鉴. 2:246(1972); 秦岭植物志. 1(2):566(1974); 中国植物志. 37:383(1985); Fl. China 9:354(2003)——*R. sericea* f. *inermieglandulosa* Focke in Not. Roy. Bot. Gard. Edinb. 5:69(1911)——*R. sericea* f. *aculeato-eglardulosa* Focke in l. c. 5:70(1911)——*R. sorbus* H. Lév. Fedde in Repert. Sp. Nov. 13:338(1914)——*R. sericea* auct. non Lindl.:(1820); Diels Not. Roy. Bot. Gard. Edinb. 7:238(1912).

形态描述

直立灌木，高1～3 m。新枝表皮绿色；具基部扁而膨大的成对尖刺和散生皮刺，有时混有针刺。小叶9～13枚，连叶柄长6～8 cm；小叶片狭倒卵形或狭长圆形，长2～2.5 cm，宽0.8～1 cm，先端圆钝，边缘上半部具单锯齿；叶厚纸质；上面无毛，下面被柔毛；叶柄和叶轴具稀疏小皮刺，密被柔毛；托叶大部贴生于叶柄，离生部分卵形，先端圆钝，边缘被稀疏长柔毛。花单季开放，常单生于短枝的枝顶；无苞片；花梗长1～2 cm，无毛；花朵直径2～4 cm；萼片4枚，卵状披针形，先端渐尖，全缘，边缘被长柔毛，外侧无毛，内侧被短柔毛，直立，宿存；花单瓣，花瓣4枚，近圆形，先端圆钝或微凹，白色，常发现盛开后花瓣带粉晕，花瓣基部时有红色斑点，淡香；花柱离生，黄绿色，外伸，被长柔毛，柱头黄色。果倒卵球形或梨形、瓢形，直径0.8～1 cm；果梗膨大；成熟时果皮黄色、橘黄色、橘红色、红色、紫色皆有，果皮光滑无毛。

染色体倍性

$2n=2x=8$（鲜恩英 等, 2014）；$2n=2x=14$（Jian *et al*., 2010; Jian *et al*., 2013; 方桥, 2019）。

分布及生境

分布于云南、四川、湖北、陕西、宁夏、甘肃、青海、西藏等地；多生于山坡、山脚下或灌丛中，海拔1500～4000 m。东喜马拉雅地区亦有分布。

讨论

本种为广布种，野外分布广，垂直海拔变化幅度广，群落变异丰富，较多学者研究将其与绢毛蔷薇 *R. sericea* f. *sericea*、毛叶蔷薇 *R. mairei* 比较讨论（见总论第三章）。

本书与多个学者意见一致，将四数花系的几个分类群综合作为复合体研究，无论是峨眉蔷薇复合体还是绢毛蔷薇复合体，在研究性状分类的同时，应更多关注不同海拔等生境中的群体变异特点与范围，未来不宜区分过细。

扁刺峨眉蔷薇 *Rosa omeiensis* Rolfe f. *pteracantha*（Franch）Rehder et E. H. Wilson

别名：翅刺峨眉蔷薇、宽刺峨眉蔷薇

Rosa omeiensis Rolfe f. *pteracantha* （Franch） Rehder et E. H. Wilson in Sarg. Pl. Wiis. 2:332(1915); 秦岭植物志. 1(2):566(1974); 中国植物志. 37:384(1985); Fl. China 9:354(2003).

形态描述

本变型新枝密被针刺和宽扁紫红色大皮刺。小叶两面无毛，叶柄和叶轴有腺毛及密集小皮刺。托叶边缘有齿状腺毛。

分布及生境

$2n=2x=14$（待发表数据，2024）。

分布及生境

分布于四川、云南、贵州、甘肃、青海、西藏；海拔3200～4000 m。

讨论

韦筱媚等（2008）将本变型纳入绢毛蔷薇 *R. sericea* f. *sericea* 的异名处理，但在叶片毛被上似乎不好解释，因为不太符合绢毛蔷薇之典型特征。关于枝条皮刺稳定性的讨论，同宽刺绢毛蔷薇 *R. sericea* f. *pteracantha* 观点，由于非整株完全变化为扁刺，建议可归入原变型，调整描述范畴。

腺叶峨眉蔷薇 *Rosa omeiensis* Rolfe f. *glandulosa* T. T. Yu et T. C. Ku

Rosa omeiensis Rolfe f. *glandulosa* T. T. Yu et T. C. Ku in 植物研究. 1(4):7(1981); 中国植物志. 37:384(1985); Fl. China 9:354(2003).

形态描述

本变型叶片下面有腺毛，中脉腺毛密集，小叶边缘常具重锯齿，叶柄和叶轴有腺毛和小皮刺。果梗、果皮及萼片外侧密被腺毛。

染色体倍性

$2n=2x=14$（Jian *et al.*, 2014）。

分布及生境

分布于云南、西藏、四川、甘肃；海拔 3000 ~ 4000 m。

讨论

本变型亦为散点分布，常混于峨眉蔷薇 *R. omeiensis* f. *omeiensis* 或绢毛蔷薇 *R. sericea* f. *sericea* 中。韦筱媚等（2008）建议将本变型纳入绢毛蔷薇的异名处理。基于表型，本书建议纳入峨眉蔷薇复合体——无毛或少毛类型。

少对峨眉蔷薇 *Rosa omeiensis* Rolfe f. *paucijuga* T. T. Yu et T. C. Ku

Rosa omeiensis Rolfe f. *paucijuga* T. T. Yu et T. C. Ku in 植物分类学报. 18(4):502(1980); 中国植物志. 37:383(1985); Fl. China 9:354(2003).

形态描述

本变型小叶7～9枚，偶有5枚，两面无毛。花瓣偶有5～6枚。果梗短，稍膨大。

染色体倍性

$2n=2x=14$（待发表数据，2024）。

分布及生境

分布于云南西北部、西藏东部；生向阳坡地高山灌丛中，海拔3000～3600 m。

讨论

韦筱媚等（2008）将本变型纳入峨眉蔷薇 *R. omeiensis* f. *omeiensis* 的异名处理。分子系统学证据表明，本变型与峨眉蔷薇 *R. omeiensis* f. *omeiensis*、光叶绢毛蔷薇 *R. sericea* f. *glabrescens* 的亲缘关系较近。

玉山蔷薇 *Rosa morrisonensis* Hayata

Rosa morrisonensis Hayata in Journ. Goll. Sci. Univ. Tokyo 30(1):97(1911), et Ic. Pl. Formos. 1:241(1911); Fl. Taiwan:298(1963); 中国植物志. 37:384(1985); Fl. China 9:354(2003)——*R. sericea* Lindl. var. *morrisonensis* (Hayata) Masamune in Trans Nat. Hist. Soc. Formos. 28:435(1938); Liu et Su in Fl. Taiwan 3:102(1977).

形态描述

直立灌木，高1～2 m。新枝表皮红褐色；具成对、长1 cm的长尖皮刺，常斜上举，并密具毛刺。小叶9～11枚，连叶柄长6～8 cm；小叶片狭长圆形，长2～2.5 cm，宽1～1.5 cm，先端圆钝，边缘上半部具单锯齿；两面无毛；叶厚纸质；叶轴和叶柄具密集小皮刺和稀疏腺毛；托叶长，大部贴生于叶柄，离生部分卵状披针形，先端渐尖，边缘常被腺毛。花单季开放，常单生于短枝的枝顶；无苞片；花梗长2～3 cm，成熟时膨大，无毛；花朵直径4～5 cm；萼片4（5）枚，卵状披针形，先端渐尖，全缘，内侧被柔毛，外侧被长柔毛，稍开展或直立，宿存；花单瓣，花瓣4枚，近圆形，先端深裂，白色，有淡香味；花柱离生，稍外伸，被柔毛；柱头黄色。果卵球形或梨形，直径0.8～1.2 cm；野生群落中果皮橘黄色、橘红色、红色、紫红色的单株都有；成熟时果皮光滑无毛。

染色体倍性

$2n=2x=14$（待发表数据，2024）。

分布及生境

分布于云南西北部、西藏东部、台湾；海拔2800 ~ 4100 m。

讨论

本种原记载仅分布于台湾玉山，其特征明显，后调查发现其分布区明显扩大。《中国植物志》记载曾有学者将本种列为绢毛蔷薇之变种*R. sericea* Lindl. var. *morrisonensis* (Hayata) Masamune，但形态差异较明显，未采纳。分子系统学证据表明，本种与独龙江蔷薇*R. taronensis*或毛叶蔷薇*R. mairei*亲缘关系较近。

独龙江蔷薇 *Rosa taronensis* T. T. Yu et T. C. Ku

别名：求江蔷薇

Rosa taronensis T. T. Yu et T. C. Ku in 植物研究. 1(4):6(1981); 中国植物志. 37:382(1985); Fl. China 9:353(2003).

形态描述

直立灌木，高1～3 m。新枝表皮绿色无毛；具成对和散生基部宽扁尖刺，枝条下部常有细针。小叶11～13枚，偶7～9枚，连叶柄长5～7 cm，小叶片狭倒卵形或长圆形，长1.5～2 cm，宽0.8～1 cm，边缘上半部具单锯齿；叶纸质；上面无毛，下面沿中脉和侧脉被柔毛，叶轴和叶柄无毛，具小皮刺；托叶大部分贴生于叶柄，离生部分阔卵状，先端尾尖，边缘被细密腺毛。花单季开放，常单生于短枝的枝顶；无苞片；花梗长2～3 cm，无毛，不膨大；花朵直径3～4 cm；萼片4～5枚，阔卵状披针形，先端尾尖，外侧无毛，内侧被柔毛，直立或平展，宿存；花单瓣，花瓣4枚，阔倒卵形，先端微凹，乳白色，具淡香；花柱离生，稍外伸，被柔毛，柱头黄色。果卵球形或球形，直径0.8～1 cm，成熟时果皮橘黄色，光滑无毛。

染色体倍性

2*n*=2*x*=14（待发表数据，2024）。

分布及生境

分布于云南西部、西藏东部；多生于草地或杂木林中，海拔2400～3400 m。

讨论

本种与玉山蔷薇*R. morrisonensis*形态相近，差异于本种小叶数多至9～13枚，托叶宽大；萼片外侧光滑无毛；果梗不明显膨大；后者小叶数少，托叶狭小；萼片外侧被柔毛；果梗明显膨大。结合分子系统学证据，如考虑性状存在过渡变化，似可将二者合并。

五数花系 Ser. *Spinosissimae* T. T. Yu et T. C. Ku

密刺蔷薇（原变种） *Rosa spinosissima* L. var. *spinosissima*

别名：多刺蔷薇、苏格兰蔷薇

Rosa spinosissima L. in Sp. Pl.:491(1755); Gen. Ros. 2:247(1911); Fl. URSS 10:470(1941); 中国高等植物图鉴. 2:244(1972); 中国植物志. 37:373(1985); Fl. China 9:350-351(2003)——*R. pimpinellifolla* L. in Syst. Nat. ed. 10. 2:1062(1759); Bull. Jard. Bot. Bruxell. 13:172(1935).

形态描述

直立灌木，高1 ~ 2 m。新枝表皮紫褐色，无毛；具直立尖锐皮刺和细密针刺。小叶7 ~ 9枚，常有11枚，近花处常5枚，连叶柄长7 ~ 8 cm；小叶片卵形或长圆形，长2 ~ 2.5 cm，宽1 ~ 1.2 cm，先端圆钝，边缘具单锯齿和部分重锯齿，有时重锯齿较多，齿尖有腺；叶纸质；上面无毛，下面沿叶脉被柔毛；叶轴和叶柄具小皮刺和极稀疏腺毛；托叶大部贴生于叶柄，离生部分狭卵形，先端渐尖，边缘被齿状腺毛。花单季开放，单生于枝顶或叶腋；无苞片；花梗长2 ~ 3 cm，被极稀疏腺毛；花朵直径4 ~ 5 cm；萼片5枚，卵状披针形，先端渐尖，全缘，外侧无毛，内侧被柔毛，反折，宿存；花单瓣，花瓣5枚，阔倒卵形，先端微凹，白色、乳黄色至黄色，有香味；花柱离生，稍外伸，被柔毛，柱头黄色。果球形，直径1 ~ 1.5 cm，成熟时由紫红色转黑褐色，光滑无毛，有时有腺并后期脱落，果梗稍膨大。

染色体倍性

2*n*=4*x*=28（Yokoya *et al*., 2000; Roberts *et al*., 2009; Yu *et al*., 2014）；2*n*=2*x*=14（骆东灵 等, 2023）。

分布及生境

分布于新疆；生于山地、草坡或林间灌丛以及河滩岸边等处，海拔1200 ~ 2300 m。欧洲至西伯利亚南部及伊朗西北部、阿尔及利亚等地亦有分布。

讨论

本种为广布种，分布范围和数量都较大，种群内变异较丰富，在叶形、叶缘、花色、花瓣形状、花径等性状上存在很多变化。调查中发现了淡黄色、窄瓣花变异，较独特。本种偶见粉色花蕾，或有记载过淡粉色花（未见到），偶见双花现象，未见苞片，似为顶芽与侧芽较紧密导致。分子系统学研究中，全基因组SNP进化树将其与宽刺蔷薇*R. platyacantha*聚在一起，单拷贝SNP进化树则将其归入桂味组并单独成一支，距离较近的有尖刺蔷薇*R. oxyacantha*、樟味蔷薇*R. cinnamomea*等，上述3种蔷薇皆为其在新疆野外分布中伴生的近缘种。

大花密刺蔷薇 *Rosa spinosissima* L. var. *altaica* (Willd.) Rehder

Rosa spinosissima L. var. *altaica* (Willd.) Rehder in Bailey Cycl. Am. Hort. 4:1557(1902); Willmott, Gen. Ros. 2:257(1914); 中国植物志. 37:374(1985); Fl. China 9:351(2003)——*R. altaica* Willd. in Enuln. Pl. Hort. Berol.:543(1809).

形态描述

本变种花梗被毛较少，花较大，直径4 ~ 6 cm。果期果梗膨大较明显，花瓣先端常有缺裂。

染色体倍性

$2n=4x=28$（待发表数据，2024）。

分布及生境

分布于新疆阿勒泰地区、塔城地区；生境同原变种，更喜冷凉，海拔多分布1000 m以上。俄罗斯西伯利亚亦有分布。

讨论

本变种与原变种比较，仅花朵直径约大1 cm，似不应列一变种。另，《中国植物志》记载的毛被区别，调查中发现，花梗有稀疏腺毛和光滑无毛之差异，可能是环境影响所致。考虑到其分布量大，性状相对稳定且成居群，仍可考虑作为变种。

腺叶蔷薇 *Rosa spinosissima* L. var. *kokanica* (Regel) L. Luo *comb. nov.*

别名：南疆蔷薇、多腺密刺蔷薇

Rosa spinosissima L. var. *kokanica* (Regel) L. Luo *comb. nov.*——*R. kokanica* (Regel) Regel ex Juzep. in Fl. URSS 14:476(1941); 中国植物志. 37:375(1985); Fl. China 9:351-352(2003)——*R. platyacantha* var *kokanica* Regel p.p. et var. *variabilis* Regel in Acta Hort. Peterp. 5:313(1878)—— *R. xanthina* var. *kokanica* Bouleng. in Bull. Jard. Bot. Bruxell. 13;182(1935).

形态描述

直立灌木，高1～2 m。新枝表皮紫褐色，密被基部圆盘状直立针刺。小叶7～9枚，近花处偶有3～5枚，连叶柄长7～8 cm；小叶片卵形或椭圆形，长2～2.5 cm，宽1～1.5 cm，先端圆钝，边缘具重锯齿，齿尖有腺；叶革质；上面无毛，深绿色，下面有稀疏腺毛，中脉有密集腺毛；叶轴和叶柄具腺毛和小皮刺；托叶大部贴生于叶柄，离生部分倒卵形，先端渐尖，边缘具齿状腺毛。花单季开放，单生于枝顶或叶腋；无苞片；花梗长2～3 cm，有稀疏腺毛；花朵直径3～5 cm；萼片5枚，卵状披针形，先端渐尖，边缘具不规则2～3羽状裂片和腺毛，外侧被长柔毛，内侧被短柔毛，直立或开展，宿存；花单瓣，花瓣5枚，倒卵形，先端微凹，初开乳黄色或黄色，有淡香味；花柱离生，黄绿色，稍外伸，被柔毛，柱头黄色。果球形，直径1～1.5 cm，成熟时果皮紫褐色，具稀疏腺毛。

染色体倍性

2*n*=4*x*=28（Jian *et al*., 2014）。

分布及生境

分布于新疆，南疆及塔城一带较多；多生于山坡、林边，海拔1500～2500 m。伊朗、阿富汗、巴基斯坦、蒙古等国家和地区亦有分布。

讨论

《中国植物志》记载本变种与密刺蔷薇 *R. spinosissima* var. *spinosissima* 形态相近，仅差别于本种小叶边缘完全重锯齿，齿尖有腺，小叶下面有腺毛；萼片常有2～3羽状裂片；而后者小叶边缘单锯齿或部分重锯齿，下面无腺毛，萼片全缘。经查阅标本和实地调查，该变种实为密刺蔷薇的变异，在密刺蔷薇种群中能找到此变异植株，即密刺蔷薇叶缘的重锯齿有疏密之分，花色白色到黄色。故本书认为，该变种定名主要因当时采集标本的局限性所致。虽然目前密刺蔷薇居群中存在与植物志描述中相同或极其相似的植株，但不足以作为区别于密刺蔷薇分类群的新种处理，建议可作为密刺蔷薇的一个变种或变型来处理更合理。

报春刺玫 *Rosa primula* Bouleng.

别名：樱草蔷薇、大马茄子

Rosa primula Bouleng. in Bull. Jard. Bot. Bruxell. 14:121(1936); 中国植物志. 37:379(1985); Fl. China 9:352-353(2003)——*R. xanthina* f. *normalis* Rehder et E. H. Wilson in Sarg. Pl. Wils. 2:342(1915)——*R. ecae* auct. non Ait.(1881); Fl. & Silva:242(1936).

形态描述

直立灌木，高1～2 m。新枝表皮红褐色，具散生基部膨大的长尖皮刺。小叶9～15枚，近花处偶有7枚，连叶柄长7～9 cm，成对小叶间距较大；小叶长圆形，长1.5～2 cm，宽0.8～1 cm，先端圆钝，边缘具重锯齿，齿缘具腺；叶纸质，有强烈的气味（非甜香，或臭），揉碎更甚；上面无毛，下面有腺毛，沿叶脉有柔毛、腺毛；叶轴和叶柄有稀疏腺毛和小皮刺；托叶大都贴生于叶柄，离生部分卵状披针形，边缘被稀疏腺毛；花单季开放，单生于叶腋；无苞片；花梗长0.8～1 cm，无毛；花朵直径3～4 cm；萼片5枚，披针形，先端渐尖，全缘，外侧无毛，内侧具柔毛，反折，宿存；花单瓣，花瓣5枚，倒卵形，先端微凹，乳黄色或淡黄色，开放后褪色快，初开亦具与叶相同的气味；花柱离生，稍外伸，被长柔毛，柱头黄色。果卵球形，直径0.8～1 cm；成熟时果皮红色、红褐色，光滑无毛。

染色体倍性

$2n=2x=14$（马燕和陈俊愉, 1991; 马雪, 2013; 赵红霞 等, 2015; 待发表数据，2024）。

分布及生境

分布于四川、陕西、甘肃、河南、河北、山西；多生山坡、林下、路旁或灌丛中，海拔 1400 ~ 3500 m。

讨论

该种与单瓣黄刺玫 *R. xanthina* f. *normalis* 相似，但其叶两面具明显毛被，且花、叶都有强烈的气味，易于感官区别，花期上往往比单瓣黄刺玫早，且花色较单瓣黄刺玫淡，较易变白；叶缘具重锯齿，亦为较明显区别。分子系统学证据表明本种与单瓣黄刺玫、黄蔷薇 *R. hugonis* f. *hugonis* 亲缘较近。

异味蔷薇 *Rosa foetida* Herrm.

Rosa foetida Herrm. in Diss. Bot.-Med. Rosa 18:(1762); Gen. Ros. 2:267(1914); 中国植物志. 37:379(1985); Fl. China 9:353(2003)——*R. lutea* Mill. in Gard. Dict. ed 8. 2:(1768); Curtis's Bot. Mag. 11:363(1979)——*R. eglanteria* auct. non L.(1753); Amoen Acad. 5:220(1760); Fl. Brit. Ind. 2:366(1878).

形态描述

直立灌木，高2～3 m。新枝表皮红褐色，无毛；具散生基部扁宽、直立尖锐皮刺，皮刺黑褐色。小叶7～9枚，近花处常3～5枚，连叶柄长5～7 cm；小叶片椭圆形，长2.5～3 cm，宽1.5～2 cm，先端圆钝或急尖，边缘具尖锐重锯齿；叶厚纸质；具气味（非甜香，或臭）；上面暗绿色，被稀疏短柔毛，下面浅绿色，散生腺毛和柔毛；叶柄和叶轴具散生小皮刺和稀疏柔毛及腺毛；托叶大部与叶柄合生，离生部分披针形，先端渐尖，边缘具细密齿状腺毛。花单季开放，单生枝顶或短枝顶；无苞片；花梗长4～5 cm，光滑无毛；花朵直径5～6 cm；萼片5枚，三角形，先端延伸成小叶状，全缘，外侧被稀疏腺毛和柔毛，内侧密被柔毛，反折，宿存；花单瓣，花瓣5枚，阔倒卵形，先端凹陷，深黄色，具臭味；花丝金黄；花柱多数，不外伸，被柔毛，柱头黄色。果球形，直径0.5～1 cm；成熟时果皮红色，光滑无毛。

染色体倍性

$2n=4x=28$（Yokoya *et al.*, 2000; 马雪, 2013; 待发表数据，2024）。

分布及生境

分布于新疆；喜光，耐旱，海拔 800 ~ 1600 m。西亚等国家和地区亦有分布。

讨论

调查中发现在新疆南部如喀什等地有栽培，多见于庭院、公园或郊野路边，偶见荒地点状分布，未见成片野生分布居群，似栽培逸生，故是否中国原产仍然待考。

重瓣异味蔷薇 *Rosa foetida* 'Persiana'

别名：Persiana Yellow

Rosa foetida 'Persiana'——*Rosa foetida* Herrm. f. *persiana* (Lem.) Rehd. in Mitt. Deuts. Dendr. Ges. 191(24):222(1916); 中国植物志. 37:379(1985); ——*Rosa foetida* Herrm. var. *persiana* (Lem.) Rehd. in Mitt. Deuts. Dendr. Ges. Fl. China 9:353(2003).

形态描述

花重瓣，花瓣15 ~ 20枚，深黄色，花丝亦金黄。

分布及生境

新疆常见栽培；北京、江苏、云南等地亦有引种。

讨论

《中国植物志》将其收录为变型，实为栽培品种，按照《国际栽培植物命名法规》应写为 *Rosa foetida* 'Persiana'。

宽刺蔷薇 *Rosa platyacantha* Schrenk

Rosa platyacantha Schrenk in Bull. Acad. Sci. St. Petersb. 10:252(1842); Bull. Soc. Bot. Belg. 13:270(1875); Fl. URSS 10:474(1941); 中国植物志. 37:376(1985); Fl. China 9:352(2003).

形态描述

直立灌木，高1～2 m。新枝表皮绿色，无毛；具密集黄色直立皮刺，皮刺基部椭圆形膨大。小叶5～7枚，偶9枚，连叶柄长4～5 cm；小叶片近圆形，长0.8～1 cm，宽0.6～1.2 cm，先端圆钝，边缘仅上半部具深单锯齿；叶革质；两面无毛；叶柄和叶轴具散生小皮刺和稀疏腺毛；托叶大部贴生于叶柄，离生部分披针形，边缘具腺毛。花单季开放，单生于小枝顶端及叶腋；无苞片；花梗长2～4 cm，无毛；花朵直径3.5～5 cm；萼片5枚，常紫红色，披针形，全缘，外侧无毛，有时有腺毛，内侧被柔毛，直立，宿存；花单瓣，花瓣5枚，倒卵形，先端微凹，黄色，具甜香味；花丝金黄；花柱离生，稍外伸，被长柔毛，柱头黄色。花托常紫红色或绿色，多光滑。果卵球形，直径0.8～1 cm；果梗有时膨大，且长短差异大；成熟时果皮橘黄色、橘红色或紫红色，光滑无毛，偶见刺毛。

染色体倍性

$2n=2x=14$（马燕和陈俊愉，1992）；$2n=4x=28$（Yu *et al.*, 2014）。

分布及生境

分布于新疆、甘肃；生于林缘、疏林下、草坡、河滩等地，多为向阳山坡、荒草地，海拔1100 ~ 1800 m。蒙古等中亚国家和地区亦有分布。

讨论

本种主要分布于新疆，分布量多而广。调查发现，因环境差异，不同居群的小叶数、叶大小、皮刺多寡、果实形状及大小都有差异，亦有研究表明其居群间和居群内的多样性都丰富，且居群内多样性更为丰富（郭宁 等, 2010; 杨树华 等, 2013）。

黄蔷薇（原变型）*Rosa hugonis* Hemsl. f. *hugonis*

别名：红眼刺、大马茄子

Rosa hugonis Hemsl. in Curtis's Bot. Mag. 131:t. 8004(1905); Willmott, Gen. Ros. 2:279(1914); 中国高等植物图鉴. 2:245(1972); 秦岭植物志. 1(2):564(1974); 中国植物志. 37:376(1985); Fl. China 9:352(2003)——*R. xanthina* auct. non Lincil.:(1820); Bull. Soc. Bot. Ital.:233(1897).

形态描述

直立灌木，高 1 ~ 2 m。新枝表皮褐色，无毛；具成对和散生基部扁平的尖锐皮刺，新枝有时有宽大皮刺，老枝常混针刺。小叶 9 ~ 11（13）枚，近花处常 5 ~ 7 枚，连叶柄长 7 ~ 9 cm；小叶片椭圆形或长圆形，长 1.5 ~ 2 cm，宽1 ~ 1.2 cm，先端圆钝，边缘具单锯齿；叶纸质；两面无毛，上面绿色，下面色浅；叶轴和叶柄具小皮刺及稀疏腺毛；托叶狭长，大部贴生于叶柄，离生部分耳状，先端渐尖，边缘具柔毛。花单季开放，单生于叶腋；无苞片；花梗长 1 ~ 2 cm，光滑无毛；花朵直径 4 ~ 6 cm；萼片 5 枚，披针形，先端渐尖，全缘，边缘被长柔毛，中脉明显，外侧无毛，内侧被稀疏柔毛；反折，宿存；花单瓣，花瓣5枚，倒卵形，先端凹陷；黄色，具水果香味；花柱离生，淡黄色，外伸，与雄蕊近等长，被柔毛，柱头黄色。果扁球形或球形，直径 1 ~ 1.5 cm；成熟时果皮紫红色，光滑无毛。

染色体倍性

$2n=4x=28$（马燕和陈俊愉, 1991）。

分布及生境

分布于宁夏、甘肃、四川、青海、陕西、山西；生山坡向阳处、路边灌丛中，海拔 600 ~ 2300 m。

讨论

本种与单瓣黄刺玫 *R. xanthina* var. *normalis* 形态相近，但本种小叶数偏少，小叶片两面无毛，此为主要形态区别。二者分布都较广泛，单瓣黄刺玫更喜阳耐旱，以贺兰山为例，黄蔷薇分布海拔相对较低，但垂直分布上二者存在较大的重合区域，以及过渡类型。结合分子系统学研究结果，似二者可作一种合并处理或作为黄蔷薇复合体处理。

宽刺黄蔷薇（新拟） *Rosa hugonis* Hemsl. f. *pteracantha* L. Luo *f. nov.*

形态描述

整株新老枝皆遍布宽大皮刺及尖刺，小叶数亦较多，9 ~ 13（15）枚。

分布及生境

分布于甘肃；生于疏林林缘，海拔 1100 ~ 1200 m。

讨论

在甘肃天水调查中发现的宽刺变异类型，分布小区域内未见原变型 *R. hugonis* f. *hugonis*，似可作一变型处理。

黄刺玫（原变型） *Rosa xanthina* Lindl. f. *xanthina*

别名：黄刺莓、黄刺梅

Rosa xanthina Lindl. Ros. Monogr.:132(1820); Sarg. Pl. Wils. 2:342(1915); 东北木本植物图志. 312(1955); 东北植物检索表. 154(1959); 中国高等植物图鉴. 2:245(1972); 秦岭植物志. 1(2): 565(1974); 内蒙古植物志 3:61(1977); 中国植物志. 37:378(1985); Fl. China 9:352(2003)——*R. xanthinoides* Nakai in Bot. Mag. Tokyo 32:218(1918), et Fl. Sylv. Kor. 7:33(1918).

形态描述

直立灌木，高2～3 m。新枝表皮红褐色，无毛；无针刺，具散生长尖红褐色尖刺。小叶9～13枚，偶7枚，连叶柄长8～10 cm；小叶片阔卵形或椭圆形，长1.5～2 cm，宽1～1.2 cm，先端圆钝，边缘具疏离单锯齿，小叶中下部常全缘、楔形；叶厚纸质；上面深绿色，无毛，下面色浅，被长柔毛，沿中脉较明显；叶轴和叶柄被稀疏小皮刺和柔毛；托叶贴生部分长带状，离生部分耳状，先端渐尖，边缘具稀疏腺毛。花单季开放，常单生于短枝枝顶；无苞片；花梗长1～2 cm，嫩时被柔毛，老后脱落；花朵直径3～4 cm；萼片5枚，披针形，全缘，先端渐尖，边缘具长柔毛，外侧无毛或被疏毛，内侧密被柔毛；反折，宿存；花重瓣，花瓣15～25枚，倒卵形，先端微凹，黄色，具水果香味；花柱离生，黄绿色，稍外伸，短于雄蕊，被柔毛，柱头退化。果近球形，直径0.8～1 cm；成熟时紫褐色，光滑无毛。

染色体倍性

$2n=2x=14$（刘东华和李懋学, 1985; 马燕和陈俊愉, 1991; Yokoya *et al*., 2000; 唐开学, 2009; Roberts *et al*., 2009; 马雪, 2013; 赵红霞 等, 2015; 曹世睿 等, 2021）。

分布及生境

分布于东北、华北、西北；喜光、耐半阴。朝鲜半岛、蒙古亦有分布。

讨论

本种实为重瓣栽培品种。园林应用广泛，未见野生分布。因模式标本为重瓣，故将此重瓣品种描述为原变型。

单瓣黄刺玫 *Rosa xanthina* Lindl. f. *normalis* Rehder et E. H. Wilson

Rosa xanthina Lindl. f. *normalis* Rehder et E. H. Wilson in Sarg. Pl. Wils. 2:342(1915); 秦岭植物志. 1(2):565(1974); 中国植物志. 37:378(1985); Fl. China 9:352(2003)——*R. xanthina* Lindl. f. *spontanea* Rehder in Journ. Arn. Arb. 5:209(1924); 内蒙古植物志. 3:61(1977)——*R. xanthina* auct. non Lindl.:(1920); Nouv. Arch. Mus. Hist. Nat. Paris ser. 2. 5:267(1883)——*R. eglanteria* auct. non L.:(1753); Bot. Jabrb. 34. Beibl. 75:40(1904).

形态描述

花单瓣，花梗长 1.5 ~ 3 cm，花瓣 5 枚，黄色，花丝黄色。

染色体倍性

$2n=2x=14$（马燕和陈俊愉, 1991; 赵红霞 等, 2015）。

分布及生境

分布于东北、西北、华北；生向阳山坡或林缘灌木丛中，海拔800 ~ 1800 m。

讨论

本变型为黄刺玫原始类型，西北分布较集中，有时群落中亦有半重瓣类型，花瓣6 ~ 15枚。调查中亦发现开花后期花瓣变粉色的变异（上图）。

组二：桂味组 Sect. *Rosa* (Sect. *Cinnamomeae* DC. ex Ser.)

本组收录有39种、25变种、5变型及6品种。

直立灌木；小叶5~15枚；花数朵或十数朵；花瓣以白色、黄色、粉色系为主，亦有红色、紫红色；果具短颈、果形丰富；新枝、花枝、小叶、萼片、花托、果实等常具腺毛；萼片宿存或连萼筒脱落。

分为3系：脱萼系Ser. *Beggerianae* T. T. Yu et T. C. Ku，宿萼大叶系Ser. *Rosa* (Ser. *Cinnamomeae* T. T. Yu et T. C. Ku)，宿萼小叶系Ser. *Webbianae* T. T. Yu et T. C. Ku。

脱萼系 Ser. *Beggerianae* T. T. Yu et T. C. Ku

小叶蔷薇（原变种） *Rosa willmottiae* Hemsl. var. *willmottiae*

Rosa willmottiae Hemsl. in Kew Bull. 317(1907), et in Curtis's Bot. Mag.:134(1908); Gen. Ros. 1:195(1911); Sarg. Pl. Wils. 2:329(1915); 秦岭植物志. 1(2):568(1974); 中国植物志. 37:396(1985); Fl. China 9:356-357(2003)——*R. longshoushanica* L.Q. Zhao & Y.Z. Zhao in Ann. Bot. Fennici 53:103-105.

合并：龙首山蔷薇 *Rosa longshoushanica* L. Q. Zhao & Y. Z. Zhao.

形态描述

直立灌木，高1～3 m。新枝圆柱形，表皮红褐色；具成对长直尖刺、皮刺和散生针刺。小叶9～11枚，近花处偶有7枚，连叶柄长6～7 cm；小叶片椭圆形，长1.2～1.5 cm，宽0.8～1 cm，边缘单锯齿，先端偶有重锯齿；叶厚纸质；两面无毛，上面深绿色，下面色浅；沿叶柄和叶轴具散生小皮刺和腺毛；托叶大部贴生于叶柄，离生部分卵状披针形，边缘具细密腺毛。花单季开放，2～4朵成聚伞花序，少单生，着生枝顶或叶腋；花序基部苞片2～4枚，卵状披针形，先端长尾尖，边缘具腺毛，中脉明显；花梗长1～1.5 cm，被腺毛；花朵直径3～5 cm；萼片5枚，卵状披针形，先端尾尖或扩展成叶状，全缘，边缘被长柔毛，外侧密被腺毛，内侧被柔毛，果未成熟时即连萼筒脱落；花单瓣，花瓣5枚，阔倒卵形，先端凹陷，粉红色或浅粉色，近无味；花柱不外伸，较花丝短很多。果椭圆形或近球形，直径0.8～1 cm，具短颈；成熟时橘红色，光滑无毛或有稀疏腺毛。

染色体倍性

$2n=2x=14$（Akasaka *et al*., 2003; 田敏 等, 2018; 待发表数据，2024）；$2n=5x=35$（Roberts *et al*., 2009）。

分布及生境

分布于四川西部、陕西南部、甘肃、青海、西藏等地；多生于灌丛、山坡路旁或沟边等处，海拔2600～3200 m。

讨论

本种与铁杆蔷薇*R. prattii* f. *prattii*常伴生，表型上后者小叶数较多，且小叶叶缘重锯齿更明显，可做区分。分子系统学研究表明二者亲缘关系较近。

据中国植物图像库（PPBC）信息，在四川阿坝藏族羌族自治州发现整株白花变异，尚待进一步查证。Zhao *et al*.（2016）曾发表龙首山蔷薇*R. longshoushanica* L. Q. Zhao & Y. Z. Zhao，描述其特征与小叶蔷薇（原变种）的区别在于叶背、叶轴被短柔毛及腺毛，枝条具成对弯钩刺。总之，经调查小叶蔷薇的毛被本身即存在上述变化，而皮刺亦

小叶蔷薇（龙首山蔷薇）

有发现弯钩状，尤其是高海拔山坡上，皮刺受环境影响较大，故本书认为龙首山蔷薇可能属于小叶蔷薇的分类群范畴，暂做合并。当然，龙首山蔷薇如果为独立种，考虑到甘肃分布区域亦有同为脱萼系的弯刺蔷薇 *R. beggeriana* var. *beggeriana* 分布，其典型特征即常具成对弯钩状皮刺，亦可推测其是否为小叶蔷薇与弯刺蔷薇之间的杂交种。以上有待进一步考证。

多腺小叶蔷薇 *Rosa willmottiae* Hemsl. var. *glandulifera* T. T. Yu et T. C. Ku

Rosa willmottiae Hemsl. var. *glandulifera* T. T. Yu et T. C. Ku in 植物分类学报. 18(4):503(1980); 中国植物志. 37:396(1985); Fl. China 9:357(2003).

形态描述

本变种小叶边缘重锯齿，小叶下面和齿尖被腺毛；腺体具浓烈奶茶香味。小花多至9朵，呈伞房状聚伞花序，亦偶有单花。果实圆形至卵圆形，果梗常有腺毛，果皮光滑或有腺毛。

染色体倍性

$2n=2x=14$（Jian *et al*., 2014; 方桥, 2019; 待发表数据，2024）。

分布及生境

分布于四川西部、甘肃、云南、西藏等地；生向阳坡地灌丛中，海拔2500 ~ 3500 m。

铁杆蔷薇（原变型） *Rosa prattii* Hemsl. f. *prattii*

别名：勃拉蔷薇

Rosa prattii Hemsl. in Journ. Linn. Soc. Bot. 29:307(1892); Gen. Ros. 1:161(1911); Hand.-Mazz. Symb. Sin. 7:527(1933); 中国植物志. 37:395(1985); Fl. China 9:356(2003).

形态描述

直立灌木，高1～3 m。新枝表皮红褐色或紫褐色；叶柄下具成对长尖皮刺，偶混有针刺。小叶9～11枚，成对小叶间距较大，连叶柄长9～11 cm，整枚羽叶常下垂（弯），小叶片倒卵形或椭圆形，长2.2～2.5 cm，宽1～1.5 cm，先端急尖，边缘具细密单锯齿；叶薄纸质；两面无毛，上面深绿色，下面色浅；叶柄和叶轴具散生小皮刺和柔毛及稀疏腺；托叶大部贴生于叶柄，离生部分卵形，先端渐尖，边缘被腺毛。花单季开放，常2～7朵成聚伞花序，稀单生，着生枝顶或叶腋；花序基部苞片2～3（5）枚，卵形，先端渐尖，边缘具腺毛；花梗长2～2.5 cm，被腺毛；花朵直径3～5 cm；萼片5枚，卵状披针形，先端尾尖，偶伸展成针状，全缘，边缘被腺毛，外侧被稀疏腺毛，内侧被柔毛，成熟时连萼筒上部脱落；花单瓣，花瓣5枚，倒卵形，先端圆钝或微凹；玫红色，近无味；花柱离生，黄绿色，外伸，密被柔毛，柱头黄色。果卵球形，直径0.8～1 cm，有短颈；成熟时果皮橘红色，光滑无毛。

染色体倍性

$2n=2x=14$（Jian *et al*., 2010; Jian *et al*., 2014）。

分布及生境

分布于云南西北部、四川西部、甘肃南部；生山坡阳处灌丛或混交林中，海拔2000 ~ 3000 m。

讨论

《中国植物志》记载本种与钝叶蔷薇（原变种）*R. sertata* var. *sertata*形态相近，后者新枝表皮绿色，花色浅色为主；果梗及萼片外侧光滑无毛，成熟后萼筒宿存。分子系统学证据表明其与钝叶蔷薇亲缘关系较远。

深齿铁杆蔷薇（新拟）*Rosa prattii* Hemsl. f. *incisifolia* Y. Y. Yang et L. Luo *f. nov.*

形态描述

本变型与原变种比较，小枝常被白粉，小叶7~9枚，边缘具羽状深齿，深达0.5 cm；小叶上面无毛，蓝绿色，下面灰绿色，被腺毛。

染色体倍性

$2n=2x=14$（待发表数据，2014）。

分布及生境

分布于四川炉霍；生长于山坡边缘、林缘灌丛，海拔3300 m。

讨论

本变型的小叶边缘叶裂较明显，且全株性状表现稳定，发现数量极少，拟定为铁杆蔷薇新变型。关于叶裂深刻的现象，在单叶蔷薇中亦常见（邓童，2022），另有文献记载的琅琊山蔷薇*R. langyashanica*亦为叶裂表现突出者。

弯刺蔷薇（原变种） *Rosa beggeriana* Schrenk var. *beggeriana*

别名：落花蔷薇、落萼蔷薇

Rosa beggeriana Schrenk in Enum. Pl. Nov.:73(1841); Bull. Soc. Bot. Belg. 14:15(1875); Fl. URSS 10:462(1941); 中国植物志. 37:393(1985); Fl. China 9:355-356(2003).

形态描述

直立灌木，高1～2 m。新枝表皮绿色，无毛；叶柄下具成对镰刀状黄色尖锐皮刺。小叶9～11枚，近花处常5～7枚；连叶柄长9～11 cm；小叶片椭圆形，长2～2.5 cm，宽1～1.5 cm，先端急尖，边缘具单锯齿；叶纸质；上面绿色或灰绿色，被稀疏柔毛，下面浅绿色，被短柔毛，中脉柔毛密集；叶柄和叶轴有散生小针刺和柔毛；托叶卵状，大部贴生于叶柄，离生部分卵状披针形，先端渐尖，边缘被柔毛和短小腺毛。花单季开放，着生枝顶或叶腋，数朵呈伞房状聚伞花序，少单生；苞片常成对，卵状披针形，先端渐尖，边缘有柔毛和腺毛，早落；花梗长1～2 cm，无毛；花朵直径4～5 cm；萼片5枚，披针形，先端尾尖，边缘具柔毛；外侧被稀疏腺毛，内侧具短柔毛，成熟时连同萼筒上部脱落；花单生，单瓣，花瓣5枚，倒卵形，先端凹陷，白色，偶有见粉色瓣尖，具药香味；花柱离生，稍外伸，被柔毛，柱头黄色。果近球形，直径0.8～1.1 cm，具短颈；成熟时果皮暗红色，光滑无毛，有时亦见腺刺毛。

染色体倍性

2*n*=2*x*=14（马燕和陈俊愉，1992；杨爽 等，2008；唐开学，2009；刘海星，2009；Roberts *et al.*, 2009; Yu *et al.*, 2014）；2*n*=4*x*=28（李诗琦 等，2017）。

分布及生境

分布于新疆、甘肃；生山坡、山谷、河边及路旁等处，海拔1000 ~ 2800 m。伊朗、阿富汗、巴基斯坦、蒙古亦有分布。

讨论

本种皮刺性状较稳定，但叶片及花梗、萼筒外毛被的有无、多寡等变异较大，新疆为广泛分布区，因环境地理差异，存在多个特殊地域变种，且存在大量天然杂交（种内及种间）。李世超等（2014）对新疆天山地区的弯刺蔷薇的11个表型性状研究表明，各表型性状在居群间和居群内均表现出极显著差异。杨爽等（2008）利用核型分析认为弯刺蔷薇与其伴生种疏花蔷薇 *R. laxa* var. *laxa* 亲缘关系较近。本研究的分子系统学证据也支持该结论。

毛叶弯刺蔷薇 *Rosa beggeriana* Schrenk var. *liouii* (T. T. Yu et H. T. Tsai) T. T. Yu et T. C. Ku

别名：毛叶落萼蔷薇、毛果落花蔷薇

Rosa beggeriana Schrenk var. *liouii* (T. T. Yu et H. T. Tsai) T. T. Yu et T. C. Ku in 植物研究. 1(4):8(1981); 中国植物志. 37:393(1985); Fl. China 9:356(2003)——*R. liouii* T. T. Yu et H. T. Tsai in Bull. Farn. Mem. Inst. Biol. Bot. ser. 7:115(1936).

形态描述

本变种与原变种的区别在于小叶片两面密被柔毛，花梗及萼筒经常密被柔毛。

染色体倍性

$2n=2x=14$（待发表数据，2024）。

分布及生境

分布于我国新疆伊犁山区，在甘肃的弯刺蔷薇群体中未发现毛叶变种；生境同原变种，海拔 1000 ~ 2000 m。

伊犁蔷薇 *Rosa iliensis* Chrshan.

别名：黑果蔷薇

Rosa iliensis Chrshan. in Bot. Journ. URSS 32, 6:267(1947); Fl. Kazachst. 4:493(1961); 新疆蔷薇. 36-37(2000)——*R. beggriana* Schrenk. var. *silverhjelmii* (Schrenk) Crép. in Bull. Soc. Bot. Belg. 14:20(1875) —*R. silverhjelmii* Schrenk. in Acad. sci. petersb. 2.195(1847); Consp. Fl. AS. Med. 5:211(1976).

形态描述

直立灌木，高1～2 m。新枝表皮紫褐色，无毛。小叶9～11枚，近花处常5～7枚；连叶柄长7～9 cm；小叶片椭圆形，长2～2.5 cm，宽1.2～1.5 cm，先端急尖，边缘具粗大单锯齿，少部分具重锯齿；叶纸质；两面无毛，上面绿色，下面浅绿色，沿中脉有稀疏柔毛；叶柄下具成对紫红色直立尖锐皮刺，常混生细小针刺；叶柄和叶轴具散生小针刺和柔毛；托叶大部贴生于叶柄，离生部分卵状披针形，先端渐尖，边缘具短小齿状腺毛。花单季开放，数朵呈伞房状聚伞花序，少单生；苞片常成对，卵状披针形，先端渐尖，边缘有柔毛和腺毛，早落；花梗长1～2 cm，常被柔毛或腺毛；花朵直径4～5 cm；萼片5枚，披针形，先端尾尖，边缘有柔毛，外侧被稀疏腺毛，内侧具短柔毛；较早即连同萼筒脱落；花单瓣，花瓣5枚，倒卵形，先端凹陷，白色，具生姜味；花柱离生，稍外伸，被柔毛，柱头黄色。果圆形或近圆形，具短颈，直径0.8～1.1 cm；成熟时果皮红色或紫红色，果皮极薄，光滑无毛。

染色体倍性

$2n=2x=14$（Yokoya *et al*., 2000; Roberts *et al*., 2009）。

分布及生境

分布在新疆北疆等地；常生于河滩、草地边缘，海拔 700 ~ 1200 m。哈萨克斯坦等中亚国家记载亦有分布。

讨论

本种与弯刺蔷薇（原变种）*R. beggeriana* var. *beggeriana*形态相似，但伊犁蔷薇果梗密被柔毛；果皮黑紫色，果实较小。在形态上仍然易于区分，有较稳定的分布区域及数量居群，该种在《新疆植物志》中主要依据果实颜色差异将其归并在弯刺蔷薇变种中，《中国植物志》并未收录。本书同意刘士侠和丛者福（2000）的意见，即恢复最早对其的分类和命名（Fisjun, 1961），应独立为一种。

腺齿蔷薇 *Rosa albertii* Regel

Rosa albertii Regel in Acta Hort. Petrop. 8:278(1883); Bull. Jard. Bot. Bruxell. 14:176(1936); Fl. URSS 10:452(1941); 中国植物志. 37:393(1985); Fl. China 9:356(2003).

形态描述

直立灌木，高1～2 m。新枝表皮紫褐色；无毛，具成对和散生直立尖锐长皮刺，常混有基部圆盘状针刺。小叶5～7枚，连叶柄长6～8 cm；小叶片椭圆形或卵形，长1.2～1.5 cm，宽1～1.2 cm，先端圆钝，边缘具重锯齿，齿尖有腺，后期有脱落；叶纸质；上面无毛，下面密被短柔毛；叶柄和叶轴有小针刺和被腺毛，后期有脱落；托叶宽大，大部贴生于叶柄，离生部分卵状，先端渐尖，边缘有腺毛。花单季开放；稀单生，常2～3朵成伞形花序；苞片3～5枚，卵状，先端渐尖，边缘被腺毛；花梗长1.5～3 cm，被稀疏腺毛；花朵直径3～4 cm；萼片卵状披针形，先端尾尖，偶有扩展成叶状，外侧无毛，内侧密被柔毛，成熟时与萼筒上部同时脱落；单瓣，花瓣5枚，阔倒卵形，先端微凹，初开粉白色，盛开白色，具生姜味；花柱离生，稍外伸，被长柔毛，柱头黄色。果卵球形或长椭圆形，直径1～1.5 cm，具短颈；果肉多，果皮光滑，橘红色。

染色体倍性

$2n=2x=14$（曹亚玲, 1995）。

分布及生境

分布于新疆、青海、甘肃；多生于山坡、云杉落叶松林下或林缘等处，海拔1200～2000 m。俄罗斯、哈萨克斯坦、吉尔吉斯斯坦、蒙古等地亦有分布。

讨论

《中国植物志》记载本种与西藏蔷薇*R. tibetica*形态相近，但本种小叶背面被柔毛；萼片外侧无毛，成熟时连同萼筒脱落。分子系统学证据表明其似乎与陕西蔷薇*R. giraldii*的亲缘关系更近，与西藏蔷薇较远。

宿萼大叶系 Ser. *Rosa* (Ser. *Cinnamomeae* T. T. Yu et T. C. Ku)

中甸刺玫（原变种） *Rosa praelucens* Byhouwer var. *praelucens*

Rosa praeluceus Byhouwer in Journ. Arn. Arb. 10:97(1927); 中国植物志. 37:453(1985); Fl. China 9:381(2003).

形态描述

直立灌木，高2～4 m。新枝表皮紫褐色，无毛，具散生和叶柄下成对大型皮刺，皮刺基部宽扁，顶端直立尖锐。小叶7～13枚，近花处常3～5枚，连叶柄长13～16 cm；小叶片倒卵形或椭圆形，长4～5 cm，宽1.5～2 cm，先端圆钝，上半部边缘具单锯齿和不明显的重锯齿；叶厚纸质；两面被短柔毛，上面深绿色，下面色浅；叶柄和叶轴被柔毛和稀疏小皮刺。托叶卵形，近2/3贴生于叶柄，离生部分耳状披针形，两面被柔毛，边缘有腺毛，具大型叶状苞片，苞片卵形，先端渐尖，中脉明显，边缘有腺毛。花单季开放，单生于枝顶或叶腋，偶见2～3朵聚生；花具苞片2～3枚，长卵圆形，先端渐尖，被柔毛，花梗长3～6 cm，密被柔毛；花朵直径8～9 cm；萼片5枚，卵状披针形，先端钝圆并扩展呈叶状，内侧被柔毛，外侧密被柔毛和稀疏腺毛，直立，宿存；花单瓣，花瓣5枚，扇形，先端凹凸不平，边缘波浪状，粉红色，具淡甜香味；花柱离生，堆状，被柔毛，柱头淡黄色。果球形或扁球形，直径2～3 cm；成熟时果皮橘黄色或橘红色，密被长针刺。

染色体倍性

$2n=10x=70$（Jian *et al*., 2010; Truta *et al*., 2011; 待发表数据，2024）；$2n=10x=70$, $2n=9x+2=65$, $2n=9x=63$（方桥, 2019）。

分布及生境

《国家重点保护野生植物名录》二级保护植物。分布于云南香格里拉；多生于向阳山坡丛林中，海拔2800 ~ 3200 m。

讨论

《中国植物志》将本种划分在小叶组，依其小叶形态与毛被、萼筒形状、花及苞片等特征看，其与玫瑰*R. rugosa* var. *rugosa*颇有若干相似之处，认为其可作为小叶组与桂味组的中间联系。

近年来的分子生物学研究已明确了中甸刺玫与小叶组的缫丝花*R. roxburghii* f. *roxburghii*不构成姐妹类群，相互间亲缘关系较远，其系统位置应从小叶组移至桂味组（白锦荣, 2009; 王开锦, 2018）。邓亨宁（2016）、王开锦等（2018）等研究认为中甸刺玫具复杂的遗传背景，多种蔷薇参与了其形成（见总论第二、三章）。中甸刺玫在不同文献中呈现复杂的倍性（十倍体），分子系统学证据亦表明中甸刺玫应移入桂味组，且认为其与大叶蔷薇*R. macrophylla* var. *macrophylla*、羽萼蔷薇*R. pinnatisepala* f. *pinnatisepala*的亲缘关系较近。

此外，中甸蔷薇已经被列入易危植物，多数由零星散生在农家的植株所构成“农家”群体（李树发 等, 2013），其种内存在着丰富的表型变异，群体间的变异是其表型变异的主要来源，应加强对其个体、群体及生境的保护。

白花单瓣中甸刺玫（新拟） *Rosa praelucens* Byhouwer var. *alba* Y. Y. Yang et L. Luo *var. nov.*

形态描述

本变种花瓣初开粉白色，盛开白色；单瓣；花瓣5枚，偶见5枚花瓣中有1～2枚变为粉红色。

染色体倍性

$2n=10x=70$（待发表数据，2024）。

分布及生境

分布于香格里拉；生境同原变种，海拔2800～3200 m。

讨论

此为中甸刺玫 *R. praelucens* var. *praelucens* 原始类型。

玫红单瓣中甸刺玫（新拟） *Rosa praelucens* Byhouwer var. *rosea* Y. Y. Yang et L. Luo *var. nov.*

形态描述

本变种花瓣玫红色，颜色稳定；花常2～3朵聚生，单瓣；花瓣5枚。叶片及花果均较少。果实及果枝表面毛刺少或稀疏。

分布及生境

分布于香格里拉，生境同原变种，海拔3000～3100 m。

粉红半重瓣中甸刺玫（新拟） *Rosa praelucens* Byhouwer var. *semi-plena* Y. Y. Yang et L. Luo *var. nov.*

形态描述

本变种叶片大，叶轴和叶柄无小皮刺；花瓣7～10枚，初开粉红色，盛开浅粉红色；萼片外侧密被腺毛。

染色体倍性

2*n*=10*x*=70（待发表数据，2024）。

分布及生境

分布于云南香格里拉；生境同原变种，海拔2800～3200 m。

讨论

本变种花朵硕大，颜色鲜艳，植株高大，非常引人注目。野生植株已极稀少，常被当地居民移植至房前屋后用作观赏，名为“格桑花”。

玫瑰（原变型）*Rosa rugosa* Thunb. f. *rugosa*

别名：滨茄子、滨梨、海棠花、刺玫

Rosa rugosa Thunb. Fl. Jap.:213(1784); Fl. Sylv. Kor. 7:34(1918); Journ. Arn. Arb. 5:204(1924); 东北木本植物图志. 313(1955); 东北植物检索表. 154(1959); 江苏南部种子植物手册. 358(1959); Fl. Jap.:540(1965); 中国高等植物图鉴. 2:247(1972); 秦岭植物志. 1(2):567(1974); 内蒙古植物志. 3:59(1977); 中国植物志. 37:401(1985); Fl. China 9:358-359(2003)——*R. ferox* Lawrance Coll. Roses, t.:42(1799)——*R. pubescens* Baker in Willmott, Gen. Ros. 2:499(1914). non Roxburgh 18332, nec Schneider(1861), nec Leman.(1818).

形态描述

直立灌木，高1～2 m。新枝表皮褐色；密被针刺和柔毛，并散生长直尖刺。小叶5～9枚，近花处常3～5枚，连叶柄长12～14 cm；小叶片椭圆形；长4～5 cm，宽2.5～3 cm，先端圆钝，边缘具稀疏单锯齿；叶厚革质，上面深绿色，无毛，有褶皱；下面色浅，被稀疏腺毛和密被柔毛；叶柄和叶轴具小皮刺和稀疏腺毛；托叶较大，卵形，大部贴生于叶柄，离生部分卵形，边缘疏齿状分裂，被柔毛和稀疏腺毛。花常单季开放，亦有秋季二次开花现象，单生于叶腋或数朵呈伞房状聚伞花序着生于小枝顶端；苞片大型倒卵状，先端尾尖，具明显中脉，边缘具细密锯齿和柔毛；花梗长1～4 cm，密被柔毛和稀疏腺毛；花朵直径5～7 cm；萼片5枚，卵状披针形，先端扩展成带状或叶状，内侧及边缘有柔毛，外侧被腺毛，直立，宿存；花重瓣，花瓣15枚以上，外瓣阔倒卵形，先端凹陷，内瓣倒卵形，先端圆钝，花瓣粉红色，具浓玫瑰香味；花柱离生，被毛，稍伸出萼筒口外，较雄蕊短，花柱白色或黄白色。果扁球形，具短颈，直径2～3 cm；成熟时果皮橘红色，光亮无毛。

染色体倍性

$2n=2x=14$, $2n=4x=28$（陈瑞阳, 2003）；$2n=2x=14$（刘东华和李懋学, 1985; 马燕和陈俊愉, 1991; Fernandez-Romero *et al*., 2001; Akasaka *et al*., 2003; 唐开学, 2009; 田敏 等, 2018; 待发表数据，2024）。

分布及生境

广泛栽培于北方地区。适应性极强，耐寒、耐热、耐旱。日本、朝鲜、俄罗斯远东地区亦有分布。

讨论

本种应为玫瑰的栽培类型，品种众多。

粉红单瓣玫瑰 *Rosa rugosa* Thunb. f. *rosea* Rehder

别名：单瓣红玫瑰

Rosa rugosa Thunb. f. *rosea* Rehder 中国植物志. 37:402(1985).

形态描述

本变型花为单瓣，玫红色，单季开放，偶见秋季开放。

染色体倍性

$2n=2x=14$（待发表数据，2024）。

分布及生境

《国家重点保护野生植物名录》二级保护植物。分布于山东、河北、辽宁、吉林，生滨海地带，海拔 10 ~ 60 m。俄罗斯远东地区、日本和朝鲜亦有分布。

讨论

为玫瑰（原变型）*R. rugosa* f. *rugosa* 的野生原始类型。吉林珲春应为目前发现的野生玫瑰较大的分布地，且吉林省有可能是中国唯一的野生分布地（沿海周边岛屿滩涂有可能存在逸生），如山东青岛等地分布的玫瑰有可能是逸生或较早栽培的种类。分子系统学证据表明其与山刺玫 *R. davurica* var. *davurica*、尖刺蔷薇 *R. oxyacantha* 等关系较近，与樟味蔷薇 *R. cinnamomea* 亲缘关系更近。

白花单瓣玫瑰 *Rosa rugosa* Thunb. f. *alba* (Ware) Rehder

别名：单瓣白玫瑰

Rosa rugosa Thunb. f. *alba* (Ware) Rehder 中国植物志. 37:402(1985).

形态描述

本变型花为单瓣，花瓣粉白色至白色，单季开放，偶见秋季开放。

染色体倍性

2*n*=4*x*=28（马雪，2013）；2*n*=2*x*=14（刘佳，2013; 赵红霞 等，2015）。

分布及生境

本变型为玫瑰野生型的白花变异，野生分布极少，多呈点状分布，多见于园林栽培。

单瓣淡粉玫瑰（新拟） *Rosa rugosa* Thunb. 'Danban Danfen'

别名：单瓣浅粉玫瑰

形态描述

花单瓣，淡粉色，单季或两季开放。

分布及生境

栽培品种，野生种群中很少见该变异，华北多见栽培。

四季玫瑰（新拟） *Rosa rugosa* Thunb. 'Si Ji'

别名：丰花玫瑰

形态描述

花为重瓣，25～40枚，粉红色；花朵较野生型多数，多达15朵；多季开放。

染色体倍性

$2n=2x=14$（待发表数据，2024）。

分布及生境

栽培品种，北方地区多见栽培，华东、西南亦有栽培。

重瓣紫玫瑰 *Rosa rugosa* Thunb. 'Plena' ('Chongban Zi')

别名：紫花重瓣玫瑰、紫玫瑰

Rosa rugosa Thunb. 'Plena' 中国古老月季. 180(2015)——*R. rugosa* Thunb. f. *plena* (Regel) Byhouwer, 中国花卉品种分类学. 141(2001); 中国植物志. 37:402(1985); ——*R. rugosa* Thunb. var. *plena* Reg, 新疆蔷薇. 39(2000).

形态描述

花重瓣，25 ~ 30枚，紫红色；单季或两季开放。

染色体倍性

$2n=2x=14$（待发表数据，2024）。

分布及生境

栽培品种，北方地区多见栽培，较耐旱。

半重瓣白玫瑰 *Rosa rugosa* Thunb. 'Albo-plena' ('Banchongban Bai')

别名：重瓣白玫瑰、重瓣白花玫瑰、白花重瓣玫瑰

Rosa rugosa Thunb. 'Albo-plena' 中国花卉品种分类学. 141(2001)——*R. rugosa* Thunb. var. *alba-plena* Rehd. 观赏树木学. 341(1984); ——*R. rugosa* Thunb. f. *alba-plena* Rehd. 中国植物志. 37:402(1985).

形态描述

花为半重瓣，15 ~ 20枚，白色；单季或两季开放。

染色体倍性

$2n=2x=14$（待发表数据，2024）。

分布及生境

栽培品种，北方地区多见栽培。

苦水玫瑰 *Rosa rugosa* Thunb. 'Ku Shui'

别名：紫枝玫瑰

Rosa rugosa Thunb. 'Ku Shui', 中国古老月季. 181(2015).

形态描述

枝条较光滑，常紫红色。花半重瓣至重瓣，玫红色，花朵内轮常见未完全瓣化（雄蕊）的花瓣，且基部常带白色条纹，单季或两季开放，香味浓郁。

染色体倍性

$2n=2x=14$（招雪晴 等, 2008; 曹世睿 等, 2021）。

分布及生境

甘肃、陕西、宁夏、新疆等地栽培；极耐旱、耐寒。

讨论

本品种据考证应为西北地区的野生蔷薇与玫瑰 *R. rugosa* f. *rugosa* 杂交后选育的品种，清代或更早便有记载。甘肃省地标品种，一般认为其亲本之一应为钝叶蔷薇 *R. sertata* var. *sertata*。最新研究认为其亲本不是钝叶蔷薇（孟国庆, 2022），而是小叶蔷薇 *R. willmottiae* var. *willmottiae*（Zhao *et al.*, 2024）。

荼薇 *Rosa rugosa* Thunb. 'Tu Wei'

Rosa rugosa Thunb. 'Tu Wei', 中国古老月季. 181(2015).

形态描述

花重瓣，雌雄蕊多数瓣化，粉红色，单季开放。

染色体倍性

$2n=3x=21$（待发表数据，2024）。

分布及生境

常见于广东栽培，为古老的玫瑰品种，自宋代以来，用其花瓣制作荼薇酒和糕点馅料等。

疏刺蔷薇 *Rosa schrenkiana* Crép.

别名：雪岭克蔷薇

Rosa schrenkiana Crép. in Bull. Soc. Belg. XⅣ. 14:31(1875); in Fl. URSS. 10:452(1941); Fisjun. in Fl. Kazachst. 4:498(1961); —— *R. acicularis* var. *schrenkiana* (Crép.) Boulenger in Bull. Jard. Bot. État Bruxelles 14:135(1936)

形态描述

灌木，高达1～2.5 m。枝条分散，常弯曲，无刺或散生细直微弯的皮刺、小针刺；小叶3～5枚；连叶柄长6～8 cm；小叶卵圆形或圆状卵形，长3～4 cm，宽1.5～2 cm，先端较圆钝，叶缘具较大的单锯齿；叶上一般光滑无毛，暗绿色，下面中脉较明显，淡绿色；叶柄亦较光滑；托叶短而窄，大部分贴生叶柄，离生部分呈耳状披针形，边缘具腺毛。花单季开放。常单生或2～3朵簇生；苞片1～2枚，阔卵圆形，先端渐尖，边缘常有细腺毛；花梗长，1.5～2.5 cm，果期下垂，具腺毛；花朵直径约5 cm；萼片较长，约1.5 cm，先端伸展，全缘，花后上升，果期宿存；花托及萼片常被腺毛或腺刺毛；花

瓣淡黄色或白色，阔卵圆形。果较大，长卵圆形或长倒卵形，长1.5 ~ 2 cm，熟时红色，顶端有短颈，果下弯，萼片直立或反折。

分布及生境

主要产新疆；分布于山坡、河谷、岸边灌丛等处；海拔1700 ~ 2200 m。吉尔吉斯斯坦、哈萨克斯坦亦有分布。

讨论

该种《中国植物志》未收录，刘士侠和丛者福（2000）在《新疆蔷薇》中有记载收录。该种曾发表为刺蔷薇变种*R. acicularis* var. *schrenkiana* (Crép) Bouleng. (1936)，但《中国植物志》未讨论。经调查，在新疆温宿县、托木尔峰自然保护区等都有分布，其少刺、少花、花白色、果大等性状较明显，叶质较厚，小叶数较少，而刺蔷薇多为粉红色花、多刺、多花、小叶7 ~ 9，区别较大，故本书亦收录作为一个独立种。

托木尔蔷薇（原变种）*Rosa tomurensis* L. Luo, C. Yu & Q. X. Zhang var. *tomurensis*

Rosa tomurensis L. Luo, C. Yu & Q. X. Zhang in Phytotaxa 556(2):169-177(2022). ——*R. laxa* Retz. var. *tomurensis* S. H. Liou, 新疆蔷薇. 46(2000).

形态描述

直立灌木，高1.5～2.5 m。新枝表皮灰绿色，无毛；具成对淡紫红色长尖直立皮刺，有时皮刺稍下弯。小叶片5～9枚，近花处常3～5枚；连叶柄长12～14 cm；小叶片长圆形或椭圆形，长3.5～4.5 cm，宽1.5～2 cm，先端急尖或圆钝，边缘具粗大单锯齿；小叶上面无毛，绿色，下面沿叶脉有柔毛，灰绿色；叶柄和叶轴有小皮刺和稀疏腺毛；托叶大部分贴生于叶柄，离生部分耳状披针形，边缘具短齿状腺毛。花单季开放，秋季常有零星开花；几乎单生或少有2～3朵呈松散伞房状聚伞花序；苞片2～3枚，卵状披针形，先端尾尖，中脉明显，边缘具腺毛；花梗长3～4 cm，嫩时常紫红色，密被腺毛、柔毛或无毛；花朵直径4～6 cm；萼片5枚，狭卵状披针形，先端长尾尖，全缘，边缘有长柔毛，外侧被稀疏腺毛，内侧被柔毛，直立，宿存；花单瓣，花瓣5枚，倒卵形，先端微凹，花蕾常带粉色，开放时白色，具清香味；花柱离生，稍外伸，被柔毛，柱头黄色。果卵球形，直径1～2 cm；成熟时橘黄色，光滑无毛或疏被腺毛（后脱落），具短颈。

染色体倍性

$2n=4x=28$（于超, 2011; Deng *et al*., 2022）。

分布及生境

产新疆；生于旱山地、河谷、河岸灌丛中；海拔1700 ~ 3800 m。

讨论

该种最早发现于新疆南部温宿县扎水台乡天山南坡托木尔峰国家级自然保护区（刘士侠, 2000），也因此得名，后又发现在新疆克孜勒苏柯尔克孜自治州帕米尔高原山区、塔县、独库公路南坡等地也有大量分布。本种曾归入疏花蔷薇变种：单果疏花蔷薇*R. laxa* var. *tomurensis* S. H. Liou (2000)，主要以花果数量的多少区分，但其实与疏花蔷薇（原变种）*R. laxa* var. *laxa*形态差异较大：除单花单果的性状较突出外，本种叶柄下面具成对长尖直立皮刺，极少混生针刺；小叶片较少，故形态上支持其为新种。结合染色体核型、孢粉学性状及分子系统学证据亦综合支持其作为独立新种（Deng *et al*., 2022），分子系统进化树表明其与疏花蔷薇的另一地域特有变种喀什疏花蔷薇 *R. laxa* var. *kaschgarica* 亲缘关系也很近。此外,《新疆植物志》记载一种高海拔分布种类矮蔷薇*R. nanothamnus* (Boulenger, 1935)，几乎也是单花，且皮刺也较多，但较长，对照标本推测其也可能是托木尔蔷薇的高海拔皮刺特化类型，但矮蔷薇果实及萼片密被腺毛，有待进一步取样研究。

粉花托木尔蔷薇（新拟） *Rosa tomurensis* L. Luo, C. Yu & Q. X. Zhang var. *rosea* L. Luo *var. nov.*

形态描述

与原变种区别在于花蕾深粉红色，开放为粉红色。

染色体倍性

$2n=4x=28$（于超, 2011; Deng *et al*., 2022）。

分布及生境

分布于新疆南疆帕米尔高原；生于旱山地，河谷、河岸灌丛中；海拔3000 ~ 3800 m。

讨论

托木尔蔷薇（原变种）*R. tomurensis* L. Luo C. Yu & Q. X. Zhang var. *tomurensis*发表时将花色白色及粉色都归入描述中，考虑到其整株花色的稳定及又调查到多个粉色单株，建议将粉色变异列为一变种处理。

川东蔷薇 *Rosa fargesiana* Boulenger

Rosa fargesiana Boulenger in Bull. Jard. Bot. État 14:182(1936); 中国植物志. 37:416(1985); Fl. China 9:360(2003).

形态描述

直立灌木，高1～3 m。新枝表皮紫褐色无毛；具稀疏散生小型直立皮刺，上部枝条常无刺。小叶7～9枚，偶有11枚，近花处5枚；连叶柄长14～16 cm；小叶椭圆形，长4～5 cm，宽2.5～3 cm，先端急尖，边缘部分重锯齿；叶纸质；上面无毛，深绿色，下面色浅，密被腺毛；叶柄和叶轴被棕色腺毛和小皮刺；托叶宽大，大部贴生于叶柄，离生部分卵状，先端急尖或渐尖；边缘和上下两面密被腺毛。花单季开放，2～6朵呈伞房状聚伞花序，少单生；苞片卵状披针形，先端渐尖，边缘和下面有腺毛；花梗长1～1.5 cm，光滑无毛；花朵直径2～3 cm；萼片5枚，卵状披针形，先端尾尖，或扩展为狭叶状，边缘有疏齿，偶有羽状浅裂，比花瓣长；边缘具长腺毛，外侧被长腺毛，内侧有短柔毛；直立，宿存；花单瓣，花瓣5枚，近椭圆形，先端微凹；初开粉白色，花瓣基部白色，盛开后白色，具生姜味；花柱离生，外伸，被柔毛，柱头红色。小果梗长1～2 cm，有长腺毛；果卵球形，直径0.8～1.2 cm，长1.5～2.5 cm，先端有短颈；成熟时果皮紫红色，有稀疏腺毛。

染色体倍性

$2n=4x=28$（待发表数据，2024）。

分布及生境

分布于重庆北部、陕西东南部等；生林缘、灌丛、沟边，海拔1800 ~ 2000 m。

讨论

本书与《中国植物志》描述在花色上有调整，后者仅描述为白色。经调查，其花色存在部分粉色变化，故做补充。本种与腺果大叶蔷薇*R. macrophylla* var. *glandulifera*形态相近，但后者花色深且小叶数量较多，无总花梗等性状比较明显，较易于区分。又本种与西藏蔷薇*R. tibetica*形态相近，仅后者小叶数少，亦无总花梗，着花数量少，可以区分。分子系统学证据则表明其与尾萼蔷薇*R. caudata* var. *caudata*亲缘关系较近。

樟味蔷薇 *Rosa cinnamomea* L.

别名：褐刺蔷薇

Rosa cinnamomea L. in Nat. ed. 10. 2:1062(1759); Fl. Kazachst. 4:489(1961); Consp. As. Med. 5:212(1976); 新疆药用植物志. 2:56(1981); 新疆蔷薇. 49(2000)——*R. majalis* Herrm. in De Rosa:8(1762).

形态描述

直立灌木，高1～2 m。新枝表皮绿色，无毛；具下弯的尖锐皮刺，基部扁或圆，常混生针刺。小叶（3）5～7枚，近花处常3枚，连叶柄长10～12 cm；小叶片倒卵形或椭圆形，长3～4 cm，宽2～2.5 cm，先端圆钝，边缘有粗大单锯齿和少部分重锯齿；小叶薄纸质，上面无毛，深绿色，下面浅绿色，被柔毛和稀疏腺毛；叶柄和叶轴具柔毛、腺毛和小皮刺；托叶大部贴生于叶柄，离生部分卵形，先端急尖，边缘有细小腺毛。花单季开放，单生或2～3朵呈伞房状聚伞花序着生于小枝顶端；苞片卵状披针形，先端渐尖，长达1 cm，边缘具细密齿状腺毛，两面有柔毛；花梗长1～2 cm，具腺毛；花朵直径4～5 cm；萼片5枚，卵状披针形，先端扩展成小叶状，边缘被长柔毛，外侧被柔毛，偶有稀疏腺毛，内侧被短柔毛，直立，宿存；花单瓣，花瓣5枚，倒卵形，先端微凹，粉红色或玫红色，具淡香；花柱离生，密被柔毛，稍外伸，柱头黄色。果坛形或椭球形，直径0.8～1.5 cm，有短颈；成熟时果皮橘红色，光滑无毛。

染色体倍性

$2n=2x=14$（Erlanson, 1938）。

分布及生境

分布于新疆北疆；生林下、水边及干旱山坡、石缝，海拔1200 ~ 2000 m。哈萨克斯坦等中亚国家及欧洲亦有分布。

讨论

本种在中文文献中仅收录于《新疆蔷薇》(2000)，《中国植物志》未收录，国外很多植物志都有收录，包括《邱园索引》。调查发现，其与疏刺蔷薇*R. schrenkiana*形态相似，但后者叶柄较光滑，花色为白色或黄白色，本种花色为粉色至玫红色，易于区分。分子系统学研究证据表明，山刺玫*R. davurica* var. *davurica*、尖刺蔷薇*R. oxyacantha*、玫瑰*R. rugosa* f. *rugosa*、粉红单瓣玫瑰*R. rugosa* f. *rosea*与樟味蔷薇亲缘关系较近。

刺蔷薇（原变种）*Rosa acicularis* Lindl. var. *acicularis*

别名：大叶蔷薇

Rosa acicularis Lindl. Ros. Monogr. 44(1820); Journ. Arn. Arb. 13:317(1932); Fl. URSS 10:449(1941); Ohwi, Fl. Jap. 541(1965); 中国植物志. 37:403(1985); Fl. China 9:360(2003)—— *R. gmelini* Bunge. in Ldb. Fl. Alt. 2:228(1829)—*R. acicularis* Lindl. var. *gmelini* C. A. Mey. in Mem. Acad. Sci. St. petersb. ser. 6. 6:17(1847); 东北木本植物图志. 315(1955); 内蒙古植物志. 3:65(1977)——*R. fauriei* H. Lév. in Fedde, Repert. Sp. Nov. 7:199(1909)——*R. taquetii* H. Lév. in l. c.(1909)——*R. granulosa* Keller in Engler Bot. Jahrb. 44:46(1910)——*R. korsakoviensis* H. Lév. in l. c. 10:378(1912); Gen. Ros. 2:517(1914)——*R. acicularis* var. *taquetii* Nakai in Bot. Mag. Tokyo 20:241(1916); 东北木本植物图志. 315(1955)——*R. acicularis* Lindl. var. *setacea* Liou; 东北木本植物图志. 316(1955); 东北植物检索表. 156(1959)——*R. acicularis* Lindl. var. *glandulosa* Liou; 东北木本植物图志. 316(1955)——*R. acicularis* Lindl. var. *pubescens* Liou; 东北木本植物图志. 316(1955).

形态描述

直立灌木，高1～3 m。新枝表皮黄褐色或紫褐色，无毛；叶柄下有成对和散生黄色尖锐的直立皮刺，混有细密针刺。小叶7～9枚，近花处常3～5枚，连叶柄长10～12 cm；小叶片长圆形或椭圆形，长3.5～4 cm，宽1.5～1.7 cm，先端急尖或圆钝；小叶纸质，边缘单锯齿或部分重锯齿，上面绿色，无毛，下面灰绿色，密被柔毛；叶柄和叶轴具散生小皮刺和柔毛以及稀疏腺毛；托叶大部分贴生于叶柄，离生部分卵形，先端渐尖，边缘具细小齿状腺毛。花单季开放，单生于叶腋或数朵呈伞房状聚伞花序生于小枝顶部；苞片卵形，先端渐尖，边缘具锯齿，齿尖有腺点，中脉明显，早落；花梗长1～2 cm，被稀疏腺点；花朵直径3～4 cm；萼片披针形，先端渐尖，偶有扩展成叶状；边缘具柔毛和腺毛，外侧有柔毛和稀疏腺毛，内侧被柔毛，直立，宿存；花单瓣，花瓣5枚，倒卵形，先端有尖角，粉红色或浅粉红色，具玫瑰香味；花柱离生，黄绿色，被柔毛，柱头淡黄色。果近球形或卵球形，直径1～1.5 cm，具极短颈部；成熟时果皮橘黄色或红色，光滑无毛。

白花刺蔷薇

染色体倍性

2*n*=4*x*=28（Yu *et al*., 2014）；2*n*=6*x*=42（Yokoya *et al*., 2000; 李诗琦 等, 2017; 方桥, 2019）；2*n*=8*x*=56（招雪晴 等, 2008; Roberts *et al*., 2009）；2*n*=6*x*=42, 2*n*=8*x*=56（Lewis, 1959; 唐开学, 2009）。

分布及生境

分布于黑龙江、吉林、辽宁、内蒙古、河北、山西、陕西、甘肃、新疆等地；生山坡阳处、灌丛中或桦木林下、砍伐后针叶林迹地以及路旁，海拔450 ~ 1820 m。国外分布在北欧、北亚、日本、朝鲜、蒙古以至北美。

讨论

本种与山刺玫*R. davurica* var. *davurica*形态相近，尤其与多刺山刺玫*R. davurica* var. *setacea*形态极相近。二者枝表皮均有长尖皮刺和密被大小不等细密尖刺，老枝尤甚，仅果形有差异。但本种野生群落中，果形往往有很大差异，似应将刺蔷薇与多刺山刺玫合并。本书基于分子系统学证据的结果表明，刺蔷薇与山刺玫二者应可以分开，山刺玫表型变异亦复杂，表型复杂，如在长白山居群中还发现刺蔷薇与山刺玫交叠分布，存在一些疑似天然的杂交后代。

本种分布广泛，且存在大量的天然杂交与变异，在花色、叶片毛被、萼片毛被、果实毛被、果型及大小等方面都有很多变化，而关于其染色体倍性的文献也可看出其复杂性。很多文献还记载了大量变种或相似种类，很可能都是地域内的单株变异甚至是单株部分变异造成，故同意《中国植物志》将少刺蔷薇 *R. davurica* var. *taquetii* Nakai、多刺刺蔷薇 *R. davurica* var. *gmelini* C. A. Meyer、刺果蔷薇 *R. davurica* var. *setacea* Liou、腺果刺蔷薇 *R. davurica* var. *glandulosa* Liou 均合并在本原变种之下。关于白花变种，颜色较为稳定且具备一定分布数量，可以考虑收录白花刺蔷薇 *R. acicularis* Lindl. var. *albifloris* X. Lin et Y. L. Lin，但花色描述建议可以更宽泛，白色或淡粉白色。

美蔷薇（原变种） *Rosa bella* Rehder et E. H. Wilson var. *bella*

别名：油瓶子

Rosa bella Rehder et E. H. Wilson in Sarg. Pl. Wils. 2:341(1915); Icon. Pl. Sin. 2:pl. 79(1929); 中国高等植物图鉴. 2:248(1972); 内蒙古植物志. 3:61(1977); 中国植物志. 37:407(1985); Fl. China 9:361-362(2003)——*R. bella* f. *pallens* Rehder et E. H. Wilson in Sarg. Pl. Wils. 2:342(1915).

形态描述

直立灌木，高1～3 m。新枝表皮黄绿色，无毛，散生直立黄色皮刺；老枝常密被针刺。小叶7～9（11）枚，近花处常5枚，连叶柄长15～16 cm；小叶片椭圆形，长3～4 cm，宽1.5～2 cm，先端急尖，边缘具单锯齿；叶纸质，两面无毛，上面深绿色，下面色浅；叶柄和叶轴具散生小皮刺和柔毛及稀疏腺毛；托叶大部分贴生于叶柄，离生部分卵形，先端急尖，边缘被齿状腺体。花单季开放，单生于叶腋或2～5朵呈伞房状聚伞花序着生于小枝顶端；苞片卵状披针形，先端渐尖，无毛，边缘具齿状腺体；萼片5枚，卵状披针形，全缘，先端伸展成带状，外侧有腺毛，内侧密被柔毛，直立，宿存；花梗长1～2 cm，被腺毛；花朵直径4～5 cm；花单瓣，花瓣5枚，阔倒卵形，先端微凹，浅粉红或粉红色，花瓣基部白色，具生姜味；花柱离生，密被长柔毛，不外伸。果长椭圆形或长卵球形，果直径1.5～2.5 cm，具短颈；成熟时果皮橘黄色或橘红色，密被腺毛。

染色体倍性

$2n=4x=28$（Yokoya *et al.*, 2000; Roberts *et al.*, 2009; 马雪, 2013; 赵红霞 等, 2015）；$2n=6x=42$（待发表数据，2024）。

分布及生境

分布于吉林、内蒙古、河北、北京、山西、河南、四川、陕西等地；多生灌丛中、山脚下或河沟旁等处，海拔700 ~ 3200 m。

讨论

本种主产区为华北地区，海拔1000 ~ 1600 m分布较多，小叶形态较典型，皮刺及腺毛分布状都较稳定，花色、花径等性状上因环境差异变化较大，如北京百花山居群，而西南分布的居群可能存在与近缘种的天然杂交，如大叶蔷薇*R. macrophylla* var. *macrophylla*、扁刺蔷薇*R. sweginzowii* var. *sweginzowii*等，分子证据也支持该推测。

光叶美蔷薇 *Rosa bella* Rehder et E. H. Wilson var. *nuda* T. T. Yu et H. T. Tsai

Rosa bella Rehder et E. H. Wilson var. *nuda* T. T. Yu et H. T. Tsai in Bull. Fam. Mem. Inst. Biol. Bot. ser. 7:114(1936); 中国植物志. 37:407(1985); Fl. China 9:362(2003).

形态描述

本变种小叶两面光滑无毛或仅沿主脉有疏毛，叶柄和叶轴被密集小皮刺及腺毛，小叶边缘部分重锯齿。花瓣粉红或淡粉红色，花瓣基部为淡粉红色。花梗和果皮光滑无腺毛或少量腺毛，后期脱落。

染色体倍性

$2n=6x=42$（待发表数据，2024）。

分布及生境

分布于云南、陕西、河南；生境同原变种，海拔1500 m以上。

大红蔷薇（原变种） *Rosa saturata* Baker var. *saturata*

Rosa saturata Baker in Willmott, Gen. Ros. 2:503(1914); Rehder et E. H. Wilson in Sarg. Pl. Wils. 2:324(1915); 中国植物志. 37:406(1985); Fl. China 9:361(2003).

形态描述

直立灌木，高1～2 m。新枝光滑无毛，常无刺或有稀疏小型皮刺。小叶7～9枚，近花朵处常5枚，连叶柄长10～12 cm；小叶片卵状披针形，长3～3.5 cm，宽2.5～3 cm，先端圆钝或急尖，边缘尖锐单锯齿；叶纸质；两面无毛，上面深绿色，下面色浅；叶柄及叶轴有稀疏腺毛和散生小皮刺；托叶耳状卵形，大部分贴生于叶柄，离生部分耳状卵形，先端急尖，边缘有齿状腺毛。花单季开放，单生和2～3朵簇生；苞片1～2枚，宽大，卵形，先端渐尖，具明显中脉，长1.5～3 cm，边缘有腺毛；果梗长2～2.5 cm，具稀疏腺毛；花朵直径3～4 cm；萼片5枚，卵状披针形，先端扩展成叶状，比花瓣长，全缘，边缘有柔毛和稀疏腺毛，外侧有稀疏腺毛，内侧被柔毛，直立，宿存；花单瓣，花瓣5枚，倒卵形，先端截平或微凹，红色或深粉红色，具生姜味；花柱离生，黄绿色，密被柔毛，稍外伸，柱头黄色。果卵球形，直径1.5～2 cm，具短颈；成熟时果皮橘红色，光滑无毛。

染色体倍性

$2n=4x=28$（Roberts *et al.*, 2009）。

分布及生境

分布于湖北西部、四川、重庆；多生山坡、灌丛中或水沟旁等处，海拔700～2400 m。

讨论

本种与钝叶蔷薇*R. sertata* var. *sertata*相似，但后者小叶较小，长圆形，质薄，小叶数也较多，皮刺小而尖，可以区别。

腺叶大红蔷薇 *Rosa saturata* Baker var. *glandulosa* T. T. Yu et T. C. Ku

Rosa saturata Baker var. *glandulosa* T. T. Yu et T. C. Ku in 植物研究. 1(4):9(1981); 中国植物志. 37:406(1985); Fl. China 9:361(2003).

形态描述

本变种小叶边缘部分为重锯齿，齿尖有腺，叶片下面密布腺点。

分布及生境

分布于四川西部；生境同原变种。

城口蔷薇 *Rosa chengkouensis* T. T. Yu et T. C. Ku

Rosa chengkouensis T. T. Yu et T. C. Ku in 植物研究. 1(4):9(1981); 中国植物志. 37:408(1985); Fl. China 9:362(2003).

形态描述

松散灌木，高2～3 m。新枝表皮绿色，嫩时具腺毛，成熟后脱落；有成对或稀疏散生三角形直立皮刺，枝条上部常无刺。小叶7～9枚，近花处常5枚；连叶柄长14～16 cm；小叶片椭圆形或卵形，长4～5 cm，宽2～3 cm，先端急尖或圆钝，边缘部分重锯齿；叶纸质；上面绿色无毛，下面浅绿色散生柔毛；叶柄和叶轴具散生小皮刺和稀疏腺毛；托叶卵形，大部分贴生于叶柄，离生部分卵状，先端渐尖，边缘密被腺毛。花单季开放，2～5朵呈伞房状聚伞花序，少单生，着生枝顶或叶腋；苞片3～5枚，卵状披针形，先端渐尖，全缘，边缘具腺毛；花梗长2～3 cm，被腺毛；花朵直径3～4 cm；萼片5枚，短小，长不足1 cm，卵状披针形，先端急尖，偶有先端扩展成狭叶状，边缘具腺毛，外侧无毛或有极稀疏腺毛，内侧被柔毛，直立，宿存；花单瓣，花瓣5枚，阔倒卵形，先端凹陷，粉红色或偶有粉白色，花瓣基部白色，具清淡生姜味；花柱离生，稍外伸，被白色柔毛，柱头黄色。果长卵球形，直径0.8～1 cm，长2～3 cm，具短颈；成熟时表皮红色，被稀疏腺毛。

染色体倍性

$2n=4x=28$（待发表数据，2024）。

分布及生境

分布于重庆北部；生灌木林中或河岸边，海拔1900 ~ 2100 m。

讨论

本种近似伞房蔷薇*R. corymbulosa*，但后者属于多花型，花序常有花7 ~ 9朵，叶片较大，叶边单锯齿间有部分重锯齿，可以区别。分子系统学证据表明，其与伞房蔷薇亲缘关系相近，但与尾萼蔷薇*R. caudata var. caudata*、刺梗蔷薇*R. setipoda*、川东蔷薇*R. fargesiana*的系统位置更近。

华西蔷薇（原变种） *Rosa moyesii* Hemsl. et E. H. Wilson var. *moyesii*

别名：穆氏蔷薇、红花蔷薇、血蔷薇

Rosa moyesii Hemsl. et E. H. Wilson in Kew Bull. 1906:159(1906); Curtis's Bot. Mag. 136:t. 8338(1910); Gen. Ros. 1:t.229(1911); Hand. -Mazz. Symb. Sin. 7:527(1933); 中国高等植物图鉴. 2:248(1972); 中国植物志 37:410(1985), Fl. China 9:363(2003).

形态描述

直立灌木，高1～3 m。新枝表皮黄绿色，老枝淡黄色；基部散生宽扁的直立皮刺。小叶7～11枚，连叶柄长14～16 cm；小叶片椭圆形或卵形，先端圆钝或急尖；长3～4 cm，宽2～2.5 cm，边缘尖锐单锯齿和部分重锯齿；叶厚纸质；上面无毛，下面有稀疏柔毛和腺毛；叶柄和叶轴具小皮刺和柔毛及稀疏腺毛；托叶宽大，大部与叶柄贴生，离生部分卵形，先端急尖，边缘有细小齿状腺毛。花单季开放，单生于叶腋和2～5朵呈伞房状聚伞花序着生于小枝顶端；苞片1～2枚，大型，长狭卵形，先端渐尖，边缘具齿状腺毛；果梗长2～3 cm，有腺毛；花朵直径4～5 cm；萼片卵状披针形，先端延展成叶状，边缘具柔毛，外侧有稀疏腺毛，内侧密被柔毛，直立，宿存；花单瓣，花瓣5枚，椭圆形，先端凹陷，红色或粉红色，偶有粉白色变异，具生姜与甜香混合味；花柱离生，被柔毛，稍外伸，柱头黄色。果长卵球形，直径1～2 cm，具短颈；成熟时果皮橘黄色，被腺毛。

染色体倍性

$2n=4x=28$（Roberts *et al*., 2009; Jian *et al*., 2010）；$2n=6x=42$（曹亚玲, 1995; Yokoya *et al*., 2000; Jian *et al*., 2013; 方桥, 2019）。

分布及生境

分布于云南西北部、四川西部、陕西南部；多生山坡或灌丛中，海拔2700 ~ 3800 m。

讨论

本原变种及毛叶变种是目前蔷薇属野生种中唯一有纯红色花瓣的种类，极具观赏性。国外通常将实生选育的后代作为观赏品种，名曰‘天竺葵’玫瑰（*R. moyesii* 'Geranium'）。野生群体中除了纯红色，也有其他浅颜色的变化。分子系统学证据表明其与羽萼蔷薇*R. pinnatisepala* f. *pinnatisepala*、大叶蔷薇*R. macrophylla* var. *macrophylla*、中甸刺玫*R. praeluceus* var. *praelucens*（基于全基因组SNP）或西北蔷薇*R. davidii* var. *davidii*、西藏蔷薇*R. tibetica*（基于单拷贝SNP）的关系较近。

毛叶华西蔷薇 *Rosa moyesii* Hemsl. et E. H. Wilson var. *pubescens* T. T. Yu et H. T. Tsai

Rosa moyesii Hemsl. et E. H. Wilson var. *pubescens* T. T. Yu et H. T. Tsai in Bull. Fam. Mem. Inst. Biol. Bot. ser. 7:116(1936); 中国植物志. 37:410(1985); Fl. China 9:363(2003).

形态描述

本变种小叶下面及叶轴密被柔毛，无腺毛。

分布及生境

分布于四川西部；生境同原变种。

大叶蔷薇（原变种）*Rosa macrophylla* Lindl. var. *macrophylla*

Rosa macrophylla Lindl. Ros. Monogr.:35(1820); Gen. Ros. 1:157(1911); Schneid. Ill. Handb. Laubh. 1:575(1905); Fa. & Fl. Nepal Himal. 1:157(1952-53); Fl. E. Himal. 2:55(1971); Enum. Flow. Pl. Nepal 2:143(1979); 中国植物志. 37:411(1985); Fl. China 9:363-364(2003)——*R. alpina* var. *macrophylla* Bodeib. in Bull. Jard. Bot. Bruxell. 13:248(1935).

形态描述

直立灌木，高1～3 m。新枝表皮红褐色，具散生直立尖锐皮刺。小叶7～11枚，近花朵处3～5枚，连叶柄长15～17 cm；小叶片椭圆形或近圆形，先端圆钝或急尖，长3～3.5 cm，宽2.5～3 cm，边缘尖锐单锯齿；叶薄纸质；两面无毛，上面深绿色，下面色浅，沿主脉有柔毛；叶柄和叶轴具小皮刺和稀疏腺毛；托叶宽，2/3与叶柄合生，离生部分短，阔卵形，先端急尖，边缘有齿状腺毛。花单季开放，单生于叶腋和2～5朵呈伞房状聚伞花序着生于小枝顶端；苞片大型，1～2枚，长1.5～2 cm，阔卵形，先端渐尖，中脉明显，边缘具齿状腺体；花梗长1.5～3 cm，光滑无毛；花朵直径4～6 cm；

萼片5枚，卵状披针形，先端扩展成叶状，全缘，边缘有柔毛和稀疏腺毛，内侧密被柔毛，外侧光滑无毛，直立，宿存；花单瓣，花瓣5枚，近圆形，先端微凹，浅粉红色，偶见白色；花柱离生，黄绿色，稍外伸，柱头黄色。果长卵球形，直径1 ~ 1.5 cm，长2 ~ 3 cm，有0.5 ~ 1 cm颈部；成熟时果皮橘红色，无毛或有稀疏腺毛。

染色体倍性

$2n=4x=28$（Roberts *et al*., 2009）；$2n=6x=42$（Jian *et al*., 2013; Jian *et al*., 2014; 方桥，2019; 马誉 等, 2023; 待发表数据，2024）；$2n=2x=14$, $2n=4x=28$（Hurst, 1928）。

分布及生境

分布于云南西北部、西藏东部；生山坡或灌丛中，海拔3000 ~ 3700 m。印度、阿富汗、巴基斯坦、尼泊尔及喜马拉雅地区亦有分布。

讨论

本种在不同地域存在小叶数、叶片大小、花径大小等差异，花色亦有见粉白色、白色的变异，属于一个较宽泛的分类群。分子系统学研究表明其与扁刺蔷薇 *R. sweginzowii* var. *sweginzowii*、华西蔷薇 *R. moyesii* var. *moyesii* 甚至中甸刺玫 *R. praelucens* var. *praelucens* 都有较近的亲缘关系，该结果也与其地理伴生种基本吻合。

腺果大叶蔷薇 *Rosa macrophylla* Lindl. var. *glandulifera* T. T. Yu et T. C. Ku

Rosa macrophylla Lindl. var. *glandulifera* T. T. Yu et T. C. Ku in 植物分类学报. 18(4):502(1980); 中国植物志. 37:411(1985); Fl. China 9:364(2003).

形态描述

本变种小叶片下面密被腺毛，边缘重锯齿。花梗和果皮密被腺毛。

染色体倍性

2*n*=4*x*=28（赵红霞 等, 2015）；2*n*=6*x*=42（待发表数据，2024）。

分布及生境

分布于云南、四川、西藏；生山坡阳处、灌丛中或林缘路旁，海拔2400 ~ 3000 m。

讨论

本变种特征明显且稳定，北京及河北雾灵山曾记载有分布，后调查应为美蔷薇*R. bella* var. *bella*。该变种所在的西南分布区域也有美蔷薇、光叶美蔷薇*R. bella* var. *nuda*分布，还有扁刺蔷薇*R. sweginzowii* var. *sweginzowii*、藏边蔷薇*R. webbiana*分布，分子系统学研究也能佐证上述几种蔷薇的亲缘关系较近，或存在基因交流。

扁刺蔷薇（原变种）*Rosa sweginzowii* Koehne var. *sweginzowii*

Rosa sweginzowii Koehne in Fedde, Repert. Sp. Nov. 8:22(1910), et 11:531(1913); Sarg. Pl. Wils. 2:324(1915); Hand.-Mazz. Symb. Sin. 7:527(1933); 秦岭植物志. 1(2):570(1974); 中国植物志. 37:408(1985); Fl. China 9:362-363(2003).

形态描述

直立灌木，高2～4 m。新枝表皮红褐色，无毛，具纵向扁宽的尖锐皮刺；老枝常混生针刺。小叶7～11枚，近花处常3～5枚，连叶柄长16～18 cm；小叶片椭圆形，长4～5 cm，宽2～2.5 cm，先端急尖，边缘单锯齿和有部分重锯齿；叶纸质；上面无毛，深绿色，下面色浅，有稀疏柔毛；叶柄和叶轴具稀疏小皮刺和柔毛，偶有极稀疏腺毛；托叶宽大，大部贴生于叶柄，离生部分卵状披针形，先端渐尖，边缘具齿状腺毛。花单季开放，单生或2～5朵呈伞房状聚伞花序着生于小枝顶端；苞片大型，1～2枚，卵状披针形，先端尾尖，中脉明显，边缘具齿状腺毛；果梗长1.5～2 cm，具有柄腺点；花朵直径4～5 cm；萼片5枚，卵状披针形，先端扩展成小叶状，边缘具腺毛和偶有棒状裂片，外侧有稀疏腺毛，内侧被柔毛，直立，宿存；花单瓣，花瓣5枚，近圆形或阔倒卵形，先端微凹，淡粉红色至深粉红色，花瓣基部白色，近无味；花柱离生，黄绿色，稍外伸，被柔毛，柱头淡黄色。果长椭球形，直径0.8～1 cm，长1.5～2 cm，具0.5 cm长颈部；成熟时果皮橘红色，具带长柄的腺点。

染色体倍性

$2n=6x=42$（Täckholm, 1922; Roberts *et al*., 2009; Jian *et al*., 2013; 待发表数据，2024）。

分布及生境

分布于云南、四川、湖北、陕西、西藏等地；生山坡路旁或灌丛中，海拔2300～3200 m。

讨论

本种与大叶蔷薇*R. macrophylla* var. *macrophylla*、腺果大叶蔷薇*R. macrophylla* var. *glandulifera*、西北蔷薇*R. davidii* var. *davidii*等形态相近但又有区别，分子系统学证明它们之间亲缘关系较近。

另外一记载的变种毛瓣扁刺蔷薇*R. sweginzowii* Koehne var. *stevensii* (Rehder) T. C. Ku，描述为花瓣背面被茸毛，未调查到，待进一步查证。

腺叶扁刺蔷薇 *Rosa sweginzowii* Koehne var. *glandulosa* Card.

Rosa sweginzowii Koehne var. *glandulosa* Card. in Lecomte, Not. Syst. 3:269(1914); 中国植物志. 37:408(1985); Fl. China 9:363(2003).

形态描述

本变种小叶下面密被有柄腺点，皮刺密集。花梗长2～3 cm，密被柔毛，萼片先端延长，有时具明显羽状裂片。

染色体倍性

$2n=6x=42$（Jian *et al*., 2014; 待发表数据，2024）。

分布及生境

分布于云南、四川、甘肃、西藏；生松林边或灌木丛中，海拔2300～3800 m。

讨论

分子系统学证据表明，该变种与美蔷薇 *R. bella* var. *bella*、大叶蔷薇 *R. macrophylla* var. *macrophylla*、西北蔷薇 *R. davidii* var. *davidii* 的亲缘关系较近。

疏花蔷薇（原变种）*Rosa laxa* Retz. var. *laxa*

Rosa laxa Retz. in Hoffm. Phytogr. Bl. 39(1803); Schneid. III. Handb. Laubh. 1:573(1906); Gen. Ros. 1:167(1911); Fl. URSS 10:461(1941); 中国植物志. 37:406(1985); Fl. China 9:360-361(2003)——*R. soongarica* Bunge. in Ledeb. Fl. Alt. 2:226(1830)——*R. gebleriana* Schrenkin in Bull. Phys -Math. Acad. Sci. St. Petersb. 1:80(1842).

形态描述

直立灌木，高1～2 m。新枝表皮灰绿色无毛，有蜡粉；具成对的镰刀状黄色皮刺和散生针刺。小叶7～11枚，近花处常5枚，连叶柄长11～13 cm；小叶片椭圆形，先端急尖，长3～4 cm，宽1.5～2 cm，边缘尖锐单锯齿；薄纸质，两面无毛，上面浅绿色，下面灰绿色；叶柄和叶轴具小皮刺和极稀疏腺毛；托叶大部贴生于叶柄，离生部分耳状披针形，边缘被疏离齿状腺毛。花单季开放，秋季常有零星花开。单生或2～9朵呈松散伞房状聚伞花序；苞片数枚，卵状披针形，先端长尾尖，中脉明显，边缘被腺毛；花梗长1.5～2.5 cm，无毛；花朵直径5～6 cm；萼片5枚，卵状披针形，先端长尖，与花瓣近等长，全缘，边缘被柔毛，外侧被腺毛，内侧被柔毛，直立，宿存；花单瓣，花瓣5枚，阔倒卵形，先端凹凸不平，白色，具麝香味；花柱离生，稍外伸，柱头黄色。果卵球形，直径1～2 cm；成熟时果皮橘黄色，光滑无毛，具短颈。

染色体倍性

2*n*=2*x*=14（马燕和陈俊愉，1992；王金耀 等，2014）；2*n*=4*x*=28（曹亚玲，1995；杨爽 等，2008）；2*n*=2*x*=14（于超 等，2011；Yu *et al*., 2014）。

分布及生境

分布于新疆；多生灌丛中、干沟边或河谷旁，海拔 500 ~ 1200 m。阿尔泰山区、蒙古、西伯利亚中部亦有分布。

讨论

本种为新疆广布种，南北疆大量分布，居群内及居群间存在广泛的基因交流，变异丰富（郭宁 等，2011；罗乐，2011），在皮刺大小、多寡、腺毛多寡等性状上有很多变化。倍性上有说二倍体，亦有说二倍体与四倍体皆有，推测发生过天然加倍现象。其伴生种包括弯刺蔷薇 *R. beggeriana* var. *beggeriana*、腺果蔷薇 *R. fedtschenkoana* 等，分子系统学及细胞学证据都表明其与弯刺蔷薇亲缘关系最近。

另如图所示，在乌鲁木齐一疏林下调查，发现一株变异，花白色，小叶柄长，且局部叶片出现二回现象，通过嫁接后小叶柄长较稳定，但二回现象不明显，有待继续观察。

毛叶疏花蔷薇 *Rosa laxa* Retz. var. *mollis* T. T. Yu et T. C. Ku

Rosa laxa Retz. var. *mollis* T. T. Yu et T. C. Ku in 植物研究. 1(4):9(1981); 中国植物志. 37:406(1985); Fl. China 9:361(2003).

形态描述

本变种小叶上面有稀疏短柔毛，下面短柔毛较密。

染色体倍性

$2n=2x=14$（Yu *et al.*, 2014）。

分布及生境

分布于新疆北部；生境同原变种，海拔 500 ~ 1200 m。

喀什疏花蔷薇 *Rosa laxa* Retz. var. *kaschgarica* (Rupr.) Y. L. Han

别名：喀什蔷薇

Rosa laxa Retz. var. *kaschgarica* (Rupr.) Y. L. Han in 新疆蔷薇. 44(2000)——*R. kaschgarica* Rupr. in. Mem. Aacd. Sci. st. Petersb Ⅶ. 14:46(1868); F.von der Osten-Saken, Sert. Tiansch.:46(1869); 新疆植物检索表, 2:513(1982).

形态描述

本变种小叶较原变种小，叶片革质，花常1～3朵，亦有多朵。

染色体倍性

$2n=2x=14$（Yu *et al*., 2014）。

分布及生境

分布于新疆南部；生境多为干旱山坡、山脚、路边，为疏花蔷薇在*R. laxa* var. *laxa*干旱生境的区域变种，海拔500～1500 m。

讨论

地域特殊分布种，耐旱特征为其革质叶明显，小叶数也较少。

粉花疏花蔷薇（新拟） *Rosa laxa* Retz. var. *rosea* L. Luo, C. Yu & Q. X. Zhang *var. nov.*

形态描述

本变种其他性状同原变种，仅花色为粉红色或粉白色，蕾期花苞顶端常为玫红色。

染色体倍性

$2n=2x=14$（待发表数据，2024）。

分布及生境

分布于新疆北部；生境同原变种，海拔 500 ~ 1000 m。

讨论

地域特殊变异，花色整株稳定且有一定分布数量，故拟定为新变种。

宿萼小叶系 Ser. *Webbianae* T. T. Yu et T. C. Ku

伞房蔷薇 *Rosa corymbulosa* Rolfe

Rosa corymbulosa Rolfe in Cvrtis's Bot. Mag. 140:t. 8566(1914); Sarg. Pl. Wils. 2:323(1915); 秦岭植物志. 1(2):568(1974); 中国植物志. 37:397(1985); Fl. China 9:357(2003).

形态描述

灌木，高1 ~ 3 m。新枝表皮绿色，向阳面紫褐色，无毛；具稀疏散生尖锐扁宽皮刺，枝条上部常无刺。小叶5 ~ 7枚，偶有9枚，近花处常3枚，连叶柄长14 ~ 16 cm；小叶片狭卵形，长3 ~ 4 cm，宽2 ~ 2.5 cm，先端渐尖或圆钝，边缘单锯齿和部分重锯齿；叶厚纸质，上面无毛，深绿色，表面粗糙，下面密被柔毛，灰绿色；叶柄和叶轴具极稀疏小皮刺和短柔毛；托叶大部与叶柄合生，离生部分卵形，先端急尖，边缘被细小齿状腺毛。花单季开放，2 ~ 9朵呈伞房状聚伞花序，偶有单生；苞片卵形，先端渐尖，边缘有腺毛，极早落；花梗长1 ~ 2 cm，被腺毛和柔毛；花朵直径2 ~ 3 cm；萼片5枚，卵状披针形，先端伸展成条状，全缘，边缘被柔毛和腺毛，外侧被柔毛及稀疏腺毛，内侧被短柔毛，平展宿存；花单瓣，花瓣5枚，倒卵形，先端微凹，深粉红色，花瓣基部白色，有生姜味；花柱离生，被柔毛，外伸，柱头紫红色。果卵球形，直径0.6 ~ 0.8 cm，有短颈；成熟时果皮紫褐色，光滑无毛，未成熟时有稀疏腺毛。

染色体倍性

$2n=3x=21$（李诗琦 等，2017；待发表数据，2024）。

分布及生境

分布于湖北、四川、重庆、陕西、甘肃；多生于灌丛中、山坡、林下或河边等处，海拔1600～2000 m。

讨论

本种与全针蔷薇*R. persetosa*形态相近，但后者皮刺几乎针状，小叶片多7～9枚，下面无毛，果梗、果实一般都光滑；花朵直径3～4 cm。分子系统学研究表明本种与全针蔷薇、短脚蔷薇*R. calyptopoda*、西北蔷薇*R. davidii* var. *davidii*都有较近的亲缘关系。

全针蔷薇 *Rosa persetosa* Rolfe

Rosa persetosa Rolfe in Kew Bull. 1913:263(1913); 中国植物志. 37:411(1985); Fl. China 9:363(2003)——*R. elegantula* Rolfe in Kew Bull. 1916:188(1916); Trees Shrubs Brit. Isl. 3:439(1933); Bull. Jard. Bot. Bruxell 14:120(1936).

形态描述

直立灌木，高1～2 m。新枝表皮紫褐色，无毛，被蜡粉，密被长短不等的针状皮刺。小叶7～9枚，偶有11枚，近花处3～5枚，连叶柄长12～14 cm；小叶片椭圆形或卵形，长4～5 cm，宽2～3 cm，先端急尖，边缘单锯齿；小叶纸质，上面无毛，深绿色，下面色浅，沿主脉有柔毛；叶柄和叶轴具小皮刺和稀疏腺毛；托叶长且宽，大部分与叶柄合生，离生部分卵状披针形，先端渐尖，边缘被齿状腺毛。花单季开放，稀单生，常数朵呈伞房状聚伞花序着生于小枝顶端；苞片2～5枚，卵状披针形，先端尾尖；全缘，边缘有腺毛。花梗长1.5～2 cm，无毛。花朵直径3～4 cm；萼片5枚，卵状披针形，先端长尾尖，有时扩展成长条状，全缘，边缘被稀疏柔毛，外侧无毛，内侧密被短柔毛，直立，宿存；花单瓣，花瓣5枚，近圆形，先端微凹，深粉红色，具香味；花柱离生，外伸，被毛。果卵球形或椭球形，直径0.8～1 cm，先端有短颈；成熟时果皮亮红色，常光滑无毛。

染色体倍性

$2n=2x=14$（Täckholm, 1922; 方桥, 2019）。

分布及生境

分布于四川、重庆、陕西；多生灌木丛中，海拔1300～2800 m。

讨论

本种与伞房蔷薇 *R. corymbulosa* 相似，差异同上；与钝叶蔷薇 *R. sertata* var. *sertata* 也相似，但特点是全针蔷薇枝条密被针刺，小叶片先端圆钝，稀急尖。分子系统学研究表明本种与伞房蔷薇、短脚蔷薇 *R. calyptopoda*、西北蔷薇 *R. davidii* var. *davidii* 都有较近的亲缘关系。

山刺玫（原变种）*Rosa davurica* Pall. var. *davurica*

别名：刺玫蔷薇、刺玫果、墙花刺、红根

Rosa davurica Pall. in Fl. Ross. 1, 2:61(1788); Fl. Sylv. Kor. 7:35(1918); Fl. URSS 10:459(1941); 东北木本植物图志. 313(1955); 东北植物检索表. 154(1959); Uhwi Fl. Jap. 541(1965); 中国高等植物图鉴. 2:247(1972); 内蒙古植物志. 3:63(1977); 中国植物志. 37:402(1985); Fl. China 9:359(2003)——*R. willdenowii* Spreng. in Syst. Veg. 2:547(1825).

形态描述

直立灌木，高1～2 m，新枝表皮黄褐色或紫红色，无毛；有时被白粉，叶柄下有成对和散生黄色尖锐皮刺。小叶7～9枚，连叶柄长10～12 cm；小叶片长圆形，长3～4 cm，宽1.5～1.8 cm，先端急尖，边缘单锯齿和部分重锯齿；叶纸质，上面绿色，被短柔毛，老后脱落，下面灰绿色，被柔毛和腺毛；叶柄和叶轴具散生小皮刺和柔毛以及稀疏腺毛；托叶大部分贴生于叶柄，离生部分卵形，先端渐尖，边缘被细小齿状腺毛。花单季开放，单生于叶腋或数朵呈伞房状聚伞花序生于小枝顶部；苞片卵形，先端渐尖，边缘具锯齿，齿尖有腺点，中脉明显，早落；花梗长1～2 cm，具稀疏腺点；花朵直径3～4 cm；萼片披针形，先端渐尖，偶有扩展成叶状；边缘被柔毛和腺毛，外侧有柔毛和稀疏腺毛，内侧被柔毛，直立，宿存；花单瓣，花瓣5枚，有时少量雄蕊瓣化7～10枚，倒卵形，先端有尖角，粉红色或浅粉红色，具玫瑰香味；花柱离生，黄绿色，被柔毛，柱头淡黄色。果近球形或卵球形，直径1～1.5 cm，具极短颈；成熟时果皮橘黄色或红色，光滑无毛。

染色体倍性

$2n=2x=14$（马雪, 2013）；$2n=4x=28$（Roberts *et al.*, 2009）。

分布及生境

分布于黑龙江、吉林、辽宁、内蒙古、山西、河北；生山坡阳处或杂木林边、丘陵草地，海拔430～2500 m。朝鲜、俄罗斯西伯利亚东部、蒙古南部亦有分布。

讨论

本种与单瓣红玫瑰*R. rugosa* f. *rosea*相似，叶片较皱，果皮光亮，但区别在于山刺玫枝条发红、小叶长圆形较单瓣红玫瑰偏窄，花朵数相对较多、花径及果实偏小等易于区别。分子系统学证据表明其与尖刺蔷薇*R. oxyacantha*、樟味蔷薇*R. cinnamomea*、玫瑰*R. rugosa* f. *rugosa*、粉红单瓣玫瑰*R. rugosa* f. *rosea*聚到一小支。

本种广泛分布，与刺蔷薇*R. acicularis* var. *acicularis*、尖刺蔷薇*R. oxyacantha*等分布区域都有交集，尤其与刺蔷薇极可能存在天然杂交群体。

光叶山刺玫 *Rosa davurica* Pall. var. *glabra* Liou

Rosa davurica Pall. var. *glabra* Liou in 东北木本植物图志. 314(1955); 东北植物检索表. 154(1959); 中国植物志. 37:402(1985); Fl. China 9:359(2003).

形态描述

本变种小叶片上下两面通常无毛，偶见沿脉有短柔毛，叶片较大，长4 cm。

染色体倍性

$2n=2x=14$（待发表数据，2024）。

分布及生境

分布于黑龙江、辽宁、吉林；多生山坡或疏林林缘，海拔300 ~ 1800 m。蒙古、俄罗斯、日本、朝鲜亦有分布。

多刺山刺玫 *Rosa davurica* Pall. var. *setacea* Liou

别名：多刺刺玫蔷薇

Rosa davurica Pall. var. *setacea* Liou, 东北木本植物图志. 314. 1955; 东北植物检索表. 154. 1959; 中国植物志. 37:402(1985); Fl. China 9:359(2003).

形态描述

本变种与原变种相比，小枝上密生大小不等的皮刺，小叶下面通常无毛或沿脉有柔毛，被腺体或少腺体。

染色体倍性

2*n*=2*x*=14（待发表数据，2024）。

分布及生境

分布于黑龙江、吉林、辽宁、内蒙古、河北；多生山坡或疏林林缘，海拔800～1000 m。

讨论

在刺蔷薇 *R. acicularis* var. *acicularis* 讨论中，由于形态相近，似可并入刺蔷薇，但依据叶片形态特点而言，仍具备区分特征。该变种较山刺玫 *R. davurica* var. *davurica* 最大区别在于枝条上的皮刺分布密度，从调查来看，该性状在原变种群体中亦比较常见，有过渡，且多发于地下抽发枝，似可取消该变种，直接归入原变种。

西北蔷薇（原变种）*Rosa davidii* Crép. var. *davidii*

别名：花别刺、万朵刺、山刺玫、大卫蔷薇

Rosa davidii Crép. in Bull. Soc. Bot. Belg. 13:253(1874); Sarg. Pl. Wils. 2:322(1915); Curtis's Bot. Mag. 142:t. 8679(1916); Journ. Arn. Arb. 5:205(1924); 秦岭植物志. 1(2):568(1974); 中国植物志. 37:399(1985); Fl. China 9:358(2003).

形态描述

直立灌木，高1～3 m。新枝表皮褐色，无毛；具散生基部扁长的尖锐皮刺。小叶9～11枚，常有13～15枚，连叶柄长16～18 cm；小叶片卵形或椭圆形，长4～5 cm，宽2～2.5 cm，先端急尖或圆钝，边缘粗大单锯齿；小叶革质；上面深绿色，叶脉下陷，无毛或疏被，表面粗糙；下面灰绿色被稀疏柔毛，叶脉柔毛密集；叶柄和叶轴具小皮刺和腺毛；托叶大部贴生于叶柄，离生部分卵形，先端急尖，边缘有细小齿状腺毛。花单季开放，数朵呈伞房状聚伞花序；有大型苞片，卵状披针形，先端渐尖，边缘有齿状腺毛，中脉明显；花梗长2～3 cm，被腺毛；花朵直径3～4 cm；萼片5枚，卵状披针形，先端偶有扩展成叶状，全缘，外侧被稀疏腺毛，内侧密被短柔毛，直立，宿存；花单瓣，花瓣5枚，阔倒卵形，先端微凹，淡粉至深粉红色，花瓣基部白色，具生姜味；花柱离生，被柔毛，外伸，柱头黄色。果倒卵球形，先端有短颈，果长1.5～2 cm；成熟时果皮橘红色，有腺毛。

染色体倍性

2*n*=2*x*=14（唐开学，2009；方桥，2019；待发表数据，2024）；2*n*=4*x*=28（曹亚玲，1995）；2*n*=6*x*=42（Roberts *et al*., 2009）。

分布及生境

分布于四川、陕西、甘肃、宁夏；生山坡灌木丛中或林边，海拔1500～2600 m。

讨论

本分类群分布较广泛，小叶数与原植物志记载有出入，较多，常见达13～15枚，其花数量多而密集，是其显著特点。本种与伞房蔷薇*R. corymbulosa*、全针蔷薇*R. persetosa*形态都较相似。本种存在不同的地理类型，不同区域的居群亦可能存在近缘种间杂交，表型上小叶数、花色、花朵数及毛被上都有变化。

分子系统学研究中，采集了两个不同分布区域样本，基于单拷贝和全基因组的两个系统发育树可以发现，一支与全针蔷薇*R. persetosa*、伞房蔷薇*R. corymbulosa*、短脚蔷薇*R. calyptopoda*相联系，另一支与华西蔷薇*R. moyesii* var. *moyesii*、扁刺蔷薇*R. sweginzowii* var. *sweginzowii*、西藏蔷薇*R. tibetica*、美蔷薇*R. bella* var. *bella*、大叶蔷薇*R. macrophylla* var. *macrophylla*等相联系。

长果西北蔷薇 *Rosa davidii* Crép. var. *elongata* Rehder et E. H. Wilson

Rosa davidii Crép. var. *elongata* Rehd. et veils. in Sarg. Pl. Wils. Z:323(1915); Journ. Arn. Arb. 13:318(1932), et 17:339(1936); 中国植物志. 37:399(1985); Fl. China 9:358(2003)——*R. parmentieri* H. Lév. in Fedce. Repert. Sp. Nov. 13:339(1914), et Cat. Pl. Yunnan:235(1917).

形态描述

本变种小叶片大，长 5 ~ 7 cm。果长椭球形，长 2.5 cm。散生皮刺长且皮刺宽大，近等边三角形，有时长宽可达 1.5 cm × 1.5 cm，粗壮枝条下部常有针刺。

染色体倍性

$2n=4x=28$（待发表数据，2024）。

分布及生境

分布于云南、四川、陕西、重庆；生境同原变种，海拔 1200 ~ 2500 m。

讨论

对该变种测试的倍性为四倍体，原变种测试为二倍体，而原变种在其他文献中亦有四倍体甚至六倍体的报道，除去可能的鉴定错误因素，多种倍性亦反映了西北蔷薇物种广泛的多样性。

尾萼蔷薇（原变种）*Rosa caudata* Baker var. *caudata*

Rosa caudata Baker in Willmott, Gen. Ros. 2:495(1914); Rehder et E. H. Wilson in Sarg. Pl. Wils. 2:321(1915); 中国植物志. 37:399(1985); Fl. China 9:357-358(2003).

形态描述

松散灌木，高2～4 m。新枝表皮黄褐色，嫩时淡黄色，散生肥厚直立长尖皮刺；小叶7～9枚，近花处常3～5枚，连叶柄长15～17 cm；小叶片椭圆形，先端尾尖或急尖，长5～6 cm，宽2.5～3 cm，边缘具单锯齿；叶纸质，上面深绿色，无毛；下面色浅，沿叶脉被柔毛；叶柄和叶轴具小皮刺和稀疏腺毛；托叶宽大，大部贴生于叶柄，离生部分卵形，先端渐尖，全缘，边缘被细小腺毛。花单季开放，2～9朵或10多朵呈伞房或复伞房状聚伞花序着生于小枝顶端，偶有单生；苞片数枚，卵形，先端急尖，中脉明显，边缘有腺毛；花梗长2～4 cm，密被针刺，刺尖偶有腺点；花朵直径4～5 cm；萼片长卵形，先端伸展成叶状，全缘，边缘有短柔毛，可长达3 cm，外侧有腺毛，内侧密被短柔毛，直立宿存；花单瓣；花瓣5枚，阔倒卵形，先端凹凸不平，淡粉至粉红色，具生姜味；花柱离生，稍外伸，被柔毛，柱头黄色。果长椭球形，具短颈，直径0.8～1 cm，长1.5～2.5 cm；成熟时果皮橘红色，被稀疏腺毛。

染色体倍性

$2n=2x=14$（唐开学, 2009）；$2n=4x=28$（Roberts *et al*., 2009; Jian *et al*., 2014）。

分布及生境

分布于湖北、重庆、四川、陕西；生山坡或灌丛中，海拔1800 ~ 2300 m。

讨论

本种与刺梗蔷薇*R. setipoda*果梗均有针刺，但后者小叶片下面有柔毛和腺毛，边缘重锯齿。本种又与城口蔷薇*R. chengkouensis*形态相近，但后者小叶片下面散生柔毛；萼片短小，长不到1 cm，卵状披针形，仅偶有先端扩展成叶状。又本种与伞房蔷薇*R. corymbulosa*形态相近，差异在于后者小叶片常5 ~ 7枚，下面有柔毛；花朵小至2 ~ 3 cm。分子系统学证据表明本种与上述几种蔷薇亲缘关系都较近，且与川东蔷薇*R. fargesiana*也很近。

大花尾萼蔷薇 *Rosa caudata* Baker var. *maxima* T. T. Yu et T. C. Ku

Rosa caudata Baker var. *maxima* T. T. Yu et T. C. Ku in 植物研究. 1(4):8(1981); 中国植物志. 37:399(1985); Fl. China 9:358(2003).

形态描述

本变种花朵大，直径5 ~ 6 cm；花瓣粉白色，盛开后白色。小叶片上面无毛，下面密被腺毛，沿主脉有柔毛；边缘有部分重锯齿。花梗无针刺，常光滑无毛，偶有稀疏腺毛。

分布及生境

分布于陕西、四川及重庆北部；生阳坡山沟林下，海拔1250 ~ 2500 m。

讨论

本变种与川东蔷薇*R. fargesiana*形态相近，差异在于后者小叶片下面密被腺毛；花朵直径2 ~ 3 cm。

刺梗蔷薇 *Rosa setipoda* Hemsl. et E. H. Wilson

别名：刺毛蔷薇、刺柄蔷薇

Rosa setipoda Hemsl. et E. H. Wilson in Kew Bull. 1906:158(1906); Gen. Ros. 1:173(1911); Curtis's Bot. Mag. 140:8569(1914); Sarg. Pl. Wils. 2:323(1915); 秦岭植物志. 1(2):569(1974); 中国植物志 37:396(1985), Fl. China 9:357(2003)——*R. macrophylla* var. *crasseaculcata* Vilmorin in Journ. Hort. Soc. Lond. 27:487(1902-3)——*R. hemsleyana* Täckholm in Acta Hort. Berg. 7:150(1922)——*R. macrophylla* auct. non Lindl.(1820); Bull. Soc. Bot. Ital. 1897:231(1897).

形态描述

直立灌木，高1 ~ 3 m。新枝表皮黄绿色，散生宽扁的三角状皮刺。小叶7 ~ 9枚，近花处常3 ~ 5枚，连叶柄长8 ~ 16 cm；小叶片椭圆形，长2.5 ~ 3 cm，宽1.5 ~ 3.5 cm，先端急尖，边缘具单或重锯齿；叶纸质，两面无毛，上面绿色，下面浅绿色；叶柄和叶轴有小皮刺和稀疏腺毛；托叶宽大，大部分贴生于叶柄，离生部分卵形，先端渐尖，边缘具齿状腺毛。花单季开放，单生于叶腋或2 ~ 6朵呈伞房状聚伞花序着生于小枝顶端；花序基部苞片1 ~ 3枚，卵形，先端渐尖，边缘具齿状腺毛；花梗长1 ~ 2.5 cm，被腺毛；小花梗苞片1 ~ 2枚，卵形，花朵直径4 ~ 5 cm；萼片5枚，阔卵形，先端扩展成带状，边缘具齿状腺毛，外侧有腺毛，内侧密被柔毛，直立，宿存；花单瓣，花瓣5枚，近圆形，先端凹陷，粉红色，具甜香味；花柱离生，堆状，不外伸，柱头黄色。果卵球形，直径1 ~ 2 cm，先端有0.3 ~ 0.5 cm颈部；果皮橘红色，被腺毛或脱落。

染色体倍性

2n=4x=28（待发表数据，2024）。

分布及生境

分布于湖北、重庆；多生山坡或灌丛中，海拔2000～2600 m。

讨论

上文已讨论本种与尾萼蔷薇*R. caudata* var. *caudata*相似，分子系统学证据表明本种与城口蔷薇*R. chengkouensis*、尾萼蔷薇、川东蔷薇*R. fargesiana*等亲缘关系较近。

羽萼蔷薇（原变型） *Rosa pinnatisepala* T. C. Ku f. *pinnatisepala*

Rosa pinnatisepala T. C. Ku in 植物研究. 10(1):2(1990); Fl. China 9:364(2003).

形态描述

直立灌木，高1～3 m。新枝红褐色，无毛，具成对和散生镰刀状皮刺，皮刺淡黄色，长达1 cm。小叶5～9枚，连叶柄长8～10 cm；小叶片倒卵形，长2～2.5 cm，宽1.5～1.8 cm，先端圆钝，边缘单锯齿和部分重锯齿，齿尖有腺点；小叶薄纸质，上面无毛，深绿色，下面色浅，沿主脉被柔毛和腺毛；叶柄和叶轴具小皮刺和腺毛及柔毛；托叶大部贴生于叶柄，离生部分卵状披针形，先端渐尖，边缘有齿状腺毛。花单季开放，单生或2～6朵呈伞房状聚伞花序着生于小枝顶端；苞片卵形，先端渐尖，边缘有齿状腺毛；花梗长1～1.5 cm，被腺毛；花朵直径4～5 cm；萼片5枚，卵状披针形，先端长尾尖，边缘羽毛状分裂和有腺毛；外侧被稀疏腺毛，内侧被柔毛，直立或开展宿存；花单瓣，花瓣5枚，近圆形，先端凹陷，粉红色，具甜香味；花柱离生，外伸，浅黄色，被毛，柱头黄色。果倒卵球形或椭球形，先端有短颈，直径0.6～1.5 cm；成熟时果皮橘黄色，有稀疏腺毛。

染色体倍性

$2n=6x=42$（待发表数据，2024）。

分布及生境

分布于四川西部；生疏林及灌丛边缘，海拔1800～2300 m。

讨论

本原变种萼片常羽裂，叶片边缘及下面、萼片、苞片、花萼等均被腺体是其较明显特征，*Flora of China*还收录了一变种：多腺羽萼蔷薇 *R. pinnatisepala* f. *glandulosa*（Ku, 1990），描述其花托及萼片上密被腺毛，其实该特征在原变种上亦存在，较常见，因此该变种似可合并入原变种。

西藏蔷薇 *Rosa tibetica* T. T. Yu et T. C. Ku

Rosa tibetica T. T. Yu et T. C. Ku in 植物分类学报. 18(4):500(1980); 中国植物志. 37:421(1985); Fl. China 9:367-368(2003).

形态描述

直立灌木，高1～2 m。新枝表皮紫褐色，散生直立黄色尖锐皮刺，枝条下部常混生针刺。小叶5～9枚，近花处5～7枚，连叶柄长8～10 cm；小叶片近圆形或狭椭圆形，长1.5～1.8 cm，宽1～1.5 cm，先端圆钝，边缘重锯齿；小叶厚纸质，上面无毛，深绿色，下面浅绿色，被腺毛；叶柄和叶轴被腺毛和小皮刺；托叶大部贴生于叶柄，离生部分卵状，先端急尖，边缘有齿状腺毛。花单季开放，单生或2～4朵呈伞房状聚伞花序着生于小枝顶端；苞片卵形，先端扩展成叶状或尾尖，长达1.5 cm，边缘和下面被腺毛；花梗长2 cm，无毛；花朵直径3～4 cm；萼片5枚，外侧常紫红色，卵状披针形，先端尾尖，边缘有齿状腺体，外侧无毛，内侧被柔毛，直立，宿存；花单瓣，花瓣5枚，白色，或初开时浅粉色，盛开后白色，常有淡粉色晕边，有生姜味；花柱离生，密被柔毛，外伸，柱头黄色。果倒卵球形或长椭球形，直径0.8～1.5 cm，有短颈；成熟时果皮橘红色，光滑无毛。

染色体倍性

2*n*=6*x*=42（待发表数据，2024）。

分布及生境

分布于云南西北部、四川西部、西藏东部、新疆；生林缘、溪边、灌丛、疏林下，海拔2600～3500 m。

讨论

本种分布以西南（四川、西藏）和西北（新疆）为主，新疆分布的群体花色几乎都为白色，伴生种有疏刺蔷薇*R. schrenkiana*、托木尔蔷薇*R. tomurensis* var. *tomurensis*等。基于西南（四川、西藏、云南）采集的3个样本的分子系统学研究结果表明，四川与云南的样品为一支，与滇边蔷薇*R. forrestiana* var. *forrestiana*、钝叶蔷薇*R. sertata*等关系较近；西藏的样品成一支，与扁刺蔷薇*R. sweginzowii* var. *sweginzowii*、藏边蔷薇*R. webbiana*、大叶蔷薇*R. macrophylla* var. *macrophylla*、西北蔷薇*R. davidii* var. *davidii*、美蔷薇*R. bella* var. *bella*等关系较近。

腺果蔷薇 *Rosa fedtschenkoana* Regel

别名：腺毛蔷薇、菲氏蔷薇

Rosa fedtschenkoana Regel in Acta Hort. Petrop. 5:314(1878); Curtis's Bot. Mag. 127:t. 7770(1901); Gen. Ros. 1:155(1911); Fl. URSS 10:465(1941); 中国植物志. 37:419(1985); Fl. China 9:367(2003).

形态描述

直立灌木，高1～3 m。新枝表皮黄绿色；具成对和散生大小不等的直立或稍下弯的皮刺，皮刺淡黄色。小叶7～9枚，近花处常5枚，连叶柄长6～8 cm；小叶片倒卵形或长圆形，长2～2.5 cm，宽1～1.5 cm，先端圆钝，边缘单锯齿；小叶薄纸质，两面被柔毛或无毛，上面灰绿色，下面颜色浅；叶柄和叶轴具小皮刺；托叶大部贴生于叶柄，离生部分披针形，先端急尖。花单季开放，秋季偶有零星开花，花单生于叶腋或2～3朵呈伞状聚伞花序着生于小枝顶端；苞片卵状披针形，先端尾尖，边缘被腺毛；花梗长1～2.5 cm，被腺毛；花朵直径3～4 cm；萼片5枚，披针状，先端渐尖，全缘，外侧密被腺毛，内侧被柔毛，直立，宿存；花单瓣，花瓣5枚，阔倒卵形，先端圆钝或凹凸不平，白色，或初开粉白色，盛开后白色；近无味；花柱离生，外伸，被柔毛；柱头黄色。果卵球形至长圆形，有短颈，直径1.5～2 cm；成熟时果皮深红褐色，被腺毛。

染色体倍性

$2n=4x=28$（曹亚玲，1995; Yokoya *et al.*, 2000）；$2n=6x=42$（Roberts *et al.*, 2009）。

分布及生境

分布于新疆、云南西北部、西藏东部；多生灌丛中、山坡上或河谷水沟边，海拔2400 ~ 2700 m。中亚、帕米尔高原也有分布。

讨论

本种分布区域广泛、生境多变（干旱、半湿润至阴湿环境），变异很丰富，叶片毛被、叶厚度、花梗及萼筒上腺毛多寡甚至无腺毛，果实形状（圆球形、长圆形甚至梨形）及大小等差异大。值得一提的是，在西南分布的野生群落中只见小叶两面被柔毛，而在西北新疆分布的小叶两面，少毛或上面无毛。此外，该种果实在天山调查中发现同株同时出现落萼和不落萼现象，且落萼量不少，是否为天然杂交种，有待进一步探究。本种与西藏蔷薇*R. tibetica*形态相近，亦有交叠分布，但后者小叶边缘常重锯齿，小枝表皮常紫褐色，果实一般光滑易于区别。

分子系统学研究结果将腺果蔷薇单独聚为一支，与其亲缘关系较近的分支包括两个小分支，一支包括铁杆蔷薇（落萼）*R. prattii* f. *prattii*、小叶蔷薇（落萼）*R. willmottiae* var. *willmottiae*，另一支包括刺蔷薇*R. acicularis* var. *acicularis*、弯刺蔷薇*R. beggeriana* var. *beggeriana*、疏花蔷薇*R. laxa* var. *laxa*、托木尔蔷薇*R. tomurensis* var. *tomurensis*。

长白蔷薇（原变种） *Rosa koreana* Kom. var. *koreana*

Rosa koreana Kom. in Acta Hort. Petrop. 18:434(1901), et 22:535(1904); Fl. Sylv. Kor. 7:41(1918); 东北木本植物图志. 314(1955); 东北植物检索表. 154(1959); 中国植物志. 37:374(1985); Fl. China 9:351(2003).

形态描述

直立灌木，高1～1.5 m。新枝表皮紫红色；密具尖锐紫褐色针刺，针刺基部椭圆形。小叶9～11枚，偶15枚，近花处常7枚，连叶柄长7～9 cm；小叶片椭圆形，长1.5～2 cm，宽0.8～1 cm，先端圆钝，边缘具尖锐单锯齿，齿尖常有腺；叶纸质；上面无毛，绿色，下面沿叶脉被柔毛；叶轴和叶柄具散生小皮刺和被柔毛及稀疏腺毛；托叶大部贴生于叶柄，离生部分卵形，先端急尖，边缘具细密齿状腺毛。花单季开放，单生于枝顶或叶腋，亦有2～3朵呈伞状聚生；花梗基部具苞片1～3枚，卵形或卵圆形，先端急尖或渐尖，边缘具细密齿状腺毛，常早落；花梗长2～4 cm，被腺毛，常紫红色；花朵直径3～4 cm；萼片5枚，披针形，先端伸展成带状，全缘，外侧被稀疏柔毛，内侧被柔毛；直立，宿存；花单瓣，花瓣5枚，倒卵形，先端微凹，白色，或初时浅粉色，盛开后白色，具清香味；花柱离生，稍外伸，被柔毛，柱头黄色。果（三角状）椭球形或卵球形，直径0.6～1.5 cm，具小短颈；成熟时果皮橘红色，光滑无毛或偶有稀疏腺毛。

染色体倍性

$2n=2x=14$（马雪，2013）。

分布及生境

分布于辽宁、吉林、黑龙江；多生林缘和灌丛中或山坡多石地，海拔600～1200 m。朝鲜、俄罗斯远东地区亦有分布。

讨论

本种按《中国植物志》分类划入芹叶组，依据为单花、无苞片。经查阅标本及大量实地调查发现，可能早期标本信息描述有限，实际种群中大量存在2～3朵的聚伞花序，且有明显的苞片，果期有部分宿存，果实亦不同于芹叶组，有较明显的颈部，故划归到桂味组合理。分子系统学证据亦支持该分类调整。

腺叶长白蔷薇 *Rosa koreana* Kom. var. *glandulosa* T. T. Yu et T. C. Ku

Rosa koreana Kom. var. *glandulosa* T. T. Yu et T. C. Ku in Bull. Bot. Res. 1(4):6(1981); 中国植物志. 37:374(1985); Fl. China 9:351(2003).

形态描述

本变种小叶边缘为重锯齿，小叶边缘及下面、叶轴及叶柄兼密被腺毛。花白色、粉白色或浅粉色。

染色体倍性

$2n=2x=14$（待发表数据，2024）。

分布及生境

分布于吉林抚松县；生杂木林边，海拔600 ~ 1200 m。

秦岭蔷薇 *Rosa tsinglingensis* Pax. et Hoffm.

Rosa tsinglingensis Pax. et Hoffm. in Fedde, Repert. Nov. Sp. Beih. 12:414(1922); 秦岭植物志. 1(2):566(1974); 中国植物志. 37:382(1985); Fl. China 9:353(2003).

形态描述

直立灌木，高2～3 m。新枝表皮红褐色；具散生小型黄色皮刺，嫩时有针刺及腺毛。小叶11～13枚，偶9枚，连叶柄长7～9 cm；小叶片狭长圆形，长2～2.5 cm，宽0.7～1 cm，先端圆钝，边缘单锯齿和部分重锯齿；叶纸质；上面无毛，下面沿叶脉被柔毛；叶轴和叶柄具小皮刺和腺毛；托叶大部分贴生于叶柄，离生部分耳状，先端披针形，边缘具齿状腺毛。花单季开放，单生于枝顶或叶腋，偶有2朵聚生；无或有苞片，卵形，先端急尖或渐尖，边缘具腺毛，早落；花梗长1～2 cm，无毛；花朵直径2～3 cm；萼片5枚，三角形，先端扩展为叶状，全缘，内侧密被柔毛，外侧散被柔毛，萼筒及花托常紫红色，直立，宿存；花单瓣，花瓣5枚，倒卵形，先端圆钝或微凹，白色，具淡香味；花柱离生，稍外伸，被柔毛，柱头黄色。果倒卵球形，直径0.8～1 cm，先端具不明显的颈；成熟时果皮红褐色，被腺毛或脱落。

分布及生境

分布于陕西、甘肃、青海等地；多生桦木林下或半阴灌丛中，海拔2800 ~ 3600 m。

讨论

本种按《中国植物志》分类划入芹叶组，依据为模式标本中的单花、无苞片。经实地调查发现，可能早期标本信息描述有限，实际花单朵或2 ~ 3朵呈聚伞花序，且无论是单花还是多花都能找到明显的苞片，但有的苞片确实不明显，果实亦存在缢缩的颈；查阅各地历年标本，也不难发现存在苞片及多花现象。分子系统学证据亦支持该种分类应调入桂味组。花具苞片的特征对于本种而言，可能存在有和无的过渡现象。

滇边蔷薇（原变种）*Rosa forrestiana* Boulenger var. *forrestiana*

别名：和氏蔷薇

Rosa forrestiana Boulenger in Bull. Jard Bot. Bruxell. 14:126(1936); 中国植物志. 37:414(1985); Fl. China 9:364-365(2003).

形态描述

直立灌木，高1～3 m。新枝表皮黄绿色，无毛；具成对和散生淡黄色长尖皮刺。小叶5～7（11）枚，近花处常5枚，连叶柄长8～10 cm；小叶片椭圆形或近圆形，长2～2.5 cm，宽1.5～1.8 cm，边缘重锯齿或偶有单锯齿，齿尖有腺点；小叶薄纸质，上面无毛，绿色，下面浅绿色被稀疏腺毛；叶柄和叶轴被稀疏腺毛和小皮刺；托叶宽长，大部与叶柄合生，离生部分卵状，先端急尖，边缘具齿状腺毛。花单季开放，秋季常有零星花开。花单生或2～6朵呈伞房状聚伞花序；苞片1～3枚，卵状披针形，边缘被齿状腺毛；花梗长1～2 cm，常被腺毛；花朵直径3～4 cm；萼片5枚，卵状披针形，先端扩展成叶状，全缘，边缘被柔毛和腺毛，外侧被腺毛，内侧被柔毛，直立，宿存；花单瓣，花瓣5枚，倒卵形，先端圆钝或有尖角，浅紫色至紫红色，花瓣基部白色，具樟脑和甜香混合味；花柱离生，密被柔毛，稍外伸，柱头黄色。果卵球形，直径0.8～1.2 cm，具短颈；成熟时果皮橘红色，光滑无毛。

染色体倍性

$2n=2x=14$（Roberts *et al*., 2009; Jian *et al*., 2013; Jian *et al*., 2014; 待发表数据，2024）。

分布及生境

分布于云南西北部、西藏东部；生林缘、溪边、灌丛、疏林下，海拔3000 ~ 3300 m。

讨论

本种与赫章蔷薇*R. hezhangensis*形态相近，本种皮刺成对和散生，花瓣浅紫色至紫红色；后者皮刺仅散生，单锯齿，花瓣玫红色。又本种与重齿陕西蔷薇*R. giraldii* var. *bidentata*形态相近，但后者重锯齿明显，花瓣浅粉色。分子系统学证据表明滇边蔷薇与西藏蔷薇*R. tibetica*、钝叶蔷薇*R. sertata* var. *sertata*亲缘关系较近。

*Flora of China*还收录了1变型：腺叶滇边蔷薇*R. forrestiana* Boulenger f. *glandulosa* T. C. Ku（1990），叶片密被腺毛，实际调查发现原种群落中常有该现象，且有多有少，似可将该变型合并。

紫斑滇边蔷薇 *Rosa forrestiana* Boulenger var. *maculata* L. Luo et Y. Y. Yang

Rosa forrestiana Boulenger var. *maculata* L. Luo et Y. Y. Yang in Phytotaxa 652(4):293-299(2024).

形态描述

本变种与原变种区别在于花瓣紫色，花瓣基部具深紫色斑块。

染色体倍性

2*n*=2*x*=14（Tang *et al*., 2024）。

分布及生境

分布于云南西北部；生林缘、灌丛，海拔3000 ~ 3400 m。

讨论

蔷薇属植物的花瓣基部常有白色区或开花后期有时会有红色加深，而花瓣基部一开放就具有深色紫斑的种类在前人记载中只有单叶蔷薇*R. persica*，本变种为新发现，具有较明显紫斑，但因底色为紫红色，不如单叶蔷薇明显，引种后开花表现亦稳定。本变种是在滇西北的滇边蔷薇*R. forrestiana* var. *forrestiana*居群附近发现的，整株性状稳定且形成小居群，后在四川的滇边蔷薇群体中也能找到少量紫斑现象，但没有云南发现的性状稳定且未能形成居群。分子系统学证据也支持其作为变种。

尖刺蔷薇 *Rosa oxyacantha* M. Bieb.

Rosa oxyacantha M. Bieb. in Fl. Taur.-Cauc. 3:338(1819); Bull. Soc. Bot. Belg. 14:9(1875); Fl. URSS 10:450(1941); 中国植物志. 37:405(1985); Fl. China 9:360(2003)——*R. pimpinellifolia* var. *subalpina* Bunge ex M. Bieb. in Fl. Taur.-caucas 3: 338(1819).

形态描述

直立灌木，高1～2 m。新枝表皮红褐色无毛，密被长短粗细不等淡黄色皮刺和针刺。小叶7～9（11）枚，近花处常3～5枚，连叶柄长9～11 cm；小叶片椭圆形，长3～3.5 cm，宽1.5～2 cm，先端圆钝或急尖，边缘重锯齿；小叶薄纸质；上面无毛，绿色，下面沿叶脉被柔毛，淡绿色；叶柄和叶轴具散生皮刺和稀疏腺毛；托叶大部贴生于叶柄，离生部分披针状，边缘被细小齿状腺毛。花单季开放，秋季常有零星花开；单生于叶腋或2～4朵呈伞状聚伞花序着生于小枝顶端；苞片卵状披针形，边缘被腺毛；花梗长1.5～2.5 cm，被稀疏腺毛；花朵直径3～3.5 cm；萼片5枚，披针形，先端扩展成叶状，全缘，外侧密被腺毛，内侧密被柔毛，直立，宿存；花单瓣，花瓣5枚，粉红色或淡粉红色，具甜香味；花柱离生，被柔毛。果卵球形，直径1～1.5 cm，有短颈；果梗有腺；成熟时果皮红色，有腺毛或脱落。

染色体倍性

$2n=4x=28$（待发表数据，2024）。

分布及生境

分布于新疆；生灌木丛中，海拔1100～1400 m。俄罗斯西伯利亚、哈萨克斯坦及蒙古亦有分布。

讨论

本种和樟味蔷薇*R. cinnamomea*、山刺玫*R. davurica* var. *davurica*常伴生，形态上亦相似。分子系统学证据也表明三者亲缘关系较近。

藏边蔷薇 *Rosa webbiana* Wall. ex Royle

Rosa webbiana Wall. ex Royle Ill. Bot. Himal.:208(1835); Gen. Ros. 1:233(1911); Fl. URSS 10:464(1941); Enum. Flow. Pl. Nepal 2:143(1979); 中国植物志. 37:419(1985); Fl. China 9:(2003)——*R. sinobiflora* T. C. Ku in Fl. China 9:367(2003)——*R. biflora* T. C. Ku in 植物研究. 10(1):3. 1990, not Aublet(1775), nor Krocker(1790); Fl. China 9:362(2003).

合并：双花蔷薇 *Rosa sinobiflora* T. C. Ku

形态描述

直立灌木，高1～2 m。新枝表皮红褐色无毛；有成对和散生长尖皮刺，皮刺长达1 cm，斜上举，黄色。小叶7～9枚，近花处常3～5枚，连叶柄长10～12 cm；小叶片卵形或椭圆形，长2～2.5 cm，宽1.5～2 cm，先端圆钝，边缘单锯齿，偶有少量重锯齿；叶革质，上面无毛，深绿色，下面色浅，沿主脉有柔毛，叶柄和叶轴具小皮刺和稀疏腺毛；托叶宽大，大部与叶柄合生，离生部卵形，先端急尖，边缘具齿状腺体。花单季开放，通常1～2朵或多朵呈伞房状聚伞花序；苞片大型，卵状，先端急尖，边缘具齿状腺体，有明显中脉；花梗长1～1.5 cm，无毛或被极稀疏腺毛；花朵直径4～5 cm；萼片5枚，卵状披针形，先端扩展成条状，全缘，外侧有极稀疏腺毛或无毛，内侧被柔毛，直立，宿存；花单瓣，花瓣5枚，阔倒卵形，先端微凹，深粉红色或淡粉红色，有甜香味；花柱离生，被柔毛，稍外伸。果卵球形，直径0.8～1.5 cm，具短颈；成熟时果皮红褐色，无毛。

染色体倍性

$2n=2x=14$, $2n=4x=28$（Roberts *et al.*, 2009; Jian *et al.*, 2013）。

分布及生境

分布于云南西北部、西藏、新疆；生山坡、林间草地、灌丛或河谷、田边等处，海拔2000 ~ 4000 m。中亚、尼泊尔、印度北部、巴基斯坦、克什米尔地区、阿富汗等地均有分布。

讨论

本种分布海拔较高，花色受海拔、光照等因素影响较大，引种至低海拔地区的花色明显变浅。此外，该种的皮刺变化随海拔、土壤等条件变化亦较明显，在西藏干旱阳坡分布的植株叶小、皮刺大而长，花朵基本为单花，花色深。分子系统学证据表明其与大叶蔷薇 *R. macrophylla* var. *macrophylla*、西藏蔷薇 *R. tibetica*、扁刺蔷薇 *R. sweginzowii* var. *sweginzowii* 关系较近。

《中国植物志》讨论的道孚蔷薇 *R. dawoensis* (Pax & K. Hoffm., 1922.) 与本种相似，调查中未见，仅收录于此。

Flora of China 收录的双花蔷薇 *R. sinobiflora* T. C. 主要形态特征与本种相同，疑似只采集了本种植株中具两朵花的枝条作标本，误为仅有2朵花着生而命名。实际调查中未见稳定的双花植株群落。经标本比对，本书将双花蔷薇作为异名并入。

钝叶蔷薇（原变种） *Rosa sertata* Rolfe var. *sertata*

Rosa sertata Rolfe in Curtis's Bot. Mag. 139:t. 8473(1913); Gen. Ros. 2:493(1914); Journ. Arn. Arb, 10:100(1929); Journ. Arn. Arb. 13:318(1932); Hand.-Mazz. Symb. Sin. 7:527(1933); l. c. 17:339(1936); 中国高等植物图鉴. 2:249(1972); 秦岭植物志. 1(2):571(1974); 中国植物志. 37:401(1985); Fl. China 9:366-367(2003)——*R. iochanensis* Levi. in Fedde, Repert. Sp. Nov. 13:339(1914), et Cat. Pl. Yunana 234(1917)——*R. hwangshanensis* Hsu in 黄山植物研究. 127:f. 3(1965).——*R. farreri* Stapf ex Cox. Pl. Introd. Reg. Farrer 49. 1930. nom. subnud 中国植物志. 37:374(1985); Fl. China 9:(2003)——*R. graciliflora* Rehder et E. H. Wilsonin Sarg. Pl. Wils. 2:330.(1915)中国植物志. 37:380(1985); Fl. China 9:(2003)——*R. banksiopsis* Baker in Willmott, Gen. Ros. 2:503(1914)中国植物志. 37:400(1985); Fl. China 9:(2003).

合并：刺毛蔷薇 *Rosa farreri* Stapf ex Cox.; **细梗蔷薇** *Rosa graciliflora* Rehder et E. H. Wilson; **拟木香** *Rosa banksiopsis* Baker.

形态描述

直立灌木，高1～2m。新枝表皮绿色，无毛；具散生稀疏直立皮刺，常混有毛刺。小叶7～9（11）枚，连叶柄长10～12cm；小叶片卵形或椭圆形，长2～2.5（或3～3.5）cm，宽1.4～1.6（2）cm，先端圆钝或急尖，边缘有尖锐单锯齿或部分重锯齿；小叶薄纸质，两面无毛，上面绿色，下面色浅；叶柄和叶轴具小皮刺和腺毛；托叶大部贴生于叶柄，离生部分耳状卵形，先端急尖，边缘有稀疏腺毛。花单季开放，单生或2～6朵呈伞房状聚伞花序，着生于小枝顶端，粗壮枝条常着花10～20余朵，呈复伞房状聚伞花序；苞片1～3枚，卵状披针形，先端渐尖，边缘被腺毛；萼片5枚，卵状披针形，先端扩展成狭叶状，全缘，边缘被柔毛，外侧无毛，有时具极稀疏腺毛，老后脱落；内侧被柔毛，直立，宿存；花梗长1～3cm，初时有稀疏腺毛，老后脱落，花朵直径2～3（5）cm；花单瓣，花瓣5枚，倒卵形，先端凹陷，粉红色，花瓣基部白色，近无味；花柱离生，

淡黄色，被柔毛，外伸，柱头淡黄色。果倒卵球形、椭球形、梨形等，先端有短颈，直径0.8 ~ 1 cm；成熟时果皮橘红色，光滑无毛。

染色体倍性

2*n*=2*x*=14（马雪, 2013; Jian *et al*., 2013; Jian *et al*., 2014; 方桥, 2019）；2*n*=4*x*=28（Täckholm, 1922; Roberts *et al*., 2009）；2*n*=2*x*=14, 2*n*=4*x*=28（王开锦 等, 2018）。

分布及生境

分布于云南、四川、重庆、贵州、安徽、浙江、江西、湖北、河南、山西、甘肃、陕西等地；多生山坡、路旁、沟边或疏林中，海拔1500 ~ 3200 m。

讨论

本种及其变种花期晚，是桂味组较晚开花的种类之一。本分类群分布广，因环境尤其是海拔影响，个体差异很大、过渡性状多，小叶片的大小变化较大，每对小叶间距变化亦较宽，常0.5 ~ 1.2 cm；花朵数量变化大，单朵或多朵均有，与环境、枝条发育等相关；花径变化亦较大，最大达5 cm。《中国植物志》检索表将钝叶蔷薇归入不同系，足见其表型丰富。分子系统学结果表明，该种与西南蔷薇*R. murielae*、西藏蔷薇*R. tibetica*、滇边蔷薇*R. forrestiana* var. *forrestiana*亲缘关系较近。

本种与《中国植物志》中记载在芹叶组的刺毛蔷薇*R. farreri*和细梗蔷薇*R. graciliflora*以及桂味组的拟木香*R. banksiopsis*形态特征相近，具体讨论见总论第三章第三节。刺毛蔷薇和细梗蔷薇为钝叶蔷薇的单花少叶小叶类型，拟木香为钝叶蔷薇的多花少叶大叶类型。经查阅不同年代刺毛蔷薇和细梗蔷薇标本，发现标本中除了单花亦有多花现象，且有明显苞片证据；拟木香的标本中着花数量亦多变，其他形态皆同钝叶蔷薇。故本书将以上3种处理为钝叶蔷薇（原变种）的同物异名。钝叶蔷薇（原变种）的性状描述宜尽量宽泛。

钝叶蔷薇（拟木香）

钝叶蔷薇（拟木香）

钝叶蔷薇（细梗蔷薇）

多对钝叶蔷薇 *Rosa sertata* Rolfe var. *multijuga* T. T. Yu et T. C. Ku

Rosa sertata Rolfe var. *multijuga* T. T. Yu et T. C. Ku in 植物研究. 1(4):12(1981); 中国植物志. 37:419(1985); Fl. China 9:367(2003).

形态描述

本变种小叶数多达9～15枚，小叶下面沿主脉有柔毛，边缘少部分重锯齿。花少单生，常10多朵呈复伞房花序，花深粉红色或玫红色，花瓣基部白色。

染色体倍性

$2n=2x=14$（待发表数据，2024）。

分布及生境

分布于云南、四川；生境同原变种，海拔2000～3200 m。

讨论

上述讨论到原变种花朵数、小叶大小等宽泛性、过渡性，本变种主要在小叶数变化。未来可将本变种一并纳入钝叶蔷薇复合体：多花多叶大叶类型。

短脚蔷薇 *Rosa calyptopoda* Card.

别名：美人脱衣、短角蔷薇

Rosa calyptopoda Card. Not. Syst.:270(1914); 中国植物志. 37:416(1985); Fl. China 9:365(2003).

形态描述

松散灌木，高1～3 m。新枝表皮紫褐色，具稀疏长尖皮刺。小叶7～9枚，连叶柄长7～9 cm；小叶片近圆形，长2～2.5 cm，宽1.5～2 cm，先端圆钝，边缘单锯齿；小叶厚纸质，两面无毛，上面深绿色，下面浅绿色；叶柄和叶轴具小皮刺和稀疏腺毛；托叶与叶柄贴生部分窄，离生部分宽，卵形渐尖，边缘具齿状腺毛。花单季开放，单生或多达20朵呈密集伞房状聚伞花序；苞片数枚，大型，长达1.5 cm，狭卵形，先端急尖，中脉明显，边缘具腺点；花梗极短，几近无梗；花朵直径2～2.5 cm；萼片5枚，卵状披针形，先端长渐尖，偶有延伸成带状，边缘有细长棒状分裂和有柄腺毛，外侧具短腺毛，内侧密被短柔毛，直立，宿存；花单瓣，花瓣5枚，近圆形，先端微凹，粉红色，具玫瑰香味；花柱离生，稍外伸，黄绿色，柱头黄色。果卵球形，具短颈，直径0.8～1.5 cm；成熟时果皮橘红色，光亮无毛。

染色体倍性

$2n=2x=14$（待发表数据，2024）。

分布及生境

分布于四川西部、西藏东部；海拔1600 ~ 3000 m。

讨论

本种花梗极短，儿近无梗；当花序呈数朵花蕾时，由于过于密集，造成多数败育而脱落，大多剩余1朵，偶有2 ~ 3朵正常开花结果。据此，以前记载本种为花单生，不够全面，本书做补充。分子系统学研究表明其与全针蔷薇 *R. persetosa*、西北蔷薇 *R. davidii* var. *davidii*、伞房蔷薇 *R. corymbulosa* 等关系较近。

多苞蔷薇 *Rosa multibracteata* Hemsl. et E. H. Wilson

Rosa multibracteata Hemsl. et E. H. Wilson in Kew Bull.:157(1906); Gen. Ros.:209(1911); Sarg. Pl. Wils.:328(1915); Symh. Sin.:527(1933); 中国植物志. 37:414(1985); Fl. China 9:365(2003)——*R. reducta* Baker. in Gen. Ros.:489(1914)——*R. rotundibracteata* Card. in Not. Syst.: 270(1914)——*R. orbicularis* Baker. in Gen. Ros.:493(1914)——*R. latibracteata* Bouleng. in Bull. Jard. Bot. Bruxell.:124(1936).

形态描述

松散灌木，高1～3 m。新枝表皮黄绿色无毛；具成对和散生直立尖锐皮刺，枝条上半部常无刺。小叶7～9枚，近花处3～5枚，连叶柄长6～8 cm；小叶片倒卵形或近圆形，先端圆钝，长1.5～1.8 cm，宽1.2～1.8 cm，边缘有单锯齿；小叶革质，两面无毛，上面深绿色，下面灰绿色；叶柄和叶轴具稀疏腺毛和小皮刺；托叶宽短，大部与叶柄合生，离生部分卵形，先端渐尖，边缘有齿状腺毛，背面被腺毛。花单季开放，秋季常有零星花开；少单生，常数朵呈伞房状聚伞花序，着生于小枝顶，偶有20多朵呈复伞房状聚伞花序；苞片达3～10，故常互生，卵形，先端渐尖，偶有扩展成小叶状，中脉明显，边缘具齿状腺毛，两面无毛；花梗长0.5～2 cm，被稀疏腺毛；早期短，后期尤其到果期有一定伸长；花朵直径3～4 cm；萼片5枚，卵形，顶端扩展成小叶状，全缘，边缘被柔毛，外侧被稀疏腺毛，内侧被柔毛，直立，宿存；花单瓣，花瓣5枚，偶有6～7枚，倒卵形，先端凹陷，粉红色，具淡香味；花柱离生，黄绿色，稍外伸，被毛，柱头黄色。果近球形，直径0.6～0.8 cm；成熟时果皮橘红色，有稀疏腺毛；果常早落。

染色体倍性

2*n*=2*x*=14（Jian *et al*., 2013; 张婷 等, 2018; 田敏 等, 2018）; 2*n*=4*x*=28（Roberts *et al*., 2009）。

分布及生境

分布于四川、云南；生林边旷地，海拔2100 ~ 2500 m。

讨论

本种分布较广，变异性丰富，花由单生到数十朵过渡，同一植株亦有兼具单花或多花枝条，花梗长0.5 ~ 2 cm，但苞片均为多数，边缘密被腺毛。基于不同分子数据所构建的系统发育树显示多苞蔷薇所处位置不尽一样，基于全基因组SNP构建的进化树中，多苞蔷薇与川东蔷薇*R. fargesiana*、尾萼蔷薇*R. caudata* var. *caudata*等亲缘关系较近；基于单拷贝SNP构建的进化树中，其与西南蔷薇*R. murielae*、钝叶蔷薇*R. sertata* var. *sertata*亲缘关系较近，较复杂。

西南蔷薇 *Rosa murielae* Rehder et E. H. Wilson

别名：缪雷蔷薇

Rosa murielae Rehder et E. H. Wilson in Pl. Wils.:326(1915); 中国植物志. 37:412(1985); Fl. China 9:364(2003).

形态描述

松散灌木，高1～3 m。新枝表皮绿色，无毛；具稀疏小型钩状皮刺。小叶9～15枚，连叶柄长11～13 cm；小叶片椭圆形，长2.5～2.8 cm，宽1.5～2 cm，先端急尖或渐尖，边缘单锯齿，齿尖具腺点；小叶革质，上面无毛，深绿色，下面灰绿色，沿脉被柔毛；叶柄和叶轴有小皮刺和柔毛及腺毛；托叶窄小，大部贴生于叶柄，离生部分；耳状卵形，边缘具细小齿状腺毛。花单季开放，秋季常有零星花朵开放；数朵呈伞房状聚伞花序，偶有单生；苞片卵状披针形，先端渐尖，边缘具齿状腺体；萼片5枚，卵状披针形，先端延长成短小叶状，全缘，边缘有柔毛，外侧有稀疏腺毛，内侧被柔毛，直立，宿存；花梗长2～4 cm，被稀疏腺毛；花朵直径2～3 cm；花单瓣，花瓣5枚，近圆形，先端凹陷；粉红色或浅粉色，近无味；花柱离生，被柔毛，稍外伸，柱头淡黄色。果近球形，先端有细长短颈部，直径0.6～1 cm；成熟时果皮橘红色，有稀疏腺毛。

染色体倍性

$2n=2x=14$（Jian *et al.*, 2014; 方桥, 2019）。

分布及生境

分布于云南、四川、重庆；生灌丛中，海拔2300～3000 m。

讨论

本种与多对钝叶蔷薇*R. sertata* var. *multijuga*形态相近，但后者叶柄与叶轴无毛，小叶齿尖无腺点，一般花期较晚。与铁杆蔷薇*R. prattii* f. *prattii*也相似，后者果梗及萼筒多腺毛，小叶偏少，但如果不在果期看脱萼情况则不太好区分。分子系统学证据表明本种与钝叶蔷薇*R. sertata* var. *sertata*亲缘关系很近，似可合并。

陕西蔷薇（原变种）*Rosa giraldii* Crép. var. *giraldii*

Rosa giraldii Crép. in Bull. Soc. Bot. Ital.:232(1897); Giorn. Bot. Ital.:249(1919); 秦岭植物志. 1(2):571(1974); 中国植物志. 37:417(1985); Fl. China 9:366(2003).

形态描述

松散灌木，高1～3 m。新枝表皮绿色无毛，具成对和散生直立皮刺。小叶7～9枚，近花处常3～5枚，连叶柄长10～12 cm；小叶片卵形或近圆形，长2～2.5 cm，宽1.8～2 cm，先端圆钝，边缘单锯齿；小叶纸质，上面无毛，深绿色，下面色浅被短柔毛；叶柄和叶轴有小皮刺和柔毛及腺毛；托叶大部分与叶柄合生，离生部分卵形，先端圆钝，边缘有齿状腺毛。花单季开放，2～9朵呈伞房状聚伞花序，偶有单生；苞片卵状披针形，先端渐尖或尾尖，边缘有腺毛，中脉明显，早落；萼片5枚，卵状披针形，先端长尾尖或扩展成小叶状，边缘有柔毛，外侧被腺毛，内侧被柔毛，直立，宿存；花梗长1～2 cm，被具长柄的腺点；花朵直径2～3 cm；花单瓣，花瓣5枚，倒卵形，先端微凹，粉红色，花瓣基部白色，具生姜味；花柱离生，黄色，外伸，被柔毛，柱头黄色。果卵球形，先端具短颈，直径1～1.5 cm；成熟时果皮橘红色，被稀疏腺毛。

染色体倍性

$2n=2x=14$（待发表数据，2024）。

分布及生境

分布于云南、陕西、河南、四川、重庆等地；生山坡或灌丛中，海拔700 ~ 2600 m。

讨论

本原变种与钝叶蔷薇（原变种）*R. sertata* var. *sertata*形态相近，但后者小叶9 ~ 11枚，萼片外侧光滑无毛。又本种与西南蔷薇*R. murielae*形态相近，但后者小叶9 ~ 15枚较多。分子系统学证据表明本原变种及腺齿蔷薇*R. albertii*、钝叶蔷薇、西南蔷薇的亲缘关系较近。

本种分布广，毛被、皮刺等变化较丰富，《中国植物志》记载矮蔷薇*R. nanothamnus* Boulenger（1935）与本种极为近似，经调查该种皮刺长尖，叶较小，花单生或稀2 ~ 3朵集生，花白色或淡粉红色；花梗短，花梗、花萼均密被腺毛，分布于高寒高海拔的帕米尔高原，土壤较贫瘠，植株生长缓慢、低矮，由于未能取样作进一步研究，将矮蔷薇作为独立种还是陕西蔷薇的变种还需继续讨论。

毛叶陕西蔷薇 *Rosa giraldii* Crép. var. *venulosa* Rehder et E. H. Wilson

Rosa giraldii Crép. var. *venulosa* Rehder et E. H. Wilson in Sarg. Pl. Wils.:328(1915); 中国植物志. 37:418(1985); Fl. China 9:366(2003).

形态描述

本变种小叶上下两面均被柔毛，下面柔毛密集，叶脉皱陷，边缘单锯齿。

分布及生境

分布于陕西、湖北、重庆、四川、河南；多生山坡或灌丛中，海拔1000 ~ 2400 m。

讨论

本变种与原变种相比，叶片差异较大，一是毛被密集，且为长柔毛甚至茸毛，在叶片上下边缘、叶轴、叶柄都具毛被；二是叶脉深陷，叶片皱似玫瑰；三是托叶离生部分也较大。综上，本变种与原变种区别可能较大，有待采集样品作进一步研究。

重齿陕西蔷薇 *Rosa giraldii* Crép. var. *bidentata* T. T. Yu et T. C. Ku

Rosa giraldii Crép. var. *bidentata* T. T. Yu et T. C. Ku in 植物研究. 1(4):(1981); 中国植物志. 37:418(1985); Fl. China 9:366(2003).

形态描述

本变种小叶边缘重锯齿，齿尖有腺；小叶片下面密被腺毛。

染色体倍性

$2n=2x=14$（待发表数据，2024）。

分布及生境

分布于陕西、云南、西藏东部；生岩石坡上，海拔1700 ~ 3200 m。

赫章蔷薇 *Rosa hezhangensis* T. L. Xu

Rosa hezhangensis T. L. Xu in Acta Phytotax. Sin.:74(2000); Fl. China 9:359(2003).

形态描述

直立灌木，高1～3 m。新枝表皮绿色，嫩时有稀疏腺毛；2年生枝表皮红褐色，无毛；散生皮刺，皮刺基部膨大，大小不等，直立，先端锐尖，淡黄色；新枝下部常混有毛刺。小叶7～11枚，近花处常5枚，连叶柄长10～12 cm；小叶狭卵形或长圆形，长2～2.5 cm，宽1～2 cm，先端圆钝或急尖，边缘下弯，有部分重锯齿；小叶纸质，上面无毛，深绿色，下面色浅，被腺毛和柔毛，叶脉腺毛密集；叶柄和叶轴具小皮刺和腺毛；托叶大部贴生于叶柄，离生部分卵形，先端圆钝，下面被腺毛，边缘具齿状腺毛。花单季开放，数朵呈伞房状聚伞花序，偶单生；苞片多枚，卵状披针形，先端渐尖或尾尖，中脉明显，边缘有腺毛；花梗长1.5～2.5 cm，被长柄腺点；花朵直径3～4 cm；萼片5枚，卵状披针形，先端长尾尖或扩展成狭叶状，与花瓣近等长，全缘，边缘被柔毛，外侧被腺毛，内侧被柔毛，直立，宿存；花单瓣，花瓣5枚，倒卵形，先端圆钝，玫红色，花瓣基部白色，具生姜味；花柱离生，黄绿色，外伸，短于雄蕊，被柔毛。果卵球形，直径0.8～1.5 cm，具短颈；成熟时果皮红色或橘黄色，有稀疏腺毛。

染色体倍性

$2n=4x=28$（待发表数据，2024）。

分布及生境

分布于贵州西部、云南东北部；生林缘、农田边，海拔2200 ~ 2500 m。

讨论

本种与藏边蔷薇*R. webbiana*形态相近，二者花瓣颜色均为深粉红色或玫红色；本种小叶多数7 ~ 11枚，后者7 ~ 9枚；本种皮刺稀少，后者皮刺成对和散生，密集。本种又与钝叶蔷薇*R. sertata* var. *sertata*形态相近，后者花小至2 ~ 3 cm，浅粉色；小叶下面、花梗、果皮、萼片外侧均较光滑或少毛。单拷贝核基因系统发育树表明本种与刺梗蔷薇*R. setipoda*、城口蔷薇*R. chengkouensis*、尾萼蔷薇*R. caudata* var. *caudata*、川东蔷薇*R. fargesiana*等关系较近；全基因组系统进化树表明本种除了与上述蔷薇关系相近，还与陕西蔷薇*R. giraldii* var. *giraldii*、钝叶蔷薇、西南蔷薇*R. murielae*等聚为一小分支。

组三：小叶组 Sect. *Microphyllae* Crép.

本组收录有2种、2变型。

直立或松散灌木，少藤本。小叶7～15枚，小叶片小型，质厚，革质或近革质。花白色、粉红色、玫红色，花朵大至6～9 cm；花柱短，离生，矮堆状。果梗、果皮密被长针刺。

缫丝花（原变型）*Rosa roxburghii* Tratt. f. *roxburghii*

别名：刺梨、文光果、送春归、三降果

Rosa roxburghii Tratt. Ros. in Monogr.:233(1823); Sarg. Pl. Wils.:319(1915); 中国高等植物图鉴. 254(1972); 秦岭植物志. 1(2):576(1974); 中国植物志. 37:452(1985); Fl. China 9:381(2003)——*R. microphylla* a glabra Regel in Ros. Monogr.:38(1877), et in Acta Hort. Petrop.:321(1878)——*R. microphylla* auct. non Desfontaines:Roxb. apud Lindl. Ros. Monogr.:146(1820); Curtis's Bot. Mag 23:t. 3490(1836); Gen. Ros.: 1:135. t.(1911).

形态描述

直立灌木，高1～2 m。老枝表皮灰褐色，常片状脱落；新枝表皮绿色，无毛。叶柄下具成对尖锐皮刺；小叶9～11枚，偶有7枚或13枚，连叶柄长7～9 cm；小叶片椭圆形，长2～2.5 cm，宽1～1.2 cm，先端圆钝或急尖，边缘上半部分具细密单锯齿；厚纸质；两面无毛，上面深绿色，下面色浅；叶柄和叶轴无毛，具散生小皮刺；托叶大部分贴生于叶柄，离生部分披针形，先端渐尖，边缘具稀疏腺毛。花单季开放，单生于叶腋或小枝顶端；小苞片1～3枚，卵形，早落；花梗短至0.2～0.4 cm，被针刺；花朵直径7～8 cm；萼片5枚，阔卵形，先端尾尖，边缘齿状分裂，内侧密被柔毛，外侧密被短小针刺，直立，宿存；花半重瓣或重瓣，常30枚以上，外瓣椭圆形，先端凹陷，内瓣狭倒卵形，花粉红色，具甜香味；花柱离生，黄绿色，有柔毛，外伸，与雄蕊近等长，柱头黄绿色。果扁球形；成熟时果皮橘黄色或橘红色，果皮密被长针刺。

染色体倍性

$2n=2x=14$（Yokoya *et al*., 2000; Fernández-Romero *et al*., 2009; Roberts *et al*., 2009; Jian *et al*., 2013; Jian *et al*., 2014）; $2n=2x=14$（Täckholm, 1922; Ma *et al*.,1997; 方桥, 2019; 待发表数据，2024）。

分布及生境

分布于云南、贵州、四川、重庆、陕西、甘肃、江西、安徽、浙江、福建、湖南、湖北、西藏等地；多生向阳山坡、沟谷、路旁以及灌丛中，海拔1400 ~ 1800 m。日本、东喜马拉雅地区亦有分布。

讨论

本种花美丽，果皮富含维生素C。野生已罕见，常被植于房前屋后作观赏和食用。本种栽培时花托易开裂，造成花冠不圆整，在日本称为“十六夜玫瑰”。

分子系统学研究表明，缫丝花及其变型、贵州缫丝花 *R. kweichowensis* 自成一支构成小叶组，单拷贝核基因系统发育树表明小叶组介于木香组与合柱组、月季组之间，并与外来组狗蔷薇组位置较近，而全基因组系统进化树表明小叶组介于木香组与桂味组之间。

单瓣缫丝花 *Rosa roxburghii* Tratt. f. *normalis* Rehder et E. H. Wilson

别名：粉花刺梨、野石榴、刺石榴

Rosa roxburghii Tratt. f. *normalis* Rehder et E. H. Wilson in Sarg. Pl. Wils.:319(1915); Symb. Sin. 7:526(1933); 秦岭植物志. 1(2):477(1974); 中国植物志. 37:453(1985); Fl. China 9:381(2003)——*R. forrestii* Focke in Not. Roy. Bot Gard. Edinb. 5:67. t. 62(1911).

形态描述

本变型花单瓣，粉红色，花瓣5枚，直径6～7 cm；为缫丝花*R. roxburghii* f. *roxburghii*野生原始类型。

染色体倍性

$2n=2x=14$（宋仁敬和李华琴，1988）。

分布及生境

分布于云南、贵州、四川、重庆、陕西、湖北、甘肃、江西、福建、广西；海拔500～2500 m。

讨论

日本产一种山椒蔷薇*R. hirtula* (Regel) Nakai. (1920)，为单瓣淡粉色，与单瓣缫丝花很相似，曾作为缫丝花变种*R. roxburghii* var. *hirtula* (Regel) Rehder & E. H. Wilson，（1915），后升级为种。山椒蔷薇为乔木状，高可达5 m，小叶数多，一般15～17枚，与本变型有明显差别。

单瓣白花缫丝花 *Rosa roxburghii* Tratt. f. *candida* S. D. Shi

别名：白花刺梨

Rosa roxburghii Tratt. f. *candida* S. D. Shi. 贵州科学. 1:8-9(1985).

形态描述

本变型花白色，单瓣，花瓣5枚，花径约6 cm。果实近圆形，直径约4 cm，黄绿色。

染色体倍性

$2n=2x=14$（待发表数据，2024）。

分布及生境

分布于贵州、四川、重庆；海拔1000 ~ 1600 m。

讨论

模式标本采集于贵州道真仡佬族苗族自治县云丰村，保存于贵州植物园。《中国植物志》未收录。后调查发现在西南其他省份亦有分布。

贵州缫丝花 *Rosa kweichowensis* T. T. Yu et T. C. Ku

别名：贵州刺梨、无籽刺梨、光枝无子刺梨、安顺缫丝花

Rosa kweichowensis T. T. Yu et T. C. Ku in 植物研究. 1(4):17(1981); 中国植物志. 37:453(1985); Fl. China 9:381(2003)——*Rosa sterilis* S. D. Shi in 贵州科学. 1:8-9(1985); *Rosa sterilis* S.D.Shi var. *leioclada* M.T.An,Y.Z. Cheng et M. Zhong in 种子 8(1):63(2009).

形态描述

常绿或半常绿攀缘小灌木。新枝长1～3 m，新枝表皮绿色，无毛；具散生短扁弯曲皮刺。小叶7～9枚，近花处常3～5枚，连叶柄长10～12 cm；小叶片椭圆形或倒卵形，长3～4 cm，宽1.5～2 cm，先端渐尖，边缘具尖锐单锯齿；革质；两面无毛，上面光亮深绿色，下面浅绿色；叶柄和叶轴具小皮刺；托叶大部分贴生于叶柄，离生部分披针形，先端渐尖，边缘具稀疏腺毛。花单季开放，5～10多朵呈伞房状聚伞花序顶生；苞片很小，披针形，边缘具腺毛，早落；花梗长1～2 cm，被刺毛；花朵直径3～5 cm；萼片5枚，卵形，先端急尖，边缘偶有棒状分裂，内侧被柔毛，外侧密被针刺，平展，宿存；花单瓣，花瓣5枚，扇形，先端凹陷；初开浅粉色，盛开后转粉白色，具甜香味；花柱离生，堆状，柱头淡黄色。果圆球形或扁球形，直径1.5～2 cm，成熟时果皮橘黄色，密被刺毛，疏被刺；无种子或种子极少至1～2粒。

染色体倍性

$2n=2x=14$（待发表数据，2024）。

分布及生境

分布于贵州；生疏阴下，海拔1600 ~ 2000 m。

讨论

本种种子败育，故又称为“无籽刺梨”。该种曾被再次发表为新种——无子刺梨 *R. sterilis*（时圣德，1985）、光枝无子刺梨 *R. sterilis* var. *leioclada*（安明态 等，2009）等名称，皆为重复发表。邓亨宁等（2015）研究认为本种起源于长尖叶蔷薇 *R. longicuspis* var. *longicuspis*（母本）与缫丝花 *R. roxburghii* f. *roxburghii* 的天然杂交。

组四：硕苞组 Sect. *Bracteatae* Thory.

本组收录有1种、1变种。

匍匐藤本；小叶5～9枚；花单季开放，单朵着生；偶有2～3朵，单瓣，花瓣5枚，白色；苞片数枚，硕大。

硕苞蔷薇（原变种） *Rosa bracteata* Wendl. var. *bracteata*

别名：糖钵、野毛栗、琉球野蔷薇

Rosa bracteata Wendl. in Obs. Bot.:50(1798); Curtis's Bot. Mag. 36:t. 1377(1811); Gen. Ros. 1:125. t.(1911); Sarg. pl. Wils.:337(1915); Svmb. Sin.:526(1933); Woody Fl. Taiwan:295. f. 109(1963); 中国高等植物图鉴. 2:254(1972); Fl. Taiwan.:97(1977); 中国植物志. 37:449(1985); Fl. China 9:380(2003)——*R. macartnea* Dumont de Coursent. in Bot. Cult.:460(1805)——*R. sinica β* braamiana Regel in Acta Hort. petrop.: 327(1878)——*R. lucida* auct. non Ehrh.:Lawrence, Roses.:84(1799).

形态描述

匍匐藤本，长2～5 m。新枝长2～4 m，表皮褐色，密被柔毛；叶柄下有成对红褐色尖锐皮刺，皮刺基部扁宽，上部下弯。小叶7～9枚，近花处偶有3～5枚，连叶柄长7～9 cm；小叶片长圆形，长2.5～3 cm，宽1.5～2 cm，先端圆钝，边缘具细密单锯齿；革质；两面无毛，上面深绿色，下面色浅，沿主脉有柔毛；叶轴和叶柄具小皮刺和柔毛；托叶与叶柄合生部分与离生部分等长，均篦齿状分裂，离生部分披针形，边缘有柔毛和腺毛。花单季开放，秋季常有零星花朵开放；单生或2～3朵集生于叶腋和小枝顶端；具数枚大型互生苞片，苞片卵形，先端渐尖，边缘篦齿状深裂，内外侧被柔毛；花梗长不及1 cm，密被柔毛；花朵直径6～7 cm；萼片5枚，阔卵形，先端尾尖，全缘，边缘有柔毛，偶有片状分裂和疏齿，外侧密被褐色腺毛，内侧被柔毛，平展或反折，宿存；花单瓣，花瓣5枚，阔倒卵形，先端深凹，白色，具淡哈密瓜香味；花柱离生，堆状，不外伸，柱头淡黄色。果球形，直径3～3.5 cm；成熟时果皮黄褐色，密被柔毛。

染色体倍性

2*n*=2*x*=14（Ma *et al.*,1997; Yokoya *et al.*, 2000; 刘承源 等, 2008; Fernández-Romero *et al.*, 2009; Jian *et al.*, 2013; Jian *et al.*, 2014; 李诗琦 等, 2017）。

分布及生境

分布于云南、贵州、湖南、江西、福建、台湾、浙江、江苏；多生溪边、路旁和灌丛中，海拔 100 ~ 300 m。琉球群岛亦有分布。

讨论

分子系统学研究表明，硕苞组与金樱子组、木香组聚为一支，与金樱子组位置较近。

密刺硕苞蔷薇 *Rosa bracteata* Wendl. var. *scabricaulis* Lindl. ex Koidz.

Rosa bracteata Wendl. f. *scabricaulis* Lindl. ex Koidz. in J. Coll. Sci. Imp. Univ. Tokyo 24(2):227(1913); Ras. Monogr.:10(1820); 中国植物志. 37:451(1985); Fl. China 9:380(2003).

形态描述

本变型与原变型相比小枝密被针刺、腺刺和刺毛，且萼片密被柔毛及明显腺毛。

染色体倍性

$2n=2x=14$(待发表数据，2024)。

分布及生境

分布于浙江、福建、台湾；生境同原变种，海拔0 ~ 300 m。

密刺硕苞蔷薇
硕苞蔷薇

密刺硕苞蔷薇
硕苞蔷薇

组五：金樱子组 Sect. *Laevigatae* Thory.

本组收录有1种、1变种、1变型。

匍匐藤本；小叶3枚；花单生，单季开放，单瓣，花瓣5枚，白色；果皮、果梗及萼片外侧密被针刺。

金樱子（原变种） *Rosa laevigata* Michx. var. *laevigata*

别名：油饼果子、唐樱竻、和尚头、山鸡头子、山石榴、刺梨子

Rosa laevigata Michx. in Fl. Bor. Am. 295(1803); Journ. Linn. Soc. Bot. 250(1887); Gen. Ros. 117(1911); Sarg. Pl. Wils.:318(1915); Symb. Sin.:526(1933); 广州植物志. 296(1956); 江苏南部种子植物手册. 259(1959); Woody Fl. Taiwan.:297(1963); Fl. Camb. Laos et Vietn..146(1968); 中国高等植物图鉴. 2:253(1972); Fl. Taiwan.:297(1977); Enum. Flow. Pl. Nepal 2:143(1979); 中国植物志. 37:448(1985); Fl. China 9:380(2003)——*R. ternata* in J. B. A. M.de Lamarck, Encycl. 6:284(1804)——*R. nivea* DC. in Cat. Pl. Horti Monsp.:137(1813)——*R. triphylla* Roxb. ex Lindl. in Ros. Monogr.:138(1820)——*R. cucumerina* Tratt. in Rosac. Monogr. 2:181(1823)——*R. amygdalifolia* Ser. in DC. Prodr. 2:601(1825)——*R. argyi* H. Lév. in Bull. Soc. Bot. Fr. 55:56(1908); Journ. Arn. Arb. 18:257(1937)——*R. laevigata* var. *kaiscianensis* Pampanini in Nouv. Giorn. Bot. Ital. n. ser. 17:294(1910)——*R. sinica* W. T. Aiton in Hortus Kew. 3:261(1811).

形态描述

匍匐藤本；新枝长2～4 m，表皮绿色；具散生基部扁且顶端下弯的皮刺，幼时被腺毛，老时渐脱落。小叶3枚，偶5枚，连叶柄长8～10 cm；小叶片椭圆形或狭椭圆形，长5～7 cm，宽2～2.5 cm，先端渐尖或尾尖，边缘具尖锐单锯齿；革质；两面无毛，上面光亮绿色，下面色浅；叶轴和叶柄具小皮刺和腺毛；托叶与叶柄合生部分短，离生部分长，披针形，边缘具疏齿状腺毛。花单季开放；单生于叶腋和小枝顶端；总状苞片数枚，卵形，中脉明显，边缘具锯齿，早落；花梗长1.5～3 cm，密被针刺；花朵直径6～8 cm；萼片5枚，卵状披针形，先端扩展成叶状，全缘，边缘具稀疏腺毛，外侧被针刺，内侧密被柔毛，直立或开展，宿存；花单瓣，花瓣5枚，阔倒卵形，先端微凹，边缘具细密小锯齿，似蕾丝状，白色，具甜香味；花柱离生，黄绿色，短于雄蕊，柱头黄色。果梨形或卵球形，直径1.5～2 cm；成熟时果皮橘红色或红褐色，密被针刺和毛刺。

染色体倍性

$2n=2x=14$（Hust, 1928; Yokoya *et al*., 2000; 刘承源 等, 2008; 陈瑞阳, 2009; Fernández-Romero *et al*., 2009; Jian *et al*., 2013; Jian *et al*., 2014; 张婷 等, 2014; 李诗琦 等, 2017; 田敏 等, 2018; Lunerová *et al*., 2020; 待发表数据，2024）。

分布及生境

分布于陕西、安徽、江西、江苏、浙江、湖北、湖南、广东、广西、台湾、福建、四川、云南、贵州等地；生向阳的山野、田边、溪畔灌木丛中，海拔1600 m以下。越南亦有分布。

讨论

本种秋季常有零星花朵开放。原产于不同地区的植株形态有差异。广泛分布者叶片、花朵、果实均较大，新枝表皮绿色；江西分布者叶片狭长且小，花朵、果实均小，新枝表皮紫褐色。

半重瓣金樱子 *Rosa laevigata* Michx. f. *semiplena* T. T. Yu et T. C. Ku

别名：复瓣金樱子、重瓣金樱子

Rosa laevigata Michx. f. *semiplena* T. T. Yu et T. C. Ku in 植物研究. 1(4):17(1981); 中国植物志. 37:449(1985); Fl. China 9:380(2003).

形态描述

本变型花朵为半重瓣，花瓣6～10枚。花朵直径5～9 cm。

分布及生境

分布于江西（浮梁）；生向阳山地。

讨论

本变型记载于《中国植物志》中，未见活体实物；疑似蔷薇属中常见的花瓣从4～5枚至6～9枚变异，此变型不稳定。

光果金樱子 *Rosa laevigata* Michx. var. *leiocapus* Y. Q. Wang et P. Y. Chen

别名：无刺光果金樱子

Rosa laevigata Michx.var. *leiocapus* Y. Q. Wang et P. Y. Chen in 热带亚热带植物学报. 3(1):29-33.(1995).

形态描述

本变种与原变种的差异在于其小叶质薄，果光滑无刺。

分布及生境

分布于广东博罗县小金河；生田野、灌丛；海拔 700 ~ 750 m。

组六：木香组 Sect. *Banksianae* Lindl.

本组收录有3种、6变种、1变型、3品种。

藤本，有或无皮刺；小叶常3～5（7）枚，较光亮，小叶较尖，托叶与叶柄离生，披针状线形，早落；花单瓣或复瓣，白色、黄色，伞房状或复伞房状聚伞花序，苞片早落。

木香花（原变种）*Rosa banksiae* Ait. var. *banksiae*

别名：七里香、木香、金樱、小金樱、十里香、木香藤

Rosa banksiae Ait. Hort. Kew. ed 2. 3:258(1811); Curtis's Bot. Mag. 45:t. 1954(1818); Sarg. Pl. Wils. 2:316(1915); 江苏南部种子植物手册. 360(1959); Fl. Thailand 2(1):66(1970); 秦岭植物志. 1(2):575(1974), 中国高等植物图鉴. 2:25(1972); 中国植物志. 37:445(1985); Fl. China 9:378-379(2003)——*R. banksiae* Ait. var. *albo-plena* Rehd. in Bailey, Cycl. Am. Hort. 4:1552(1902); Sarg. Pl. Wils. 2:316(1915).

形态描述

藤本；新枝长2～4 m，表皮绿色，无毛；有稀疏小皮刺，皮刺钩状。小叶5枚，近花处常3枚，偶有7枚，连叶柄长6～8 cm；小叶片长圆状披针形或椭圆形，长4～5 cm，宽1.5～2 cm，先端渐尖，边缘具短单锯齿；革质；上面无毛，亮绿色，下面浅绿色，沿中脉被稀疏腺毛；叶柄和叶轴有稀疏腺毛，偶有小皮刺；托叶线状披针形，边缘有腺毛，与叶柄离生，早落。花单季开放；花数朵呈伞状或近20朵呈伞房状聚伞花序；苞片近线形，膜质，早落；花梗长2～3 cm，无毛；花朵直径2～3 cm；萼片5枚，卵形，先端渐尖，边缘和内外均被柔毛，反折，早落；花重瓣，花瓣30枚以上，狭倒卵形，先端圆钝，白色，有木香味；花柱离生，比雄蕊短很多，绿色。果扁圆形，直径0.4～0.7 cm。

染色体倍性

2*n*=2*x*=14（刘东华和李懋学，1985；马燕和陈俊愉，1991；陈瑞阳，2003；Fernández-Romero *et al*., 2009；惠俊爱 等，2013；Jian *et al*., 2013；Jian *et al*., 2014；曹世睿 等，2021）。

分布及生境

分布于云南、四川、重庆、贵州；生溪边、路旁或山坡灌丛中，海拔500～2500 m。

讨论

本原变种为重瓣，分布应为栽培类型；有无刺类型，柱头颜色又有青绿色和紫檀色之区别。

单瓣白木香花 *Rosa banksiae* Ait. var. *normalis* Regel

别名：七里香

Rosa banksiae Ait. var. *normalis* Regel in Acta Hort. Petrop. 5:376(1878); Sarg. Pl. Wils. 2:317(1915); Symb. Sin. 7:526(1933); 秦岭植物志. 1(2):576(1974); 中国植物志. 37:446(1985); Fl. China 9:379(2003)——*R. banksiae* auct. non Ait.:Crép. in Bull. Soc. Bot. Belg. 14:162(1875).

形态描述

本变种花单瓣，花瓣5枚，白色，具浓香味；花柱颜色分为紫檀色和黄绿色；紫檀色花柱者，具成对和散生皮刺，皮刺紫红色，扁、长、尖，最长达1.4 cm；黄绿色花柱者，皮刺短小钩状，黄色。其他同原变种。

染色体倍性

$2n=2x=14$（Fernández-Romero *et al*., 2009; Jian *et al*., 2013; Jian *et al*., 2014）。

分布及生境

分布于河南、甘肃、陕西、湖北、四川、云南、贵州；生沟谷中，海拔500 ~ 1500 m。

讨论

此为木香花原始类型，分子系统学研究表明木香组与硕苞组、金樱子组位置较近，聚为一支。

无刺单瓣白木香（新拟） *Rosa banksiae* Ait. var. *inermis* Y. Y. Yang et L. Luo *var. nov.*

形态描述

本变种枝条和叶柄及叶轴均无刺。花瓣5枚，狭倒卵形，先端凹陷；初开乳黄色，盛开后白色。

染色体倍性

$2n=2x=14$（待发表数据，2024）。

分布及生境

分布于云南西北部。生林缘、林下、崖边，海拔2000～2200 m。

单瓣黄木香 *Rosa banksiae* Ait. f. *lutescens* Voss.

Rosa banksiae f. *lutescens* Voss. Vilmor. Blumengart. 1:49(1896); 中国植物志. 37:447(1985); Fl. China 9:379(2003)——*R. banksiae* aunt. non Alt.:Hook. f. in Curtis's Bot. Mag. 117:t. 7171(1891).

形态描述

本变型花单瓣，淡黄色。枝条无刺。

染色体倍性

$2n=2x=14$（待发表数据，2024）。

分布及生境

分布于四川、重庆。生路旁或山坡灌丛中，海拔1000 ~ 2000 m。

讨论

一般认为此为黄木香花原始类型。分子系统学证据表明该种与山木香 *R. cymosa* var. *cymosa*、毛叶山木香 *R. cymosa* var. *puberula* 的亲缘关系较近。

黄木香花 *Rosa banksiae* Ait. 'Lutea'

Rosa banksiae Ait. 'Lutea' (Lindl.) Rehd.——*Rosa banksiae* Ait. f. *lutea* (Lindl.) Rehd. in Bibliog.:316(1949); 中国植物志. 37:446(1985); Fl. China 9:379(2003)——*R. banksiae* var. *lutea* Lindl. in Bot. Reg. 13:1105(1827)——*R. banksiae* var. *lutea-plena* Rehd. in Bailey, Cycl. Am. Hort. 4:1552(1902)——*R. banksiae* f. *luteiflora* H. Lév. Cat. Pl. Yun. Nan.:234(1917).

形态描述

花黄色，重瓣，雌雄蕊几乎瓣化，香味稍淡。无刺。

染色体倍性

$2n=2x=14$（Täckholm, 1922; Jian *et al*., 2013; Jian *et al*., 2014; 马誉 等, 2023; Yokoya *et al*., 2000）。

分布及生境

广泛栽培于云南、四川、江苏等地。

讨论

此应为栽培品种，根据《国际栽培植物命名法规》应写品种名*R. banksiae* 'Lutea'。

无刺重瓣白木香（新拟）*Rosa banksiae* Ait. 'Wuci Chongbanbai'

形态描述

栽培品种。花白色重瓣。枝表皮、叶柄及叶轴均无皮刺。

染色体倍性

$2n=2x=14$（待发表数据，2024）。

分布及生境

云南、四川、江苏等地有栽培。

大花白木香 *Rosa* × *fortuneana* Lindl. et Paxton 'Tu Mi'

别名：酴醿花、荼蘼

Rosa × *fortuneana* Lindl. et Paxton 'Tu Mi'——*Rosa* × *fortuneana* Lindl. et Paxton in Paxton's Fl. Gard. 2:71(1851); 中国植物志. 37:447(1985).

形态描述

藤本；新枝长1～3 m，新枝表皮绿色，光滑无毛，具散生绿色钩状皮刺。小叶3～5枚，连叶柄长4～8 cm；小叶片卵状披针形，长2.5～3 cm，宽1～1.5 cm，顶生小叶常2倍于侧生小叶，先端尾尖或渐尖；边缘具紧贴单锯齿；叶革质；两面无毛，上面亮绿色，下面色浅；叶柄和叶轴被稀疏柔毛和腺毛，无小皮刺；托叶与叶柄合生部分短，离生部分长达0.5 cm，披针形或条形，先端渐尖，边缘被稀疏腺毛，常早落。花单季开放，2～3朵簇生于枝顶，败育后常仅一朵开放；苞片1～2枚，近线形，早落；花梗长2～3 cm，被稀疏刺毛；花托坛状；花朵直径4～6 cm；萼片5枚，三角状披针形，全缘，边缘和外侧被柔毛，内侧密被短柔毛，早落；花重瓣，花瓣多达100枚，狭倒卵形，先端波状，白色，具浓香；花柱发育不完全，常败育。果未见。

染色体倍性

2*n*=2*x*=14（待发表数据，2024）。

分布及生境

本杂交种早在宋代就已广泛栽培，普遍栽培于华东地区，未见野生分布。

讨论

本种似木香的天然杂交后代，形态特征兼具金樱子*R. laevigata* var. *laevigata*和木香花*R. banksiae* var. *banksiae*形态特征，并进一步通过分子标记佐证（王国良，2015）。而分子系统学研究结果则表明其与木香、金樱子聚在一个进化支的不同分支，其与粉蕾木香*R. pseudobanksiae* var. *pseudobanksiae*的位置更近。本种为重瓣，无论是天然杂交或人为杂交，最终应是人为选择栽培的结果，不宜写为杂交种，建议用品种名，写作'Tu Mi'。

粉蕾木香（原变种） *Rosa pseudobanksiae* T. T. Yu et T. C. Ku var. *pseudobanksiae*

Rosa pseudobanksiae T. T. Yu et T. C. Ku in 植物研究. 1(4):11(1981); 中国植物志. 37:417(1985); Fl. China 9:365(2003).

形态描述

松散灌木，高2～3 m。新枝表皮绿色，光滑无毛，具稀疏短扁向下弯曲的小皮刺。小叶5～7枚，近花处3枚，连叶柄长7～8 cm；小叶片卵状披针形，长3～3.5 cm，宽1～1.5 cm，先端渐尖，边缘具单锯齿；叶革质；两面无毛，嫩时紫红色，成熟后绿色；叶柄和叶轴具小皮刺和被长柔毛；托叶近1/2与叶柄贴生，1/2离生，离生部分披针形，边缘被齿状腺毛。花单季开放，数朵呈伞房状聚伞花序或10朵以上呈复伞房状聚伞花序着生于小枝顶端，偶单生；花序基部苞片常2枚，卵状披针形，边缘被腺毛，早落；花梗长1～2 cm，光滑无毛；花朵直径2～3 cm；萼片5枚，卵状披针形，边缘被细小腺毛，内侧被柔毛，外侧被稀疏腺毛，平展，宿存；花单瓣，花瓣5枚，狭倒卵形，先端截平，初开时浅粉色，花瓣基部淡黄色，后转为粉白色，具木香花香味；花柱少数，紫红色，初时合生，花瓣落时分离，外伸，柱头淡黄色。果梗长2～2.5 cm，果椭球形，直径0.6～0.8 cm；果皮橙红色，光滑无毛，早落。

染色体倍性

2*n*=2*x*=14（Jian *et al.*, 2013; Jian *et al.*, 2014; 李诗琦 等, 2017; 待发表数据，2024）。

分布及生境

分布于云南西部；生路旁、水边，海拔 1900 ~ 2200 m。

讨论

本种形态特征近似于单瓣白木香 *R. banksiae* var. *nomalis*，又似单瓣粉团蔷薇 *R. multiflora* var. *cathayensis*；以上两种与本种在同一自然分布区域内，疑似其自然杂交产物。分子系统学研究亦表明该种及变种应划入木香组，具体见第三章讨论。

白花粉蕾木香（新拟）*Rosa pseudobanksiae* T. T. Yu et T. C. Ku var. *alba* Y. Y. Yang et L. Luo *var. nov.*

形态描述

本变种叶片嫩时绿色。花瓣初开时乳黄色，盛开后白色，无粉色。

染色体倍性

$2n=2x=14$（待发表数据，2024)。

分布及生境

分布于云南西北部；生路旁、水边，海拔1800 ~ 2000 m。

小果蔷薇（原变种） *Rosa cymosa* Tratt. var. *cymosa*

别名：山木香、小金樱花、红荆藤、倒钩苈

Rosa cymosa Tratt. Ros. Monogr. 1:87(1823); Journ. Arn. Arb. 17:339(1936); 江苏南部种子植物手册. 259(1959); Woody Fl. Taiwan 297(1963); Fl. Camb. Loas et Vietn. 6:145(1968); 中国高等植物图鉴. 2:253(1972); Fl. Taiwan 3:99(1977); 中国植物志. 37:447(1985); Fl. China 9:379(2003)——*R. indica* L. in Sp. Pl.:492(1753)——*R. microcarpa* Lindl. in Ros. Monogr. 130. t.:18(1820); Sarg. Pl. Wils. 2:314(1915); Fl. Gen. Indo-Chine 2:661(1920)——*R. amoyensis* Journ. Bot. 6:297(1878)——*R. banksiae* β *microcarpa* Regel in Acta Hort. Petrop. 5:376(1878)——*R. sorbiflora* Focke in Gard. Chron. ser. 3. 37:227(1906)——*R. chaffanijoni* H. Lév. et Vaniotin Bull. Soc. Bot. Fr. 55:56(1908)——*R. bodinieri* H. Lév. et Vaniot in Bull. Soc. Bot. Fr. 55:56(1908); Gen. Ros. 2:485(1914)——*R. esquirolii* H. Lév. et Vaniot in Bull. Soc. Bot. Fr. 55:56(1908); Gen. Ros. 2:485(1914)——*R. cavaleriei* H. Lév. in Fedde, hepert. Sp. Nov. 8:61(1910).

形态描述

藤本；新枝长1～2 m，表皮绿色，向阳面红褐色，嫩时被柔毛，老后脱落；具散生钩状小皮刺。小叶5～7枚，偶3枚，连叶柄长5～9 cm；小叶片卵状披针形，长3～3.5 cm，宽1.5～2 cm，先端尾尖或渐尖，顶生小叶常2倍于侧生小叶，边缘紧贴单锯齿；革质；两面无毛，或幼时有毛后脱落，上面亮绿色，下面颜色浅；叶柄和叶轴有稀疏柔毛和小皮刺；托叶与叶柄离生，披针形，边缘有稀疏柔毛和腺毛，早落。花单季开放，数10朵呈复伞房状聚伞花序；苞片披针形，早落；花梗长0.5～1 cm，有稀疏柔毛；花朵直径2～3 cm；萼片5枚，条形，先端渐尖，全缘，外侧被腺毛，内侧被茸毛，反折，脱落；花单瓣，花瓣5枚，狭倒卵形，先端圆钝或微凹，初开时乳黄色，盛开后白色，偶见粉花变异；有木香味；花柱离生，外伸，柱头浅黄色。果球形，直径0.5～0.6 cm；成熟时果皮黄绿色；光滑无毛。

染色体倍性

2*n*=2*x*=14（Hust, 1928; Fernández-Romero *et al*., 2009; 蹇洪英 等, 2010; Jian *et al*., 2013; Jian *et al*., 2014; 李诗琦 等, 2017）。

分布及生境

分布于华中、华南、华东、西南各地；多生向阳山坡、路旁、溪边或丘陵地，海拔1300 m以下。老挝、越南亦有分布。

讨论

本种与单瓣白木香*R. banksiae* var. *normalis*形态相近，但本种顶生小叶长度2倍于侧生小叶，花序为复伞房状；后者小叶片近等大，花序为伞形或伞房状。分子系统学证据表明其与单瓣黄木香*R. banksiae* f. *lutescens*亲缘关系更近。

俞志雄（1991）曾发表变型：重瓣小果蔷薇*R. cymosa* Tratt. f. *plena*，发现于江西浮梁县，花重瓣，应为自然变异。后野外调查再未发现，园林应用中有该变异发现，故建议作为栽培品种处理*R. cymosa* Tratt. 'Plena'。

一个晚花的小果蔷薇变异记录：在滇西北的调查中发现一种，枝条幼时被毛，后逐渐脱落，小叶椭圆形或卵形，一般3～5枚；叶厚革质；嫩时上面密被柔毛，老后脱落成光亮绿色，下面密被柔毛；叶柄和叶轴同小果蔷薇；托叶与叶柄合生部分和离生部分近等长，各长达0.6 cm，嫩时离生部分披针形，成熟时条形，先端渐尖，嫩时边缘被稀疏腺毛和密被柔毛，老后脱落，亦有少量宿存。花及果都与小果蔷薇同。经比对，其叶片和托叶形态特征与金樱子*R. laevigata* var. *laevigata*相似；花果及新枝形态特征与小果蔷薇相似，似二者自然杂交后代。引种后观察花期，较小果蔷薇晚近1个月。2*n*=2*x*=14（待发表数据，2024）较为特殊，记录于此。

毛叶山木香 *Rosa cymosa* Tratt. var. *puberula* T. T. Yu et T. C. Ku

别名：毛叶小果蔷薇

Rosa cymosa Tratt. var. *puberula* T. T. Yu et T. C. Ku in 植物研究. 1(4):17(1981); 中国植物志. 37:448(1985); Fl. China 9:379(2003).

形态描述

本变种与原变种差异在于其新枝表皮及皮刺被柔毛，叶轴和叶柄密被柔毛。小叶幼时正面较光滑，背面被短柔毛。后叶两面柔毛有增多，成熟时叶呈暗灰绿色，老叶时叶正面柔毛有所脱落。

染色体倍性

$2n=2x=14$（骆东灵 等，2023）。

分布及生境

分布于陕西、四川、重庆、云南、湖北、安徽、江苏等地；生境同原变种，海拔800 m以下。

无刺毛叶山木香（新拟） *Rosa cymosa* Tratt. var. *inermis* Y. Y. Yang et L. Luo *var. nov.*

形态描述

本变种枝表皮无皮刺。

染色体倍性

$2n=2x=14$（待发表数据，2024）。

分布及生境

分布于贵州西部、重庆南部、云南东北部。

大盘山蔷薇 *Rosa cymosa* Tratt. var. *dapanshanensis* F. G. Zhang

Rosa cymosa Tratt. var. *dapanshanensis* F. G. Zhang in 云南植物研究. 28(6):606(2006).

形态描述

本变种与原变种区别在于托叶革质，宿存，具1脉，边缘有腺毛状齿，叶轴密被短柔毛，小叶柄被短柔毛。

分布及生境

分布于浙江，大盘山；生林缘、灌丛。

讨论

该变种发表作为小果蔷薇*R. cymosa* var. *cymosa*之变种，但其托叶宿存与木香组特征不符，依据其绘图可知其托叶边缘有腺状齿裂，结合分布区多野蔷薇*R. multiflora* var. *multiflora*分布，似为木香组与合柱组的杂交种。在浙江调查到多株未开花植株，仅托叶边缘与绘图相符，中脉亦明显，有待进一步调查研究。

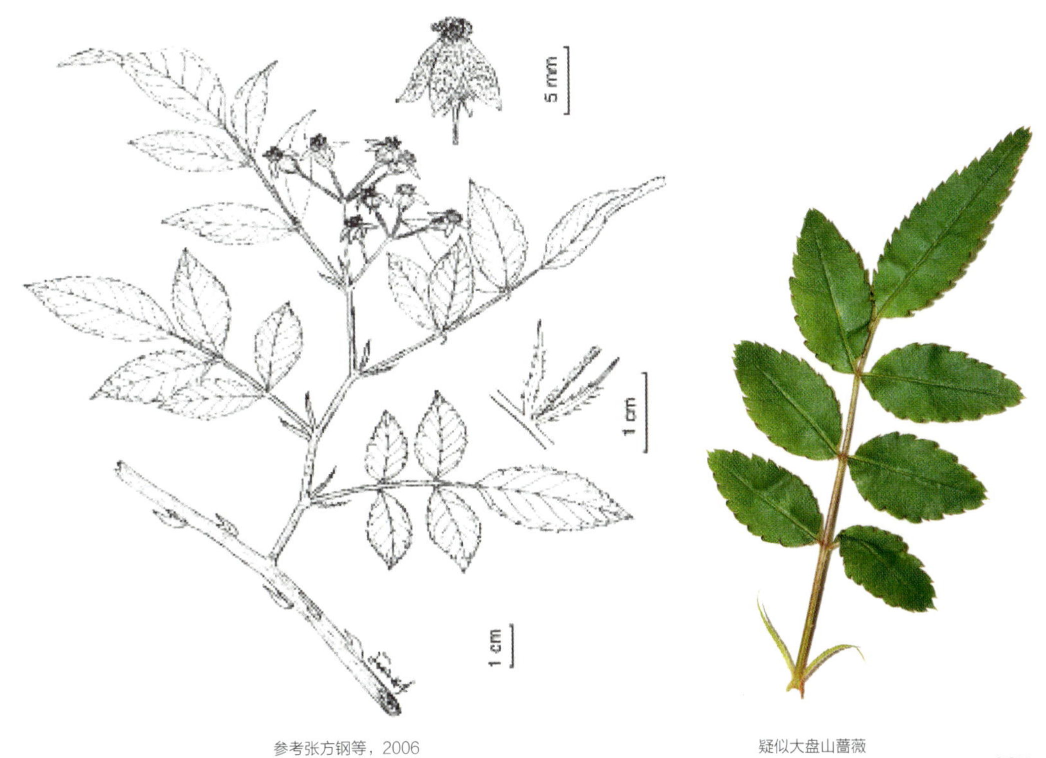

参考张方钢等，2006　　疑似大盘山蔷薇

组七：合柱组 Sect. *Synstylae* DC.

本组收录有19种、10变种、4变型及22品种。

匍匐藤本或藤本。小叶5～11枚，托叶篦齿状分裂或有齿状腺，少全缘。花多数，伞房或复伞房花序，无单生；花柱合生成柱状，但不黏连，外伸，常宿存。分为全缘托叶系Ser. *Soulieanae* L. Luo et Y. Y. Yang（Ser. *Brunoaianae* T. T. Yu et T. C. Ku）和齿裂托叶系Ser. *Multiflorae* T. T. Yu et T. C. Ku。

齿裂托叶系 Ser. *Multiflorae* T. T. Yu et T. C. Ku

野蔷薇（原变种） *Rosa multiflora* Thunb. var. *multiflora*

别名：墙靡、刺花、营实墙靡、多花蔷薇、蔷薇

Rosa multiflora Thunb. in Fl. Jap.:214(1784); Curtis's Bot. Mag. 116:t.7119(1890); Gen. Ros. 1:23.t.(1911); Sarg. Pl. Wils. 2:304(1915); 广州植物志. 294(1956); 江苏南部种子植物手册. 358(1959); Fl. Jap.:541(1965); 中国高等植物图鉴. 2:249(1972); 中国植物志. 37:428(1985); Fl. China 9:370(2003).

形态描述

藤本。新枝长2～4 m，表皮绿色，无毛；具散生稀疏直立皮刺。小叶多7～9枚，近花序处常5枚，连叶柄长13～15 cm；小叶片椭圆形，长4～5 cm，宽2.5～3 cm，先端尾尖或渐尖，边缘具尖锐单锯齿，偶具重锯齿；叶纸质；上面无毛，深绿色，下面有柔毛和稀疏腺毛，灰绿色；叶柄和叶轴有小皮刺和腺毛；托叶大部贴生于叶柄，离生部分披针形，边缘具长齿状分裂，齿尖具腺毛。花单季开放，数朵呈伞房花序；苞片卵状披针形，边缘齿状分裂，早落；花梗长2～3 cm，具腺毛；花朵直径2～4 cm；萼片5枚，卵状披针形，先端渐尖，全缘，偶有1～2对细小棒状分裂，外侧具稀疏腺毛，内侧被柔毛，反折；花单瓣，花瓣5枚，阔倒卵形，先端凹陷，白色，具甜香味；花柱合生成柱状，黄绿色，外伸，柱头黄绿色。果椭球形或近球形，直径0.8～1 cm；成熟时果皮橘黄色，无毛。

染色体倍性

$2n=2x=14$（Fernandez-Romero *et al.*, 2001; 陈瑞阳, 2003; Jian *et al.*, 2013; 田敏 等, 2018; 张婷 等, 2018）；$2n=3x=21$（待发表数据，2024）。

分布及生境

广泛分布于华东、华中、华北、西南等地；海拔 500 ~ 1500 m。日本、朝鲜、东喜马拉雅地区习见。

讨论

见第三章。

单瓣粉团蔷薇 *Rosa multiflora* Thunb. var. *cathayensis* Rehder et E. H. Wilson

别名：粉团蔷薇、红刺玫

Rosa multiflora Thunb. var. *cathayensis* Rehder et E. H. Wilson in Sara. Pl. Wils. 2:304(1915); Journ. Arn. Arb. 13:311(1932); 江苏南部种子植物手册. 358(1959); 秦岭植物志. 1(2):572(1974); 中国植物志. 37:429(1985), Fl. China 9:370(2003)—— *R. gentiliana* H. Lév. et Vaniot in Bull. Soc. Bot. Fr. 55:55(1908); Gen. Ros. 2:513. t.(1914)——*R. macrophylla* Lindl. var. *hypolcuca* H. Lév. Fl. Kouy-Tcheou:354(1915)——*R. cathayensis* (Rehd.) Bailey in Gent. Herb. 1:29(1920); Icon Pl. Sin. 2:26. Pl. 76(1929); 广州植物志. 295(1956)——*R. calva* var. *cathayensis* Bouleng. in Bull. Jard. Bot. Bruxell. 9:271(1933)——*R. multiflora* var. *gentiliana* (H. Lév. & Vaniot) T. T. Yu et H. T. Tsai in Bull. Fan. Mem. Inst. Biol. Bot. ser. 7:117(1936)——*R. kwangsiersis* Li in Journ. Arn. Arb. 26:63(1945).——*R. lichiangensis* T. T. Yu et T. C. Ku in Bot.Res.1(4):14(1981); 中国植物志. 37:432(1985); Fl. China 9:372(2003).

合并：丽江蔷薇 *Rosa lichiangensis* T. T. Yu et T. C. Ku.

形态描述

匍匐藤本。新枝长1～3 m，表皮绿色，无毛；具成对和散生皮刺，皮刺基部扁宽，直立锐尖，红褐色。小叶5～7枚，近花处常3枚；连叶柄长7～8 cm；小叶片卵形或近圆形，长2.5～3 cm，宽1～1.5 cm，先端急尖或尾尖，边缘尖锐单锯齿；纸质；上面无毛，绿色，下面密被短柔毛，灰绿色；叶柄和叶轴被柔毛和小皮刺；托叶大部贴生于叶柄，离生部分披针形，边缘均稀疏齿状分裂和腺毛。花单季开放，常2～6朵呈伞房状聚伞花序，偶有近10朵呈复伞房状聚伞花序；苞片狭卵状披针形，先端长尾尖，边缘齿状浅裂，具稀疏腺毛，有时边缘羽毛状分裂，早落；花梗长1.5～2 cm，被稀疏腺毛；花朵直径3～4 cm；萼片5枚，卵状披针形，先端尾尖，边缘具细小腺毛和一对细小棒状分裂；外侧被腺毛，内侧被柔毛，反折；花单瓣，花瓣5枚，倒卵形，先端凹陷，偶有1～2枚雄蕊不完全瓣化，浅粉、粉红或深粉红色，花瓣基部常白色，具鱼腥草味；花柱合生成柱状，紫红色，外伸，柱头浅黄色。果椭球形，直径0.6～0.8 cm；成熟时果皮橘红色，光滑无毛。

染色体倍性

$2n=2x=14$（李诗琦 等, 2017; 曹世睿 等, 2021）；粉团蔷薇：$2n=3x=21$（刘东华和李懋学, 1985; 刘承源 等, 2008）；丽江蔷薇：$2n=4x=28$（陈瑞阳, 2003）。

分布及生境

广泛分布于黄河流域及以南地区、华东、西南；多生于山坡、灌丛或河边等处，海拔可达1300 m。

讨论

《中国植物志》记载的粉团蔷薇即单瓣粉色花的野蔷薇，在实际园林生产和应用中，很多野蔷薇的粉花品种亦被冠以各种“粉团”，为避免野生型和栽培品种名称混淆，特将原“粉团蔷薇”名称改为“单瓣粉团蔷薇”，以明确其特点。

本变种特征与*Flora of China*收录的丽江蔷薇*R. lichiangensis*性状一致，查阅标本发现亦同，查PPBC上的丽江蔷薇图片多为重瓣品种，与标本为单瓣花不符。故将丽江蔷薇合并至野蔷薇变种处理，只是该变种的花色、花径等在不同分布地变化较多。当然，朱章明（2015）研究认为丽江蔷薇为一天然杂交种，粉团蔷薇系父本，留待继续讨论研究。

单瓣毛叶粉团蔷薇（新拟）*Rosa multiflora* Thunb. var. *pubescens* Y. Y. Yang et L. Luo *var. nov.*

Rosa multiflora Thunb. var. *pubescens* Y. Y. Yang et L. Luo *var. nov.*——*R. multiflora* Thunb. 'Haired-leaflet Single Cluster', 中国古老月季. 215(2015).

形态描述

藤本。新枝长1～3 m，表皮绿色，无毛；具成对和散生的钩状皮刺。小叶5～7枚，连叶柄长10～11 cm；小叶片椭圆形，长5～6 cm，宽2.5～3 cm，先端渐尖，边缘单锯齿；薄纸质；上面有短柔毛，灰绿色，下面密被长柔毛，颜色浅；叶柄和叶轴有小皮刺和腺毛及柔毛；托叶大部贴生于叶柄，离生部分披针形，边缘均具疏齿状分裂和腺毛。花单季开放，10～20多朵呈复伞房状聚伞花序；苞片卵状披针形，具长尾尖，边缘深齿状分裂，齿尖具腺点，外侧具腺毛，早落；花梗长1～1.5 cm，无毛；花朵直径3～4 cm；萼片5枚，卵状披针形，常有一对线状分裂，边缘有腺毛，外侧具稀疏腺毛，内侧具短柔毛，反折；单瓣，花瓣5枚，倒卵形，先端圆钝；初开深粉红色，渐变为浅粉色，具玫瑰香味；花柱合生成柱状，黄绿色，无毛，外伸，柱头浅黄色。果卵球形，直径0.5～0.6 cm；成熟时果皮黄绿色，光滑无毛。

染色体倍性

$2n=2x=14$（待发表数据，2024）。

分布及生境

分布于云南西北部；生灌丛、田埂、路边，海拔1800～2400 m。

单瓣刺梗粉团蔷薇（新拟） *Rosa multiflora* Thunb. var. *spinosa* Y. Y. Yang et L. Luo *var. nov.*

形态描述

藤本。新枝长2～3 m，表皮绿色，无毛；具散生稀疏钩状皮刺。小叶7～9枚，近花处常5枚；连叶柄长10～12 cm；小叶片长圆形，长4～5 cm，宽1.5～2 cm，先端急尖或短尾尖，边缘单锯齿；纸质；上面绿色，被柔毛，下面灰绿色，密被长柔毛；叶柄和叶轴具稀疏小皮刺和柔毛及稀疏腺毛；托叶大部贴生于叶柄，离生部分披针形，边缘均具长齿状分裂和腺毛。花单季开放，10多朵呈复伞房状聚伞花序；苞片卵状披针形，先端尾尖，边缘齿状分裂，早落；花梗长2～3 cm，密被针刺和有柄腺体；花朵直径4～5 cm；萼片5枚，卵状披针形，先端扩展成叶状，边缘有腺毛和偶有棒状分裂，外侧被腺毛，内侧被短柔毛，反折；单瓣，花瓣5枚，倒卵形，先端凹陷，初开玫红色，盛开粉红色，花瓣基部白色，具香味；花柱合生成柱状，黄绿色，无毛，外伸，柱头黄色。果卵球形，直径0.4～0.5 cm；成熟时果皮橘红色，光滑无毛。

染色体倍性

$2n=2x=14$（待发表数据，2024）。

分布及生境

分布于云南；常见于村落，海拔1800～2000 m。

野蔷薇的栽培类型

野蔷薇栽培历史悠久，类型丰富，其中花瓣10 20枚的一些类型常为半野生或逸生状态，现依据第三章原则，将非单瓣花的类型定义为栽培类型，定名为品种。但栽培型与野生型有着比较紧密的联系，分别代表和反映了野蔷薇在花色、花径、花瓣数量、毛被等性状上的丰富变异，现收录如下，供参考比较：

1 花复瓣至半重瓣，10～20枚 ………………………… 复瓣类型

银背桃红粉团蔷薇、五色粉团蔷薇、姬叶粉团蔷薇、浓香粉团蔷薇、圆叶粉团蔷薇、长梗粉团蔷薇、锐齿粉团蔷薇、芙蓉粉团蔷薇

2 花重瓣，20枚以上 ………………………………… 重瓣类型

毛叶粉团蔷薇、虢国粉团蔷薇、羽萼粉团蔷薇、大花粉团蔷薇、紫红粉团蔷薇、白背紫花粉团蔷薇、重台粉团蔷薇、七姊妹（十姊妹）、荷花蔷薇、白玉堂（=米易蔷薇，昆明蔷薇，重瓣广东蔷薇，毛叶广东蔷薇）

银背桃红粉团蔷薇（新拟）*Rosa multiflora* Thunb. 'Yinbei Taohong Fentuan'

形态描述

藤本。新枝长1～3 m，表皮绿色，无毛；具成对和散生的钩状皮刺。小叶7～9枚，近花处常5枚，连叶柄长10～12 cm；小叶片长圆形，长3.5～4 cm，宽1.5～2 cm，先端急尖，边缘具单锯齿；纸质；上面无毛，深绿色，下面被短柔毛，颜色浅；叶柄和叶轴有小皮刺和柔毛；托叶大部贴生于叶柄，离生部分披针形，边缘均具细密齿状分裂。花单季开放，10～20多朵呈复伞房花序；苞片卵状，具长尾尖，边缘齿状分裂，早落；花梗长1～1.5 cm，有腺毛；花朵直径3～4 cm；萼片5枚，卵状披针形，常有1对线状分裂，边缘有腺毛，外侧有腺毛，内侧有短柔毛，反折；花单瓣，花瓣15～20枚，倒卵形，先端微凹，桃红色，背面白色，具玫瑰香味；花柱合生成柱状，黄绿色，无毛，外伸，柱头浅黄色。果卵球形，直径0.5～0.6 cm；成熟时果皮黄绿色，光滑无毛。

染色体倍性

$2n=2x=14$（待发表数据，2024）。

分布及生境

分布于云南西北部；常见于村落，海拔1800～2200 m。

五色粉团蔷薇 *Rosa multiflora* Thunb. 'Wuse Fentuan'

别名：变色粉团、Five Colors Cluster

Rosa multiflora Thunb. 'Wuse Fentuan'= 'Five Colors Cluster', 中国古老月季. 223(2015).

形态描述

藤本。新枝长2～4 m，表皮绿色，无毛；近无刺，仅在老枝基部偶有小型皮刺。小叶5～7枚，连叶柄长10～12 cm；小叶片长圆形，长4～5 cm，宽2～2.5 cm，先端急尖或渐尖，边缘单锯齿；厚纸质；上面无毛，深绿色，下面色浅，沿主脉有柔毛；叶柄和叶轴有小皮刺和稀疏柔毛；托叶大部贴生于叶柄，离生部分披针形，边缘均深齿状分裂。花单季开放，花10多朵呈伞房状聚伞花序；苞片卵状披针形，具尾尖；边缘羽毛状细密分裂，早落；花梗长2～2.5 cm，无毛；花朵直径3～4 cm，萼片5枚，卵状披针形，先端渐尖，边缘长柔毛和偶有1～3片小裂片，外侧密被腺毛，内侧密被柔毛，反折；重瓣，花瓣15～20枚，阔倒卵形，先端凹陷，花瓣初开桃红色，渐变浅粉色，最后成白色，具玫瑰香味；花柱合生成柱状，黄绿色，无毛，外伸，柱头淡黄色。果倒卵球形，直径0.5～0.6 cm；成熟时果皮橘红色，光滑无毛。

染色体倍性

$2n=2x=14$（待发表数据，2024）。

分布及生境

栽培于江苏、四川、云南、贵州等地；常见于村落、路旁。

姬叶粉团蔷薇 *Rosa multiflora* Thunb. 'Jiye Fentuan'

别名：小叶粉团、Small Leaflet Cluster

Rosa multiflora Thunb. 'Jiye Fentuan'= 'Small Leaflet Cluster', 中国古老月季. 219(2015).

形态描述

藤本。新枝长1～3 m，表皮绿色，无毛；具散生直立尖锐皮刺。小叶5～7枚，偶有9枚；连叶柄长8～10 cm；小叶片长圆形，长3.5～4 cm，宽2～2.5 cm，先端急尖，边缘单锯齿；纸质；两面无毛，上面深绿色，下面色浅；叶柄和叶轴具小皮刺和稀疏腺毛；托叶大部贴生于叶柄，离生部分披针形，边缘均具短小齿状分裂。花单季开放，单生或2～4朵呈伞房状聚伞花序；苞片卵状披针形，先端急尖，偶有扩展成小叶状，边缘具齿状腺毛，宿存；花梗长2.5～3 cm，被腺毛；花朵直径4～5 cm；萼片小型，卵状披针形，先端渐尖，边缘有腺毛，常有裂片，外侧有稀疏腺毛，内侧被柔毛，反折；半重瓣，花瓣10～15枚，粉红色，具甜香味；花柱合生成柱状，外伸，与雄蕊近等长，柱头黄色。果长椭球形，直径0.5～0.6 cm，长0.8～1 cm；成熟时果皮橘红色，光滑无毛。

染色体倍性

$2n=2x=14$（待发表数据，2024）。

分布及生境

常栽培于云南中部、西北部；常见于村落、路旁。

浓香粉团蔷薇 *Rosa multiflora* Thunb. 'Nongxiang Fentuan'

别名：Strong Fragrance

Rosa multiflora Thunb. 'Nongxiang Fentuan'= 'Strong Fragrance', 中国古老月季. 216(2015).

形态描述

藤本。新枝长2～4 m，表皮绿色，无毛，具散生稀疏中型直立皮刺；枝条中上部常无皮刺。小叶7～9枚，近花处常5枚，连叶柄长11～13 cm；小叶片椭圆形，长3.5～4 cm，宽2～2.5 cm，先端圆钝或急尖，边缘单锯齿；纸质；两面无毛，上面深绿色，下面浅绿色；叶柄和叶轴有小皮刺和稀疏柔毛；托叶下宽上窄，呈宝瓶状，大部贴生于叶柄，离生部分披针形，边缘稀疏短小齿状分裂。花单季开放，10多朵呈伞房状聚伞花序；苞片卵状披针形；花梗长2～3 cm，有柔毛；花朵直径4～5 cm；萼片5枚，卵状披针形，先端渐尖，边缘有柔毛和偶有线状分裂，外侧有柔毛，内侧被柔毛；反折宿存；花瓣15～20枚，倒卵形，先端圆钝，粉红色，先深后浅，具浓甜香味；花柱合生成柱状，黄绿色，外伸，柱头淡黄色。果近球形，直径0.5～0.7 cm；成熟时果皮橘红色，光滑无毛。

染色体倍性

$2n=3x=21$（待发表数据，2024）。

分布及生境

常栽培于广州、江苏、云南中部、西北部；常见于村落、路旁。

圆叶粉团蔷薇 *Rosa multiflora* Thunb. 'Yuanye Fentuan'

别名：Round Leaflet Cluster

Rosa multiflora Thunb. 'Yuanye Fentuan'= 'Round Leaflet Cluster', 中国古老月季. 220(2015).

形态描述

藤本。新枝长 2 ~ 4 m，表皮绿色，无毛；具稀疏散生直立小皮刺。小叶 5 ~ 7 枚，连叶柄长 10 ~ 12 cm；小叶片近圆形，长 3.5 ~ 4 cm，宽 3 ~ 3.5 cm，先端常圆钝或急尖，边缘粗大单锯齿；纸质；两面无毛；叶柄和叶轴有小皮刺和柔毛；托叶大部贴生于叶柄，离生部分披针形；边缘有稀疏齿状分裂，分裂部分长短不一。花单季开放，数朵呈伞房状聚伞花序；苞片卵状披针形，有长尾尖，边缘稀疏齿状分裂，早落；果梗长 1 ~ 1.5 cm，无毛；花朵直径 2 ~ 3 cm；萼片 5 枚，卵状披针形，先端长尾尖，边缘具柔毛，偶有线状裂片，内外侧密被柔毛，反折；花瓣 10 ~ 15 枚，阔倒卵形，先端微凹，初开粉红色，后褪色成淡粉色，具甜香味；花柱合生成柱状，黄绿色，无毛，外伸，柱头黄绿色。果近球形，直径 0.6 ~ 0.8 cm；成熟时果皮橘红色，光滑无毛。

染色体倍性

$2n=3x=21$（待发表数据，2024）。

分布及生境

常栽培于云南中部、西北部、东部等地；常见于村落、民居、路旁。未见野生。

长梗粉团蔷薇 *Rosa multiflora* Thunb. 'Changgeng Fentuan'

别名：Long Peduncle Cluster

Rosa multiflora Thunb. 'Changgeng Fentuan'= 'Long Peduncle Cluster', 中国古老月季. 221(2015).

形态描述

藤本。新枝长2～4 m，表皮绿色，有稀疏腺毛；具极少量小型直立皮刺。小叶5～7枚，连叶柄长12～14 cm；小叶片椭圆形，长5～6 cm，宽3～3.5 cm，先端急尖或渐尖，边缘仅上半部具尖锐锯齿；革质；两面无毛，上面绿色，下面色浅；叶柄和叶轴有稀疏柔毛和极小皮刺；托叶大部贴生于叶柄，离生部分披针形，边缘具稀疏齿状分裂和柔毛。花单季开放，数朵呈松散伞房状聚伞花序；苞片卵状披针形，边缘有稀疏齿状分裂和柔毛，内外侧被柔毛，早落；花梗细长，长3～4 cm，被腺毛；花朵直径3.5～4 cm；萼片5枚，卵状披针形，先端渐尖，边缘有柔毛和腺毛，外侧有腺毛，内侧密被柔毛，反折；花瓣10～15枚，近心形，粉红色至淡粉色，具甜香味；花柱合生成柱状，绿色，外伸，柱头淡黄色。果椭球形，直径0.6～0.8 cm，长1.2～1.5 cm；成熟时果皮橘红色，光滑无毛。

染色体倍性

$2n=2x=14$（待发表数据，2024）。

分布及生境

常栽培于广西、云南；常见于村落、路旁，未见野生。

锐齿粉团蔷薇 *Rosa multiflora* Thunb. 'Ruichi Fentuan'

别名：Acute Serration Cluster

Rosa multiflora Thunb. 'Ruichi Fentuan'= 'Acute Serration Cluster', 中国古老月季. 217(2015).

形态描述

藤本。新枝长2～4 m，表皮绿色，无毛；具散生大型皮刺，皮刺三角形，尖锐，下弯，红褐色。小叶7～9枚，偶有9枚，连叶柄长10～12 cm；小叶片狭椭圆形，长3～3.5 cm，宽1～1.5 cm，先端尾尖，边缘具尖锐单锯齿；革质；两面无毛，上面绿色，下面浅绿色有柔毛；叶柄和叶轴具稀疏腺毛和小皮刺；托叶大部贴生于叶柄，离生部分披针形，边缘具稀疏短小齿状分裂和腺毛。花单季开放，数朵呈伞房状聚伞花序；苞片卵状披针形，先端长尾尖，边缘浅齿状分裂和有腺毛，外侧被柔毛，早落；花梗长1.5～2 cm，有腺毛；花朵直径5～6 cm；萼片5枚，卵状披针形，先端渐尖，边缘具柔毛和偶有线状分裂，外侧具腺毛，内侧被柔毛，反折；花瓣10～15枚，阔倒卵形，先端凹陷，粉红色，花瓣基部白色，有时具白色条纹，具甜香味；花柱合生成柱状，黄绿色，外伸，柱头黄色。果卵球形，直径0.6～0.8 cm；成熟时果皮橘红色，无毛。

染色体倍性

$2n=2x=14$（待发表数据，2024）。

分布及生境

常见栽培于云南西北部；常见于村落、路旁。未见野生。

讨论

此品种分布于云南丽江的田间地头，近野生或逸生，暂归作品种。查中国植物图像库（PPBC）上显示的部分丽江蔷薇 *R. lichiangensis* 图片与本品种几乎相同，花瓣10～15枚左右，但丽江蔷薇标本为单瓣，PPBC之图应为鉴定错误。

芙蓉粉团蔷薇 *Rosa multiflora* Thunb. 'Furong Fentuan'

别名：Hibiscus-like Cluster

Rosa multiflora Thunb. 'Furong Fentuan'= 'Hibiscus-like Cluster', 中国古老月季. 214(2015).

形态描述

藤本。新枝长2～4 m，表皮绿色，无毛；具稀疏散生下弯皮刺，皮刺红褐色，尖锐。小叶5～7枚，连叶柄长10～12 cm；小叶片椭圆形，长3.5～4 cm，宽1.5～2 cm，先端急尖或渐尖，边缘尖锐单锯齿；纸质；两面无毛，上面深绿色，下面色浅；叶柄和叶轴具稀疏小皮刺和腺毛；托叶大部贴生于叶柄，离生部分披针形，边缘具稀疏长齿状分裂和腺毛。花单季开放，2～6朵呈伞房状聚伞花序；苞片卵状披针形，先端长尾尖，边缘羽毛状分裂，早落；花梗长2～3 cm，有稀疏腺毛；花朵直径4～5 cm；萼片5枚，卵状披针形，先端渐尖，边缘偶有线状分裂；外侧有稀疏腺毛，内侧有柔毛，反折宿存；花瓣10～15枚，倒卵形，先端圆钝，初开时桃红色，渐变淡紫红色，有清晰脉纹，具淡香味；花柱合生成柱状，黄绿色，外伸，柱头淡黄色。果近球形，直径0.6～0.8 cm；成熟时果皮橘红色，无毛。

染色体倍性

$2n=3x=21$（待发表数据，2024）。

分布及生境

常栽培于云南、四川等地；常见于村落、民居。未见野生。

毛叶粉团蔷薇 *Rosa multiflora* Thunb. 'Maoye Fentuan'

别名：Haired-leaflet Double Cluster

Rosa multiflora Thunb. 'Maoye Fentuan'——*R. multiflora* Thunb. 'Haired-leaflet Double Cluster', 中国古老月季. 215(2015)——*Rosa multiflora* Thunb. var. *nanningensis* Y. Wan et Z. Y. Huang in 广西植物. 10(2):97-98(1990).

合并：南宁蔷薇 *Rosa multiflora* Thunb. var. *nanningensis* R. Wan et Z. R. Huang

形态描述

本品种与单瓣毛叶粉团形态相近，但花朵为重瓣，花瓣20～25枚。

染色体倍性

2*n*=2*x*=14（待发表数据，2024）。

分布及生境

常栽培于云南西北部、广西与贵州交界及周边；常见于村落、路旁，海拔150～1000m。

讨论

万煜和黄增任（1990）曾发表南宁蔷薇 *R. multiflora* Thunb. var. *nanningensis* Y. Wan et Z. R. Huang，完全符合以上形态描述。基于本书第三章原则，将其定为栽培品种。但在广西南宁周边调查发现，沿河边有近似野生群落，是否真为野生还是逸生，有待进一步研究。

虢国粉团蔷薇 *Rosa multiflora* Thunb. 'Guoguo Fentuan'

别名：红晕粉团、Pink Blush

Rosa multiflora Thunb. 'Guoguo Fentuan'——*R. multiflora* Thunb. 'Pink Blush', 中国古老月季. 214(2015).

形态描述

藤本。新枝长2～4 m，表皮绿色，无毛；具成对和散生钩状皮刺，皮刺紫红色，长近1 cm。小叶7～9枚，近花处常5枚；连叶柄长11～13 cm；小叶片椭圆形，长4～4.5 cm，宽1.5～2 cm，先端急尖，边缘单锯齿；纸质；两面无毛，上面绿色，下面浅绿色；叶柄和叶轴有小皮刺和柔毛；托叶大部贴生于叶柄，离生部分披针形，边缘均具稀疏短小齿状分裂和腺毛。花单季开放，数10朵呈复伞房状聚伞花序；苞片狭卵状披针形，先端渐尖或尾尖，边缘齿状分裂且有腺毛，早落；总花梗长2～4 cm，无毛，小花梗长3～4 cm，被腺毛；花朵直径3～4 cm；萼片5枚，卵状披针形，先端渐尖，边缘有柔毛和腺毛，偶有棒状分裂，外侧无毛，内侧有柔毛，反折；花瓣20～25枚，倒卵形，先端凹陷，初开时内瓣淡红色，后褪为粉白色，外瓣白色，具甜香味；花柱合生成柱状，浅红色，有柔毛，外伸，柱头黄色。果球形，直径0.6～0.8 cm；成熟时果皮橘红色，光滑无毛。

染色体倍性

$2n=2x=14$（待发表数据，2024）。

分布及生境

常栽培于云南；常见于村落、路旁。未见野生。

羽萼粉团蔷薇 *Rosa multiflora* Thunb. 'Yu-e Fentuan'

别名：Feather-like Calyx Cluster

Rosa multiflora Thunb. 'Yu-e Fentuan'= 'Feather-like Calyx Cluster', 中国古老月季. 219(2015).

形态描述

藤本。新枝长1～3 m，表皮绿色，无毛；叶柄下具成对的皮刺，常混有散生直立毛刺。小叶5～7枚，连叶柄长8～10 cm；小叶片长圆形，长2.5～3 cm，宽1～1.5 cm，先端尾尖或渐尖，边缘细密单锯齿；纸质；两面无毛；上面深绿色，下面灰绿色；叶柄和叶轴具小皮刺和稀疏柔毛及腺毛；托叶大部贴生于叶柄，离生部分披针形，边缘均具羽毛状长分裂和腺毛。花单季开放，10多朵呈伞房状聚伞花序；苞片卵状披针形，先端长尾尖，边缘羽毛状分裂，早落；花梗长1.5～2 cm，有稀疏腺毛；花朵直径5～6 cm；萼片5枚，卵状披针形，先端急尖，边缘1～2对大型裂片，形似宽羽毛，外侧有稀疏腺毛，内侧密被短柔毛，反折；花重瓣，花瓣20～25枚，狭倒卵形，先端圆钝，粉红色，无香味，花柱合生成柱状，黄绿色，无毛，外伸，柱头黄色。果球形，直径0.6～0.8 cm；成熟时果皮橘红色，光滑无毛。

染色体倍性

$2n=2x=14$（待发表数据，2024）。

分布及生境

常栽培于云南、四川；多见于村落、路旁。未见野生。

大花粉团蔷薇 *Rosa multiflora* Thunb. 'Dahua Fentuan'

别名：Large Blossom Cluster

Rosa multiflora Thunb. 'Dahua Fentuan'= 'Large Blossom Cluster', 中国古老月季. 212(2015).

形态描述

藤本。新枝长2 ~ 4 m，表皮绿色，无毛；具稀疏散生红色直立皮刺。小叶7 ~ 9枚，近花处常5枚，连叶柄长10 ~ 12 cm；小叶片椭圆形，长4 ~ 5 cm，宽2 ~ 2.5 cm，先端急尖，边缘有粗大单锯齿；厚纸质；两面无毛，上面深绿色，下面色浅；叶柄和叶轴无毛，具散生小皮刺；托叶大部与叶柄合生，离生部分披针形，边缘有细长羽毛状分裂。花单季开放，数朵呈伞房状聚伞花序；苞片卵状披针形，先端渐尖，边缘羽毛状分裂，早落；花梗长2 ~ 3 cm，有腺毛；花朵直径5 ~ 7 cm；萼片5枚，卵状披针形，先端渐尖，边缘有腺毛和偶有片状分裂；外侧有腺毛，内侧密被柔毛，反折；重瓣，花瓣25 ~ 30枚，阔倒卵形，先端凹陷，深粉红色；具甜香味；花柱合生成柱状，外伸，柱头淡黄色。果卵球形，直径0.6 ~ 0.8 cm；成熟时果皮橘红色，无毛。

染色体倍性

$2n=2x=14$（待发表数据，2024）。

分布及生境

常栽培于江苏、四川、云南；常见于村落、路旁。未见野生。

紫红粉团蔷薇 *Rosa multiflora* Thunb. 'Zihong Fentuan'

别名：Purple Red Cluster

Rosa multiflora Thunb. 'Zihong Fentuan'= 'Purple Red Cluster', 中国古老月季. 221(2015).

形态描述

藤本。新枝长2～4 m，表皮绿色，无毛。叶柄下有成对稍下弯尖锐皮刺，偶具散生皮刺；小叶5～7枚，5枚居多，连叶柄长11～13 cm；小叶片卵形或近圆形，先端圆钝，长4～5 cm，宽3～3.5 cm；边缘具粗大单锯齿；纸质；两面无毛；上面绿色，下面色浅；叶柄和叶轴有小皮刺、柔毛和稀疏腺毛；托叶大部贴生于叶柄，离生部分披针形，边缘长齿状分裂和腺毛。花单季开放，数朵呈伞房状聚伞花序；苞片卵状披针形，先端长尾尖，边缘长齿状分裂，早落；花梗粗壮，长2.5～3 cm，被腺毛；花朵直径5～6 cm；萼片5枚，卵状披针形，边缘有1～2对裂片和被柔毛及腺毛，外侧无毛，内侧被柔毛，反折；花瓣30～40枚，近扇形，紫红色渐变为紫色，具玫瑰香味；花柱合生成柱状，黄绿色，外伸，柱头淡黄色。果近球形，直径0.6～0.8 cm；成熟时果皮红色，光滑无毛。

染色体倍性

$2n=2x=14$（待发表数据，2024）。

分布及生境

常栽培于江苏、云南等地；常见于村落、民居、路旁。未见野生。

白背紫花粉团蔷薇（新拟） *Rosa multiflora* Thunb. 'Baibei Zihua Fentuan'

形态描述

本种与紫红粉团形态相近，但花瓣为紫红色，后转为淡紫色，花瓣背面泛白色。

染色体倍性

$2n=3x=21$（待发表数据，2024）。

分布及生境

常栽培于南京、云南西北部；常见于村落、路旁。未见野生。

重台粉团蔷薇 *Rosa multiflora* Thunb. 'Chongtai Fentuan'

别名：Center-flowered Cluster

Rosa multiflora Thunb. 'Chongtai Fentuan'——*R. multiflora* Thunb. 'Center-flowered Cluster', 中国古老月季. 211(2015).

形态描述

藤本。新枝长1～3 m，表皮绿色，无毛；具散生稀疏直立皮刺。小叶5～7枚，连叶柄长10～12 cm；小叶片椭圆形，长4～5 cm，宽2～2.5 cm，先端急尖或短尾尖，边缘有圆钝单锯齿；纸质；上面有稀疏短柔毛，下面密被长柔毛；叶柄和叶轴有小皮刺和短柔毛；托叶短且窄，大部贴生于叶，离生部分披针形，边缘具片状分裂和腺毛。花单季开放，2～6朵呈伞房状聚伞花序；苞片卵形，先端急尖，边缘有齿状分裂，早落；花梗长1～2 cm，被柔毛，花朵直径4～5 cm；萼片5枚，卵状披针形，先端渐尖，边缘常有棒状分裂，内外被柔毛；花瓣30～40枚，阔倒卵形，先端圆钝或微凹，玫红色，后转为深粉色，有紫色调，具甜香味；花柱常畸变成另一朵花，呈花上有花奇观。果未见。

染色体倍性

$2n=2x=14$（待发表数据，2024）。

分布及生境

常栽培于云南西北部；见于村落、民居。未见野生。

七姊妹 *Rosa multiflora* Thunb. 'Platyphylla' ('Qi Zi Mei')

别名：十姊妹、七姐妹、Grevillei

Rosa multiflora Thunb. 'Platyphylla'= 'Grevillei'= 'Qi Zi Mei', 中国花卉品种分类学. 145(2001)——*R. multiflora* Thunb. var. *carnea* Thory in Redoute, Roses, 2:67. t.(1821); Sarg. Pl. Wils. 2:305(1915); 江苏南部种子植物手册. 358(1959). Enum. Flow. Pl. Nepal 2:143(1979); 中国植物志. 37:429(1985); Fl. China 9:370(2003)——*R. multiflora* Thunb. var. *platyphylla* Thory in Redoute, Roses, 2:69. t.(1821); 秦岭植物志. 1(2):573(1974)——*R. lebrunei* H. Lév. in Bull. Acad. Geog. Bot. 25:46(1915), et Cat. Pl. Yunnan:235(1917)——*R. blinii* H. Lév. in Bull. Acad. Geog. Bot. 25:46(1915), et Cat. Pl. Yunnan:234(1917)——*R. multiflora* Thunb. var. *carnea* Thory f. *platyphylla* Rehder et E. H. Wilson in Sarg. Pl. Wils. 2:306(1915).

形态描述

本品种花重瓣，花瓣20～35枚，浅粉色至粉红色变化。果早落。

染色体倍性

$2n=3x=21$（马燕和陈俊愉，1991）；$2n=2x=14/2n=4x=28$（刘东华和李懋学，1985）；$2n=2x=14$（Jian *et al*., 2014）。

分布及生境

全国广泛栽培，适应性强。

荷花蔷薇 *Rosa multiflora* Thunb. 'Carnea' ('He Hua')

别名：粉红七姊妹

Rosa multiflora Thunb. 'Carnea'= 'He Hua', 中国花卉品种分类学. 145(2001)——*Rosa multiflora* Thunb. var. *carnea*. Hu, 经济植物手册. 1(2):632(1955); 观赏树木学. 604(1984); 中国植物志. 37:429(1985).

形态描述

花重瓣，粉红色至肉粉色，多朵成簇。

染色体倍性

$2n=2x=14$（赵红霞 等, 2015）。

分布及生境

华北各地常栽培观赏。

讨论

本品种于1804年由东印度公司（East India Company）埃文斯（Thomas Evans）自中国引至英国，被认为是野蔷薇类型西传之始（陈俊愉, 2001）。

白玉堂 *Rosa multiflora* Thunb. 'Albo-plena' ('Bai Yu Tang')

Rosa multiflora Thunb. 'Albo-plena'= 'Bai Yu Tang', 中国花卉品种分类学. 145(2001)——*R. multiflora* Thunb. var. *albo-plena* T. T. Yu et T. C. Ku in 植物研究. 1(4):12(1981); 中国植物志. 37:429(1985); Fl. China 9:370(2003)——*R. miyiensis* T. C. Ku in 植物研究. 10(1):9(1990); Fl. China 9:373(2003)——*R. kunmingensis* T.C.Ku in 植物研究. 10(1):10(1990); Fl. China 9:371(2003)——*R. kwangtungensis* var. *plena* T. T. Yu & T. C. Ku in 植物研究. 1(4):13(1981); Fl. China 9:372(2003)——*R. kwangtungensis* var. *mollis* Metcalf, J. Arnold Arbor. 21:111. 1940; Fl. China 9:371(2003).

合并：米易蔷薇 *Rosa miyiensis* T. C. Ku；**昆明蔷薇** *Rosa kunmingensis* T. C. Ku；**重瓣广东蔷薇** *Rosa kwangtungensis* var. *plena* T. T. Yu et T. C. Ku；**毛叶广东蔷薇** *Rosa kwangtungensis* var. *mollis* F. P. Metcalf

形态描述

藤本。新枝长1～3 m，表皮绿色，无毛；具散生稀疏小型钩状皮刺。小叶5～7枚，连叶柄长9～11 cm；小叶片长圆形，长3.5～4 cm，宽2～2.5 cm，先端渐尖或尾尖，边缘单锯齿；厚纸质；两面无毛或疏被柔毛，叶背沿脉毛最多，小叶上面毛较少；小叶上面深绿色，下面灰绿色；叶柄和叶轴具稀疏小皮刺和稀疏腺毛及柔毛；托叶大部贴生于叶柄，离生部分披针形，边缘均具长齿状分裂和腺毛。花单季开放，数10朵呈复伞房状聚伞花序；苞片卵状披针形，先端尾尖，边缘齿状分裂，早落；花梗长1～2 cm，有腺毛；花朵直径3～5 cm；萼片5枚，卵状披针形，先端扩展成叶状；边缘有腺毛和偶有棒状分裂，外侧被腺毛，内侧被短柔毛，反折；花瓣15～20枚，倒卵形，先端圆钝，初开粉白色或白色，盛开白色，具香味；花柱合生成柱状，黄绿色，外伸，柱头黄色。果卵球形，直径0.4～0.5 cm；成熟时果皮橘红色，光滑无毛。

染色体倍性

$2n=2x=14$（刘东华和李懋学，1985；马燕和陈俊愉，1991；马燕和陈俊愉，1992）。

分布及生境

常见栽培于全国各地。

讨论

‘白玉堂’为古老的野蔷薇品种，《中国植物志》收录为野蔷薇变种，按照《国际栽培植物命名法规》，现重新修订回栽培品种。该品种栽培中花径大小及花瓣数量有差异。

Flora of China 收录的米易蔷薇 *R. miyiensis*、昆明蔷薇 *R. kunmingensis*、重瓣广东蔷薇 *R. kwangtungensis* var. *plena*（见 p405）、毛叶广东蔷薇 *R. kwangtungensis* var. *mollis*（见 p405）与本品种的性状描述几乎一致，以上查阅文献及相关标本发现性状呈现信息不全，但典型特征都是白花重瓣，且托叶齿裂状，结合实地调查比较，认为以上蔷薇皆为‘白玉堂’的同物异名。

琅琊山蔷薇 *Rosa langyashanica* D. C. Zhang. et J. Z. Shao

Rosa langyashanica D. C. Zhang. et J. Z. Shao in Acta Phytotax. Sin. 35:265(1997); Fl. China 9:370(2003).

形态描述

灌木。高2～3 m，表皮绿色，无毛，向阳面常红褐色；具散生钩状皮刺，皮刺淡黄色。小叶7～9枚，连叶柄长5～9 cm；小叶片长椭圆形，最下1对小叶最小，长1.3～2 cm，宽0.4～0.7 cm，顶部小叶和中部小叶最大，长2.8～3.5 cm，宽1～1.4 cm，先端渐尖或急尖，边缘具尖锐深锯齿，偶有重锯齿或锐裂；叶纸质；两面无毛，上面深绿色，下面色浅；叶柄和叶轴有稀疏柔毛和小皮刺；托叶大部与叶柄合生，离生部分披针形，边缘具齿状分裂。花单季开放，数朵呈伞房状聚伞花序着生枝顶，常具5～9朵花，通常最下面1～2朵花，与花序轴同出于叶腋；花序基部苞片1～2枚，卵状披针形，

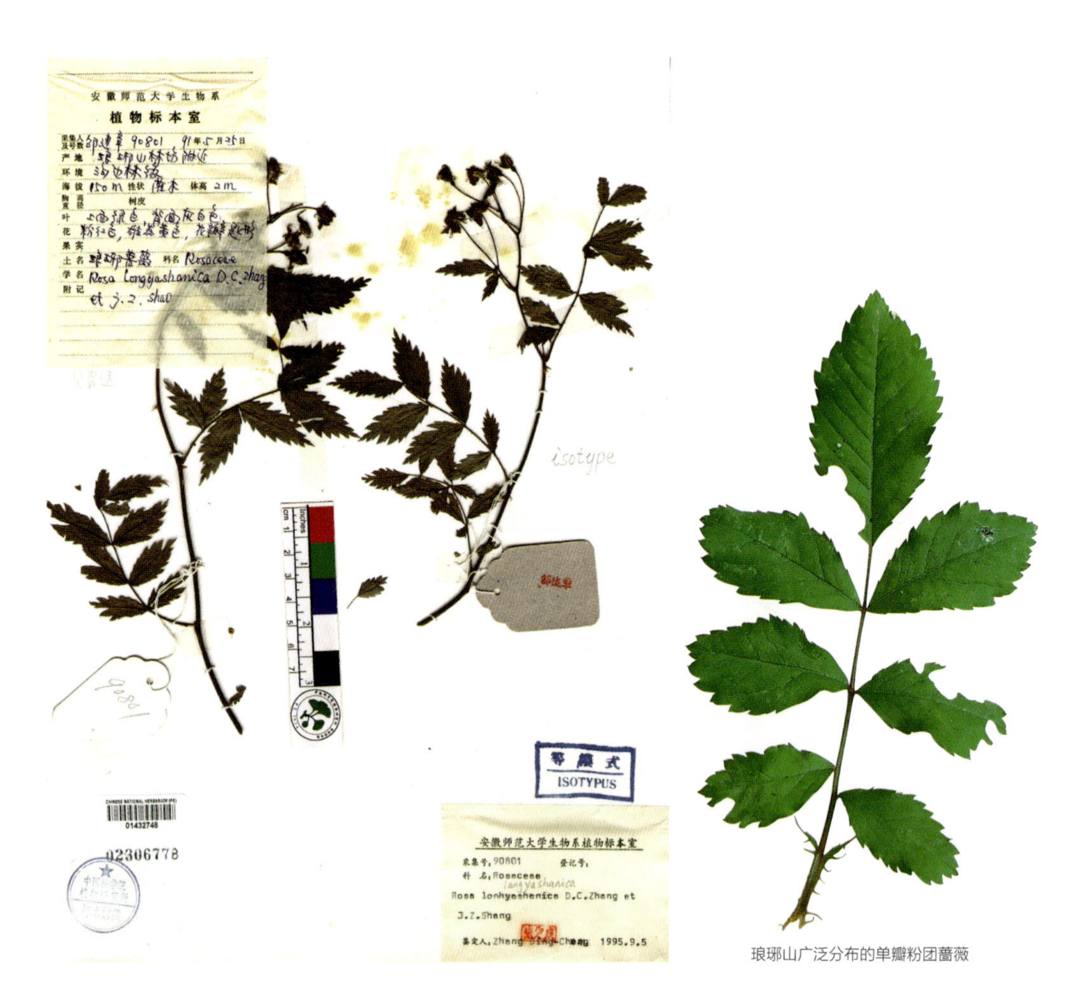

琅琊山广泛分布的单瓣粉团蔷薇

边缘齿状分裂，早落；花梗长2～3 cm，被腺毛；花朵直径2～3 cm；萼片5枚，卵状披针形，先端长尾尖，全缘，外侧被稀疏腺毛，内侧被柔毛，反折；花单瓣，花瓣5枚，粉红色，无香；花柱结合柱状，外伸，长于雄蕊。果倒卵球形，直径0.6～0.8 cm；成熟时果皮红色或橘红色，无毛。

分布及生境

分布于安徽滁州，为琅琊山特有植物；生林缘、路边，海拔100～200 m。

讨论

本种为1997年发现的新种，花粉红色，托叶深度齿状分裂，但多次实地调查无结果，而琅琊山地区主要分布的种类为单瓣粉团蔷薇 *R. multiflora* var. *cathayensis*，结合标本的花序性状、花色及托叶性状，本种可能与野蔷薇 *R. multiflora* 关系密切，或是其自然变异，有待考证。调查中仅发现几枚单瓣粉团蔷薇的变异小叶如图。

琅琊山广泛分布的单瓣粉团蔷薇

光叶蔷薇（原变种） *Rosa lucieae* Franchet et Rochebrune var. *lucieae*

别名：维屈蔷薇

Rosa lucieae Franch. et Roch. ex Crép. Bull. Soc. Bot. Belg. 10:323(1871); Curtis's Bot. Mag. 121:t. 7421(1895); 中国植物志. 37:432(1985); Fl. China 9:373(2003)——*Rosa wichuraiana* Crép. in Bull. Soc. Bot. Belg. 25:189(1886); Ill. Handb. Laubh. 1:540. f. 319 h-h4. 320(1905); Gen. Ros. 1:59(1911); Sarg. Pl. Wils. 2:335(1915), et Journ. Arn. Arb. 13:311(1932); 广州植物志. 295(1956); Fl. Jap. 540(1965)——*R. taqueti* H. Lév. in Fedde, Repert. Sp. Nov. 7:199(1909); Gen. Ros. 2:511(1914); Bull. Nat. Sci. Mus. Tokyo no. 31:59(1952)——*R. acicularis* Lindl. var. *taguetii* (H. Lév.) Nakai in Bot. Mag. Tokyo 30:214(1916)——*R. uniflorella* T. T. Yu & T. C. Ku in 植物研究. 1(4):12(1981), not Galushko(1959); 中国植物志. 37:431(1985); Fl. China 9:371(2003)——*R. daishanensis* T. C. Ku in 植物研究. 10(1):11(1990); Fl. China 9:370-371(2003)——*R. shangchengensis* T. C. Ku in 植物研究. 10(1):8(1990); Fl. China 9:377(2003).

合并：单花合柱蔷薇 *Rosa uniflorella* Buzunova；**岱山蔷薇** *Rosa daishanensis* T. C. Ku；**商城蔷薇** *Rosa shangchengensis* T. C. Ku

形态描述

藤本。新枝长1～3 m，表皮向阳面呈紫褐色，无毛；具成对和散生小皮刺，皮刺基部膨大直尖，红褐色。小叶5～7枚，连叶柄长8～10 cm；小叶片倒卵形、卵形或椭圆形，长3～5 cm，宽1.5～2 cm，先端急尖或圆钝，边缘具尖锐单锯齿和部分重锯齿；叶薄纸质；小叶片外缘明显下弯，边缘带紫色，老后上面紫色，有稀疏柔毛，下面灰绿色，沿叶脉有柔毛；叶柄和叶轴嫩时紫红色，被稀疏腺毛及小皮刺；托叶大部贴生于叶柄，离生部分披针形，边缘具不规则稀疏齿状分裂，裂片边缘被腺毛。花单季开放，单生或数朵呈伞房状聚伞花序着生枝顶；花序基部苞片常2枚，卵状披针形，边缘浅裂，具腺毛，早落；花梗长0.8～1 cm，表皮红色，被腺毛；花朵直径3～4 cm；萼片5枚，卵状披针形，先端渐尖，长0.5～0.6 cm，边缘有柔毛和细密腺毛，外侧有腺毛，内侧被柔毛，平展；花单瓣，花瓣5枚，倒卵形，先端圆钝或微凹，白色，具木香花香味；花柱合生成柱状，黄绿色，外伸，柱头黄色。果卵球形，直径0.6～0.8 cm；成熟时果皮橘红色，被稀疏腺毛。

染色体倍性

$2n=2x=14$（张婷 等，2018）；光叶蔷薇（维屈蔷薇）*R. wichuraiana*（Ma *et al*., 1997; Yokoya *et al*., 2000; Akasaka *et al*., 2002; Jian *et al*., 2014; 待发表数据，2024）。

分布及生境

广泛分布于广东、广西、福建、台湾、浙江、湖南、湖北、云南、河南等地；多生山坡或灌丛中，海拔150～1500 m。琉球群岛、朝鲜亦有分布。

讨论

本种与单花合柱蔷薇*R. uniflorella*、岱山蔷薇*R. daishanensis*及商城蔷薇*R. shangchengensis*形态特征相似，仅着花数量不同，分别为单朵、8～12朵、2～3朵，总论第三章已讨论将此3种定为光叶蔷薇同物异名。野外调查中，常见较小植株和细弱枝条着生单朵花，而较大植株和粗壮枝条则往往为伞房状花序，花数朵，此为发育与环境差异。另，钱力等（2008）发表了单花合柱蔷薇的亚种：腺瓣蔷薇*R. uniflorella* Buz. subsp. *adenopetala* L. Qian et X. F. Jin，区别在于托叶、叶柄和萼片仅密被短柔毛而无腺毛，小叶片较大，两面近无毛或疏被短柔毛，伞房花序具1～3花，花瓣宽倒卵形，以上特征也基本符合光叶蔷薇特征，且其描述中已非单花。

*Flora of China*收录了1变种——粉花光叶蔷薇*R. luciae* var. *rosea* H. L. Li，未采集到。总论第三章讨论了本种形态与广东蔷薇*R. kwangtungensis*、小金樱*R. taiwanensis*、太鲁阁蔷薇*R. pricei*的关系。分子系统学研究（未采集到小金樱、太鲁阁蔷薇）表明，光叶蔷薇与毛萼蔷薇*R. lasiosepala*、悬钩子蔷薇*R. rubus* f. *rubus*、广东蔷薇、山蔷薇*R. sambucina* var. *pubescens*、野蔷薇*R. multiflora* var. *multiflora*及其变种等有较近的关系。因此，本种应存在丰富的变异和基因交流，未来可作为较大的复合体研究。

光叶蔷薇（单花合柱蔷薇）

光叶蔷薇（岱山蔷薇）

光叶蔷薇（单花合柱蔷薇）

光叶蔷薇

光叶蔷薇（商城蔷薇）

卵果蔷薇（原变型）*Rosa helenae* Rehder et E. H. Wilson f. *helenae*

别名：野牯牛刺、牛黄树刺、巴东蔷薇

Rosa helenae Rehder et E. H. Wilson in Sara. Pl. Wils. 2:310(1915); Fl. Camb. Laos et Vietn. 6:140(1968), et in Fl. Thailand 2(l):64(1970); 秦岭植物志. 1(2):574(1974); 中国植物志. 37:438(1985); Fl. China 9:375(2003)— *R. floribunda* Baker in Willmott, Gen. Ros. 2:513(1914)

形态描述

藤本。新枝长2～4 m，表皮绿色，向阳面紫褐色，有稀疏紫红色腺毛；散生稀疏小型钩状皮刺。小叶7～9枚，连叶柄长13～15 cm；小叶片卵状披针形或卵形，长4.5～5 cm，宽2～2.5 cm，先端急尖或短尾尖，边缘单锯齿；叶薄纸质；上面无毛，深绿色，下面被柔毛，颜色浅；叶柄和叶轴有柔毛和小皮刺；托叶狭长，大部贴生于叶柄，离生部分披针形，先端渐尖，边缘具稀疏齿状分裂和柔毛。花单季开放，10～20多朵呈复伞房状聚伞花序着生枝顶；花序基部苞片常2枚，狭卵状披针形，先端常扩展成叶状，边缘被腺毛，早落；花梗长1～2 cm，密被腺毛；花朵直径3～4 cm；萼片5枚，卵状披针形，先端渐尖，边缘偶有线状分裂和柔毛，外侧被腺毛，内侧被柔毛；反折；花单瓣，花瓣5枚，狭倒卵形，先端凹陷，初开乳黄色，盛开白色；具甜香味；花柱合生成柱状，黄绿色，外伸，柱头黄绿色。果卵球形，直径0.5～0.6 cm；成熟时果皮红色，被腺毛。

染色体倍性

2*n*=2*x*=14（Täckholm, 1922; Jian *et al*., 2014; 李诗琦 等, 2017; 方桥, 2019）。

分布及生境

分布于云南、四川、贵州、陕西、甘肃、湖北等地；多生山坡、沟边和灌丛中，海拔1000 ~ 2000 m。泰国、越南亦有分布。

讨论

本变型与复伞房蔷薇*R. brunonii*差异较小，主要区别在于本变型花瓣狭倒卵形，初开乳黄色，果也小很多；后者花瓣倒卵形，露色时淡粉色，花序复伞房状，花朵数量多，果大。分子系统学证据表明二者亲缘关系很近，似可合并或作为复合体，具体见总论第三章讨论。

*Flora of China*还收录了2变型：重齿卵果蔷薇*Rosa helenae* Rehder et E. H. Wilson f. *duplicata* T. C. Ku [Bull. Bot. Res., Harbin 10(1): 12. 1990]，小叶边缘具重锯齿；腺叶卵果蔷薇*Rosa helenae* Rehder et E. H. Wilson f. *glandulifera* T. C. Ku [Bull. Bot. Res., Harbin 10(1): 12. 1990]，小叶边缘单锯齿，叶背有腺毛。

伞花蔷薇 *Rosa maximowicziana* Regel.

别名：钩脚藤、牙门杠、牙门太

Rosa maximowicziana Regel. in Acta Hort. Petrop. 5:378(1878); Fl. Sylv. Kor. 7:26. t. l.(1918); Rehd. in Journ. Arn. Arb. 13:312(1932); Bull. Nat. Sci. Mus. Tokyo no. 31:58(1952); 东北木本植物图志. 311(1955); 东北植物检索表. 154(1959); 中国植物志. 37:435(1985); Fl. China 9:373-374(2003)——*R. fauriei* H. Lév. in Fedde, Repert. Sp. Nov. 7:199(1909); Journ. Coll. Sci. Univ. Tokyo 31:482(1911).

形态描述

小灌木，匍匐具弓形枝。新枝长1 ~ 3 m，表皮红褐色；具成对和散生小型钩状皮刺，枝条下部常密被针刺。小叶7 ~ 9枚，偶有11枚，连叶柄长9 ~ 11 cm；小叶片长圆形，长2 ~ 3 cm，宽1.2 ~ 1.6 cm，先端渐尖，边缘单锯齿；叶革质；上面无毛，亮绿色，下面色浅，沿主脉有柔毛；叶柄和叶轴被柔毛，有稀疏小皮刺；托叶大部贴生于叶柄，离生部分卵状披针形，边缘均具短小疏离齿状分裂。花单季开放，数朵呈伞房状聚伞花序，着生小枝顶；花序基部苞片1 ~ 3枚，卵状披针形，先端渐尖，边缘有齿状分裂和稀疏腺毛；花梗长1.5 ~ 2 cm，被腺毛；花朵直径3 ~ 4 cm；萼片5枚，阔卵状披针形，先端渐尖，全缘，边缘被柔毛和稀疏腺毛，偶有细小棒状分裂，外侧被腺毛，内侧被柔毛，反折，宿存；花单瓣，花瓣5枚，倒卵形，先端凹陷，白色，具玫瑰香味；花柱合生成柱状，黄绿色，无毛，伸出萼筒外，柱头黄绿色。果卵球形，直径0.8 ~ 1 cm；成熟时果皮橘红色，无毛。

染色体倍性

$2n=2x=14$（待发表数据，2024）。

分布及生境

分布于吉林、辽宁、山东等地；多生路旁、沟边、山坡向阳处或灌丛中，海拔100 ~ 800 m。朝鲜及俄罗斯远东地区亦有分布。

讨论

本种与野蔷薇*R. multiflora*形态相似，但伞花蔷薇*R. maximowicziana*叶革质、边缘锯齿尖锐，托叶边缘非篦齿状，可加以区分；又与太鲁阁蔷薇*R. pricei* var. *pricei*相似，但后者小叶较圆、花柱有毛、果近球形。分子系统学研究显示，本种与光叶蔷薇*R. lucieae*、野蔷薇及其变种聚为一支，伞花蔷薇位于基部。

重瓣粉花伞花蔷薇 *Rosa maximowicziana* Regel. 'Chongban Fenhua'

别名：东北粉团蔷薇

Rosa maximowicziana Regel. 'Chongban Fenhua'——*R. multiflora* Thunb. 'Notheastern Cluster', 中国古老月季. 213(2015).

形态描述

本品种花瓣为重瓣，淡粉色，具浓玫瑰香味。

染色体倍性

$2n=2x=14$（待发表数据，2024）。

分布及生境

常见于东北各地，民居、村落常有栽培，未见野生。

太鲁阁蔷薇（原变种）*Rosa pricei* Hayata var. *pricei*

别名：普莱士蔷薇

Rosa pricei Hayata, Icon. Pl. Formos. 5:58. 1915; Woody Fl. Taiwan 299(1963); Fl. Taiwan 3:102(1977); Trees Taiwan 191(1988); Fl. Taiwan 2nd ed. 3:117(1993); Trees Taiwan 2nd ed. 159(1994); Fl. China 9:372-373(2003); Trees Taiwan 174(2017); Illustr. Fl. Taiwan 4:366(2017)——*R. kanzanensis* Masam., Trans. Nat. Hist. Soc. Formosa 26:55(1936).

形态描述

攀缘灌木，高可达2 ~ 5 m。小枝纤细，具散生钩状皮刺。小叶5 ~ 9枚，连叶柄长3 ~ 12 cm；小叶片卵圆形或椭圆形，长0.5 ~ 4 cm，宽0.5 ~ 2 cm，先端急尖、渐尖或圆钝，边缘具尖锐单锯齿；叶薄革质至革质；两面无毛或基部疏生短柔毛；叶柄和叶轴几乎无柔毛，被稀疏小皮刺、短腺体；托叶多数贴生叶柄，离生部分披针形，具短柔毛，边缘具疏锯齿及腺毛，先端渐尖。花单季开放，数朵不定，呈伞房状或总状聚伞花序生于小枝顶端；苞片小，狭卵形，先端渐尖，边缘被腺毛；花梗长2 ~ 2.5 cm，被短柔毛、腺毛；花朵直径1.5 ~ 3 cm；花托球形，被柔毛、腺毛或无毛；萼片5枚，卵状椭圆形，短于花瓣，反折，先端渐尖，两面被短柔毛，背面混生腺毛，边缘全缘或偶有小羽裂；花单瓣，花瓣5枚，长1 ~ 2 cm，宽1 ~ 1.5 cm，三角状倒卵形，先端微缺；白色或略带粉色，具香味；花柱合生成柱状，黄绿色，外伸长于雄蕊，密被长柔毛。果球形，直径0.6 ~ 0.8 cm；成熟时果皮红色或带紫色，有毛或无毛。

分布及生境

分布于台湾，贯穿中部山区；生山坡、路旁、水边，海拔500 ~ 2500 m。

讨论

本种除了与上述的小金樱 *R. taiwanensis* 相似，还与光叶蔷薇 *R. lucieae* 有较大的相似性，根据总论第三章的讨论，未来结合更多样本，似可一并作为复合体研究。另台湾地区发表有新种宜兰高山蔷薇 *R. yilanalpina*（Ying, 2022），采集于海拔1760 m山区，小叶（7）9，花柱有毛，特征与本种几乎一致，唯果实成熟时为黑色比较特殊，是否作为一新种，或作为本种一种下等级，有待进一步研究。

粉花太鲁阁蔷薇 *Rosa pricei* Hayata var. *rosea* (H. L. Li) L. Y. Hung

别名：粉花普莱士蔷薇

Rosa pricei Hayata var. *rosea* (H. L. Li) L. Y. Hung——*Rosa luciae* Fr. & Rochebr. var. *rosea* H. L. Li, Lloydia 14:235(1952); Woody Fl. Taiwan 298(1963); Fl. Taiwan 3:103(1977); Col. Illustr. Fl. Taiwan 1:457(1985); Trees Taiwan 192(1988).

形态描述

本变种与原变种区别在于本变种顶端小叶较长，接近卵状披针形，花色为浅粉红色。因分布海拔原因，花期也一般较原变种早。

分布及生境

分布于台湾，中低海拔山区；生山坡、石灰岩岩壁上，海拔500～1500 m。

腺梗蔷薇 *Rosa filipes* Rehder et E. H. Wilson

别名：刺毛蔷薇、刺柄蔷薇、白桂花

Rosa filipes Rehder et E. H. Wilson in Sarg. Pl. Wils. 2:311(1915); Curtis's Bot. Mag. 147:t. 8894(1938); 中国植物志. 37:441(1985); Fl. China 9:376(2003).

形态描述

藤本。新枝长 2 ~ 4 m，表皮绿色，无毛；具散生稀疏短小钩状皮刺。小叶 5 ~ 7 枚，连叶柄长 13 ~ 14 cm；小叶片卵形或长圆形，长 4.5 ~ 5 cm，宽 2.5 ~ 3 cm，先端渐尖或尾尖，边缘具尖锐单锯齿和部分重锯齿，齿尖常有腺；叶纸质；上面深绿色，被短柔毛，老后脱落；下面色浅，密被柔毛；叶柄和叶轴有小皮刺和被稀疏腺毛；托叶大部分贴生于叶柄，离生部分披针形，边缘具短小疏齿状分裂，先端被腺毛，老后皱缩，呈全缘状。花单季开放，数 10 朵呈复伞房状圆锥花序着生枝顶；花序基部苞片常 2 枚，卵状披针形，先端尾尖，边缘具腺毛，早落；花梗长 1.5 ~ 2 cm，密被紫红色腺毛；花朵直径 3 ~ 4 cm；萼片 5 枚，卵状披针形，先端渐尖，边缘被柔毛，外侧被腺毛和柔毛，内侧被柔毛，反折；花单瓣，花瓣 5 枚，倒卵形，先端圆钝，白色，具玫瑰香味；花柱合生成柱状，浅红色，外伸，柱头黄绿色。果近球形，直径 0.6 ~ 0.8 cm；成熟时果皮橘红色，被腺毛。

染色体倍性

$2n=2x=14$（Roberts *et al.*, 2009; Jian *et al.*, 2014）。

分布及生境

分布于云南西北部、四川西部、甘肃南部、陕西、西藏东部等地；生山坡、路边等处，海拔2000 ~ 3000 m。

讨论

本种果梗短粗，密被腺毛，是其显著特征。分子系统学证据表明其与卵果蔷薇 *R. helenae* f. *helenae*、复伞房蔷薇 *R. brunonii* 及泸定蔷薇 *R. ludingensis* 的关系较近。

高山蔷薇 *Rosa transmorrisonensis* Hayata

Rosa transmorrisonensis Hayata, Ic. Pl. Formos. 3:97(1913); Woody Fl. Taiwan:300(1963); Illustr. Ligneous Pl. Taiwan 1:460(1970); Fl. Taiwan 3:103(1977); 中国植物志. 37:380(1985); Trees Taiwan 192.(1988); Col. Illustr. Fl. Taiwan 1:514(1991); Fl. Taiwan 2nd ed. 3:119(1993); Fl. China 9:372(2003).

形态描述

攀缘或匍匐灌木。新枝长2～4 m，表皮绿色，无毛或幼枝被柔毛或腺毛；有成对或松散皮刺。小叶5～9枚，近花序处常3枚，连叶柄长4～10 cm；小叶片椭圆形或长圆形，长0.8～3.5 cm，宽0.5～2 cm，先端急尖或圆钝，或截形，叶缘具稀疏单锯齿，中下部较少；叶草质或薄革质；上面近无毛，深绿色，有时下面沿叶脉被疏生腺毛或短柔毛；叶柄和叶轴被短柔毛和腺毛，疏生小钩皮刺；托叶多数与叶柄合生，离生部分披针形，1～2 cm，两面近无毛或疏生短柔毛，边缘齿丝状分裂，被柔毛和稀疏腺毛。花单季开放，1～2朵或数朵呈伞房状复合聚伞花序着生于小枝顶端；花序基部苞片常1枚，宽卵形，先端渐尖，边缘被腺毛或短柔毛；花梗长1.5～2 cm，被柔毛和腺毛或无毛；花朵直径1.8～2.5 cm；花托无毛或有腺；萼片5枚，卵状椭圆形，先端渐尖，外侧密被短柔毛、腺毛，内侧被短柔毛、腺毛或无毛；花单瓣，花瓣5枚，三角状倒卵形，长1～2 cm，宽1～1.5 cm，先端微缺，白色，具香味；花柱黄绿色，外伸，等长或稍长于雄蕊，无毛或近无毛。果近球形，直径0.6～0.8 cm，有时具少数腺体；成熟时果皮微红，有光泽。

分布及生境

分布于我国台湾；多生于中部山脉的高海拔地区，灌丛、斜坡、路边；海拔2300～3000 m。菲律宾亦有分布。

讨论

该种最早记载为花单生，小叶极小（Hayata, 1913），后洪铃雅（2006）及Hung and Wang（2022）的野外观测并比对标本发现，其花除了单生还有花序，花量变化较大，小叶大小变化也较大，还发现本种与太鲁阁蔷薇*R. pricei* var. *pricei*在中低海拔的分布上有部分交叠，有一些介于二者之间的个体，可能是天然杂交。另台湾地区发表有新种合欢小叶蔷薇*R. hohuanparvifolia*（Ying, 2022），采集于合欢山主峰，海拔3370 m，为低矮匍匐灌丛，其特征描述与本种无异，且花柱无毛的特征明显，应为本种在高海拔地区分布的匍匐类型（洪铃雅，2006），故宜兰高山蔷薇或作为本种异名，或可作一变型。

1
2
3
50
1

小金樱 *Rosa taiwanensis* Nakai

别名：台湾蔷薇、小金英

Rosa taiwanensis Nakai in Bot. Mag. (Tokyo) 30:238(1916); Formos. Trees rev. ed. 280(1936); Woody Fl. Taiwan 300(1963); Fl. Taiwan 3:103(1977); 中国植物志. 37:434-435(1985); Fl. China 9:372-373(2003).

形态描述

攀缘灌木。具长枝；小枝圆柱形，表皮绿色；嫩时微被柔毛，具散生粗壮钩状皮刺，可达6 mm，以及密集短小针刺、腺刺。小叶5 ~ 7（9）枚，连叶柄长3 ~ 12 cm；小叶片椭圆形至长椭圆形，长0.5 ~ 5 cm，宽0.5 ~ 2 cm，基部宽楔形或近圆形，先端圆钝或急尖，边缘具尖锐单锯齿；叶革质；两面无毛或沿中脉疏生短柔毛；叶柄和叶轴密被柔毛和稀疏小皮刺、腺体；托叶多数贴生叶柄，离生部分披针形，具短柔毛，边缘具疏锯齿及腺毛。花单季开放，数朵呈伞房状或总状聚伞花序生于小枝顶端；苞片小，狭卵形至狭披针形，先端渐尖，边缘被柔毛或腺毛；花梗长1 ~ 3 cm，被柔毛、腺毛或无毛；花朵直径1.5 ~ 3 cm；花托球形，被柔毛、腺毛或无毛；萼片5枚，卵状椭圆形，反折，先端渐尖，两面被短柔毛或无毛，背面混生腺毛，边缘全缘；花单瓣，花瓣5枚，长1 ~ 2 cm，宽1 ~ 1.5 cm，倒卵形或三角状倒卵形，先端圆钝或微缺，基部宽楔形；白色，具香味；花柱合生成柱状，黄绿色，外伸，密被柔毛，柱头浅黄色。果球形，直径0.5 ~ 0.8 cm；成熟时果皮红色，一般无毛。

染色体倍性

$2n=2x=14$（骆东灵 等，2023）。

分布及生境

分布于台湾；生山坡、路旁、水边，海拔500～2500 m。

讨论

本种与太鲁阁蔷薇*R. pricei* var. *pricei*形态特征很相似，有的学者主张合并二者。Hong *et al*.（2022）认为本种小叶通常5～7，沿脉和叶轴有柔毛，而太鲁阁蔷薇一般小叶7～9，小叶一般无毛，且羽状复叶的顶端小叶形状亦有所区别，并建议列入易危物种。另台湾地区发表有新种邵氏蔷薇*R. shaolinchiensis*（Ying, 2022），采集于海拔1780 m山区疏林，小叶5～7，花柱有毛，特征与本种极其相似，唯花序之花朵数偏少，2～4朵聚伞，疑为本种在特别环境下之少花类型，是否合并有待进一步研究。

复伞房蔷薇 *Rosa brunonii* Lindl.

别名：倒钩刺、万朵刺、勃朗蔷薇

Rosa brunonii Lindl. Ros. Monogr:120. t. 14(1820); Curtis's Bot. Mag. 69:t. 4030(1843); Sarg. Pl. Wils. 2:306(1915); Journ. Arn. Arb. 10:87(1929); Symb. Sin. 7:525(1933); Funa & Fl. Nepal Himal. 1:156(1952-53); Fl. E. Himal:127(1966), et 2:55(1971); Enum. Flow. Pl. Nepal 2:143(1979); 中国植物志. 37:436(1985); Fl. China 9:374(2003)——*R. moschata* var. *nepalersis* Lindl. in Bot. Reg. 10:t. 829(1824); Gen. Ras. 1:37. t.(1911)——*R. pubescens* Roxb. Fl. Ind. ed. 2(2):514(1832)——*R. clavigera* H. Lév. in Repert. Spec. Nov. Regni Veg. 13:338(1914)——*R. moschata* auct. non Mill.(1874); For. Fl. Brit. Ind:201(1874); Fl. Brit. Ind. 2:367(1878).

形态描述

藤本。新枝长2～4 m，表皮绿色，向阳面浅红褐色；有稀疏腺点和小钩状皮刺，皮刺紫褐色。小叶7枚，近花处常5枚，连叶柄长14～16 cm；小叶片长圆形，长5～6 cm，宽2～2.5 cm，先端渐尖或尾尖，边缘具尖锐单锯齿；叶近革质；上面无毛，深绿色，下面被长柔毛，浅绿色；叶柄和叶轴有稀疏腺毛和小皮刺；托叶大部贴生于叶柄，离生部分披针形，边缘有不规则齿状分裂和腺点，干后皱缩和脱落，呈全缘状。花单季开放，多达近30朵呈复伞房状聚伞花序着生小枝顶；花序基部苞片1～3枚，较小，卵状披针形，边缘被腺毛，早落；花梗长2.5～3.5 cm，密被腺毛；花朵直径4～5 cm；萼片5枚，卵状披针形，先端渐尖，外侧被腺毛，内侧被柔毛；边缘被柔毛和腺毛，偶有一对裂片，平展；花单瓣，花瓣5枚，倒卵形，先端圆钝，露色时淡粉色，开放后白色，具甜香味；花柱合生成柱状，淡红色，外伸，柱头黄色。果卵球形，直径1～1.2 cm；成熟时果皮橘红色，密被腺毛。

染色体倍性

$2n=2x=14$（Hurst, 1928; Roberts *et al.*, 2009; Jian *et al.*, 2013; 李诗琦 等, 2017; 方桥, 2019）。

分布及生境

分布于云南、四川、西藏；多生林下或河谷林缘灌丛中，海拔2600 ~ 3000 m。阿富汗、巴基斯坦、缅甸亦有分布。

讨论

本种原划分至全缘托叶系，但实际观察中发现其托叶边缘有不规则齿裂，较小，且老叶期脱落，本书归入齿裂托叶系。分子系统学证据表明，本种与绣球蔷薇*R. glomerata*、卵果蔷薇*R. helenae*、腺梗蔷薇*R. filipes*、泸定蔷薇*R. ludingensis*的亲缘关系较近。

银粉蔷薇 *Rosa anemoniflora* Fort. ex Lindl.

别名：银莲花蔷薇

Rosa anemoniflora Fort. ex Lindl. in Journ. Hort. Soc. Lond. 2:315(1874); Gen. Ros. 1:67. t.(1911); Sarg. Pl. Wils. 2:336(1915); 中国植物志. 37:435(1985); Fl. China 9:374(2003)——*R. sempervirens* βanemoniflora Regel in Acta Hort Petrop. 5:36(1878)——*R. triphylla* Roxb. ex Hemsl. in Journ. Linn. Soc. Bot. 23:247(1887).

形态描述

攀缘小灌木。枝条圆柱形，紫褐色；小枝细弱，无毛；散生钩状皮刺和稀疏腺毛。小叶3～5枚，稀5枚，连叶柄长4～11 cm；小叶片卵状披针形或长圆状披针形，长2～6 cm，宽0.8～2 cm，先端渐尖，基部圆形或宽楔形，边缘有紧贴细锐锯齿，上面中脉下陷，下面苍白色，中脉突起，两面无毛；叶柄无毛，叶轴有散生皮刺和稀疏腺毛；托叶狭窄，大部分贴生于叶柄，仅顶端分离，离生部分披针形，边缘有带腺锯齿。花单季开放，单生或数朵呈伞房状聚伞花序；苞片膜质，极早落，花梗长1～3.5 cm，无毛，有稀疏的腺毛；花朵直径2～2.5 cm；萼片5枚，披针形，先端渐尖，全缘，上面无毛，下面有短柔毛，边缘有稀疏腺毛，花后反折；花瓣5枚，粉红色或粉白色，倒卵形，先端微凹，基部楔形；花柱合生成柱状，伸出，有柔毛，比雄蕊稍长。果实卵球形，直径约0.7 cm；成熟时果皮紫褐色，无毛。

染色体倍性

$2n=2x=14$（待发表数据，2024）。

分布及生境

《国家重点保护野生植物名录》二级保护植物。分布于福建；多生山坡、荒地、路旁、河边等处，海拔400～1400 m。

讨论

本种常具3枚纤细的卵状披针形小叶，尤其顶端小叶，在合柱组中较易识别。

重瓣银粉蔷薇 *Rosa anemoniflora* Fort. ex Lindl. 'Chong Ban'

别名：重瓣银莲花蔷薇、Plena

Rosa anemoniflora Fort. ex Lindl. 'Chong Ban'= 'Plena', 中国古老月季. 291(2015).

形态描述

本品种花重瓣，雄蕊瓣化，淡粉色或粉白色。

染色体倍性

$2n=2x=14$（待发表数据，2024）。

分布及生境

华东、华南有栽培。

讨论

本品种记载于《中国植物志》中，为栽培重瓣类型品种，园林应用中常与重瓣的粉团蔷薇品种混淆，通过小叶数、叶形、托叶等都易于区别。

泸定蔷薇 *Rosa ludingensis* T. C. Ku

Rosa ludingensis T. C. Ku in 植物研究. 10(1):4(1990); Fl. China 9:376(2003).

形态描述

藤本。新枝长2～4 m，表皮绿色，向阳面红褐色，有稀疏腺毛和白色蜡质层；具散生稀疏小型钩状皮刺。小叶通常7枚，偶有9枚，连叶柄长15～17 cm；小叶片狭卵形，长5～7 cm，宽2.5～3 cm，具长尾尖，边缘具重锯齿，齿尖具腺点；纸质；上面无毛或有稀疏柔毛，深绿色；下面密被腺毛，浅绿色；叶柄和叶轴密被腺毛和柔毛；有散生小皮刺；托叶大部贴生于叶柄，离生部分披针形，边缘具短小稀疏齿状分裂和腺毛，老后皱缩。花单季开放，数朵呈伞房状聚伞花序；苞片卵状披针形，先端长尾尖，边缘有腺毛，早落；花梗长2～3 cm，被腺毛；花朵直径3～4 cm；萼片卵状披针形，先端长尾尖，边缘有腺毛和偶有线状分裂，外侧具腺毛，内侧被柔毛，反折；单瓣，花瓣5枚，倒卵形，先端圆钝，白色，具甜香味；花柱合生成柱状，淡红色，外伸，柱头黄绿色。果卵球形或椭球形，直径0.8～1 cm；成熟时果皮橘红色，有腺毛。

染色体倍性

$2n=2x=14$（待发表数据，2024）。

分布及生境

分布于四川西部、云南西北部、西藏东部；海拔1700 ~ 2000 m。

讨论

本种与腺梗蔷薇*R. filipes*、卵果蔷薇*R. helenae*相似，唯本种小叶重锯齿明显、果型偏椭球形，有一定区别。分子系统学证据表明这三者及复伞房蔷薇*R. brunonii*亲缘关系较近。

长尖叶蔷薇（原变种）*Rosa longicuspis* Bertol. var. *longicuspis*

别名：栉棠果、粉棠果

Rosa longicuspis Bertol. in Mem. Acad. Sci Bologn. 11:101. t. 13. (Mist. Bot. 21:15.)(1861); Fl. Brit. Ind, 2:367(1878); Pl. Yunnan:235(1917); Journ. Arn. Arb. 13:314(1932), et 17:339(1936); 中国植物志. 37:440(1985); Fl. China 9:375(2003)——*R. moschata* var. *yunnanensis* Crép. in Bull. Soc. Bot. Belg. 25(2):8(1886); pl. Delav:218(1890)——*R. willmottiana* H. Lév. in Fedde, Repert. Sp. Nov. 9:299(1912); Gen. Ros. 1:73(1911)——*R. charbonneaui* H. Lév. l. c. 13:338(1914)——*R. lucens* Paul & Son, Rose Cat. 1915-16:15(1915)——*R. yunnanensis* (Crép.) Bouleng. Bull. Jard. Bot. Bruxell. 9:235(1933).

形态描述

匍匐藤本。新枝长2～4 m，表皮红褐色，有稀疏腺毛和短粗钩状皮刺。小叶7～9枚，连叶柄长12～14 cm；小叶片长圆形，长6～7 cm，宽2.5～3 cm，先端尾尖或渐尖，边缘具尖锐单锯齿；叶革质；两面无毛，上面光亮深绿色，下面色浅；叶柄和叶轴有小皮刺和极稀疏腺毛；托叶膜质，大部贴生于叶柄，离生部分披针形，边缘有细密齿状分裂，因托叶膜质，老后皱缩，导致齿状分裂不明显。花单季开放，10多朵呈伞房状聚伞花序，着生于小枝顶；苞片3～5枚，狭卵状披针形，先端长尾尖，边缘被柔毛，中脉明显，极早落；花梗长2～3 cm，被腺毛；花朵直径4～5 cm；萼片5枚，卵状披针形，先端尾尖，边缘和外侧被柔毛和腺毛，偶有线状裂片，内侧被短柔毛，平展或直立，宿存；花单瓣，花瓣5枚，扇形，先端微凹或有尖角，白色，具甜香味；花柱合生成柱状，浅红色，被柔毛，外伸，长于雄蕊，柱头黄绿色。果倒卵球形，直径1.2～1.5 cm；成熟时果皮黄褐色，被稀疏腺毛，常有龟裂纹。

染色体倍性

$2n=2x=14$（Hurst, 1928; Jian *et al.*, 2013; 李诗琦 等, 2017; 张婷 等, 2018; 待发表数据，2024）。

分布及生境

分布于云南、四川、重庆、贵州；生丛林中，海拔600 ~ 2800 m。印度北部、东喜马拉雅地区亦有分布。

讨论

本种分布较广，叶片大小及小叶数有差异，但叶型、叶片光亮革质的性状较稳定。分子系统学证据表明其与绣球蔷薇 *R. glomerata* 关系较近。

多花长尖叶蔷薇 *Rosa longicuspis* Bertol. var. *sinowilsonii* (Hemsl.) T. T. Yu et T. C. Ku

Rosa longicuspis Bertol. var. *sinowilsonii* (Hemsl.) T. T. Yu et T. C. Ku in 植物研究. 1(4):15(1981); 中国植物志. 37:441(1985); Fl. China 9:375(2003)——*R. sinoiuilsoni* Hemsl. in Kew Bull:158(1906); Gen. Ros. 1:73(1911).

形态特征

本变种叶片边缘具部分重锯齿。花朵达30朵以上，为复伞房状聚伞花序。果小，直径0.6 ~ 0.8 cm。

染色体倍性

$2n=2x=14$（Roberts *et al.*, 2009; 李诗琦 等, 2017）。

分布及生境

分布于云南、四川、贵州等地；生丛林或山坡，海拔2600 ~ 3200 m。

重瓣白花长尖叶蔷薇（新拟） *Rosa longicuspis* Bertol. 'Chongban Baihua'

形态描述

匍匐藤本。新枝长2～4 m，表皮浅褐色，密被有柄腺体；具散生钩状皮刺。小叶5～7枚，连叶柄长12～13 cm；小叶片长圆形，长5～6 cm，宽2.5～3 cm，先端长尾尖，边缘具尖锐单锯齿和部分重锯齿，齿尖常有腺点；叶革质；上面无毛，光亮绿色，下面被腺毛，浅绿色；叶柄和叶轴有散生小皮刺和密被腺毛；托叶大部贴生于叶柄，离生部分披针形，边缘具细小齿状分裂和腺毛，老后皱缩。花单季开放，2～10朵呈伞房状聚伞花序，少单生；花序基部苞片3～5枚，卵状披针形，先端急尖，边缘被腺毛，早落；花梗长2.5～3 cm，密被腺毛；花朵直径5～6 cm；萼片5枚，卵状披针形，先端尾尖，边缘被长柔毛，偶有线状分裂，外侧被腺毛，内侧被柔毛，平展；花瓣15～20枚，倒卵形，先端微凹，白色，具甜香味；花柱合生成柱状，外伸，黄绿色，长于雄蕊，柱头浅黄色。果倒卵球形，直径0.8～1 cm；成熟时果皮黄褐色，龟裂。

染色体倍性

$2n=2x=14$（待发表数据，2024）。

分布及生境

分布于云南中部、西北部，四川西部；海拔1100 ~ 2000 m，常见于村落、路旁，未见野生。

讨论

本品种与长尖叶蔷薇*R. longicuspis* var. *longicuspis*形态相近，尤其叶形、质地、托叶相同；依据形态鉴定其为长尖叶蔷薇的重瓣品种。分子系统学证据表明，本品种与光叶蔷薇*R. lucieae*的亲缘关系较近。

重瓣粉花长尖叶蔷薇 *Rosa longicuspis* Bertol. 'Chongban Fenhua'

别名：海棠粉团

Rosa longicuspis Bertol. 'Chongban Fenhua'——*R. multiflora* Thunb. 'Chinese Flowering Apple Cluster', 中国古老月季. 214(2015).

形态描述

匍匐藤本。新枝长2～4 m，表皮绿色，偶有稀疏腺点；具散生钩状皮刺。小叶7～9枚，连叶柄长8～9 cm；小叶片椭圆形，长2～2.5 cm，宽1.5～2 cm，先端急尖或渐尖，边缘具粗大单锯齿和部分重锯齿；叶革质，两面无毛，上面光亮深绿色，下面色浅；叶柄和叶轴有小皮刺和稀疏腺毛；托叶大部分贴生于叶柄，离生部分披针形，边缘具稀疏、长短不等的齿状分裂，裂片上被腺毛。花单季开放，10多朵呈伞房状聚伞花序着生于枝顶；花序基部苞片大型，3～5枚，卵状披针形，先端长尾尖，中脉明显，边缘羽状分裂，早落；花梗长1～2 cm，被腺毛；花朵直径3～4 cm；萼片5枚，细小，卵状披针形，边缘被腺毛或偶有细小分裂，反折；花瓣30～35枚，阔倒卵形，先端微凹，初开时玫红色或粉红色，后褪色成粉红色或粉白色，具淡甜香味；花柱初时结合成柱状，黄绿色，外伸，成熟后分离，柱头淡黄色。果卵球形，小型，早落，直径0.4～0.5 cm；成熟时果皮红褐色，有龟裂。

染色体倍性

$2n=2x=14$（待发表数据，2024）。

分布及生境

分布于云南、贵州、四川、重庆、西藏；海拔800 ~ 1800 m。见于村落、路旁。未见野生。

讨论

本品种的叶形、叶质感、果实的形态特征都接近于长尖叶蔷薇（原变种）*R. longicuspis* var. *longicuspis*，故形态鉴定为其重瓣品种。但本品种托叶特征则为齿状分裂，分子系统学证据表明，本品种与野蔷薇*R. multiflora*及其变种、光叶蔷薇*R. lucieae*的亲缘关系较近，因此维持本品种作为野蔷薇品种‘海棠粉团’的划分亦较可信。以上待进一步验证。

毛萼蔷薇 *Rosa lasiosepala* Metcalf

Rosa lasiosepala Metcalf in Journ. Arn. Arb. 21:274(1940); 中国植物志. 37:441(1985); Fl. China 9:375-376(2003).

形态描述

藤本。新枝长3～5 m，表皮绿色，有棱，无毛；具散生小型钩状皮刺。小叶5枚，近花序处常3枚，连叶柄长18～20 cm；小叶片椭圆形，长8～10 cm，宽4～6 cm，先端尾尖或急尖，边缘具单锯齿；叶革质；两面无毛，上深绿色，下面浅绿色；叶柄和叶轴无毛，有稀疏小皮刺；托叶大部贴生于叶柄，离生部分卵状披针形，嫩时具稀疏齿状腺毛，老后干缩，似全缘状。花单季开放，数朵呈伞房状聚伞花序着生小枝顶，具总花梗，长3.5～4.5 cm；花序基部苞片3～4枚，卵状披针形，先端渐尖，边缘具柔毛，两面被柔毛，早落；花梗长3～4 cm，密被柔毛；花朵直径7～8 cm；萼片5枚，长1.5～2 cm，卵状披针形，先端渐尖，边缘常有棒状分裂且密被长柔毛，外侧密被长柔毛，内侧被短柔毛，反折；花单瓣，花瓣5枚，倒卵形，先端微凹或不平整，白色，有甜香味；花柱合生成柱状，黄绿色，外伸，被柔毛，柱头黄色。果近球形，直径0.8～1.2 cm；成熟时果皮红褐色，被稀疏柔毛。

染色体倍性

$2n=2x=14$（Jian *et al.*, 2014; 待发表数据，2024）。

分布及生境

分布于广西、广东、湖南和湖北；生山谷或山坡林中以及路旁、水边等处，海拔 900 ~ 1800 m。

讨论

本种叶片极大，革质，萼片外侧密被长柔毛。分子系统学研究表明，本种与光叶蔷薇 *R. lucieae*、悬钩子蔷薇 *R. rubus* f. *rubus* 亲缘关系较近。

广东蔷薇（原变种）*Rosa kwangtungensis* T. T. Yu et H. T. Tsai var. *kwangtungensis*

别名：野蔷薇

Rosa kwangtungensis T. T. Yu et H. T. Tsai in Bull. Fam. Mem. Inst. Biol. Bot. ser. 7:114(1936); Sunyatsenia 4:209(1940); 广州植物志. 295(1956); 中国植物志. 37:431(1985); Fl. China 9:371-372(2003).

形态描述

藤本。新枝长2～4 m，表皮绿色，向阳面紫红色，成熟后有白色蜡质层，具成对和散生小钩状皮刺。小叶5～7枚，连叶柄长8～10 cm；小叶片卵形或椭圆形，长3～4 cm，宽1.8～2.2 cm，先端急尖或渐尖，边缘具尖锐单锯齿；叶纸质；上面绿色，被稀疏柔毛，沿中脉柔毛密集，下面浅绿色，密被柔毛；叶柄和叶轴被柔毛和小皮刺及稀疏腺毛；托叶大部贴生于叶柄，离生部分披针形，边缘具不规则齿状分裂和稀疏腺毛。花单季开放，10多朵呈复伞状聚伞花序着生小枝顶；花序基部苞片1～2枚，卵状披针形，先端渐尖，边缘被稀疏腺毛，早落；花梗长1～2 cm，密被腺毛；花朵直径2～3 cm；萼片5枚，卵状披针形，先端渐尖，边缘被长柔毛，内外两侧有柔毛，平展；花单瓣，花瓣5枚，先端圆钝或微凹，白色，具淡香味；花柱合生成柱状，黄绿色，外伸，柱头黄色，有白色柔毛。果倒卵球形或近球形，直径0.8～1 cm；成熟时果皮红褐色，被稀疏腺毛。

染色体倍性

$2n=2x=14$（李诗琦 等, 2017; 待发表数据，2024）。

分布及生境

《国家重点保护野生植物名录》二级保护植物。分布于福建、广东、广西、湖南、贵州等地；多生山坡、路旁、河边或灌丛中，海拔100 ~ 500 m。

讨论

本种与野蔷薇（原变种）*R. multiflora* var. *multiflora*形态相近，但后者小叶多7 ~ 9枚，托叶常篦齿状分裂，易于区别。本种与台湾产小金樱*R. taiwanensis*、太鲁阁蔷薇*R. pricei*有相似性，见总论第三章讨论。分子系统学研究表明，本种与山蔷薇*R. sambucina* var. *pubescens*等关系较近。

《中国植物志》记载广东蔷薇的2个重瓣变种——毛叶广东蔷薇*R. kwangtungensis* var. *mollis*和重瓣广东蔷薇*R. kwangtungensis* var. *plena*应为栽培品种，结合形态及标本特征判断应为‘白玉堂’*R. multiflora* 'Albo-plena'（'Bai Yu Tang'）的同物异名（见p366）。

另徐耀良（1992）发表1粉花变型：粉花广东蔷薇*Rosa kwangtungensis* T. T. Yu et H. T. Tsai f. *roseoliflora* Y. B. Chang et Y. L. Xu，调查很少见，疑似当时发现为单株。本变型似与粉花太鲁阁蔷薇*R. pricei* var. *rosea*相似，待进一步查证。

绣球蔷薇 *Rosa glomerata* Rehder et E. H. Wilson

Rosa glomerata Rehder et E. H. Wilson in Sarg. Pl. Wils. 2:309(1915); Bull. Jard. Bot. Bruxell. 9:25(1933); Symb. Sin. 7:525(1933); 中国植物志. 37:437(1985); Fl. China 9:374(2003).

形态描述

藤本。新枝长2～4 m，表皮绿色，无毛，具稀疏紫褐色腺点；有散生小型钩状皮刺。小叶5～7枚，偶有9枚，连叶柄长14～16 cm；小叶片卵形或长圆形，长6～7 cm，宽3～4 cm，先端渐尖，边缘具圆钝单锯齿；叶厚纸质或近革质；上面深绿色，有稀疏柔毛，表面不平整，具褶皱；下面颜色浅，密被长柔毛；叶柄和叶轴被柔毛并具腺点和小皮刺；托叶长2～3 cm，膜质，大部贴生于叶柄，离生部分耳状，全缘，有腺毛。花单季开放，多至80多朵呈圆锥状聚伞花序着生枝顶；花序基部苞片常2枚，卵状披针形，具长尾尖，边缘具齿状腺毛，早落；常具总花（果）梗，长2～4 cm，小花（果）梗长1.5～2 cm，均被稀疏柔毛和腺毛；花朵直径3～4 cm；萼片5枚，卵状披针形，先端渐尖，全缘，边缘具柔毛，偶有棒状分裂，外侧有腺毛，内侧被柔毛，平展；花单瓣，花瓣5枚，狭倒卵形，先端圆钝或微凹，白色，具甜香味；花柱合生成柱状，浅绿色，被柔毛，外伸，与雄蕊近等长，柱头黄绿色。果倒卵球形或椭圆球形，直径0.8～1 cm；果皮早期被毛，成熟时果皮橘红色，腺毛和柔毛渐脱落。

染色体倍性

$2n=2x=14$（Roberts *et al.*, 2009; Jian *et al.*, 2014）。

分布及生境

分布于云南、四川、重庆、贵州、湖北；生山坡林缘、灌木丛中，海拔1300 ~ 3000 m。

讨论

本种是合柱组中观察到单个花序中花朵数量最多的种类。花序为圆锥状形似绣球，叶片较大，两面都有柔毛，较易辨认。本种与悬钩子蔷薇（原变型）*R. rubus* f. *rubus*形态相近，但后者花序着花一般少于10朵，多分布于海拔1600 m以下区域。分子系统学研究表明本种与复伞房蔷薇*R. brunonii*、卵果蔷薇*R. helenae* f. *helenae*、长尖叶蔷薇*R. longicuspis* var. *longicuspis*等关系较近。

重齿蔷薇 *Rosa duplicata* T. T. Yu et T. C. Ku

Rosa duplicata T. T. Yu et T. C. Ku in 植物分类学报. 18(4):501(1980); 中国植物志. 37:444(1985); Fl. China 9:(2003)——*R. weisiensis* T. T. Yu et T. C. Ku in 植物研究. 1(4):16(1981); 中国植物志. 37:445(1985); Fl. China 9:(2003)——*R. deqenensis* T. C. Ku in 植物研究. 10(1):5(1990); Fl. China 9:378(2003).

合并：维西蔷薇 *Rosa weisiensis* T. T. Yu et T. C. Ku；**德钦蔷薇** *Rosa deqenensis* T. C. Ku

形态描述

直立灌木，高1～2 m。新枝表皮紫褐色，无毛；散生浅黄色小型皮刺。小叶5～7枚，近花处常3枚；连叶柄长5～6 cm，小叶片卵形或椭圆形，长1～2 cm，宽1～1.6 cm，先端圆钝或急尖，边缘具重锯齿，齿尖常有腺；叶近革质；上面无毛，绿色，下面色浅，被稀疏腺毛，腺毛沿主脉密集；叶轴和叶柄被稀疏小皮刺和腺毛；托叶大部贴生于叶柄，离生部分披针形，边缘被稀疏腺毛，成熟后脱落。花单季开放，单生或2～多朵呈伞房状聚伞花序着生小枝顶；花序基部苞片常2枚，卵形，先端尾尖，边缘被腺毛，早落；花梗长1～1.5 cm，被稀疏腺毛；花朵直径3～3.5 cm；萼片5枚，卵状披针形，先端尾尖，边缘被柔毛和细小棒状分裂，外侧被腺毛，内侧被短柔毛，反折；花单瓣，花瓣5枚，倒卵形，先端截平或微凹，白色，具甜香味；花柱合生成柱状，黄绿色，外伸，被柔毛。果椭圆形，直径0.5～0.6 cm；成熟时果皮橘黄色，有稀疏腺毛。

复瓣花变异

染色体倍性

$2n=2x=14$（待发表数据，2024）；维西蔷薇$2n=2x=14$（Jian *et al.*, 2013）。

分布及生境

分布于云南西北部、四川西部、西藏东部；多生田埂路旁，海拔1700～3200 m。

讨论

本种与维西蔷薇*R. weisiensis*、德钦蔷薇*R. deqenensis*形态特征相似，仅着花数量有差异，本种花朵数1～4朵，而后者5～10朵，可能是标本采集不全面所导致的差异，本书定为同物异名。重齿蔷薇*R. duplicata*于1980年命名在先，故应使用重齿蔷薇*R. duplicata*名称。

本种形态特征与川滇蔷薇*R. soulieana* var. *soulieana*亦相似，分子系统学研究表明二者亲缘关系较近。

全缘托叶系 Ser. *Soulieanae* L. Luo et Y. Y. Yang (Ser. *Brunoaianae* T. T. Yu et T. C. Ku)

川滇蔷薇（原变种）*Rosa soulieana* Crép. var. *soulieana*

别名：苏利蔷薇

Rosa soulieana Crép. in Bull. Soc. Bot. Belg. 35:21(1896); Curtis's Bot. Mag. 133:t. 8158(1907); Gen. Ros. 1:57(1911); Symb. Sin. 7:526(1933); 中国植物志. 37:442(1985); Fl. China 9:377(2003).

形态描述

松散灌木。新枝长2～4 m，表皮苍白绿色，向阳面红褐色，无毛；具散生直立或稍下弯小皮刺，皮刺淡黄色。小叶7～9枚，小枝和近花序处常5枚，连叶柄长8～10 cm；小叶片椭圆形或长圆形，长2.5～3 cm，宽1.2～1.5 cm，先端圆钝或急尖，叶片边缘呈波浪状，具细密单锯齿；叶纸质；两面无毛，上面绿色，下面色浅；叶柄和叶轴有稀疏小皮刺和柔毛；托叶大部贴生于叶柄，离生部分短小，狭卵状披针形，嫩时被稀疏细小腺毛和柔毛，成熟后脱落，呈全缘状。花单季开放，20～40朵呈复伞房状聚伞花序着生于小枝顶端；花序基部苞片常2枚，卵状披针形，先端长尾尖，边缘具柔毛，早落；花梗长1～2 cm，被稀疏腺毛；花朵直径3～4 cm；萼片5枚，卵状披针形，先端渐尖，边缘被柔毛，偶有1对线状分裂，外侧被腺毛，内侧被柔毛，反折；花单瓣，花瓣5枚，倒卵形，先端凹陷，白色，有浓郁甜香味；花柱合生成柱状，黄绿色，外伸，柱头黄绿色。果椭圆形，直径0.7～1 cm；成熟时果皮橘红色，被稀疏腺毛。

染色体倍性

$2n=2x=14$（Hurst, 1928; Jian *et al*., 2013; 张婷 等, 2014; 方桥, 2019）。

分布及生境

分布于云南西北部、四川西部、西藏等地；生山坡、沟边或灌丛中，海拔2000～3000 m。东喜马拉雅地区亦有分布。

讨论

本种广布于云南、四川、西藏三角区域，海拔跨度大，环境条件有显著差异，导致形态变化大，存在连续变化的丰富类型，可作为复合体处理。大叶类型多分布于低海拔区域，小叶类型分布于高海拔区域。朱章明（2015）研究认为，川滇蔷薇复合体（群）的遗传分化水平很高，且存在明显的谱系地理结构。分子系统学研究表明，本种与重齿蔷薇*R. duplicata*关系很近，表型亦相似。

大叶川滇蔷薇 *Rosa soulieana* Crép. var. *sungpanensis* Rehder

Rosa soulieana Crép. var. *sungpanensis* Rehd. in Journ. Arn. Arb. 11:161(1930); 中国植物志. 37:443(1985); Fl. China 9:377(2003).

形态描述

本变种叶片大，连叶柄长 10 ~ 12 cm。小叶长圆形，先端圆钝，长 3 ~ 4 cm，上面无毛，下面沿叶脉有柔毛，边缘单锯齿。花序呈伞房状，花梗无毛无腺。

染色体倍性

$2n=2x=14$（待发表数据，2024）。

分布及生境

分布于四川西部、云南西北部、西藏东部；生山坡、沟边或灌丛中，海拔 1600 ~ 2400 m。

小叶川滇蔷薇 *Rosa soulieana* Crép. var. *microphylla* T. T. Yu et T. C. Ku

Rosa soulieana Crép. var. *microphylla* T. T. Yu et T. C. Ku in 植物分类学报. 18(4):502(1980); 中国植物志. 37:443(1985); Fl. China 9:377(2003)—— *R. derongensis* T. C. Ku in 植物研究. 10(1):7(1990); Fl. China 9:376(2003).

合并：得荣蔷薇 *Rosa derongensis* T. C. Ku

形态描述

本变种为松散灌木，高仅1～3 m。皮刺嫩时粉红色；叶片小，连叶柄长6～7 cm，小叶片长1～2 cm，两面无毛，边缘单锯齿，有少部分重锯齿，齿尖有腺。花常单生或2～10朵呈聚伞花序。

染色体倍性

2*n*=2*x*=14（待发表数据，2024）；得荣蔷薇2*n*=2*x*=14（Jian *et al*., 2014）。

分布及生境

分布于西藏东部、云南西北部；生山坡田埂或山坡灌丛中，海拔3200～3700 m。

小叶川滇蔷薇（得荣蔷薇）

小叶川滇蔷薇（得荣蔷薇）

讨论

本变种与得荣蔷薇*R. derongensis*形态特征几乎相同，差异在于后者花常单生和2～3朵簇生，似后者标本采集不全面所致，本书将得荣蔷薇作为小叶川滇蔷薇同物异名。

毛叶川滇蔷薇 *Rosa soulieana* Crép. var. *yunnanensis* Schneid.

Rosa soulieana Crép. var. *yunnanensis* Schneid. in Bat. Gaz. 66:77(1917); 中国植物志. 37:443(1985); Fl. China 9:377(2003)——*R. moschata* var. *yunnanensis* Focke in Not. Roy. Bot. Card. Edinb. 5:69(1911).

形态描述

本变种小叶片大，连叶柄长 10 ~ 12 cm，小叶片长圆形，长 3 ~ 4 cm，先端圆钝；叶上面无毛，下面密被腺毛和柔毛，边缘单锯齿；叶柄和叶轴有柔毛。果梗和果皮被柔毛和腺毛。

染色体倍性

$2n=2x=14$（待发表数据，2024）。

分布及生境

分布于四川西部、云南西北部；生山坡、沟边或灌丛中，海拔 1600 ~ 2400 m。

悬钩子蔷薇（原变型） *Rosa rubus* H. Lév. et Vaniot f. *rubus*

Rosa rubus H. Lév. et Vaniot in Bull. Soc. Bot. Fr. 55:55(1908); Gen. Ros. 2:507(1914); Fl. Kouy-Tcheou 354(1915); Journ. Arn. Arb. 13:312(1932), et 17:338(1936); 秦岭植物志. l(2):573(1974); 中国植物志. 37:437(1985); Fl. China 9:374(2003)——*R. rubus* H. Lév. et Vaniot var. *yunnanensis* H. Lév. in Bull. Soc. Bot. Fr. 55:5(1908)5, et Cat. Pl. Yunnan. 235(1917).——*R. moschata* var. *hupehensis* Pampanin. in Nuov. Giorn. Bot. Ital. n. ser. 17:295(1910)——*R. ernestii* Stapf ex Bean, Trees Shrubs Brit. Isl. 3:349(1933)——*R. henryi* Bouleng. var. *puberula* (Hand. -Mazz.) Metc. in Journ. Arn. Arb. 21:111(1949).

形态描述

匍匐藤本。新枝长2～4 m，表皮绿色；密被腺毛和柔毛，老后脱落；散生短小钩状皮刺。小叶5枚，偶3枚，连叶柄长12～14 cm；小叶片卵形或椭圆形，长6～7 cm，宽2.5～3 cm，先端短尾尖或急尖，边缘具尖锐单锯齿；叶革质；上面深绿色，被褶皱和稀疏柔毛；下面苍白绿色，密被柔毛；叶柄和叶轴有散生小皮刺，密被柔毛和稀疏腺毛；托叶大部贴生于叶柄，离生部分披针形，边缘具短小齿状腺毛，老后皱缩，似全缘状。花单季开放，数朵呈伞房状聚伞花序着生于小枝顶端；花序基部苞片常3枚，狭卵状披针形，先端长尾尖，边缘密被柔毛和腺毛；花梗长1.5～2 cm，密被腺毛；花朵直径4～5 cm；萼片5枚，狭卵状披针形，先端长尾尖，边缘被腺毛和偶具裂片，外侧被腺毛，内侧被柔毛，反折；花单瓣，花瓣5枚，倒卵形，先端有尖角，初开乳黄色，盛开时白色，具甜香味；花柱合生成柱状，紫红色，外伸，柱头黄绿色。果近球形，直径1～1.5 cm；成熟时果皮红色，有稀疏腺毛。

染色体倍性

$2n=2x=14$（Jian *et al*., 2014; 李诗琦 等, 2017）；$2n=3x=21$（Roberts *et al*., 2009）；$2n=2x=14$, $2n=3x=21$（Yokoya *et al*., 2000）。

分布及生境

分布于长江以南各地；多生山坡、路旁、草地或灌丛中，海拔500～1600 m。

讨论

本种叶背面密被柔毛，白绿色，与悬钩子属*Rubus* L.植物叶片相像，因此而得名。分子系统学研究表明，本种与毛萼蔷薇*R. lasiosepala*、光叶蔷薇*R. luciae*亲缘关系较近。

腺叶悬钩子蔷薇 *Rosa rubus* H. Lév. et Vaniot f. *glandulifera* T. T. Yu et T. C. Ku

Rosa rubus H. Lév. et Vaniot f. *glandulifera* T. T. Yu et T. C. Ku in 植物研究. 1(2):15(1981); 中国植物志. 37:438(1985); Fl. China 9:374(2003).

形态描述

本变型小叶片下面边缘和叶脉及齿尖有腺毛，叶轴和叶柄密被腺毛。花20余朵。果直径0.8 ~ 1 cm。

染色体倍性

$2n=2x=14$（待发表数据，2024）。

分布及生境

分布于云南东部、广西西部；生山地，海拔1000 ~ 1600 m。

山蔷薇 *Rosa sambucina* var. *pubescens* Koidz.

Rosa sambucina Koidz. Bot. Mag. (Tokyo) 31:130(1917); Fl. China 9:372(2003)——*R. henryi* Boulenger in Ann. Soc. Sci. Bruxell. ser B. 53:143(1933), et in Bull. Jard. Bot. Bruxell. 9:231(1933); 广州植物志. 295(1956); 中国高等植物图鉴. 2:251(1972); 秦岭植物志. 1(2):574(1974); 中国植物志. 37:443(1985); Fl. China 9:378(2003)——*R. moschata* var. *densa* Vllmorim in Journ. Hort. Soc. Lond. 27:484. f. 134(1902)——*R. paucispinosa* Li in Journ. Arn. Arb. 26:46(1945)——*R. gentiliana* auct. non H. Lév. et Vaniot(1908); Sarg. Pl. Wils. ex:312(1915); Gen. Ros. 2:513(1914)——*R. floribunda* auct. non Steven ex Besser 181:Baker in Willmott, Gen. Ros. 2:513(1914).

合并：软条七蔷薇 *Rosa henryi* Boulenger

形态描述

藤本。新枝长2～4 m，表皮绿色，向阳面紫红色；有紫红色腺毛和短扁小型钩状皮刺，老后有白色蜡质层。小叶片3～5枚，多5枚，连叶柄长14～16 cm；小叶片卵形或长圆形、卵状披针形，叶形变化很大，长6～7 cm，宽2.5～3 cm，先端长尾尖或渐尖，边缘具尖锐单锯齿，偶有重锯齿；叶革质；两面无毛，上面亮绿色，下面色浅；叶柄和叶轴被稀疏腺毛和小皮刺；嫩时叶片背面紫红色；托叶大部贴生于叶柄，离生部分披针形，嫩时边缘具短小紫红色齿状腺毛，老后皱缩脱落至全缘。花单季开放，多达20余朵呈复伞房状聚伞花序着生于小枝顶端；花序基部苞片2～3枚，卵状披针形，先端渐尖，中脉明显，长达1.5 cm，边缘具细小腺毛；花梗长1.5～2.5 cm，密被腺毛，花朵直径4～5 cm；萼片5枚，卵状披针形，先端长渐尖，边缘具腺毛和常有一对裂片，内侧被柔毛，外侧被腺毛和柔毛，反折；花单瓣，花瓣5枚，倒卵形，先端有尖角或圆钝，白色，后期有时会变粉色，具甜香味；花柱合生成柱状，绿黄色，外伸，柱头淡黄色。果倒卵形，直径0.8～1 cm；成熟时果皮红色，被稀疏腺毛。

染色体倍性

山蔷薇 $2n=2x=14$（待发表数据，2024）；软条七蔷薇 $2n=2x=14$（Roberts *et al*., 2009）。

分布及生境

分布于长江流域及以南地区至台湾；生于山坡、路旁、河边、疏林处，海拔 500 ~ 2000 m。日本亦有分布。

讨论

本变种原记载仅分布于台湾，总论第三章已做讨论，本变种与软条七蔷薇 *R. henryi* 应为同物异名，是一分布较广的种类，在花托、萼片的毛被上常有变化。本变种命名早于软条七蔷薇，所以应使用山蔷薇名称。分子系统学研究表明，本变种与广东蔷薇 *R. kwangtungensis* var. *kwangtungensis* 的关系很近。

组八：月季组 Sect. *Chinenses* DC. ex Ser.

本组收录有6种、8变种、4变型及28品种。

本组主要种类月季花、香水月季的模式描述皆为栽培类型，故本组将野生型和栽培型的重要种类和新发现种类列入介绍，便于参照、比较研究。野生型特点：松散灌木或藤本。小叶3～7（9）枚，光亮，革质。花多单生，常有数朵呈伞房状聚伞花序；单季开放；萼片5枚，平展；单瓣或复瓣，花瓣白色、黄色、桃红色、红色。果近球形，无短颈，果皮无毛。而栽培型的特点则为花复瓣至重瓣，单季开放或连续开花，无野外分布。野生型分为月季系 Ser. *Chinensesae* L. Luo et Y. Y. Yang和香水月季系 Ser. *Odoratae* L. Luo et Y. Y. Yang。

月季系 Ser. *Chinensesae* L. Luo et Y. Y. Yang

亮叶月季（原变种） *Rosa lucidissima* H. Lév. var. *lucidissima*

Rosa lucidissima H. Lév. in Fedde, Repert. Sp. Nov. 9:444(1911), et Fl. Kouy-Tcheou, 354(1915); Ger, Ros. 2:519(1914); Journ. Arn. Arb. 13:316(1932), et 18:257(1937); Bull. Jard. Bot. Bruxell. 14:197(1936) pro syn. sub *R. laevigata* Michx.; 中国植物志. 37:426(1985); Fl. China 9:369(2003)——*R. boisii* Card. in Lecomte, Not. Syst. 3:268(1914)——*R. lucidissima* H. Lév. f. *setosa* Card in Bull. Mus. Hist. Nat. Paris 23:125(1917)——*R. anemonoides* (*R. laevigata* × *R. odorata*) Rehd. in Journ. Arn. Arb. 3:13(1922).

形态描述

藤本。新枝长1～2 m，表皮绿色，嫩时被柔毛和稀疏腺毛，老后柔毛脱落；具散生稀疏钩状皮刺，皮刺基部宽扁。小叶片3枚，偶有5枚，连叶柄长9～11 cm；小叶片卵形，长5～6 cm，宽2.5～3 cm，先端尾尖或急尖，边缘单锯齿；革质；嫩时两面被稀疏柔毛，成熟后脱落，上面深绿色光亮，下面浅绿色，嫩时带紫红色；叶柄和叶轴有极稀疏小皮刺和稀疏腺毛；托叶和叶柄合生部分长达1.5 cm，离生部分仅0.2～0.3 cm，离生部分披针形，托叶边缘具齿状腺毛。花单季开放；花单生；苞片小，长仅2～3 mm，卵状披针形，先端尾尖或有分叉，边缘有腺毛，早落；花梗长0.5～1.5 cm，有稀疏腺毛；花朵直径6～7 cm；萼片5枚，卵状披针形，先端尾状，边缘有柔毛和稀疏腺毛，外侧有短柔毛和稀疏腺毛，内侧密被柔毛，平展；花单瓣，花瓣5枚，阔倒卵形，先端有尖角或微凹，初开时粉白色，颜色逐渐变深，盛开后深红色，有青苹果香味；花瓣中午张开，傍晚闭合；花柱紫红色，离生，柱头黄色。果卵球形或球形，直径1～1.5 cm；成熟时果皮黄色，光滑无毛。

染色体倍性

$2n=2x=14$（Jian *et al*., 2014; 曹世睿 等, 2021）；$2n=3x=21$（待发表数据，2024）。

分布及生境

《国家重点保护野生植物名录》二级保护植物。分布于四川、重庆、湖北、贵州、广西；多生山坡杂木林或灌丛中，叶片易感染白粉病，海拔400～1400 m。

讨论

本种主要分布于四川、重庆地区，叶片3枚，偶有5枚；形态特征极近金樱子*R. laevigata* var. *laevigata*，但花、果差异明显。本种与单瓣月季花*R. chinensis* var. *spontanea*非常相似，唯新枝毛被、小叶数及生长状态有差异，且二者分布区域有重叠、亦有分离，都呈现散点状分布。分子系统学证据表明二者距离较远，中间分布多个样本，还需进一步讨论。

猩红亮叶月季（新拟） *Rosa lucidissima* H. Lév. var. *coccinea* Y. Y. Yang et L. Luo *var. nov.*

形态描述

藤本。新枝长1～3 m，表皮紫红色，被腺毛；散生稀疏小型钩状皮刺。小叶片3～5枚，连叶柄长10～12 cm；小叶片卵形，长4～5 cm，宽2.5～3 cm，先端长尾尖或渐尖，边缘具尖锐单锯齿；革质；两面无毛，嫩时上面光亮黄绿色，下面紫红色，老后均绿色；叶柄和叶轴散生小皮刺和被稀疏腺毛；托叶大部贴生于叶柄，离生部分短小，针状，边缘有稀疏腺毛。花单季开放，单生；苞片条形，先端圆钝，边缘有腺毛，早落；花梗长1～1.5 cm，有腺毛；花朵直径7～8 cm；萼片5枚，狭卵状披针形，先端长尾尖，全缘，边缘有腺毛；外侧无毛，内侧被柔毛，反折，花单瓣，花瓣5枚，阔倒卵形，先端圆钝或有尖角，初开时粉红色，盛开后深红色，渐变为黑红色，有清香味；花瓣中午张开，傍晚闭合。果近球形，直径1.8～2 cm；成熟时果皮黄绿色，光滑无毛。

染色体倍性

$2n=2x=14$（待发表数据，2024）。

分布及生境

分布于贵州。生境同原变种，海拔700 ~ 900 m。

讨论

本变种新枝表皮被腺毛，小叶3 ~ 5枚，花瓣红色，具亮叶月季典型特征，但小叶片卵形具长尾尖，花色转黑红色较为特殊，这两个特点与原变种区别。该变种与单瓣猩红月季花*R. chinensis* var. *coccinea*（新拟）、单瓣月季花*R. chinensis* var. *spontanea*形态相近，仅小叶数差1对，似可合并。但本研究分子系统学证据表明猩红亮叶月季与两者在系统进化树中分布距离不近，有些复杂，有待讨论。

月季花（原变种）*Rosa chinensis* Jacq. var. *chinensis*

别名：月月花、月月粉、月季、长春花

Rosa chinensis Jacq. in Obs. Bot. 3:7. t. 55(1768); Gen. Ros. 1:79(1911); Sarg. Pl. Wils. 2:320(1915); Symb. Sin. 7:527(1933); 广州植物志. 297(1956); 江苏南部种子植物手册. 357(1959); Fl. Camb. Laos et Vietn. 6:142(1968), et in Fl. Thailand 2(1):65(1970); 中国高等植物图鉴. 2:252(1972); 秦岭植物志. 1(2):571(1974); 内蒙古植物志. 3:63(1977); 中国植物志. 37:422(1985); Fl. China 9:368(2003)——*R. sinica* L. in Syst. Veg. ed. 13.:394(1774)——*R. nankinensis* Lour. in Fl. Cochinch.:324(1790)——*R. indica* L. in Sp. Pl.:492(1753).

形态描述

直立灌木，高1～2 m。小枝粗壮，圆柱形，近无毛；有短粗的钩状皮刺或无刺。小叶3～5枚，偶7枚，连叶柄长5～11 cm；小叶片宽卵形至卵状长圆形，长2.5～6 cm，宽1～3 cm，先端长尾尖或渐尖，基部近圆形或宽楔形，边缘具尖锐单锯齿；两面近无毛，上面暗绿色，常带光泽，下面颜色较浅；顶生小叶片有柄，侧生小叶片近无柄，总叶柄较长，有散生皮刺和腺毛；托叶大部贴生于叶柄，仅顶端分离部分成耳状，边缘常有腺毛。花多季开放，几朵簇生或聚伞状集生，稀单生；苞片5枚；花梗长2.5～6 cm，近无毛或有腺毛；花朵直径4～5 cm；萼片5枚，卵形，先端尾状渐尖，有时呈叶状，边缘常有羽状裂片，稀全缘，外面无毛，内面密被长柔毛，直立或反折，脱落；花瓣复瓣至半重瓣，倒卵形，先端有凹缺，基部楔形，红色、粉红色至白色；花柱离生，伸出萼筒口外，约与雄蕊等长。果卵球形或梨形，长1～2 cm；成熟时果皮橘红色，常光滑。

Pierre-Joseph Redouté绘画的月季花

《中国植物志》月季花插图（第37卷图版67）

染色体倍性

$2n=2x=14$（Darlington, 1973; Yokoya *et al*., 2000; Roberts *et al*., 2009; 田敏 等, 2018; 王开锦 等, 2018; Lunerová *et al*., 2020; 骆东灵 等, 2023; 待发表数据，2024）；$2n=3x=21$（马燕和陈俊愉, 1992）；$2n=4x=28$（陈瑞阳, 2003; 罗玉兰, 2007）。

分布及生境

原产中国，各地普遍栽培。园艺品种很多。

讨论

本种记载性状多指向栽培类型（见总论第三章讨论）。近30年来调查亦从未见野外自然分布。更多学者认为，月季花应该是中国古代的园艺品种，传入欧洲后作为模式种命名，目前较接近《中国植物志》描述的中国古老月季品种即‘月月粉’*R. chinensis* Jacq. 'Old Blush'= 'Yue Yue Fen'；‘月月红’*R. chinensis* 'Slater's Crimson'= 'Semperflorens'= 'Yue Yue Hong'。

园林中栽培的月季花

单瓣月季花 *Rosa chinensis* Jacq. var. *spontanea* (Rehder et E. H. Wilson) T. T. Yu et T. C. Ku

Rosa chinensis Jacq. var. *spontanea* (Rehder et E. H. Wilson) T. T. Yu et T. C. Ku, 中国植物志. 37:422(1985); Fl. China 9:368(2003)——*R. chinensis* Jacq. f. *spontanea* Rehder et E. H. Wilson in Sarg. Pl. Wils. 2:320(1915).

形态描述

松散灌木，高2～4 m。新枝表皮绿色，无毛；具稀疏散生钩状小皮刺。小叶3～5枚，连叶柄长12～14 cm；小叶片长圆形，长5～6 cm，宽3～4 cm，先端渐尖或尾尖，边缘具单锯齿；革质；两面无毛，上面暗绿色，下面灰绿色；叶柄和叶轴具稀疏腺毛和小皮刺；托叶大部贴生于叶柄，离生部分披针形，短小，边缘具稀疏腺毛。花单季开放，单生小枝顶，偶有2朵聚生；苞片卵状披针形，边缘有腺毛，早落；花梗长0.5～1 cm，有稀疏腺毛；花朵直径6～8 cm；萼片5枚，卵状披针形，先端扩展成叶状，全缘，边缘有柔毛和稀疏腺毛，外侧有短柔毛和稀疏腺毛，内侧密被柔毛，反折，果期脱落；花单瓣，花瓣5枚，倒卵形，先端有尖角，初开淡红色，后渐变为红色，有香蕉味，花瓣中午张开，傍晚闭合；花柱离生，紫红色，外伸，柱头黄色。果球形或卵球形，直径1.5～2 cm；成熟时果皮橘黄色，光亮无毛。

染色体倍性

$2n=2x=14$（Koba *et al*., 1999; Akasaka *et al*., 2002; 田敏 等, 2018, 待发表数据，2024）。

分布及生境

《国家重点保护野生植物名录》二级保护植物。分布于四川、重庆、广西；生于山坡、疏林，叶片不易感染白粉病，海拔 1800 ~ 2200 m。

讨论

本变种应为月季花 *R. chinensis* var. *chinensis* 的原始类型，也是较早发现的月季组野生种类。与亮叶月季 *R. lucidissima* var. *lucidissima* 非常相似，赵玲（2019）和 Li *et al.*（2023）的分析结果表明，二者应为同一植物，不能作为单独的种区分，然而本研究分子系统学构建的进化树中二者中间分布多个样本，距离较远，还需继续讨论。

粉花毛叶月季花（新拟）*Rosa chinensis* Jacq. var. *pubescens* Y. Y. Yang et L. Luo *var. nov.*

形态描述

藤本。新枝长1～2 m，表皮绿色，嫩时被柔毛和稀疏腺毛，老后脱落，散生小型钩状皮刺。小叶3～5枚，连叶柄长11～13 cm；小叶片卵形，长6～7 cm，宽2～3 cm，先端尾尖，边缘部分重锯齿，齿尖常有腺；上面嫩时被稀疏柔毛，亮绿色，下面密被长柔毛，浅绿色，嫩时紫红色；革质；叶柄和叶轴有柔毛和密被腺毛，具稀疏小皮刺；托叶大部贴生于叶柄，离生部分短小披针形，边缘具柔毛和腺毛。花单季开放，单生和2～3朵簇生；苞片细小卵状披针形，边缘有柔毛和腺毛，早落；花梗长0.5～1 cm，被腺毛；花朵直径7～8 cm；萼片5枚，卵状披针形，先端尾尖，边缘有柔毛和腺毛，外侧被腺毛，内侧有柔毛，反折，脱落；花单瓣，花瓣5枚，阔倒卵形，先端有尖角或圆钝，初开乳黄色，渐变淡粉色，盛开后粉红色，具淡香味；花瓣中午张开，傍晚闭合；花柱离生，紫红色，外伸，柱头淡黄色。果卵球形，直径1～1.5 cm；成熟时果皮黄色，无毛。

染色体倍性

$2n=2x=14$（待发表数据，2024）。

分布及生境

分布于云南东部；生山坡、疏林，叶片易感染白粉病，海拔600～800 m。

讨论

本变种叶片有柔毛，嫩枝表皮有柔毛和腺毛；兼有悬钩子蔷薇*R. rubus* f. *rubus*和单瓣月季花*R. chinensis* var. *spontanea*形态。二者常分布在同一区域内，是否为其自然杂交后代有待进一步研究。单拷贝核基因系统进化树表明粉花毛叶月季花与月季系除单瓣桃红月季花*R. chinensis* var. *erubescens*外的所有种类以及大花粉晕香水月季*R. yangii*聚在一支。但全基因组系统进化树则显示其与月季组离得较远，中间插入了包括伴生种悬钩子蔷薇在内的大量合柱组种类。

单瓣猩红月季花（新拟）*Rosa chinensis* Jacq. var. *coccinea* Y. Y. Yang et L. Luo *var. nov.*

形态描述

本变种小叶通常5枚，连叶柄长11～12 cm；小叶片卵形，长5～6 cm，宽3～4 cm，先端尾尖或渐尖；两面无毛，上面绿色；叶柄和叶轴有散生小皮刺和稀疏腺毛。花单季开放，单生，偶有2朵聚生；苞片卵状披针形，边缘有腺毛，早落；花朵直径4～5 cm；萼片5枚，卵状披针形，先端扩展成叶状，全缘，边缘有柔毛和稀疏腺毛，外侧有短柔毛和稀疏腺毛，内侧密被柔毛，反折，果期脱落；花瓣5枚，初开深红色，盛开红黑色。果卵球形，直径1～1.5 cm；成熟时果皮黄色，无毛。

染色体倍性

$2n=2x=14$（待发表数据，2024）。

分布及生境

分布于四川西部、重庆；生山坡、疏林，海拔800～1800 m。

讨论

见猩红亮叶月季 *R. lucidissima* var. *coccinea*。

单瓣浅粉月季花（新拟） *Rosa chinensis* Jacq. var. *persicina* Y. Y. Yang et L. Luo *var. nov.*

形态描述

本变种小叶通常5枚，连叶柄长11～12 cm；小叶片卵形，长5～6 cm，宽3～4 cm，先端尾尖或渐尖；两面无毛，上面绿色；叶柄和叶轴有散生小皮刺和稀疏腺毛。花单季开放，单生，偶有2～3朵聚生；苞片卵状披针形，边缘有腺毛，早落，花朵直径7～8 cm；萼片5枚，卵状披针形，全缘，边缘有柔毛和稀疏腺毛，外侧有短柔毛和稀疏腺毛，内侧密被柔毛，反折，果期脱落；花瓣粉白色，盛开后期花瓣基部具粉色斑块，盛开时颜色愈深，花瓣5枚，且常见1～2枚雄蕊瓣化。果卵球形，直径1～1.5 cm；成熟时果皮黄色，无毛。

染色体倍性

$2n=2x=14$（待发表数据，2024）。

分布及生境

分布于四川西部；生山坡、疏林，海拔800～1800 m。

讨论

分子系统学证据表明本变种与单瓣月季花 *R. chinensis* var. *spontanea* 亲缘关系较近，二者形态也很相似。

单瓣桃红月季花（新拟） *Rosa chinensis* Jacq. var. *erubescens* Y. Y. Yang et L. Luo *var. nov.*

形态描述

本变种小叶通常5枚，偶有7枚，连叶柄长10～11 cm；小叶片狭卵形，长4～5 cm，宽1.5～2 cm，先端长尾尖；两面无毛，上面暗绿色；叶柄和叶轴有散生小皮刺和稀疏腺毛。花单季开放，单生，偶有2朵聚生；苞片卵状披针形，边缘有腺毛，早落，花朵直径6～7 cm；萼片5枚，卵状披针形，全缘，边缘有柔毛，外侧有短柔毛和稀疏腺毛，内侧密被柔毛，反折，果期脱落；花瓣5枚，花朵初开淡桃红色，花瓣基部颜色深，花瓣先端有深桃红色尖角，盛开后桃红色。果卵球形，直径1～1.5 cm；成熟时果皮黄色，无毛。

染色体倍性

$2n=2x=14$（待发表数据，2024）。

分布及生境

分布于四川中部；生于山坡、疏林，海拔400～800 m。

讨论

本变种是野生月季组中至今发现的带有偏蓝色调的野生种，小叶狭小。分子系统学证据表明本变种与香水月季系中的巨花蔷薇*R. gigantea* f. *gigantea*及其变型单瓣杏黄香水月季*R. gigantea* f. *armeniaca*关系更近，形态上其果实有些相似。

cm 1 2 3 4 5

多对单瓣月季花（新拟） *Rosa chinensis* Jacq. var. *multijuga* Y. Y. Yang et L. Luo *var. nov.*

形态描述

松散灌木，高1～2 m。新枝表皮绿色，向阳面紫红色；嫩时有腺毛，具散生稀疏小型钩状皮刺。小叶5～7枚，偶有9枚或3枚，连叶柄长9～12 cm；小叶片长椭圆形，长4～5 cm，宽1.5～2 cm，先端长尾尖，边缘具疏离尖锐单锯齿；革质；两面无毛，上面深绿色，光亮，下面浅绿色；叶柄和叶轴具稀疏小皮刺和稀疏腺毛；托叶大部与叶柄合生，离生部分披针形，边缘被齿状腺毛。花单季开放，单生，偶有2～3朵呈伞房状聚伞花序；苞片狭卵形，边缘有腺毛，早落；花梗长1～1.5 cm，有腺毛；花朵直径4～6 cm；萼片5枚，狭卵状披针形，先端长尾尖，全缘，边缘有腺毛和柔毛，外侧无毛，内侧被柔毛，反折，脱落；花单瓣，花瓣5枚，倒卵形，先端圆钝或微凹，初开浅红色，盛开红色，具淡香味；花柱离生，紫红色，外伸，柱头黄色。果卵球形，直径1～1.2 cm；成熟时果皮黄绿色，无毛。

染色体倍性

$2n=2x=14$（待发表数据，2024）。

分布及生境

分布于重庆；生山坡、疏林，海拔 700 ~ 800 m。

讨论

本变种与单瓣猩红月季花 *R. chinensis* var. *coccinea*、单瓣白木香 *R. banksiae* var. *normalis*、金樱子 *R. laevigata* var. *laevigata*、悬钩子蔷薇 *R. rubus* f. *rubus* 在同一野生群落中，其形态特征兼具前二者，疑似自然杂交后代。分子系统学证据表明其与猩红亮叶月季 *R. lucidissima* var. *coccinea*、亮叶月季 *R. lucidissima* var. *lucidissima* 亲缘关系较近。

香水月季系　Ser. *Odoratae* L. Luo et Y. Y. Yang

香水月季（原变种）*Rosa odorata* (Andr.) Sweet var. *odorata*

别名：芳香月季、黄酴醾

Rosa odorata (Andr.) Sweet in Hort. Suburb. Lond.:119(1818); 广州植物志. 2960(1956); Fl. Camb. Laos et Vietn. 6:1.44(1968) et in Fl. Thailand 2(1):65(1970); 中国高等植物图鉴. 2:251(1972)——*R. indica* odorata Andr. Rotes, 2:t. 77.(1810); 中国植物志. 37:423(1985); Fl. China 9:368-369(2003)——*R. indica* fragrans Thory in Redoute Ros. 1:61. t. 19(1817)——*R. odoratissima* Sweet ex Lindl. Ros. Monogr:106(1820)——*R. thea* Savi in Fl. Ital. 2:t. 47(1822)——*R. gechouitangensis* H. Lév. in Fedde, Repert. Sp. Nov. 11:299(1912)——*R. oulengensisis* H. Lév. l. c.(1912); Gen. Ros. 2:523. t.(1914)——*R. tongchouanensis* H. Lév. l. c. 11:300(1912); Gen. Ros. 2:523. t.(1914).

形态描述

常绿或半常绿攀缘灌木。有长匍匐枝，枝粗壮，无毛，有散生而粗短钩状皮刺。小叶5～9，连叶柄长5～10 cm；小叶片椭圆形、卵形或长圆卵形，长2～7 cm，宽1.5～3 cm，先端急尖或渐尖，稀尾状渐尖，基部楔形或近圆形，边缘有紧贴的锐锯齿，两面无毛，革质；托叶大部贴生于叶柄，无毛，边缘或仅在基部有腺，顶端小叶片有长柄，总叶柄和小叶柄有稀疏小皮刺和腺毛。花单生或2～3朵，直径5～8 cm；花梗长2～3 cm，无毛或有腺毛；萼片全缘，稀有少数羽状裂片，披针形，先端长渐尖，外面无毛，内面密被长柔毛；白色或带粉红色，倒卵形；芳香；心皮多数，被毛；花柱离生，伸出花托口外，约与雄蕊等长。果实扁球形，稀梨形，外面无毛，果梗短。

黄酴醾（《植物名实图考》）

芳香月季（《中国高等植物图鉴》第二册）

染色体倍性

$2n=2x=14$（陈瑞阳, 2003; 罗玉兰, 2007; 刘承源 等, 2008; 蹇洪英 等, 2010; 田敏 等, 2013; Jian *et al.*, 2014;赵红霞 等, 2015）。

分布及生境

产云南。江苏、浙江、四川、云南有栽培。

讨论

以上性状记载为《中国植物志》描述，结合早期文献描述及绘图，该原变种应为一栽培类型，描述中强调了其重瓣、多色、连续开花等重要特性（见总论第三章讨论）。

Rosa indica var. *odorata*, Andrews, Roses 2:pl. 77. 1828[1810].

单瓣香水月季（新拟） *Rosa odorata* (Andr.) Sweet var. *normalis* L. Luo et Y. Y. Yang *var. nov.*

形态描述

藤本。新枝长1 ~ 3 m，表皮绿色，无毛；具稀疏散生小钩状刺。小叶7 ~ 9枚，偶7枚，连叶柄长13 ~ 15 cm；小叶片狭椭圆形，长5 ~ 6 cm，宽2.5 ~ 3 cm，先端尾尖，横截面浅“V”字形，叶缘平整，边缘具尖锐单锯齿；纸质；两面无毛，上面绿色，下面灰绿色；叶柄无毛，叶轴有散生小皮刺和稀疏腺毛；托叶狭长，大部与叶柄贴生，离生部分披针形，边缘被稀疏短腺毛，老后皱缩成全缘状。花单季开放，多数单生，偶有2 ~ 5朵呈伞房状聚伞花序；苞片长达3 cm，狭卵状披针形，具长尾尖，边缘有腺毛，早落；花梗长2 ~ 4 cm，有腺毛；花朵直径6 ~ 8 cm；萼片5枚，卵状披针形，先端尾尖，全缘，偶有细小棒状分裂，外侧无毛，内侧密被柔毛，反折，脱落；花单瓣，花瓣5枚，阔倒卵形，先端微凹或圆钝，初开淡粉红色，渐褪色成白色，具浓甜香味；花柱离生，黄绿色，外伸，长于雄蕊，柱头初放时黄绿色，老后为粉红色。果球形或扁球形，直径1.8 ~ 2 cm；成熟时果皮橘黄色，光滑无毛。

染色体倍性

$2n=2x=14$（待发表数据，2024）。

分布及生境

分布于云南西部，野生极少见；生山坡、疏林、灌丛，海拔1400 ~ 1800 m。

讨论

基于前述讨论，因香水月季原变种是以栽培模式描述的，本变种应为目前找到的最接近原变种描述的香水月季原始类型。在分子系统学研究构建的进化树中，巨花蔷薇（大花香水月季）*R. gigantea* f. *gigantea*、单瓣杏黄香水月季*R. gigantea* f. *armeniaca*、单瓣桃红月季花*R. chinensis* var. *erubescence*及多个香水月季的栽培类型聚为一支，单瓣香水月季位于分支基部，表明本种与它们之间存在较近的亲缘关系。

大花粉晕香水月季 *Rosa yangii* L. Luo

别名：杨氏香水月季

Rosa yangii L. Luo in Kew Bulletin, 78:663-671(2023)——*R. odorata* Sweet. var. *spontanea* 'Pink Blush', 中国古老月季. 186(2015).

形态描述

藤本。新枝长2～4 m，表皮绿色，向阳面常有红褐色，无毛；具散生大型红褐色钩状皮刺。小叶5～7枚，偶有9枚，连叶柄长14～16 cm；小叶片狭椭圆形或长圆形，长5～6 cm，宽2～3 cm，具长尾尖，叶缘波纹状，边缘具单锯齿；革质；两面无毛，上面光亮绿色，下面嫩时浅紫红色，老后灰绿色；叶柄和叶轴无毛，有小皮刺；托叶与叶柄合生部分长达2～3 cm，离生部分短至0.2～0.4 cm，边缘均被稀疏腺毛。花单季开放，单生，极少2～3朵簇生；苞片卵状披针形，早落；花梗短至0.5 cm，无毛；花朵直径10～12 cm；萼片5枚，卵状披针形，具长尾尖，全缘，外侧有稀疏腺点，内侧密被柔毛，平展，果成熟时脱落；花单瓣，花瓣5枚，阔倒卵形，先端有小尖角，初开时乳白色，盛开后转粉色，或有时粉白相间；有甜香味；花柱离生，与萼筒平齐，柱头黄绿色。果近球形，直径2.5～3 cm；成熟时果皮黄色，光滑无毛。

染色体倍性

$2n=2x=14$（Lyu *et al.*, 2023）。

盛花期粉色类型

盛花期白色类型

分布及生境

分布于云南西北部；生山坡、疏林、灌丛，海拔2100 ~ 2400 m。

讨论

本种是香水月季系中，仅发现的4种有野生分布的种之一。分子系统学证据中，全基因组进化树显示本种与巨花蔷薇（原变型）*R. gigantea* f. *gigantea*、单瓣杏黄香水月季*R. gigantea* f. *armeniaca*、单瓣桃红月季花*R. chinensis* var. *erubescence*的亲缘关系较近，进而与本书收录的香水月季系几乎所有种及栽培类型聚为一支。单拷贝进化树则显示其与几乎所有月季系的种及栽培类型聚为一支，本种是月季组中发现的花色由白变粉红的特异种类，但并非所有花朵皆变深色，同株亦有少量几乎不变色的花朵（见图中白色类型）。

巨花蔷薇（原变型） *Rosa gigantea* Coll. ex Crép. f. *gigantea*

别名：大花香水月季

Rosa gigantea Coll. ex Crép. Bull. Soc. Bat. Belg. 27:148(1888); Journ. Linn. Soc. Bot. 28:55. t. 9(1890); Curtis's Bot. Mag. 139:t. 7972(1904); Gen. Ros. 1:99. t.(1911)——*R. odorata* (Andr.) Sweet var. *gigantea* (Crép.) Rehder et E. H. Wilson in Sarg. Pl. Wils. 2:338(1915); Symb. Sin. 7:527(1933); 中国树木分类学. 448(1937); Fl. Camb. Laos et Vietn 6:145(1968) et in Fl. Thailand 2(1):65(1970); 中国植物志. 37:424(1985); Fl. China 9:369(2003)——*R. macrocarpa* G.Watt ex Crép. in Bull. Soc. Roy. Bot. Belgique 28:13(1889)——*R. xanthocarpa* Watt apud Willmott in Gen. Ros. l:100(1911)——*R. duclouxii* H. Lév. in herb ex Rehder et E. H. Wilson in Sarg. Pl. Wils. 2:339(1915).

形态描述

藤本。新枝长2～4m，表皮绿色，无毛；散生钩状皮刺。小叶5～7枚，连叶柄长11～13cm；小叶片长椭圆形，长5～6cm，宽2.5～3cm，先端渐尖或尾尖，嫩时横截面呈“V”字形，成熟后平展，叶缘平整，边缘具尖锐单锯齿；叶革质；两面无毛，上面光亮深绿色，下面灰绿色；叶柄和叶轴无毛，具散生小皮刺；托叶大部贴生于叶柄，离生部分披针形，边缘偶有稀疏腺毛。花单季开放，单生；苞片长条形，先端常扩展成狭叶状，边缘被腺毛，全缘，早落；花梗长1.5～2cm，被稀疏腺毛；花朵直径8～10cm；萼片5枚，卵状披针形，边缘被柔毛和稀疏腺毛，外侧被稀疏短柔毛，内侧柔毛密集，平展；花瓣5枚，阔倒卵形，先端有尖角，乳白或乳黄色，初开色深，后期渐变为白色，具浓郁甜香味；花柱离生，稍外伸，黄绿色，柱头淡黄色。果近球形，直径2.5～2.8cm；成熟时果皮黄色，无毛。

染色体倍性

$2n=3x=21$（马燕和陈俊愉，1992）；$2n=2x=14$（Hust, 1928; Fernandez- Romero *et al.*, 2001; Akasaka *et al.*, 2002; Fernandez-Romero *et al.*, 2009; 蹇洪英 等，2010; 田敏 等，2013; Jian *et al.*, 2014; 李诗琦 等，2017; 待发表数据，2024）。

分布及生境

《国家重点保护野生植物名录》二级保护植物。分布于云南东部、中部、西部；生林缘、疏林下、石崖边，海拔1600～2600 m。印度（阿萨姆）、东喜马拉雅、老挝、缅甸、泰国、越南等地亦有分布。

讨论

此为香水月季系的原始类型，野外保留有上百年的古老植株和居群，存在丰富的遗传多样性和变异（付荷玲 等, 2021）。部分学者认为月季花*R. chinensis* var. *chinensis*是巨花蔷薇与单瓣月季花*R. chinensis* var. *spontanea*参与杂交的结果（Koji Kawamura *et al*., 2022）。分子系统学研究表明，月季组的两个野生种：巨花蔷薇与单瓣月季花分别位于各自分支。

单瓣杏黄香水月季（新拟） *Rosa gigantea* Coll. ex Crép. f. *armeniaca* L. Luo et Y. Y. Yang *f. nov.*

形态描述

藤本，新枝长2～4 m，表皮绿色，无毛；散生钩状皮刺。小叶5～7枚，连叶柄长12～14 cm；小叶片狭椭圆形，长6～7 cm，宽2～3 cm，嫩时横截面呈“V”字形，叶缘平整，成熟后平展，先端渐尖或尾尖，边缘具单锯齿；叶革质；两面无毛，上面光亮深绿色，下面灰绿色；嫩时叶柄带紫红色，叶柄和叶轴具稀疏腺毛和散生小皮刺；托叶与叶柄合生部分长达2.5 cm，离生部分短至0.5 cm，披针形，边缘被稀疏腺毛。花单季开放，单生；苞片2枚，卵状披针形，边缘被腺毛，早落；花梗长1.5～3 cm；花朵直径7～9 cm；萼片5枚，卵状披针形，先端长尾尖，全缘，边缘被柔毛和稀疏腺毛，外侧无毛，内侧密被柔毛；平展，宿存；花瓣5枚，阔倒卵形，先端具尖角，杏黄色，开放后期颜色变浅，有甜香味；花柱离生，稍外伸，比雄蕊短很多，柱头浅黄色。果倒卵球形或梨形，直径2.5～3.2 cm；成熟时果皮黄色，光滑。

染色体倍性

$2n=2x=14$（待发表数据，2024）。

分布及生境

分布于云南中部和东部；生境同原变种，海拔1400 ~ 2400 m。

讨论

本变型与巨花蔷薇（原变型）*R. gigantea* f. *gigantea* 形态相近，但花瓣是杏黄色，果为倒卵形或梨形。本变型花色不稳定，完全单株杏黄色极其少见，故定为变型。本变型与单瓣橘黄香水月季*R. gigantea* f. *pseudindica*是否同物异名，有待考证。

1 2 3 4 5 6 7 8 9 10 11 12 13 14 15

单瓣橘黄香水月季 *Rosa gigantea* Coll. ex Crép. f. *pseudindica* (Lindl.) Rehder

别名：单瓣桔黄香水月季

Rosa gigantea Coll. ex Crép. f. *pseudindica* (Lindl.) L. Luo et Y. Y. Yang——*R. odorata* var. *pseudindica* (Lindl.) Rehder, 云南名花鉴赏. 127(1999). ——*R. odorata* var. *pseudindica* (Lindl.) Rehder 'Single Form', 中国古老月季. 189(2015).

染色体倍性

2*n*=2*x*=14（待发表数据，2024）。

讨论

本变型图文记载主要参考《云南名花鉴赏》（施宗明，1999），当时作为香水月季的变种*R. odorata* var. *pseudindica*。形态与巨花蔷薇（原变型）*R. gigantea* f. *gigantea*几乎相同，但花色为橘黄色，故应列在巨花蔷薇之下。由于单株花色不稳定，将变种修订为变型更妥当。

富宁蔷薇（原变型） *Rosa funingensis* L. Luo et Y. Y. Yang f. *funingensis*

Rosa funingensis L. Luo et Y. Y. Yang in PhytoKeys 229:64(2023).

形态描述

藤本。新枝长2～4 m，表皮绿色，向阳面嫩时紫红色，无毛；散生小型钩状皮刺。小叶5～7枚，近花序处常3枚，连叶柄长12～14 cm；小叶片卵形或长圆形，长3～4 cm，宽2～2.5 cm，先端尾尖或渐尖，边缘具尖锐单锯齿；叶革质；上面无毛，深绿色，下面被柔毛，嫩叶背面紫红色，成熟后苍白绿色；叶柄和叶轴具稀疏小皮刺和腺毛及长柔毛；托叶大部贴生于叶柄，离生部分披针形，边缘具长柔毛或具稀疏短小齿状腺体，老后干缩。花单季开放，单生或数朵呈伞房状聚伞花序；苞片狭条形，先端渐尖，长1 cm，宽0.3 cm，中脉明显，边缘具腺毛；花梗长1～2 cm，密被腺毛；花朵直径7～9 cm；萼片5枚，卵状披针形，先端尾尖，边缘具腺毛，偶有线状分裂，外侧具腺毛，内侧被柔毛，反折；花单瓣，花瓣5枚，近心形，先端凹陷，形似银莲花，白色，有浓烈甜香味；花药成熟时金黄色至橙黄色，花柱初期结合成柱状，后期离生，外伸，淡红色，柱头浅黄色。果近球形，直径1.2～1.5 cm；成熟时果皮黄色，无毛。

染色体倍性

$2n=2x=14$（Zheng *et al*., 2023）。

分布及生境

分布于云南东部等地；多生山坡、荒地、路旁、河边等处，海拔1000～1400 m。

讨论

本种叶片、花朵、香味均与巨花蔷薇（原变型）*R. gigantea* f. *gigantea*相近，新枝和叶片被毛，花常2～5朵簇生，又似悬钩子蔷薇（原变型）*R. rubus* f. *rubus*，在云南常见二者共生自然群落，本种疑为天然杂交后代。全基因组系统进化树将本种及月季组的粉花毛叶月季花*R. chinensis* var. *pubescens*归入合柱组的一大支。单拷贝核基因进化树则将本种完全归入合柱组。本种可作为研究月季组与合柱组关系的特色中间种质。

初花期花柱合生
末花期花柱离生

粉花富宁蔷薇 *Rosa funingensis* L. Luo et Y. Y. Yang f. *rosea* L. Luo et Y. Y. Yang

Rosa funingensis L. Luo & Y.Y. Yang f. *rosea* L. Luo & Y. Y. Yang. in PhytoKeys, 229: 66(2023).

形态描述

本变型与原变型区别在于花瓣为浅鲑粉色，花药成熟时为金黄色，易于区别。

染色体倍性

$2n=2x=14$（待发表数据，2024）。

分布及生境

同原变型，但范围缩小。

小叶富宁蔷薇（新拟） *Rosa funingensis* L. Luo et Y. Y. Yang f. *parvifolia* L. Luo *f. nov.*

形态描述

本变型小叶7～9枚，叶片明显小于原变型；托叶边缘被稀疏腺毛。花瓣初开浅鲑粉色，开放后期转白色，花药成熟时为黄色。果倒卵球形。

染色体倍性

2n=2x=14（待发表数据，2024）。

分布及生境

同原变型，但范围缩小。

月季组栽培类型

月季组的种质资源栽培历史悠久，很多成了著名的中国古老月季品种。它们多为直立或藤本灌木，小叶5 ~ 7（9），花复瓣至重瓣，花色丰富，一季花或多季开花。本部分仅收录了与分类相关的重要古老品种及新发现命名的品种。

1 小叶3 ~ 5（7）枚，复瓣至重瓣，一季花或多季花 … 月季类品种

月月粉、重瓣白花月季花、丽春、窄叶月季花、半重瓣腺萼月季花、腺萼月季花、紫红月季花、重瓣桃红月季花、少刺玫红月季花、小叶月季花、多头月季花、重瓣猩红月季花

1 小叶5 ~ 7（9）枚，复瓣至重瓣，一季花 ……… 香水月季类品种

重瓣粉晕香水月季、重瓣白花香水月季、桃晕香水月季、小花香水月季、粉红香水月季、腺萼香水月季、紫晕香水月季、玫红香水月季、粉红牡丹香水月季、小叶粉花香水月季、锐齿粉红香水月季、柔粉香水月季、佛见笑、重瓣淡黄香水月季、重瓣橘黄香水月季

1. 月季类品种

月月粉 *Rosa chinensis* Jacq.'Old Blush' ('Yue Yue Fen')

别名：Pallida、Parson's Pink China

Rosa chinensis Jacq. 'Old Blush'= 'Pallida'= Parson's Pink China = 'Yue Yue Fen'.

形态描述

直立灌木，高0.8 ~ 1.5 m。小枝圆柱形，无毛，有短粗的钩状皮刺或无。小叶（3）5，偶7，连叶柄长5 ~ 11 cm；小叶片宽卵形至卵状长圆形，长2.5 ~ 4 cm，宽1 ~ 2 cm，先端长尾尖或渐尖，基部近圆形，边缘具尖锐单锯齿；两面近无毛，上面暗绿色，常带光泽，下面颜色较浅；总叶柄有散生皮刺和腺毛；托叶大部贴生于叶柄，仅顶端分离部分成耳状，边缘常有腺毛。花多季开放，几朵簇生或聚伞状集生，稀单生；苞片披针形，先端渐尖；花梗长2.5 ~ 5 cm，近无毛或有腺毛；花朵直径3 ~ 4 cm；萼片5枚，卵形，先端尾状渐尖，有时呈叶状，边缘常有羽状裂片，稀全缘，外面无毛，内面密被长柔毛；直立或反折，脱落；花半重瓣至重瓣，花瓣倒卵形，先端有凹缺，基部楔形；粉红色；花柱离生，伸出萼筒口外，约与雄蕊等长。果卵球形，长1 ~ 1.5 cm；果皮橘红色，通常光滑。

染色体倍性

$2n=2x=14$（马燕和陈俊愉, 1991; 罗乐 等, 2009; 蹇洪英 等, 2010; 田敏 等, 2013; 马雪, 2013）。

分布及生境

全国广泛栽培。

讨论

中国古老月季品种，适应性强，一年连续不断开花，有研究认为其亲本为单瓣月季花。

重瓣白花月季花 *Rosa chinensis* Jacq. 'Chongban Baihua'

形态描述

松散灌木，高1 ~ 3 m。新枝表皮绿色，无毛；散生稀疏褐色小钩刺。小叶5 ~ 7枚，近花处常3枚，连叶柄长10 ~ 12 cm；小叶片长圆形，长5 ~ 6 cm，宽2.5 ~ 3 cm，先端尾尖或渐尖，边缘具尖锐单锯齿；叶革质；两面无毛，上面深绿色，光亮，下面灰绿色；叶柄和叶轴具稀疏小皮刺和稀疏腺毛；托叶与叶柄合生部分长，离生部分短，披针形，边缘均具浅齿状分裂和腺毛。花单季开放，单生或偶有2 ~ 3朵呈伞房状聚伞花序；苞片卵形，早落；花梗长1.5 ~ 2.5 cm，被腺毛；花朵直径6 ~ 7 cm；萼片5枚，狭卵状披针形，边缘被腺毛或偶有棒状分裂，外侧被稀疏腺毛，内侧被柔毛，反折；花半重瓣，花瓣15 ~ 20枚，狭卵形，先端圆钝，白色，有甜香味；花柱少数，离生，绿色，外伸，与雄蕊近等长，柱头淡黄色。果球形，直径1 ~ 1.2 cm；成熟时果皮橘红色，被稀疏腺毛。

染色体倍性

2*n*=2*x*=14（待发表数据，2024）。

分布及生境

分布于云南中部、西北部；常见于村落、田垣、路边，海拔1800 ~ 2000 m，未见野生。

讨论

该品种形态似川滇蔷薇*R. soulieana* var. *soulieana*与巨花蔷薇*R. gigantea* f. *gigantea*或单瓣月季花*R. chinensis* var. *spontanea*的杂交种。

丽春 *Rosa chinensis* Jacq. 'Li Chun'

别名：Splendid Spring

Rosa chinensis Jacq. 'Li Chun'= 'Splendid Spring', 中国古老月季. 171(2015).

形态描述

松散灌木，高1 ~ 3 m。新枝表皮绿色，无毛；具稀疏散生小型钩状皮刺。小叶5 ~ 7枚，近花处常3枚，连叶柄长10 ~ 12 cm；小叶片卵形或长圆形，长4 ~ 5 cm，宽2 ~ 3 cm，先端渐尖或尾尖，边缘具单锯齿；叶厚纸质；两面无毛；叶柄和叶轴具稀疏腺毛和小皮刺；托叶大部贴生于叶柄，离生部分披针形，边缘具浅齿状分裂，密被腺毛。花单季开放，单生，偶有2 ~ 6朵呈伞房状聚伞花序着生于小枝顶端；苞片卵形，先端急尖，边缘被腺毛，早落；花梗长2 ~ 3 cm，被腺毛；花朵直径6 ~ 7 cm；萼片卵状披针形，先端扩展成叶状，边缘被腺毛，偶有羽状分裂，外侧被腺毛，内侧密被柔毛，反折；花瓣20 ~ 25枚，倒卵形，先端圆钝，浅粉红色，具淡香味；花柱少数，黄色，离生，外伸，柱头红色。果椭球形，直径1.2 ~ 1.5 cm；成熟时果皮橘黄色，光滑无毛。

染色体倍性

$2n=2x=14$（待发表数据，2024）。

分布及生境

分布于广东；常见于村落、路旁、河边，海拔100 ~ 600 m，未见野生。

讨论

本品种似月季花（原变种）*R. chinensis* var. *chinensis*与合柱组物种（如广东蔷薇*R. kwangtungensis*）的自然杂交种。花瓣颜色不稳定，常见花瓣粉白色变异单株。耐湿热，在广东、福建等地常用作月季花砧木。

窄叶月季花（新拟）*Rosa chinensis* Jacq. 'Zhai Ye'

形态描述

松散灌木，高1～3 m。新枝表皮绿色，无毛；具稀疏散生尖锐小皮刺。小叶5～7枚，连叶柄长11～13 cm；小叶片狭卵状披针形，长5～6 cm，宽2.5～3 cm，先端尾尖，边缘具单锯齿；叶纸质；两面无毛，上面深绿色，下面色浅；叶柄和叶轴具小皮刺和稀疏腺毛；托叶狭长，大部贴生于叶柄，离生部分披针形，边缘具齿状分裂和腺毛。花单季开放，单生，偶有2～4朵呈伞房状聚伞花序生于小枝顶端；苞片披针形，先端长尾尖，边缘有腺毛，中脉明显，早落；花梗长3～4 cm，密被腺毛；花朵直径7～8 cm；萼片5枚，卵状披针形，先端扩展成叶状，边缘被柔毛和腺毛，外侧被腺毛，内侧密被柔毛，反折；花重瓣，花瓣25～30枚，狭倒卵形，先端圆钝，盛开时反卷，花瓣粉红色，盛开后有红晕，具甜香味；花柱少数，紫红色，离生，外伸，柱头黄色。果卵球形，直径0.8～1.2 cm；成熟时果皮橘红色，光滑无毛。

染色体倍性

$2n=2x=14$（待发表数据，2024）。

分布及生境

分布于云南、重庆、四川等地；常见于村落、路边，海拔1000～2000 m，未见野生。

讨论

叶片狭长是本品种显著特征；有时逸为半野生状态。

腺萼月季花（新拟） *Rosa chinensis* Jacq. 'Xian E'

形态描述

松散灌木，高 1 ~ 3 m。新枝表皮绿色，无毛；散生稀疏小型皮刺。小叶 5 ~ 7 枚，连叶柄长 10 ~ 13 cm；小叶片椭圆形或长圆形，长 4 ~ 5 cm，宽 2 ~ 2.5 cm，先端渐尖或尾尖，边缘具单锯齿；叶纸质；两面无毛，上面深绿色，下面灰绿色。叶柄和叶轴具小皮刺和稀疏腺毛；托叶大部贴生于叶柄，离生部分披针形，边缘具细小齿状分裂，齿尖和背面均被腺毛。花单季开放，2 ~ 5 朵呈伞房状聚伞花序，少单生；苞片卵状披针形，边缘被腺毛，早落；花梗长 2.5 ~ 3 cm，被腺毛；花朵直径 7 ~ 8 cm；萼片 5 枚，卵状披针形，先端尾尖，边缘被细密柔毛和腺毛，偶有 1 ~ 2 枚棒状分裂，外侧被腺毛，内侧被柔毛；平展宿存；花瓣 15 ~ 20 枚，倒卵形，先端凹陷或缺刻，粉红色，花瓣基部白色，具甜香味；花柱离生，紫红色，外伸较长，短于雄蕊，柱头黄色。果球形或扁球形，直径 1.5 ~ 1.8 cm；成熟时果皮橘黄色，光滑无毛。

染色体倍性

$2n=2x=14$（待发表数据，2024）。

分布及生境

分布于云南中部、西北部，贵州，江苏等地；常见于村落、路边、田埂等处，海拔 100 ~ 2000 m，未见野生。

讨论

本种具合柱组特征，似月季组与合柱组的杂交后代。

半重瓣腺萼月季花（新拟） *Rosa chinensis* Jacq. 'Banchongban Xian-e'

形态描述

松散灌木，高1～2 m，表皮绿色，无毛；散生稀疏小型皮刺。小叶5～7枚，近花处偶有3枚，连叶柄长10～12 cm；小叶片椭圆形，先端渐尖或尾尖，长4～5 cm，宽2～2.5 cm，边缘具单锯齿；叶纸质；两面无毛，嫩时紫红色，成熟后上面深绿色，下面灰绿色；叶柄和叶轴具小皮刺和稀疏腺毛；托叶大部贴生于叶柄，离生部分披针形，边缘具齿状分裂和腺毛。花单季开放，单生或2～4朵呈伞房状聚伞花序；苞片卵状披针形，先端长尾尖，中脉明显，边缘被腺毛，早落；花梗长1.5～2 cm，被腺毛；花朵直径5～7 cm；萼片5枚，卵状披针形，先端尾尖，边缘和外侧有腺毛，偶有1～2枚棒状分裂，外侧被腺毛，内侧被柔毛；平展，宿存；花瓣5～10枚，倒卵形，先端凹陷或缺裂，粉红色，花瓣基部白色，具甜香味，花柱离生，紫红色，外伸，短于雄蕊，柱头淡黄色。果球形或扁球形，直径1.5～1.8 cm；成熟时果皮橘黄色，光滑无毛。

染色体倍性

$2n=2x=14$（待发表数据，2024）。

分布及生境

分布于四川西部；常见于村落、路边、田埂等处，海拔1200～1600 m，未见野生。

讨论

本品种具合柱组特征，似月季花 *R. chinensis* var. *chinensis* 与合柱组某种杂交后代。

紫红月季花（新拟）*Rosa chinensis* Jacq. 'Zi Hong'

别名：紫月季花

形态描述

松散灌木或藤本，高1～3 m。新枝表皮绿色，无毛；具极稀疏小型皮刺，有时无刺。小叶5～7枚，连叶柄长11～13 cm；小叶片狭卵形或长圆形，长5～6 cm，宽2.5～3 cm，先端尾尖或渐尖，边缘具尖锐单锯齿；叶纸质；两面无毛，上面深绿色，下面灰绿色；叶柄和叶轴有小皮刺，密被腺毛。托叶大部贴生于叶柄，离生部分披针形，边缘齿状分裂，密被腺毛。花单季开放，2～5朵呈伞房状聚伞花序，少单朵；苞片狭卵形，先端急尖，边缘被腺毛，早落；花梗长2～3 cm，光滑无毛；花朵直径6～7 cm；萼片5枚，狭卵状披针形，先端短尾尖，全缘，边缘被柔毛和稀疏腺毛，偶有1枚棒状分裂，内外侧均密被柔毛，反折；花半重瓣至重瓣，花瓣10～15枚，楔形，先端截平或浅凹，紫红色，背面色浅，具淡甜香味；花柱8～10枚，离生，外伸，与雄蕊近等长，浅红色，柱头黄色。果近球形，直径1～1.2 cm；成熟时果皮橘红色，光滑无毛。

染色体倍性

$2n=2x=14$（待发表数据，2024）。

分布及生境

分布于江苏、福建等地；常见栽培，海拔100～300 m，未见野生。

讨论

本品种与收录于《中国植物志》的紫月季花*R. chinensis* Jacq. var. *semperflorens*（Curbs）Koehne（1893）不同，植物志记载的紫月季花其实就是古老月季品种‘月月红’*R. chinensis* 'Semperflorens'= 'Slater's Crimson China'= 'Yue Yue Hong'，为重瓣、四季开花的紫红色月季品种，一般为低矮灌木；本品种则为高大的攀缘状灌木，一季开花，花朵数也较多。

重瓣桃红月季花（新拟）*Rosa chinensis* Jacq. 'Chongban Taohong'

形态描述

松散灌木，高1～3 m。新枝表皮绿色，无毛；具散生稀疏钩状红色小皮刺。小叶5～7枚，近花处常3枚，连叶柄长9～10 cm；小叶片椭圆形，长4～5 cm，宽2.5～3 cm，先端尾尖或急尖，边缘具尖锐单锯齿；叶革质；两面无毛，上面深绿色，下面灰绿色；叶柄和叶轴具小皮刺和稀疏腺毛；托叶2/3与叶柄贴生，离生部分披针形，边缘具细小齿状分裂和腺毛；花单季开放，数朵呈伞房状聚伞花序，少单朵；苞片卵状披针形，边缘被腺毛，早落；花梗长3～5 cm，密被腺毛；花朵直径7～8 cm；萼片5枚，卵状披针形，先端尾尖，边缘具细密腺毛，外侧无毛，内侧密被柔毛，平展；花瓣30～35枚，阔倒卵形，先端具尖角，桃红色，有甜香味；花柱离生，外伸，柱头红色。果倒卵球形，直径1～1.2 cm；成熟时果皮橘红色，光滑无毛。

染色体倍性

$2n=2x=14$（待发表数据，2024）。

分布及生境

分布于云南西北部；常见于民居、路旁，海拔2000～2200 m，未见野生。

讨论

本品种与‘腺萼’月季花*R. chinensis* 'Xian E'形态相近，但本品种花瓣逾30枚，具浓甜香味；萼片外侧光滑无毛，易于区别。

少刺玫红月季花（新拟） *Rosa chinensis* Jacq. 'Shaoci Meihong'

形态描述

松散灌木，高1～3 m。新枝表皮绿色，无毛；常无刺，仅于枝条下部具极少小皮刺。小叶5～7枚，连叶柄长10～12 cm；小叶片狭卵形或长圆形，长5～6 cm，宽2～2.5 cm，先端具长尾尖或渐尖，边缘有尖锐单锯齿；叶纸质；两面无毛，上面绿色，下面灰绿色；叶轴和叶柄被极稀疏腺毛，老后脱落，无小皮刺；托叶大部贴生于叶柄，离生部分狭长披针形，边缘具细小齿状分裂和腺毛。花单季开放，单生或2～3朵呈伞形聚伞花序，苞片狭长披针形，边缘被腺毛，早落；花梗长2～3 cm，光滑无毛；花朵直径5～6 cm；萼片5枚，卵状披针形，先端长尾尖，全缘，边缘被长柔毛和稀疏腺毛，外侧被稀疏短柔毛，内侧密被柔毛，反折或平展；花瓣7～10枚，狭倒卵形，先端深凹，玫红色，花瓣基部白色，具鱼腥草味；花柱离生，紫红色，外伸，与雄蕊近等长，柱头黄色。果倒卵球形，直径1.2～1.5 cm；成熟时果皮橘红色，光滑无毛。

染色体倍性

$2n=2x=14$（待发表数据，2024）。

分布及生境

分布于四川；多见于村落路旁，海拔600～1000 m，未见野生。

讨论

本品种托叶具稀疏齿状分裂，疑是月季花*R. chinensis* var. *chinensis*与野蔷薇*R. multiflora* var. *multiflora*的杂交后代。

小叶月季花（新拟） *Rosa chinensis* Jacq. 'Xiao Ye'

形态描述

松散灌木，高0.6 ~ 1.2 m。新枝表皮绿色，无毛；具稀疏散生钩状小皮刺。小叶5枚，近花处常3枚，连叶柄长6 ~ 8 cm；小叶片卵形或椭圆形，长3 ~ 3.5 cm，宽1.5 ~ 2 cm，先端急尖或短尾尖，边缘具单锯齿；叶革质；两面无毛，上面深绿色，光亮，下面浅绿色；叶柄和叶轴具稀疏腺毛和散生小皮刺；托叶大部贴生于叶柄，离生部分披针形，边缘被不规则浅齿状腺毛。花单季开放，单生，偶有2 ~ 5朵簇生；苞片卵形，先端急尖，边缘有腺毛，长不足0.3 cm，早落；花梗长2 ~ 3 cm，被稀疏腺毛；花朵直径4 ~ 5 cm；萼片5枚，卵状披针形，先端渐尖，边缘被柔毛，偶有线状分裂，外侧无毛，内侧密被柔毛，反折；花瓣10 ~ 15枚，近扇形，先端微凹，玫红色，花瓣基部白色，具甜香味；花柱离生，紫红色，外伸，柱头黄色。果球形或卵球形，直径0.6 ~ 0.8 cm；成熟时果皮橘黄色，光亮无毛。

染色体倍性

$2n=2x=14$（待发表数据，2024）。

分布及生境

分布于云南西北部；见于村落、路旁，海拔1800 ~ 2000 m，未见野生。

多头月季花（新拟） *Rosa chinensis* Jacq. 'Duo Tou'

形态描述

松散灌木，高1～3 m。新枝表皮绿色，无毛；散生稀疏小型三角状皮刺。小叶5～7枚，连叶柄长11～13 cm；小叶片狭椭圆形，长4～5 cm，宽2～2.5 cm，先端具长尾或急尖，边缘上半部具尖锐单锯齿；叶纸质；两面无毛；嫩时浅紫色，成熟后上面深绿色，下面灰绿色；叶柄和叶轴无毛，有小皮刺；托叶与叶柄合生部分长达1.5 cm，离生部分短，披针形，边缘具稀疏齿状分裂，密被腺毛。花单季开放，常2～6朵呈伞形聚伞花序，少单生；苞片卵状披针形，先端渐尖，边缘被腺毛，早落；花梗长2～3.5 cm，被腺毛；花朵直径6～7 cm；萼片5枚，卵状披针形，先端尾尖，边缘具长柔毛，常具1～2对棒状分裂，外侧被稀疏腺毛，内侧密被柔毛，平展；花瓣20～25枚，倒卵形，先端圆钝，粉白色，具甜香味；花柱离生，黄色，稍外伸，比雄蕊短很多，柱头红色。果倒卵球形或椭圆形，直径1.2～1.5 cm；成熟时果皮橘黄色，光滑无毛。

染色体倍性

$2n=2x=14$（待发表数据，2024）。

分布及生境

分布于云南西北部；常见于村落、寺庙旁，海拔2400～2800 m。

讨论

本品种形态相似于‘腺萼’月季花 *Rosa chinensis* 'Xian E'，但本品种花序伞形状聚伞，而非伞房形；花瓣颜色粉白色而非玫红色。

重瓣猩红月季花（新拟） *Rosa chinensis* Jacq. 'Chongban Xinghong'

形态描述

松散灌木，高2～2.5 m。新枝表皮绿色，向阳面紫褐色，无毛；皮刺稀疏，先端尖锐稍下弯，基部扁宽。小叶5枚，近花处常3枚，连叶柄长10～12 cm；小叶片长圆形，长4～5 cm，宽1.5～2 cm，先端渐尖或尾尖，边缘具细密单锯齿；叶革质；两面无毛，上面绿色，下面色浅；叶柄和叶轴具稀疏腺毛和散生小皮刺；托叶大部贴生于叶柄，离生部分披针形，短小，边缘被稀疏腺毛。花单季开放，单生；苞片数枚，狭卵形，先端渐尖，偶有分叉，中脉明显，边缘被腺毛；花梗长1.5～2 cm，密被腺毛；花托长椭球形，被稀疏腺毛；花朵直径5～6 cm；萼片5枚，狭卵形，先端扩展成叶状，边缘被柔毛，外侧被稀疏腺毛，内侧被柔毛；花重瓣，花瓣20～25枚，倒卵形，先端具尖角，红色，具甜香味；花柱离生，红色，外伸。果倒卵球形，直径1.5～1.8 cm；成熟时果皮橘黄色，被稀疏腺毛。

染色体倍性

$2n=2x=14$（待发表数据，2024）。

分布及生境

分布于四川西南部；见于村落、路旁，海拔1500～1800 m，未见野生。

2. 香水月季类品种

重瓣粉晕香水月季 *Rosa* × *odorata* (Andr.) Sweet 'Chongban Fenyun'

别名：Pink Blush

Rosa × *odorata* (Andr.) Sweet 'Chongban Fenyun'= 'Pink Blush', 中国古老月季. 194(2015).

形态描述

藤本。新枝长1～3 m；新枝表皮绿色，无毛；具小型散生稀疏钩状皮刺。小叶5～7枚，连叶柄长10～12 cm；小叶片狭长圆形，长4～5 cm，宽2～2.5 cm，先端尾尖或渐尖，横截面浅“V”字形，叶缘平整，边缘具单锯齿；叶革质；两面无毛，上面深绿色，下面灰绿色；叶柄和叶轴有稀疏腺毛和散生小皮刺；托叶大部贴生于叶柄，离生部分披针形，边缘被稀疏短腺毛，老后脱落。花单季开放，单生，偶有2～3朵簇生；苞片互生，卵状披针形，先端渐尖或有分叉，边缘被腺毛，早落；花梗长2～3 cm，被腺毛；花朵直径6～8 cm；萼片5枚，卵状披针形，先端渐尖，边缘被柔毛和稀疏腺毛，外侧被短腺毛，内侧密被柔毛，平展或反折，宿存；花瓣30～40枚，外层花瓣近圆形，先端微凹，中间花瓣狭卵形，先端圆钝，浅鲑粉色，随开放渐变为粉白色，中心部分颜色深，具甜香味；花柱离生，淡红色，外伸，柱头黄绿色。果卵球形，直径1.5～1.8 cm；成熟时果皮黄绿色，无毛。

染色体倍性

$2n=2x=14$（待发表数据，2024）。

分布及生境

分布于云南中部；常见于村落、田垣、路边，海拔1900～2100 m，未见野生。

重瓣白花香水月季 *Rosa* × *odorata* (Andr.) Sweet 'Chongban Baihua'

别名：White Double

Rosa × *odorata* (Andr.) Sweet 'Chongban Baihua'= 'White Double', 中国古老月季. 191(2015).

形态描述

藤本。新枝长1～3 m，表皮绿色，无毛；具散生稀疏小型钩状皮刺。小叶5～7枚，连叶柄长10～12 cm；小叶片狭卵形或狭长圆形，长4～5 cm，宽1.5～2 cm，先端短尾尖或渐尖，横截面“V”字形，叶缘平整，边缘具尖锐单锯齿，两面无毛；叶革质；上面深绿色，下面灰绿色，嫩时有紫晕；叶柄和叶轴无毛，具散生小皮刺；托叶大部贴生于叶柄，离生部分披针形，边缘均被短腺毛。花单季开放，常2～7朵呈伞房状聚伞花序，少单生；苞片卵状披针形，先端常扩展成叶状，边缘被腺毛，早落；花梗长1.5～2 cm，无毛；花朵直径6～7 cm；萼片5枚，卵状披针形，先端渐尖，边缘被细密腺毛，偶有细小棒状分裂，外侧被短腺毛，内侧被柔毛，平展；花瓣30～40枚，倒卵形，先端圆钝或微凹，初开乳白色，盛开白色，甜香味浓；花柱离生，紫红色，伸出萼筒外0.4～0.5 cm，柱头黄绿色。果卵球形或球形，直径0.8～1 cm；成熟时果皮橘黄色，光滑无毛。

染色体倍性

$2n=2x=14$（待发表数据，2024）。

分布及生境

分布于云南中部；常见于村落、路旁、田埂，海拔1900～2200 m，未见野生。

讨论

本品种与单瓣香水月季*R. odorata* var. *normalis*叶片极相近，香味也相近。

桃晕香水月季（新拟）*Rosa* × *odorata* (Andr.) Sweet 'Tao Yun'

形态描述

藤本。新枝长1～3 m，表皮绿色，无毛；具中型紫红色钩状皮刺。小叶7～9枚，连叶柄长10～12 cm；小叶片长圆形，长4～5 cm，宽1.5～2 cm，先端渐尖，横截面呈"V"字形，叶缘平整，先端近1/2具稀疏单锯齿；叶革质；两面无毛，上面亮绿色，下面灰绿色；叶柄无毛，叶轴具腺毛和稀疏小皮刺；托叶大部与叶柄合生，离生部分披针形，边缘被长短不一的稀疏腺毛。花单季开放，单生，偶有2～4朵呈伞房状聚伞花序着生于小枝顶端；苞片卵状披针形，先端长尾尖或分叉，边缘被腺毛，早落；花梗长1～2 cm，光滑无毛；花朵直径6～7 cm；萼片5枚，卵状披针形，先端渐尖，萼片短小，长不足2 cm，全缘，边缘具稀疏腺毛，偶有1～2对细小裂片，外侧无毛，内侧密被短柔毛；平展；花瓣30～35枚，外层花瓣粉白色，阔倒卵形，先端微凹，内层花瓣桃红色，狭倒卵形，先端圆钝或截平，随开放颜色渐淡，具甜香味；花柱离生，外伸，柱头黄色。果扁球形，直径1.4～1.6 cm；成熟时果皮橘黄色，光滑无毛。

染色体倍性

$2n=2x=14$（待发表数据，2024）。

分布及生境

分布于云南西部；见于村落、田埂、路旁，海拔1800～2000 m，未见野生。

讨论

本品种与单瓣香水月季*R. odorata* var. *normalis*叶片形态相近，香味相近。

小花香水月季 *Rosa* × *odorata* (Andr.) Sweet 'Xiao Hua'

别名：Small Multi-blooms

Rosa × *odorata* (Andr.) Sweet 'Xiao Hua'= 'Small Multi-blooms', 中国古老月季. 190(2015).

形态描述

松散灌木，高1～2 m。新枝表皮绿色，无毛；具稀疏散生小型钩状皮刺。小叶5～7枚，连叶柄长9～10 cm；小叶片长圆形，长3～3.5 cm，宽1.2～1.5 cm，先端尾尖或渐尖，边缘具尖锐单锯齿；叶纸质；两面无毛，上面绿色，下面灰绿色；叶柄和叶轴具小皮刺和稀疏腺毛；托叶大部贴生于叶柄，离生部分披针形，边缘具稀疏齿状分裂和腺毛。花单季开放，常2～4朵呈伞房状聚伞花序，少单生；苞片狭卵形，先端尾尖，边缘被腺毛，早落；花梗长2～3 cm，被腺毛；花朵直径3～4 cm；萼片5枚，卵状披针形，先端尾尖，边缘常具一对棒状分裂，外侧和边缘被腺毛，内侧密被柔毛，反折；花瓣20～25枚，倒卵形，先端圆钝，初开淡粉红色，渐变为粉白色，具淡香味；花柱离生，外伸，花柱和柱头淡黄色。果椭球形，直径0.6～0.8 cm；成熟时果皮橘红色，有腺毛。

染色体倍性

$2n=2x=14$（待发表数据，2024）。

分布及生境

分布于云南中部；常见于村落、路旁，海拔1800～2000 m，未见野生。

讨论

本品种花朵和叶片均小，又为伞房状花序，似单瓣香水月季 *R. odorata* var. *normalis* 与木香花（原变种）*R. banksiae* var. *banksiae* 的自然杂交后代。

粉红香水月季 *Rosa* × *odorata* (Andr.) Sweet 'Erubescens' ('Fen Hong')

Rosa × *odorata* (Andr.) Sweet 'Erubescens' ('Fen Hong')——*R. odorata* (Andr.) Sweet var. *erubescens* (Focke) T. T. Yu et T. C. Ku in stat. nov. ——*R. odorata* (Andr.) Sweet f. *erubescens* (Focke) Rehder et E. H. Wilson in Sarg. Pl. Wils. 2:339(1915); 中国植物志. 37:424(1985); Fl. China 9:369(2003)——*R. gigantea* f. *erubescens* Focke Not. Roy. Bot. Gard. Edinb. 7:68(1911).

形态描述

藤本。新枝长2～4 m，表皮绿色，无毛；具散生稀疏中型钩状皮刺。小叶5～7枚，连叶柄长13～15 cm；小叶片椭圆形，长4～5 cm，宽2.5～3 cm，具尾尖，叶缘波纹状，边缘具单锯齿；叶革质；两面无毛，上面深绿色，下面嫩时紫红色，老后转为灰绿色；叶柄和叶轴无毛，有小皮刺；托叶与叶柄合生部分长达2～3 cm，离生部分短至0.5 cm，披针形，边缘具齿状腺毛。花单季开放，单生，偶有2～5朵簇生；苞片卵形，先端尾尖，早落；花梗长1～2 cm，无毛；花朵直径8～10 cm；萼片5枚，卵状披针形，具长尾尖，全缘，外侧被短柔毛，内侧被长柔毛，反折；花瓣10～15枚，阔倒卵形，先端圆钝或有小尖角，粉红色，偶有白色斑纹，具甜香味；花柱离生稍外伸，柱头黄色，花柱红色。果近球形，直径2.5～3 cm；成熟时果皮黄色，无毛。

染色体倍性

2*n*=2*x*=14, 2*n*=3*x*=21（蹇洪英 等, 2010; 田敏 等, 2013; 待发表数据，2024）。

分布及生境

分布于云南西北部；常见于寺庙、村落、路旁，民居中偶有百年以上老植株，可见栽培历史久远，海拔2000～2500 m，未见野生。

讨论

古时在滇西北一带称为“莺歌花”。

腺萼香水月季 *Rosa* × *odorata* (Andr.) Sweet 'Xian E'

别名：Glandular Sepal

Rosa × *odorata* (Andr.) Sweet 'Xian E'= 'Glandular Sepal', 中国古老月季. 193(2015).

形态描述

藤本。新枝长2 ~ 4 m，表皮绿色，无毛；具散生红色中型钩状皮刺。小叶5 ~ 7枚，连叶柄长13 ~ 15 cm，小叶片椭圆形或长圆形，先端渐尖，叶缘波纹状；长5 ~ 6 cm，宽3 ~ 4 cm；边缘单锯齿；革质；两面无毛；上面深绿色，下面嫩时带紫红色，沿叶脉有腺毛，老后转为灰绿色。叶柄和叶轴有小皮刺和白色长柔毛及被稀疏腺毛；托叶大部分与叶柄贴生，离生部分披针形，边缘有稀疏齿状分裂和密被腺毛。花单季开放，单生，偶有2 ~ 4朵簇生；苞片短小，卵状披针形，先端急尖，边缘被腺毛，早落；花梗长1 ~ 2.5 cm，被稀疏腺毛；花朵直径7 ~ 8 cm；萼片5枚，卵状披针形，先端扩展成小叶状，边缘密被腺毛和柔毛，偶有棒状裂片，外侧无毛，内侧密被短柔毛，平展；花瓣10 ~ 15枚，外瓣倒卵形，先端微凹或缺裂，内瓣狭窄，桃红色，花瓣基部颜色浅，偶有白色条纹，盛开后褪色，具浓甜香味；花柱离生，黄绿色，外伸，与雄蕊近等长，柱头浅红色。果球形或扁球形，直径1.8 ~ 2 cm；成熟时果皮黄色，无毛。

染色体倍性

2*n*=2*x*=14（待发表数据，2024）。

分布及生境

分布于云南中南部；常见于村落、路旁，海拔 1000 ~ 1500 m，未见野生。

讨论

本品种分布于云南中南部低海拔地区，耐热，不甚耐寒，是香水月季品种中开花最晚的一个。

紫晕香水月季 *Rosa* × *odorata* (Andr.) Sweet 'Zi Yun'

别名：Purplish Blush

Rosa × *odorata* (Andr.) Sweet 'Zi Yun'= 'Purplish Blush', 中国古老月季. 195(2015).

形态描述

藤本。新枝长1～3 m，表皮绿色，无毛；具散生稀疏小型钩状皮刺。小叶5～7枚，连叶柄长11～13 cm；小叶片长圆形或狭椭圆形，长4～5 cm，宽1.5～2 cm，先端具尾尖，叶缘波纹状，边缘具单锯齿；叶革质；两面无毛，上面深绿色，下面嫩时紫红色，老后转灰绿色，叶柄和叶轴无毛，具小皮刺；托叶大部贴生于叶柄，离生部分披针形，边缘具稀疏齿状分裂和腺毛。花单季开放，单生，偶有2～3朵簇生；苞片小型，披针形，早落；花梗长1～2 cm，具腺点；花朵直径6～8 cm；萼片卵状披针形，先端扩展成窄叶状，边缘被稀疏腺毛，偶有细小棒状分裂，外侧被腺毛，内侧密被柔毛，平展，宿存；花瓣25～30枚，外层花瓣阔倒卵形，内层花瓣狭倒卵形，先端圆或有小尖角，浅鲑粉色，边缘具紫色晕斑，具浓甜香味；花柱离生，外伸，柱头粉红色。果近球形，直径1.8～2 cm；成熟时果皮黄色，无毛。

染色体倍性

$2n=2x=14$（待发表数据，2024）。

分布及生境

分布于云南西北部；常见于寺庙、村落，海拔2300～2400 m，未见野生。

玫红香水月季 *Rosa* × *odorata* (Andr.) Sweet 'Mei Hong'

别名：Light Pink

Rosa × *odorata* (Andr.) Sweet 'Mei Hong'= 'Light Pink', 中国古老月季. 190(2015).

形态描述

藤本。新枝长 1 ~ 3 m，表皮绿色，无毛；具散生稀疏小型钩状皮刺。小叶 5 ~ 7 枚，连叶柄长 11 ~ 13 cm，小叶片椭圆形，长 3 ~ 4 cm，宽 2 ~ 2.5 cm，叶缘波纹状，具长尾尖，边缘具单锯齿；叶革质，两面无毛，上面深绿色，下面嫩时紫红色，老后转灰绿色；叶柄和叶轴无毛，具小皮刺；托叶大部贴生于叶柄，离生部分披针形，边缘被稀疏腺毛。花单季开放，单生；苞片小型，卵状披针形，早落；花梗长 2 ~ 2.5 cm，有腺点；花朵直径 7 ~ 8 cm；萼片 5 枚，卵状披针形，先端延伸呈窄叶状，边缘被腺毛，偶有一对棒状分裂，外侧被腺毛，内侧被柔毛；平展；花瓣 20 ~ 25 枚，阔倒卵形，先端微凹或有尖角，玫红色，具玫瑰香味；花柱离生，外伸，柱头紫红色。果球形或卵球形，直径 1.5 ~ 1.8 cm；成熟时果皮黄绿色，无毛。

染色体倍性

$2n=2x=14$（待发表数据，2024）。

分布及生境

分布于云南中部；常见于村落、路边等，海拔 1800 ~ 2200 m，未见野生。

粉红牡丹香水月季（新拟）*Rosa* × *odorata* (Andr.) Sweet 'Fenhong Mudan'

形态描述

藤本。新枝长1 ~ 3 m，表皮绿色，无毛；具散生中型钩状皮刺。小叶7 ~ 9枚，连叶柄长13 ~ 15 cm；小叶片椭圆形，长4 ~ 5 cm，宽2 ~ 2.5 cm，先端尾尖，叶缘波纹状，边缘具单锯齿；叶革质；两面无毛，上面深绿色，下面灰绿色；叶柄和叶轴具稀疏腺毛和散生小皮刺；托叶大部贴生于叶柄，离生部分披针形，边缘被腺毛，老后部分脱落。花单季开放，单生，偶有2 ~ 3朵簇生；苞片卵状披针形，无毛，早落；花梗长2 ~ 3 cm，光滑无毛；花朵直径9 ~ 11 cm；萼片5枚，卵状披针形，先端长尾尖，全缘或偶有细小棒状分裂，边缘被柔毛和稀疏腺毛，外侧无毛，内侧密被柔毛，反折；花瓣40 ~ 50枚，外层阔倒卵形，宽大，先端微凹或圆钝，内瓣细小，狭倒卵形，形似牡丹花，深粉红色，具浓甜香味；花柱离生，红色，外伸，柱头黄色。果卵球形，直径1.5 ~ 1.8 cm；成熟时果皮黄绿色，无毛。

染色体倍性

$2n=2x=14$（待发表数据，2024）。

分布及生境

分布于云南西北部；见于村落，海拔2100 ~ 2400 m，未见野生。

讨论

本品种与‘玫红’香水月季*Rosa* × *odorata* 'Mei Hong'形态相近，但本品种花型似牡丹花，花瓣逾40枚，区别明显。

小叶粉花香水月季（新拟） *Rosa* × *odorata* (Andr.) Sweet 'Xiaoye Fenhua'

形态描述

藤本。新枝长1 ~ 3 m，表皮绿色，无毛；具散生稀疏小型钩状皮刺。小叶5 ~ 7枚，偶有9枚，连叶柄长8 ~ 10 cm，顶端小叶常狭小；小叶片椭圆形，长3 ~ 3.5 cm，宽1.5 ~ 2 cm，先端渐尖，叶缘波纹状，边缘具单锯齿；叶革质；两面无毛，上面深绿色，下面浅绿色；叶柄和叶轴无毛，具散生小皮刺；托叶大部贴生于叶柄，离生部分披针形，边缘被腺毛。花单季开放，单生，偶有2 ~ 3朵簇生；苞片卵状披针形，被柔毛，早落；花梗长1.5 ~ 2 cm，具腺点；花朵直径7 ~ 8 cm；萼片5枚，卵状披针形，先端扩展成小叶状，边缘被稀疏腺毛，偶有细小棒状分裂，外侧具腺点，内侧被柔毛，反折；花瓣25 ~ 35枚，倒卵形，先端微凹，中心花瓣狭卵形，粉色，盛开后渐变为浅粉色，常有白色斑纹，具浓甜香味；花柱离生，稍外伸，短于雄蕊，柱头淡黄色，后期转为红色。果卵球形，直径1.5 ~ 1.7 cm；成熟时果皮橘黄色，光滑无毛。

染色体倍性

$2n=2x=14$（待发表数据，2024）。

分布及生境

分布于云南中部、西北部；常见于村落、路旁，海拔2100 ~ 2300 m，未见野生。

讨论

本品种与‘粉红’香水月季 *Rosa* × *odorata* 'Fen Hong' 相近，但本品种叶片小，尤其是顶端小叶短小和狭窄；花瓣多达25 ~ 35枚，浅粉色有白色条纹。

锐齿粉红香水月季 *Rosa* × *odorata* (Andr.) Sweet 'Ruichi Fenhong'

别名：Sharp Serration

Rosa × *odorata* (Andr.) Sweet 'Ruichi Fenhong'= 'Sharp Serration', 中国古老月季. 207(2015).

形态描述

藤本。新枝长1～3 m，表皮绿色，无毛；具散生中型红色皮刺。小叶5～7枚，连叶柄长11～13 cm；小叶片椭圆形或长圆形，长4～5 cm，宽1.5～2 cm，先端尾尖或渐尖，叶缘波纹状，边缘具细密尖锐锯齿；叶革质；两面无毛，上面深绿色，下面灰绿色；叶柄和叶轴有小皮刺和稀疏柔毛；托叶大部贴生于叶柄，离生部分披针形，边缘具稀疏齿状分裂，齿尖被腺毛。花单季开放，单生，偶有2～5朵呈伞房状聚伞花序，着生于小枝顶端；苞片卵状披针形，被少量柔毛，早落；花朵直径7～9 cm；萼片5枚，卵状披针形，先端渐尖，全缘，边缘被柔毛和腺毛，外侧被腺毛，内侧密被柔毛；平展，宿存；花瓣30～40枚，倒卵形，先端圆钝，深粉红色，花瓣基部白色，内瓣有白色斑纹，具甜香味；花柱离生，外伸，柱头黄色。果梗长2～3 cm，被腺毛；果卵球形或椭球形，直径1.2～1.5 cm；成熟时果皮黄色，光滑无毛。

染色体倍性

$2n=3x=21$（待发表数据，2024）。

分布及生境

分布于云南中部、西北部；常见于村落、路旁，海拔1600～2000 m，未见野生。

柔粉香水月季（新拟） *Rosa × odorata* (Andr.) Sweet 'Rou Fen'

形态描述

藤本。新枝长2～4 m，表皮紫红色，无毛；具散生中型紫红色钩状皮刺。小叶7枚，偶有5枚，连叶柄长10～12 cm；小叶片椭圆形或长圆形，长3～4 cm，宽2～2.5 cm，先端长尾尖，叶缘波纹状；叶柄和叶轴具散生小皮刺和稀疏腺毛；托叶大部贴生于叶柄，离生部分披针形，边缘被稀疏齿状腺毛。花单季开放，单生，偶有2～4朵呈伞房状聚伞花序；苞片卵状披针形，疏被柔毛，早落；果梗长2.5～3 cm，光滑无毛；花朵直径7～9 cm；萼片5枚，卵状披针形，长不足1.5 cm，先端渐尖，边缘被稀疏腺毛，偶有小裂片，外侧被稀疏腺毛，内侧密被柔毛；平展；花瓣30～40枚，花瓣阔倒卵形，先端圆钝或微凹，初开柔粉色，开放后期乳白色，具甜香味；花型近四联状；花柱离生，外伸，柱头红色。果扁球形，直径1.4～1.8 cm；成熟时果皮橘红色，光滑无毛。

染色体倍性

$2n=2x=14$（待发表数据，2024）。

分布及生境

分布于云南西北部；常见于村落、路旁，海拔2000～2300 m，未见野生。

佛见笑 *Rosa* × *gigantea* Coll. ex Crép. 'Fo Jian Xiao'

别名：Buddha's Smile

Rosa × *gigantea* Coll. ex Crép. 'Fo Jian Xiao'= 'Buddha's Smile', 中国古老月季. 196(2015).

形态描述

藤本。新枝长1 ~ 2 m，表皮绿色，无毛；具散生稀疏小型钩状皮刺。小叶5 ~ 7枚，连叶柄长10 ~ 12 cm；小叶片椭圆形或长圆形，长4 ~ 5 cm，宽2 ~ 2.5 cm，先端尾尖或渐尖；革质；边缘单锯齿；两面无毛；上面绿色，下面嫩时紫红色，后转灰绿色；叶柄无毛，叶轴有稀疏腺毛和散生小皮刺；托叶大部贴生于叶柄，离生部分披针形，边缘有腺毛。花单季开放，单生；苞片卵状披针形，先端渐尖，边缘有腺毛，中脉明显，早落；花梗长1.5 ~ 2 cm，有稀疏腺毛，老后脱落；花朵直径6 ~ 8 cm；萼片5枚，卵状披针形，先端渐尖或短尾尖，边缘有长柔毛，外侧无毛，内侧被柔毛，平展；花瓣20 ~ 25枚，外瓣阔倒卵形，内瓣狭倒卵形，先端有缺裂或圆钝，花瓣深黄色或橘黄色，常带红晕，具甜香味；花柱离生，红色，稍外伸，柱头黄色。果椭球形或近球形，直径1.8 ~ 2 cm；成熟时果皮橘黄色，光滑无毛。

染色体倍性

$2n=2x=14$（待发表数据，2024）。

分布及生境

分布于云南西北部；见于寺庙、村落，海拔1600 ~ 2400 m，未见野生。

讨论

本品种变色、重瓣，易于甄别，属于香水月季类的古老品种，分子系统学证据表明其与巨花蔷薇*R. gigantea* f. *gigantea*亲缘关系更近，叶和果实与巨花蔷薇也相似，故学名更订为*R.* × *gigantea* 'Fo Jian Xiao'。

重瓣淡黄香水月季 *Rosa* × *gigantea* Coll. ex Crép. 'Chongban Danhuang'

Rosa × *gigantea* Coll. ex Crép. 'Chongban Danhuang'——*R. odorata* (Andr.) Sweet 'Double Light Yellow', 中国古老月季. 194(2015).

形态描述

藤本。新枝长1～3 m，表皮绿色，无毛；具散生钩状小皮刺。小叶5～7枚，连叶柄长10～12 cm；小叶片狭椭圆形，长5～6 cm，宽2～2.5 cm；边缘尖锐锯齿，先端尾尖，嫩时横截面呈“V”字形，叶缘平整，成熟时平展；革质；两面无毛，上面深绿色，下面灰绿色；叶柄无毛，叶轴有稀疏腺毛和散生小皮刺；托叶大部贴生于叶柄，离生部分披针形，边缘均有腺毛。花单季开放，单生；苞片卵状披针形，早落；花梗长1.5～3 cm，无毛；花朵直径7～9 cm；萼片5枚，卵状披针形，先端偶有扩展成叶状，边缘有柔毛和稀疏腺毛，偶有细小棒状分裂，外侧无毛，内侧被柔毛，平展；花瓣25～30枚，阔倒卵形，先端微凹或缺裂，淡黄色，具甜香味；花柱离生，淡红色，稍外伸，比雄蕊短，柱头黄绿色。果扁球形或球形，直径1.8～2 cm；成熟时果皮黄色，无毛。

染色体倍性

$2n=2x=14$（待发表数据，2024）。

分布及生境

分布于云南西北部；常见于寺庙、村落、路旁，海拔2200～2400 m，未见野生。

重瓣橘黄香水月季 *Rosa* × *gigantea* Coll. ex Crép. 'Pseudindica' ('Chongban Juhuang')

别名：重瓣桔黄香水月季

Rosa × *gigantea* Coll. ex Crép. 'Pseudindica'= 'Chongban Juhuang'——*Rosa odorata* var. *pseudoindica* (Lindley) Rehder in Mitt. Deutsch. Dendrol. Ges. 24.221(1916); 中国植物志. 37:424(1985); 云南名花鉴赏. 127(1999) Fl. China 9:369(2003).

染色体倍性

橘黄香水月季 $2n=2x=14$（蹇洪英 等, 2010; Jian *et al.*, 2014; 方桥, 2019; 待发表数据, 2024）。

讨论

本品种在《中国云南野生花卉》（武全安, 1993）和《中国植物志》中都有收录，名为橘黄香水月季，但描述为重瓣，与本品种同。本品种是否与‘佛见笑’*R.* × *gigantea* 'Fo Jian Xiao' 为同物异名，有待进一步考证。

外来组：狗蔷薇组 Sect. *Caninae* DC. ex Ser.

锈红蔷薇（白玉山蔷薇）*Rosa rubiginosa* L. (*Rosa baiyushanensis* Q. L. Wang, syn.)

Rosa rubiginosa L. in Mant. Pl. Altera 564(1771). ——*R. baiyushanensis* Q. L. Wang in 植物研究. 4(4):207(1984); Fl. China 9:365-366(2003).

形态描述

落叶灌木。小枝黄褐色，无毛，具钩状皮刺，老枝褐紫色，无毛，具稀疏皮刺。小叶5（~7），连叶柄长3~6 cm；小叶片卵形或椭圆状卵形，长0.8~1.5 cm，宽0.6~1.3 cm，基部近圆形或广楔形，先端急尖，边缘具尖锐重锯齿，边缘密被小腺体，表面被稀疏短柔毛，背面密被腺毛和稀疏短柔毛；叶柄与叶轴均密被腺毛并疏生小皮刺；托叶大部与叶柄合生，离生部分三角状披针形，边缘密被小腺体，背面有稀疏小腺体或无。花单季开放；花单生，稀2~3朵集生于小枝顶端；花梗长0.7~1 cm，密被腺毛，基部具1~2枚苞片；苞片卵形，边缘具小腺体；花托近椭圆形，外被稀疏腺毛或无毛；萼片5枚，卵状披针形，先端伸展成条叶状，边缘羽状分裂或不分裂者，边缘和

外面被细腺体或疏腺体，两面均被短柔毛，花后反折；花径约2.5 cm；花瓣5，倒卵圆形，长约1 cm，先端微凹，粉红色；花柱微露出花托口外，分离，被白色柔毛。果微椭圆形，橙红色，萼片脱落，部分宿存反折；果梗常具腺毛。

染色体倍性

$2n=5x=35$（Nybom *et al*., 2004, 2006; Kovarik *et al*., 2008; Lunerová *et al*., 2020）。

分布及生境

栽培分布于辽宁省大连市，近年别处亦有栽培；生于干燥坡地、路边。

讨论

非中国原产。*Flora of China*收录为白玉山蔷薇，后研究发现其与该组的锈红蔷薇为同一种（李丁男和张淑梅，2019），白玉山蔷薇为异名。今为逸生状态。

蔷薇
Genus *Rosa* L.
in China
中国蔷薇属

安定国, 2001. 甘肃省小陇山植物志[M]. 兰州: 甘肃民族出版社.

安明态, 程友忠, 钟漫, 等, 2009. 贵州蔷薇属一新变种——光枝无子刺梨[J]. 种子, 28(1): 63.

白锦荣, 张启翔, 罗乐, 等, 2011. 部分中国传统月季花粉形态研究[J]. 植物研究, 31(1): 15-23.

白锦荣, 张启翔, 潘会堂, 等, 2009. 蔷薇属分子生物技术研究进展[J]. 西北林学院学报, 24(6): 43-49.

白锦荣, 2009. 部分蔷薇属种质资源亲缘关系分析及抗白粉病育种[D]. 北京: 北京林业大学.

包志毅, 1993. "三北"野生蔷薇资源及若干蔷薇属植物(*Rosa* spp. & cvs.)滞后荧光和超微弱发光动力学之初步研究[D]. 北京: 北京林业大学.

毕伟娜, 2001. 哈尔滨市蔷薇科植物景观与生态因子相关性的研究[D]. 哈尔滨: 东北林业大学.

补欢欢, 石福孙, 陈晓霞, 等, 2021. 蔷薇属植物在干旱河谷生态恢复中的应用[J]. 应用与环境生物学报, 28(2): 517-525.

蔡国柱, 1989. 冀西北山地蔷薇属植物资源调查研究初报[J]. 河北林业科技 (3): 27-29.

曹世睿, 张婷, 王其刚, 等, 2021. 八个蔷薇属种质资源的核型分析[J]. 北方园艺 (13): 85-90.

曹亚玲, 何永华, 李朝銮, 1996. 蔷薇属38个野生种果实的维生素含量及其与分组的关系[J]. 植物学报, 38(10): 822-827.

曹亚玲, 何永华, 李朝銮, 1995. 蔷薇属桂味组六个种的核型研究[C]. 中国科学院系统与进化生物学术讨论会. 北京.

陈俊愉, 2001. 中国花卉品种分类学[M]. 北京: 中国林业出版社.

陈玲, 张颢, 邱显钦, 等, 2010. 云南木香花天然居群的表型多样性研究[J]. 云南大学学报(自然科学版), 32(2): 243-248.

陈乃富, 闵运江, 朱乃武, 等, 1995. 皖西野生金樱子的初步研究[J]. 安徽农业科学 (4): 367-368.

陈瑞阳, 2009. 中国主要经济植物基因组染色体图谱V[M]. 北京: 科学出版社.

陈瑞阳, 2003. 中国主要经济植物基因组染色体图谱Ⅲ[M]. 北京: 科学出版社.

陈向明, 郑国生, 孟丽, 2002. 玫瑰、月季、蔷薇等蔷薇属植物RAPD分析[J]. 园艺学报, 29(1): 78-80.

陈意微, 袁晓梅, 2017. 中国传统园林蔷薇造景历史初探[J]. 风景园林 (10): 110-116.
程璧瑄, 于超, 周利君, 等, 2021. 蔷薇属月季组植物的花粉形态学研究[J]. 云南农业大学学报(自然科学版), 36(2): 314-323.
程周旺, 舒咏明, 2005. 安徽蔷薇属植物种质资源及其开发利用[J]. 资源开发与市场 (6): 60-61, 12.
丛者福, 1996. 新疆野蔷薇果的研究[J]. 干旱区资源与环境, 10(4): 100-102.
丛者福, 李钢, 2000. 干旱条件下野蔷薇嫩枝扦插技术[J]. 甘肃林业科技, 25(2): 79.
崔娇鹏, 2018. 6种蔷薇属植物花粉形态与亲缘关系分析[J]. 园艺与种苗, 38(11): 1-4.
崔娇鹏, 2020. 北京城区绿地蔷薇属植物应用的调查[J]. 园艺与种苗, 40(2): 11-14.
崔金钟, 2019. 中国化石植物志(第四卷: 中国化石被子植物)[M]. 北京: 高等教育出版社.
邓亨宁, 高信芬, 李先源, 等, 2015. 无籽刺梨杂交起源: 来自分子数据的证据[J]. 植物资源与环境学报, 24(4): 10-17.
邓亨宁, 2016. 蔷薇属小叶组的分子系统发育学及物种形成[D]. 重庆: 西南大学.
邓童, 张晓龙, 刘学森, 等, 2024. 单叶蔷薇居群叶功能性状变异特征分析[J/OL]. 分子植物育种: 1-26.
邓童, 2022. 单叶蔷薇的潜在分布及其叶功能性状多样性研究[D]. 北京: 北京林业大学.
邓泽宜, 2024. 单叶蔷薇叶缘裂刻相关NAC转录因子的筛选和功能分析[D]. 北京: 北京林业大学.
江律, 2024. 单叶蔷薇花斑形成中*RbeMYB113*基因的功能解析[D]. 北京: 北京林业大学.
张爱敏, 2024. 单叶蔷薇克隆生长特征及其与土壤的关系[D]. 北京: 北京林业大学.
丁晓六, 刘佳, 赵红霞, 等, 2014. 现代月季和玫瑰杂交后代的鉴定与评价[J]. 北京林业大学学报, 36(5): 123-130.
杜凌, 吴洪娥, 周洪英, 等, 2018. 贵州蔷薇属植物资源研究[J]. 贵州林业科技, 46(1): 19-21, 64.
杜品, 1999. 甘南藏族自治区野生观赏花卉植物资源调查及开发利用途径研究[J]. 甘肃林业科技 (S1): 190-202.
段登文, 许彬, 孟静, 2021. 6种食用玫瑰染色体核型分析及基因组大小测定[J]. 湖南农业科学 (8): 1-5.
方桥, 田敏, 张婷, 等, 2020. 中甸刺玫及其近缘种基于FISH的核型分析[J]. 园艺学报, 47(3): 503-516.
方桥, 2019. 基于FISH的中甸刺玫细胞核型及杂交起源研究[D]. 昆明: 云南大学.
冯建孟, 徐成东, 2009. 中国种子植物物种丰富度的大尺度分布格局及其与地理因子的关系. 生态环境学报, 18(1): 249-254.
冯久莹, 蔡蕾, 贺海洋, 等, 2014. 新疆14种野生蔷薇属植物生境调查[J]. 林业科学, 50(11): 44-51.
冯立国, 2007. 玫瑰野生种质资源评价及其与栽培种质亲缘关系的研究[D]. 泰安: 山东农业大学.

付荷玲, 王琛瑶, 张晓龙, 等, 2021. 梁王山大花香水月季居群表型多样性分析[J]. 西北植物学报, 41(5): 854-862.

付荷玲, 2021. 云南梁王山大花香水月季多样性研究[D]. 北京: 北京林业大学.

傅志军, 葛永刚, 张萍, 2001. 太白山特有珍稀植物优先保护顺序的定量分析[J]. 宝鸡文理学院学报(自然科学版), 21(1): 63-65.

甘文浩, 崔文强, 刘建, 等, 2018. 封育保护通过改变中国图们江河口沙丘的群落组成降低关键种玫瑰的重要性[C]// 中国植物学会(Botanical Society of China). 中国植物学会八十五周年学术年会论文摘要汇编(1993—2018). 山东大学生命科学学院生态与生物多样性研究所; 山东大学环境研究所: 1.

高武军, 杨绪勤, 邓传良, 等, 2009. 14种木犀榄族植物叶表皮微形态的研究[J]. 武汉植物学研究, 27(5): 473-479.

高云东, 张羽, 高信芬, 等, 2013. 绢毛蔷薇复合体的谱系地理研究[C]. 中国植物学会第十五届会员代表大会暨八十周年学术年会论文集-系统与进化植物学: 1.

关莹, 2023. 蔷薇属的叶绿体基因组特征与系统学研究[D]. 昆明: 云南师范大学.

管晓庆, 王奎玲, 刘庆华, 等, 2008. 部分蔷薇(*Rosa multiflora*)属植物的RAPD分析[J]. 中国农学通报, 24(7): 328-331.

管晓庆, 2007. 青岛地区部分蔷薇属植物的孢粉学和RAPD分析研究[D]. 青岛: 青岛农业大学.

郭立海, 金德敏, 王斌, 等, 2002. 月季种质鉴定和多样性分析[J]. 园艺学报, 29(6): 551-555.

郭宁, 杨树华, 葛维亚, 等, 2011. 新疆天山山脉地区疏花蔷薇天然居群表型多样性分析[J]. 园艺学报, 38(3): 495-502.

郭宁, 2010. 新疆天山山脉地区疏花蔷薇与宽刺蔷薇天然群体遗传多样性分析[D]. 北京: 中国农业科学院.

郭润华, 隋云吉, 王爱英, 等, 2006. 抗寒月季品种选育[J]. 北方园艺(1): 49.

韩倩, 2012. 地被月季杂交育种初步研究[D]. 北京: 北京林业大学.

韩续, 索艳慧, 李三忠, 等, 2024. 新近纪以来华北东部古地貌演化数值模拟及陆架海沉降控制[J]. 古地理学报, 26(1): 192-207.

郝文芳, 杜峰, 陈小燕, 等, 2012. 黄土丘陵区天然群落的植物组成、植物多样性及其与环境因子的关系[J]. 草地学报, 20(4): 609-615.

和渊, 邱爽, 王赵琛, 等, 2008. 蔷薇亚科植物叶表皮微形态特征的初步观察[J]. 北京师范大学学报(自然科学版), 44(5): 515-519.

贺海洋, 2005. 单叶蔷薇花形态建成与繁殖生物学研究[D]. 北京: 中国农业大学.

贺学礼, 2010. 植物学[M]. 2版. 北京: 高等教育出版社.

洪铃雅, 2006. 台湾产蔷薇属植物之分类研究[D]. 台北: 台湾师范大学.

胡海辉, 陈旭, 洪丽, 2012. 寒地高校校园绿地木本植物资源调查与评析-以东北农业大学校园绿地为例[J]. 湖北农业科学, 51(18): 4061-4064, 4081.

胡奇志, 张天伦, 胡期丽, 2015. 黔产蔷薇属南五味子属药用植物品种资源调查研究[J]. 时珍国医国药, 26(4): 978-980.

胡清坡, 李雪峰, 吴琼, 等, 2014. 现代月季育种研究[J]. 北京农业 (24): 98-99.
黄善武, 葛红, 1989. 弯刺蔷薇在月季抗寒育种上的研究利用初报[J]. 园艺学报, 16(3): 237-240.
黄庶亮, 1999. 罗源县药用植物资源调查[J]. 福建医药杂志 (6): 97.
惠俊爱, 李学禹, 王绍明, 2003. 新疆蔷薇科植物的区系特点和地理分布[J]. 石河子大学学报(自然科学版), 7(1): 59-62.
惠俊爱, 张霞, 王绍明, 2013. 新疆野生单叶蔷薇的染色体核型分析[J]. 山东林业科技, 43(4): 58-60.
吉乃喆, 冯慧, 李纳新, 等, 2019. 三倍体古老月季在月季育种中的应用及其子代倍性分析[J]. 分子植物育种, 17(19): 6424-6433.
纪翔, 喻晓钢, 陈凡, 等, 2007. 九顶山蔷薇科植物资源及保护对策[J]. 中国野生植物资源, 26(2): 35-38.
贾元义, 2005. 月季品种资源的收集、分类和评价[D]. 泰安: 山东农业大学.
蹇洪英, 张颢, 李树发, 等, 2009. 蔷薇属植物的胞核学研究及其展望[J]. 西南农业学报, 22(1): 207-211.
蹇洪英, 张颢, 张婷, 等, 2010. 香水月季(*Rosa odorata* Sweet)不同变种的染色体及核型分析[J]. 植物遗传资源学报, 11(4): 457-461.
蹇洪英, 2015. 川滇蔷薇的遗传分化及地理分布格局形成研究[D]. 北京: 中国科学院大学.
金晶, 金平, 吴洪娥, 等, 2020. 贵州蔷薇属植物资源调查与应用研究[J]. 种子, 39(8): 61-65, 69.
李保忠, 2006. 月季品种的引种、分类与综合评价研究[D]. 南京: 南京林业大学.
李彪, 罗永兰, 李自林, 2018. 甘南地区蔷薇科藏药植物资源调查研究[J]. 高原科学研究, 2(2): 28-33.
李丁男, 张淑梅, 2019. 中国特有植物白玉山蔷薇分类学考证[J]. 植物科学学报, 37(6): 726-730.
李平, 2022. 祁连山保护区蔷薇属植物资源调查及扦插繁殖技术[J]. 青海农林科技 (2): 101-105.
李诗琦, 张程, 高信芬, 2017. 应用流式细胞术测定17种中国野生蔷薇核DNA含量[J]. 植物科学学报, 35(4): 558-565.
李世超, 杨树华, 刘海星, 等, 2014. 新疆天山地区弯刺蔷薇居群表型多样性的研究[J]. 园艺学报, 41(8): 1723-1730.
李淑颖, 2013. 华东地区油用与非油用蔷薇属资源的应用拓展研究[D]. 上海: 上海交通大学.
李树发, 李世峰, 蹇洪英, 等, 2012. 中甸刺玫新品种'格桑红'和'格桑粉'[J]. 园艺学报, 39(12): 2552-2554.
李燕伟, 吴忠民, 王好民, 2012. 青田县蔷薇属植物种质资源及其开发利用[J]. 安徽农学通报, 18(8): 142-143.
李玉舒, 2006. 中国玫瑰种质资源调查及其品种分类研究[D]. 北京: 北京林业大学.
梁应林, 张定红, 罗启华, 等, 2019. 蔷薇属植物用于贵州石漠化生态治理及开发应用探讨

[J]. 贵州畜牧兽医, 43(4): 63-66.
林霜霜, 邱珊莲, 郑开斌, 等, 2016. 玫瑰种质资源多样性与育种研究进展[J]. 中国园艺文摘, 32(1): 25-27.
林湘, 林玉立, 林月男, 等, 1992. 刺蔷薇一新变种[J]. 植物研究, 12(4): 377-378.
刘伯选, 2014. 鸡公山自然保护区蔷薇属植物资源调查[J]. 中国林副特产 (1): 71-73.
刘承源, 王国良, 谢秋兰, 等, 2008. 6种蔷薇的核形态学研究[J]. 江苏林业科技, 35(6): 5-8.
刘东华, 李懋学, 1985. 我国某些蔷薇属花卉的核型研究[J]. 武汉植物学研究, 3(4): 403-408.
刘海星, 2009. 新疆弯刺蔷薇资源调查及遗传多样性分析[D]. 北京: 中国农业科学院.
刘佳, 丁晓六, 于超, 等, 2013. 7个月季和5个玫瑰品种的核型分析[J]. 西北农林科技大学学报(自然科学版), 41(5): 165-172.
刘佳, 2013. 玫瑰与现代月季杂交育种及杂交亲和性研究[D]. 北京: 北京林业大学.
刘凯良, 陈勇, 2018. 太姥山药用种子植物资源的初步调查[J]. 宁德师范学院学报(自然科学版), 30(2): 176-181.
刘珅, 2023. 秦岭地区蔷薇科植物资源调查与分析[D]. 杨凌: 西北农林科技大学.
刘士侠, 丛者福, 2000. 新疆蔷薇[M]. 乌鲁木齐: 新疆科技卫生出版社.
刘士侠, 1993. 新疆的蔷薇属植物[J]. 植物杂志 (6): 19-21.
刘士侠, 1994. 新疆野生蔷薇果资源[J]. 新疆林业 (3): 21-22.
刘学森, 李娜, 张雪云, 等, 2024. 新疆单叶蔷薇居群表型变异及多样性研究[J]. 北京林业大学学报, 46(2): 51-61.
刘学森, 2023. 新疆单叶蔷薇遗传多样性与遗传结构研究[D]. 北京: 北京林业大学.
刘应珍, 金平, 陆叶, 等, 2014. 蔷薇属植物在贵阳市园林绿化造景中的应用[J]. 种子, 33(6): 50-52.
刘有斌, 2020. 太统-崆峒山保护区蔷薇属植物调查[J]. 甘肃林业科技, 45(3): 12-13, 52.
罗丹, 2013. 72个月季品种数量分类及耐热性研究[D]. 哈尔滨: 东北农业大学.
罗乐, 张启翔, 白锦荣, 等, 2009. 16个中国传统月季品种的核型分析[J]. 北京林业大学学报, 31(5): 90-95.
罗乐, 张启翔, 于超, 等, 2017. 29个蔷薇属植物的孢粉学研究[J]. 西北植物学报, 37(5): 885-894.
罗乐, 2011. 西北三省及北京野生蔷薇属种质资源调查引种及月季抗白粉病育种研究[D]. 北京: 北京林业大学.
罗强, 姚昕, 涂勇, 等, 2012. 攀西地区蔷薇属植物资源及其开发利用价值[J]. 西昌学院学报(自然科学版), 26(3): 1-4.
罗玉兰, 2007. 红刺玫月季遗传背景分析及杂交亲本选育[D]. 上海: 上海交通大学.
骆东灵, 蹇洪英, 张婷, 等, 2023. 16个月季种质资源的核型分析[J/OL]. 分子植物育种: 1-17.
雒宏佳, 刘亚斌, 常朝阳, 2015. 29种中国野豌豆属植物叶表皮微形态特征及其系统学意义[J]. 西北植物学报, 35(1): 76-88.
吕海亮, 张文澄, 张遂申, 1996. 四棱草属比较形态及其分类系统位置的研究-Ⅳ. 四棱草属

及其近缘属叶表皮结构特征[J]. 西北植物学报, 16(3): 245-250, 339.
吕佩锋, 2023. 以单叶蔷薇为母本的远缘杂交亲和性研究[D]. 北京: 北京林业大学.
马继峰, 温海燕, 齐俊梅, 2008. 野生玫瑰资源的调查与人工栽培[J]. 特种经济动植物 (10): 29-30.
马雪, 2013. 部分蔷薇属植物核型分析及2n配子研究[D]. 哈尔滨: 东北农业大学.
马燕, 陈俊愉, 1992. 部分现代月季品种的细胞学研究[J]. 河北林学院学报, 7(1): 12-18, 93-95.
马燕, 陈俊愉, 1991. 几种蔷薇属植物抗寒性指标的测定[J]. 园艺学报, 18(4): 351-356.
马燕, 陈俊愉, 1990. 培育刺玫月季新品种的初步研究(Ⅰ)——月季远缘杂交不亲和性与不育性的探讨[J]. 北京林业大学学报, 12(3): 18-25, 125.
马燕, 陈俊愉, 1991a. 培育刺玫月季新品种的初步研究(Ⅱ)——刺玫月季育种中的染色体观察[J]. 北京林业大学学报, 13(1): 52-57, 115-116.
马燕, 陈俊愉, 1991b. 培育刺玫月季新品种的初步研究(Ⅲ)——部分亲本及杂交种的花粉形态分析[J]. 北京林业大学学报, 18(3): 12-14, 105-106.
马燕, 陈俊愉, 1992a. 培育刺玫月季新品种的初步研究(Ⅳ)——若干亲本与杂交种的抗寒性研究[J]. 北京林业大学学报, 14(1): 60-65.
马燕, 陈俊愉, 1992b. 培育刺玫月季新品种的初步研究(Ⅴ)——部分亲本与杂种抗黑斑病能力的研究[J]. 北京林业大学学报, 14(3): 80-84.
马燕, 陈俊愉, 1993. 培育刺玫月季新品种的初步研究(Ⅵ)——加速育种周期法的初探[J]. 北京林业大学学报, 15(2): 129-133.
马燕, 陈俊愉, 1991. 蔷薇属若干花卉的染色体观察[J]. 福建林学院学报, 11(2): 215-218.
马燕, 陈俊愉, 1991. 一些蔷薇属植物的花粉形态研究[J]. 植物研究, 11(3): 69-73, 75-76.
马燕, 陈俊愉, 1992c. 中国蔷薇属6个种的染色体研究[J]. 广西植物, 12(4): 333-336.
马燕, 毛汉书, 陈俊愉, 1993. 部分月季花品种的数量分类研究[J]. 西北植物学报, 13(3): 225-231.
马燕, 1992. 刺玫月季育种的系统研究[D]. 北京: 北京林业大学.
马誉, 康晓玲, 郑明燕, 等, 2023. 6种蔷薇属植物的染色体核型分析[J/OL]. 分子植物育种, 1-8.
孟国庆, 2022. 蔷薇属系统发育学研究[D]. 北京: 中国科学院大学.
孟小华, 姜卫兵, 翁忙玲, 2013. 月季、玫瑰和蔷薇名实辨析及园林应用[J]. 江苏农业科学, 41(7): 173-176.
闵运江, 刘文中, 陈乃富, 2001. 皖西大别山区金樱子野生资源贮备量的调查研究[J]. 生物学杂志, 18(2): 26-28.
潘桂棠, 陆松年, 肖庆辉, 等, 2016. 中国大地构造阶段划分和演化[J]. 地学前缘, 23(6): 1-23.
潘丽蛟, 关文灵, 李懿航, 2018. 珍稀濒危植物中甸刺玫种群结构与空间分布格局研究[J]. 亚热带植物科学, 47(3): 229-234.
祁云枝, 李思锋, 黎斌, 等, 2010. 西安市木本地被植物资源调查与适应性评价[J]. 中国农学通报, 26(11): 350-354.

钱力, 张漪, 高婧, 等, 2008. 浙江蔷薇科新分类群[J]. 广西植物, 28(4): 455-458.
邱显钦, 唐开学, 蹇洪英, 等, 2011. 云南大花香水月季居群遗传多样性的SSR分析[J]. 华中农业大学学报, 30(3): 300-304.
邱显钦, 唐开学, 王其刚, 等, 2013. 云南长尖叶蔷薇自然居群遗传多样性分析[J]. 植物遗传资源学报, 14(1): 85-90.
邱显钦, 张颢, 蹇洪英, 等, 2010. 云南复伞房蔷薇天然居群表型多样性的居群生物学分析[J]. 云南农业大学学报(自然科学版), 25(2): 200-206.
屈素青, 2013. 珍稀树种山东栒子和野生玫瑰种质资源调查与评价[D]. 泰安: 山东农业大学.
任健, 2019. 中国古代文学蔷薇意象与题材研究[D]. 南京: 南京师范大学.
桑利群, 李文博, 2014. 西藏色季拉山蔷薇科植物资源调查研究[J]. 北方园艺 (12): 57-61.
施宗明, 1999. 云南名花鉴赏[M]. 昆明: 云南科技出版社.
时圣德, 1985. 贵州蔷薇属新分类群[J]. 贵州科学 (1): 8-9.
宋仁敬, 李华琴, 1988. 刺梨的核型分析[J]. 植物学报, 31(2): 155-157.
隋克洲, 刘少娟, 张德山, 2004. 昆嵛山野生茎叶类中药植物资源调查[J]. 山东中医杂志, 23(4): 235-236.
隋云吉, 郭润华, 杨逢玉, 等, 2012. 耐寒月季"天山祥云"生物学特性比较试验[J]. 林业实用技术 (9): 57-58.
孙京田, 秦月秋, 杨德奎, 等, 1993. 山东蔷薇属植物花粉亚显微形态研究[J]. 广西大学学报(自然科学版) (S1): 118-121.
谭炯锐, 王晶, 高华北, 等, 2019. 中国17种蔷薇属植物45S和5S的rDNA分布研究[J]. 西北植物学报, 39(8): 1333-1343.
唐开学, 2009. 云南蔷薇属种质资源研究[D]. 昆明: 云南大学.
唐舜庆, 1994. 玫瑰新品种的选育[J]. 北京林业大学学报, 16(4): 60-64.
唐雨薇, 2023. 单叶蔷薇与蔷薇亚属桂味组植物远缘杂交育种研究[D]. 北京: 北京林业大学.
田敏, 张婷, 唐开学, 等, 2013. 45S rDNA在中国古老月季品种染色体上的荧光原位杂交分析[J]. 云南农业大学学报(自然科学), 28(3): 380-385.
田敏, 张婷, 唐开学, 等, 2018. 荧光原位杂交技术在蔷薇属植物研究中的应用综述[J]. 江苏农业科学, 46(22): 29-35.
童冉, 吴小龙, 姜丽娜, 等, 2017. 野生玫瑰种群表型变异[J]. 生态学报, 37(11): 3706-3715.
万煜, 黄增任, 1990. 广西蔷薇属一新变种及一新记录[J]. 广西植物, 10(2): 97-98.
王朝文, 和志娇, 李燕, 等, 2015. 乡土植物在玉龙雪山景区植被恢复中的应用[J]. 农学学报, 5(4): 77-84.
王春景, 周守标, 黄文江, 等, 2005. 安徽蔷薇属植物资源及其开发利用[J]. 中国野生植物资源, 24(1): 32-35.
王国良, 上田善弘, 巫水钦, 2001. 切花月季芽变品种的分子标记与鉴别研究[J]. 江苏林业科技, 28(1): 1-9.
王国良, 2015. 中国古老月季[M]. 北京: 科学出版社.

王虹, 王磊, 范林仙, 等, 2014. 新疆14种青兰属植物叶表皮微形态结构研究[J]. 西北植物学报, 34(10): 2004-2019.

王佳, 陶俊, 冯立国, 2013. 江苏月季的栽培历史与应用现状[J]. 农业科技与信息(现代园林), 10(10): 31-36.

王金耀, 于超, 罗乐, 等, 2014. 疏花蔷薇与现代月季品种及其杂交后代的染色体核型分析[J]. 西北植物学报, 34(3): 488-494.

王君, 2018. 西宁市蔷薇科植物及其在园林绿化中的应用研究[D]. 杨凌: 西北农林科技大学.

王开锦, 张婷, 王其刚, 等, 2018. 中甸刺玫的系统位置及杂交起源研究[J]. 植物遗传资源学报, 19(5): 1006-1015.

王开锦, 2018. 中甸刺玫的系统位置及杂交起源研究-兼论蔷薇属的系统[D]. 昆明: 云南大学.

王奎玲, 唐启和, 刘庆超, 等, 2007. 山东蔷薇属植物资源及其园林应用的调查研究[J]. 安徽农业科学, 35(7): 1988-1989.

王兰州, 1990. 甘肃蔷薇属植物的数量分析[J]. 西北师范大学学报(自然科学版)(1): 78-84.

王丽勉, 张启翔, 高亦珂, 2003. 月季抗黑斑病的基因工程研究[J]. 中南林学院学报, 23(5): 92-95.

王莉飞, 徐佳洁, 黄晓霞, 等, 2023. 现代月季品种间杂交亲和性评价[J]. 分子植物育种, 21(12): 3973-3985.

王美仙, 高琪, 邬洪涛, 2011. 北京的月季专类园发展及设计初探[C]. 中国风景园林学会2011年会论文集(下册): 6.

王庆礼, 1984. 辽宁蔷薇属一新种[J]. 植物研究, 4(4): 207-210.

王琼, 2010. 月季与玫瑰杂交以及月季抗黑斑病的初步研究[D]. 北京: 北京林业大学.

王世光, 薛永卿, 2010. 中国现代月季[M]. 郑州: 河南科学技术出版社.

王仕宝, 张秀秀, 向仪, 等, 2018. 汉中苗族聚居区药用植物资源调查研究[J]. 中国民族民间医药, 27(21): 36-39.

王思齐, 朱章明, 2021. 中国蔷薇属植物物种丰富度分布格局及其与环境因子的关系[J]. 生态学报, 42(1): 209-219.

王思齐, 2021. 复伞房蔷薇复合群的群体进化及分类研究[D]. 昆明: 云南大学.

王晓春, 2001. 甘肃省蔷薇属植物种质资源及开发利用[J]. 中国林副特产(3): 44-45.

王晓华, 包玉荣, 2010. 呼和浩特市建成区园林绿化植物调查与分析[J]. 内蒙古农业大学学报(自然科学版), 31(1): 99-106.

王旭, 何顺志, 徐文芬, 等, 2016. 贵州平坝县药用植物种质资源调查研究[J]. 贵州科学, 34(6): 1-5.

韦霄, 韦记青, 蒋运生, 等, 2005. 广西野生果树资源调查研究[J]. 广西植物, 25(4): 314-320.

韦筱媚, 高信芬, 张丽兵, 2008. 绢毛蔷薇复合体的分类学研究: 峨眉蔷薇与绢毛蔷薇同种吗?[J]. 植物分类学报, 46(6): 919-928.

韦筱媚, 2008. 中国蔷薇属芹叶组(*Rosa* Sect. *Pimpinellifoliae* DC. ex Ser.)的分类学研究[D]. 成都: 中国科学院成都生物研究所.

吴高琼, 2020. 基于SSR分子标记的中国古老月季野生亲本分析[D]. 昆明: 云南大学.
吴丽娟, 2014. 月季花文化研究[D]. 北京: 中国林业科学研究院.
吴旻, 李慧敏, 杨维, 等, 2018. 川滇蔷薇的种下分类系统和表型变异[J]. 江苏农业科学, 46(8): 112-119.
吴小刚, 2003. 福建省蔷薇科木本植物资源调查分析[J]. 西南林学院学报, 23(1): 46-49.
吴钰滢, 周璇, 徐庭亮, 等, 2019. 现代月季品种'赞歌'和粉团蔷薇杂交后代鉴定与评价[J]. 北京林业大学学报, 41(3): 124-133.
武荣花, 葛蓓蓓, 王茂良, 等, 2016. 应用流式细胞术测定18个中国古老月季基因组大小[J]. 北京林业大学学报, 38(6): 94-100.
鲜恩英, 刘兰, 李勇, 等, 2014. 西藏两种蔷薇科藏药植物染色体核型分析[J]. 中国民族医药杂志, 20(10): 37-39.
向贵生, 2018. 大花香水月季和长尖叶蔷薇响应白粉病菌侵染的转录组分析与MLO unigenes挖掘[D]. 昆明: 云南大学.
向贵生, 王其刚, 蹇洪英, 等, 2018. 云南川滇蔷薇天然居群表型多样性分析[J]. 云南大学学报(自然科学版), 40(4): 786-794.
肖丽, 2024. 单叶蔷薇的开花特性和繁育系统研究[D]. 北京: 北京林业大学.
新疆八一农学院, 1982. 新疆植物检索表-第一册[M]. 乌鲁木齐: 新疆人民出版社.
新疆植物志编辑委员会, 1993. 新疆植物志(第一卷)[M]. 乌鲁木齐: 新疆科技卫生出版社.
邢震, 2007. 西藏色季拉山野生观赏植物资源调查研究[D]. 北京: 北京林业大学.
徐耀良, 1992. 广东蔷薇一新变型[J]. 广西植物, 12(2): 103.
许凤, 李凌, 邱显钦, 等, 2009. 云南39个野生蔷薇种间遗传多样性的SSR分析[J]. 西南大学学报(自然科学版), 31(6): 83-87.
闫海霞, 2018. 广西野生蔷薇在月季种质创新上的应用研究[D]. 南宁: 广西壮族自治区农业科学院花卉研究所.
杨晨阳, 2020. 蔷薇属月季组种质资源遗传多样性和系统进化[D]. 北京: 北京林业大学.
杨晨阳, 于超, 马玉杰, 等, 2018. 基于SSR标记和单拷贝核基因的蔷薇属植物系统发生分析[J]. 北京林业大学学报, 40(12): 85-96.
杨逢玉, 2010. 新疆奎屯市园林植物观赏特性调查与分析[J]. 安徽农业科学, 38(29): 16456-16459, 16463.
杨树华, 郭宁, 葛维亚, 等, 2013. 新疆东天山地区宽刺蔷薇居群表型多样性分析[J]. 植物遗传资源学报, 14(3): 455-461.
杨树华, 李秋香, 贾瑞冬, 等, 2016. 月季新品种'天香'、'天山白雪'、'天山桃园'、'天山之光'与'天山之星'[J]. 园艺学报, 43(3): 607-608.
杨爽, 王锦, 王甜甜, 等, 2008. 弯刺蔷薇和疏花蔷薇天然群体的核型分析[C]//中国园艺学会. 2008年园艺植物染色体倍性操作与遗传改良学术研讨会论文摘要集. 中国农业科学院蔬菜花卉研究所; 西南林学院; 西南大学: 1.
杨玉勇, 2009. 切花月季新品[J]. 中国花卉园艺 (22): 46-47.

易星湾, 2024. 月季连续开花性状的精细定位及进化分析[D]. 北京: 北京林业大学.
尹世华, 王康, 黄晓霞, 等, 2021. 中国古老月季品种远缘及品种间杂交亲和性评价[J]. 北方园艺 (18): 81-87.
英连清, 刘清民, 李志, 1989a. 辽东山区主要蔷薇属植物资源[J]. 中国林副特产 (1): 40-42.
英连清, 刘清民, 李志, 1989b. 辽宁东部山区主要蔷薇属植物[J]. 中国野生植物 (1): 17-19.
于超, 罗乐, 王蕴红, 等, 2011. 新疆疏花蔷薇的核型分析与探讨[J]. 西北植物学报, 31(12): 2459-2463.
于守超, 丰震, 赵兰勇, 2005. 平阴玫瑰品种数量分类研究的探讨[J]. 园艺学报, 32(2): 327-330.
俞德浚, 1985. 中国植物志(第37卷)[M]. 北京: 科学出版社.
俞旭昶, 2021. 紫花重瓣玫瑰起源初探[D]. 北京: 中国科学院大学.
俞志雄, 1991. 悬钩子属和蔷薇属的新植物[J]. 植物研究, 11(1): 53-54.
臧德奎, 2009. 植物专类园[M]. 北京: 中国建筑工业出版社: 9-108.
曾妮, 张建茹, 常朝阳, 2017. 中国蔷薇属植物叶表皮微形态特征及其系统学意义[J]. 广西植物, 37(2): 169-185.
曾妮, 2016. 中国蔷薇属植物种子和叶表皮微观形态及数量分类研究[D]. 杨凌: 西北农林科技大学.
张定成, 张春杨, 邵建章, 1997. 中国蔷薇属一新种[J]. 植物分类学报, 35(3): 265-267.
张方钢, 金孝锋, 韦福民, 2006. 大盘山蔷薇——浙江产蔷薇属一新变种[J]. 云南植物研究, 28(6): 606.
张广进, 赵兰勇, 王芬, 等, 2006. 蔷薇品种的数量分类学研究[J]. 山东农业大学学报(自然科学版), 37(2): 175-180.
张军, 章路, 张琴, 等, 2021. 岷江干旱河谷区峨眉蔷薇地上生物量及模型研究[J]. 四川林业科技, 42(2): 52-56.
张启翔, 2011. 中国观赏植物种质资源 · 宁夏卷[M]. 北京: 中国林业出版社.
张启翔, 2014. 中国观赏植物种质资源 · 西藏卷[M]. 北京: 中国林业出版社.
张启翔, 2021. 中国观赏植物种质资源 · 新疆卷[M]. 北京: 中国林业出版社.
张天伦, 何顺志, 2005. 贵州虎耳草科、蔷薇科药用植物资源的调查[J]. 贵州科学, 23(4): 8-12.
张天姝, 2016. 寒地观赏蔷薇的观赏特性及园林应用研究[D]. 哈尔滨: 东北农业大学.
张婷, 蹇洪英, 莫锡君, 等, 2018. 长尖叶蔷薇基于rDNA FISH的核型分析[J]. 西南农业学报, 31(10): 2036-2040.
张婷, 蹇洪英, 田敏, 等, 2014. 蔷薇属3个野生种中45S rDNA和5S rDNA的物理定位[J]. 园艺学报, 41(5): 994-1000.
张晓龙, 邓童, 罗乐, 等, 2021. 单叶蔷薇潜在适宜区预测及其渐危机制研究[J]. 西北植物学报, 41(9): 1570-1582.
张晓龙, 2022. 单叶蔷薇幼苗根系对不同潜水埋深的适应性机制研究[D]. 北京:北京林业大学.

张雪梅, 范曾丽, 2012. 蔷薇科5种植物叶表皮微形态特征研究[J]. 中国园艺文摘, 28(3): 37-38, 10.
张雪云, 2024. 单叶蔷薇居群遗传多样性与克隆结构研究[D]. 北京: 北京林业大学.
张羽, 2012. 绢毛蔷薇复合群的居群遗传结构研究[D]. 北京: 中国科学院大学.
张佐双, 朱秀珍, 2006. 中国月季[M]. 北京: 中国林业出版社.
招雪晴, 2008. 中国玫瑰(*Rosa rugosa* Thunb.)种质资源核型研究[D]. 济南: 山东农业大学.
赵红霞, 王晶, 丁晓六, 等, 2015. 蔷薇属植物与现代月季品种杂交亲和性研究[J]. 西北植物学报, 35(4): 743-753.
赵建立, 李庆军, 2019. 渐新世-中新世过渡期全球环境变迁及其对生物演化的影响[J]. 中国科学: 生命科学, 49(7): 902-915.
赵娟娟, 2005. 荣成海岸破碎化生境中玫瑰(*Rosa rugosa* Thunb.)野生种群的遗传多样性与遗传结构的初步研究[D]. 济南: 山东大学.
赵玲, 2019. 单瓣月季花与亮叶月季的系统关系及遗传多样性研究[D]. 昆明: 西南林业大学.
赵小兰, 赵梁军, 2006. 月季根癌病病原菌分离及抗病资源初步筛选[J]. 植物保护, 32(6): 54-58.
赵梓安, 2020. 蔷薇属部分植物的表型分析与扦插组培研究[D]. 雅安: 四川农业大学.
中国科学院新疆生物土壤沙漠研究所, 1984. 新疆药用植物志[M]. 乌鲁木齐: 新疆人民出版社.
周丽华, 韦仲新, 吴征镒, 1999. 国产蔷薇科蔷薇亚科的花粉形态[J]. 云南植物研究, 21(4): 455-460, 535-536.
周宁宁, 张颢, 王其刚, 等, 2012. 峨眉蔷薇居群遗传多样性的SSR分析[J]. 江苏农业科学, 40(1): 33-36.
周宁宁, 张颢, 杨春梅, 等, 2011. 绢毛蔷薇居群遗传多样性的SSR分析[J]. 西南农业学报, 24(5): 1899-1903.
周玉泉, 苏群, 张颢, 等, 2016. 极危植物中甸刺玫的分布及种群数量动态[J]. 植物遗传资源学报, 17(4): 649-654, 662.
周玉泉, 2016. 蔷薇属植物的分子系统学研究——兼论几个栽培品种的起源[D]. 昆明: 云南师范大学.
朱金启, 2003. 单叶蔷薇生殖生物学及其繁殖方法研究[D]. 乌鲁木齐: 新疆农业大学.
朱章明, 2015. 蔷薇属月季组和合柱组的分子系统学研究[D]. 北京: 中国科学院大学.
纵丹, 黄嘉城, 段晓盟, 等, 2024. 无籽刺梨及其近缘种叶绿体基因组序列比较分析[J]. 福建农林大学学报(自然科学版), 53(1): 39-47.
邹东廷, 王庆刚, 罗奥, 等, 2019. 中国蔷薇科植物多样性格局及其资源植物保护现状[J]. 植物生态学报, 43(1): 1-15.
ADANSON M, 1763. Familles des plantes[M]. Chez Vincent, ImprimeurLibraire de Mgr le Comte de Provence, Paris: 6-50.
AKASAKA M, UEDA Y, KOBA T, 2002. Karyotype analyses of five wild rose species

belonging to septet A by fluorescence in situ hybridization[J]. Chromosome science, 6: 17-26.

AKASAKA M, UEDA Y, KOBA T, 2003. Karyotype analysis of wild rose species belonging to septets B, C and D by molecular cytogenetic method[J]. Breeding Science, 53(2): 177-182.

ANDRAS S C, HARTMAN T P V, MARSHALL J A, *et al.,* 1999. A drop-spreading technique to produce cytoplasm-free mitotic preparations from plants with small chromosomes[J]. Chromosome Research, 7: 641-647.

ANDREWS H C, 1828. Roses, or, a monograph of the genus *Rosa*[M]. 2ed. London: Self-Published: 77.

BARTHLOTT W, 1984. Microstructural features of seed surfaces[J]. Current Concepts in Plant Taxonomy: 95-105.

BECKER H F, 1963. The fossil record of the genus *Rosa*[J]. Bulletin of the Torrey Botanical Club: 99-110.

BLACKBURN K B, HESLOP HARRISON J W, 1924. Genetical and cytological studies in hybrid roses: I.-The origin of a fertile hexaploid form in the Pimpinellifoliæ-Villosæ Crosses[J]. Journal of Experimental Biology, 1(4): 557-570.

BRITTON N L, BROWN A, 1913. An illustrated flora of the northern United States[M]. New York: Scribner: 1-3.

BRITTON N L, WILSON P, 1923—1926. Botany of Porto Rico and the Virgin Islands[M]. New York: New York Academy of Sciences.

BRUNEAU A, STARR J R, JOLY S, 2007. Phylogenetic relationships in the genus *Rosa*: new evidence from chloroplast DNA sequences and an appraisal of current knowledge[J]. Systematic Botany, 32(2): 366-378.

BUZUNOVA I O, 1996. The type collection of the genus *Rosa* (Rosaceae) in the herbarium of the Komarov Botanical Institute (St. Petersburg, LE). 1. Taxa of the genus Rosa described from Eastern Europe[J]: 45-54.

CAIRNS T, 2000. Modern roses XI: the world encyclopedia of roses[M]. Academic Press.

CHEIKH-AFFENE Z B, HAOUALA F, HARZALLAH-SKHIRI F, 2015. Morphometric variation and taxonomic identification of thirteen wild rose populations from Tunisia[J]. Acta Botanica Croatica, 74(1): 1-17.

CHEN F, SU L, HU S, *et al.*, 2021. A chromosome-level genome assembly of rugged rose (*Rosa rugosa*) provides insights into its evolution, ecology, and floral characteristics[J]. Horticulture research: 8.

CHOPRA V L, SINGH M. Ornamental plants for gardening[M]. Cambridge: Scientific Publishers, 2013.

CUI W H, DU X Y, ZHONG M C, *et al.*, 2022. Complex and reticulate origin of edible roses (*Rosa*, Rosaceae) in China[J]. Horticulture Research: 9.

DARLINGTON C D, WYLIE A P, 1955. Chromosome atlas of flowering plants[M]. London:

George Allen & Unwin Ltd.

DARLINGTON C D, 1973. Chromosome botany and the origins of cultivated plants[M]. Aberdeen: The University Press Aberdeen.

DEBRAY K, LE PASLIER M C, BÉRARD A, *et al.*, 2022. Unveiling the patterns of reticulated evolutionary processes with phylogenomics: hybridization and polyploidy in the genus *Rosa*[J]. Systematic Biology, 71(3): 547-569.

DENG T, LUO L, YU C, *et al.*, 2022. *Rosa tomurensis*, a new species of *Rosa* (Rosaceae) from China[J]. Phytotaxa, 556(2): 169-177.

DENK T, GRÍMSSON F, ZETTER R, *et al.*, 2011. The biogeographic history of Iceland-the North Atlantic land bridge revisited[J]. Late Cainozoic floras of Iceland: 15 million years of vegetation and climate history in the northern North Atlantic: 647-668.

DEVORE M L, PIGG K B, 2007. A brief review of the fossil history of the family Rosaceae with a focus on the Eocene Okanogan Highlands of eastern Washington State, USA, and British Columbia, Canada[J]. Plant Systematics and Evolution, 266: 45-57.

DICKSON E E, ARUMUGANATHAN K, KRESOVICH S, *et al.*, 1992. Nuclear DNA content variation within the Rosaceae[J]. American journal of botany, 79(9): 1081-1086.

EDELMAN D W, 1975. The Eocene Germer Basin Flora of South-Central Idaho[D]. Idaho:University of Idaho.

EIDE F, 1981. Key for northwest European Rosaceae pollen[J]. Grana, 20(2): 101-118.

ERLANSON E W, 1938. Phylogeny and polyploidy in Rosa[J]. The New Phytologist, 37(1): 72-81.

FERNÁNDEZ-ROMERO M D, ESPÍN A, TRUJILLO I, *et al.*, 2009. Cytological and molecular characterisation of a collection of wild and cultivated roses[J]. Roses. Floriculture and Ornam. Biotechnol, 3: 28-39.

FERNÁNDEZ-ROMERO M D, TORRES A M, MILLÁN T, *et al.*, 2001. Physical mapping of ribosomal DNA on several species of the subgenus *Rosa*[J]. Theoretical and Applied Genetics, 103: 835-838.

FOLTA K M , GARDINER S E, 2009. Genetics and genomics of Rosaceae[M].New York: Springer New York.

FOUGÈRE-DANEZAN M, JOLY S, BRUNEAU A, *et al.*, 2015. Phylogeny and biogeography of wild roses with specific attention to polyploids[J]. Annals of Botany, 115(2): 275-291.

GAO C, LI T, ZHAO X, *et al.*, 2023. Comparative analysis of the chloroplast genomes of *Rosa* species and RNA editing analysis[J]. BMC Plant Biology, 23(1): 318.

GAO Y D, GAO X F, HARRIS A, 2019. Species boundaries and parapatric speciation in the complex of alpine shrubs, *Rosa sericea* (Rosaceae), based on population genetics and ecological tolerances[J]. Frontiers in Plant Science, 10: 321.

GAO Y D, ZHANG Y, GAO X F, *et al.*, 2015. Pleistocene glaciations, demographic expansion and subsequent isolation promoted morphological heterogeneity: A phylogeographic study of

the alpine *Rosa sericea* complex (Rosaceae)[J]. Scientific Reports, 5(1): 11698.

GODWIN H, 1975.The History of the British Flora[M]. Cambridge: Cambridge University Press.

GRAHAM G G, PRIMAVESI A L, 1990. Notes on some *Rosa taxa* recorded as occurring in the British Isles[J]. Watsonia, 18: 119-124.

GUDIN S, 2000. Rose breeding technologies[C]//III International Symposium on Rose Research and Cultivation 547: 23-33.

GUSTAFSSON A, 1944. The constitution of the *Rosa canina* complex[J]. Hereditas, 30(3):405-428.

HARKNESS P, 2003. The rose: an illustrated history[M]. Richmond Hill: Firefly books.

HIBRAND SAINT-OYANT L, RUTTINK T, HAMAMA L, *et al.*, 2018. A high-quality genome sequence of *Rosa chinensis* to elucidate ornamental traits[J]. Nature plants, 4(7): 473-484.

HOLLICK C A, SMITH P S, 1936. The tertiary floras of Alaska[M]. Commonwealth of Virginia: United States Department of the Interior, Geological Survey.

HU Z Z, JIA X L, CHEN X, *et al.*, 2023. Fluorescence lifetime imaging of sporopollenin: An alternative way to improve taxonomic level of identifying dispersed pollen and spores[J]. Review of Palaeobotany and Palynology, 316: 104946.

HUNG L Y, WANG J C, 2022. A revision of *Rosa transmorrisonensis* Hayata and allied species in Taiwan[J]. Taiwania, 67(4): 484-496.

HURST C C, 1928. Differential polyploidy in the genus[J]. Rosa LZ Indukt. Abstammungs-Vererbungsl, 46: S46-S47.

JAFARKHANI KERMANI M, JOWKAR A, HOSEINI Z S, *et al.*, 2017. Chromosome measurements of wild roses of Iran[C]//International Symposium on Wild Flowers and Native Ornamental Plants 1240, 27-32.

JAN C H, BYRNE D H, MANHART J, *et al.*, 1999. Rose germplasm analysis with RAPD markers[J]. HortScience, 34(2): 341-345.

JARVIS C E, 1992. Seventy-two proposals for the conservation of types of selected Linnaean generic names, the report of Subcommittee 3C on the lectotypification of Linnaean generic names[J]. Taxon: 552-583.

JIAN H Y, ZHANG T, WANG Q G, *et al.*, 2013. Karyological diversity of wild *Rosa* in Yunnan, southwestern China[J]. Genetic resources and crop evolution, 60: 115-127.

JIAN H Y, ZHANG Y H, YAN H J, *et al.*, 2018. The complete chloroplast genome of a key ancestor of modern roses, *Rosa chinensis* var. *spontanea*, and a comparison with congeneric species[J]. Molecules, 23(2): 389.

JIAN H, ZHANG H, TANG K, *et al.*, 2010. Decaploidy in *Rosa praelucens* Byhouwer (Rosaceae) endemic to Zhongdian Plateau, Yunnan, China[J]. Caryologia, 63(2): 162-167.

JIAN H, ZHANG T, WANG Q, *et al.*, 2014. Nuclear DNA content and 1Cx-value variations in genus *Rosa* L[J]. Caryologia, 67(4): 273-280.

JIANG L, LI X, LYU K, *et al.*, 2024. Rosaceae phylogenomic studies provide insights into the evolution of new genes[J]. Horticultural Plant Journal.

JIANG L, ZANG D, 2017.Analysis of genetic relationships in *Rosa rugosa* using conserved DNA-derived polymorphism markers[J].Biotechnology & Biotechnological Equipment, 32(11):1-7.

JOLY S, BRUNEAU A, 2006. Incorporating allelic variation for reconstructing the evolutionary history of organisms from multiple genes: an example from *Rosa* in North America[J]. Systematic Biology, 55(4): 623-636.

JOWKAR A, KERMANI M J, KAFI M, *et al.*, 2009. Cytogenetic and flow cytometry analysis of Iranian *Rosa* spp.[J]. Floric Ornamen, Biotech, 3: 71-74.

KAUL V K, GUJRAL R K, SINGH B, 1999. Volatile constituents of the essential oil of flowers of *Rosa brunonii* Lindl[J]. Flavour and Fragrance Journal, 14(1): 9-11.

KAWAMURA K, UEDA Y, MATSUMOTO S, *et al.*, 2022. The identification of the *Rosa* S-locus provides new insights into the breeding and wild origins of continuous-flowering roses[J]. Horticulture research, 9: uhac155.

KIM Y, BYRNE D H, 1994. 365 Biosystematical classification of genus *Rosa* using isozyme polymorphisms[J]. HortScience, 29(5): 483c-483.

KOBA T, MINOGUCHI T, 1999. Karyotype analysis and localization of 45S rRNA gene in *Rosa chinensis* var. *spontanea* (Abstracts of the 50th Annual Meeting of the Society of Chromosome Research) [J]. Chromosome science, 3(3): 143.

KOOPMAN W J M, WISSEMANN V, DE COCK K, *et al.*, 2008. AFLP markers as a tool to reconstruct complex relationships: a case study in *Rosa* (Rosaceae)[J]. American Journal of Botany, 95(3): 353-366.

KOVARIK A, WERLEMARK G, LEITCH A R, *et al.*, 2008. The asymmetric meiosis in pentaploid dogroses (*Rosa* sect. *Caninae*) is associated with a skewed distribution of rRNA gene families in the gametes[J]. Heredity, 101(4): 359-367.

KU C Z, 2003, Robertson K R. Flora of China[M]. Beijing: Science Press.

KVAČEK Z, WALTHER H, 2004. Oligocene flora of Bechlejovice at Děčín from the neovolcanic area of the České středohoří Mountains, Czech Republic[J]. Acta Musesei Nationalis Pragae, Series B, Natural History, 60(1-2): 9-60.

LAZENBY E M, 1995. The historia plantarum generalis of John Ray: book i-a translation and commentary[D].Newcastle upon Tyne: Newcastle University.

LESQUEREUX L, 1883. Contributions to the fossil flora of the western territories...: The cretaceous and tertiary floras[M]. US Government Printing Office.

LI S Q, ZHANG C, GAO X F, 2023. Geographic isolation and climatic heterogeneity drive population differentiation of *Rosa chinensis* var. *spontanea* complex[J]. Plant Biology, 25(4): 620-630.

LIN W, HUANG J, XUE M, *et al.*, 2019. Characterization of the complete chloroplast genome

of Chinese rose, *Rosa chinensis* (Rosaceae: Rosa)[J]. Mitochondrial DNA Part B, 4(2): 2984-2985.

LINDLEY J, 1820. Rosarum monographia or A botanical history of roses: to which is added an appendix, for the use of cultivators, in which the most remarkable garden varieties are systematically arranged, with nineteen plates[M]. New York:James Ridgeway.

LINNAEUS C, 1737. Genera Plantarum[M]. Washington: Biodiversity Heritage Library.

LINNAEUS C, 1753. Species Plantarum[M]. Stockholm: Impensis Laurentii Salvii.

LIU C, WANG G, WANG H, *et al.*, 2015. Phylogenetic relationships in the genus *Rosa* revisited based on *rpl16*, *trnL-F*, and *atpB-rbcL* sequences[J]. HortScience, 50(11): 1618-1624.

LU D, ZHANG Y, ZHANG L, *et al.*, 2021. Methods of privacy-preserving genomic sequencing data alignments[J]. Briefings in Bioinformatics, 22(6): bbab151.

LU M, AN H, LI L, 2016. Genome survey sequencing for the characterization of the genetic background of *Rosa roxburghii* Tratt and leaf ascorbate metabolism genes[J]. PLoS One, 11(2): e0147530.

LUNEROVÁ J, HERKLOTZ V, LAUDIEN M, *et al.*, 2020. Asymmetrical canina meiosis is accompanied by the expansion of a pericentromeric satellite in non-recombining univalent chromosomes in the genus Rosa[J]. Annals of Botany, 125(7): 1025-1038.

LYU P F, LUO L, TANG Y W, *et al.*, 2023. *Rosa yangii* (Rosaceae), a new species from China [J]. Kew Bulletin, 78(4): 663-671.

MA Y, CRANE C F, BYRNE D H, 1997. Karyotypic relationships among some *Rosa* species[J]. Caryologia, 50(3-4): 317-326.

MATSUMOTO S, KOUCHI M, FUKUI H, *et al.*, 2000. Phylogenetic analyses of the subgenus eurosa using the its *nrDNA* sequence[J]. Acta Horticulturae, 521: 193-202.

MATSUMOTO S, KOUCHI M, YABUKI J, *et al.*, 1998. Phylogenetic analyses of the genus *Rosa* using the *matK* sequence: molecular evidence for the narrow genetic background of modern roses[J]. Scientia Horticulturae, 77(1-2): 73-82.

MATTHEWS J R, 1920. Hybridism and classification in the genus *Rosa*[J]. New Phytologist, 19(7): 153-171.

MCNEILL J, ODELL E A, CONSAUL L L, KATZ D S, 1987. American code and later lectotypifications of Linnaean generic names dating from 1753: a case study of discrepancies[J]. Taxon, 36: 350-401.

MORGANTE M, OLIVIERI A M, 1993. PCR - amplified microsatellites as markers in plant genetics[J]. The plant journal, 3(1): 175-182.

MOYNE A L, SOUQ F, YEAN L H, *et al.*, 1993. Relationship between cell ploidy and regeneration capacity of long term *Rosa hybrida* cultures[J]. Plant Science, 93(1-2): 159-168.

NAKAMURA N, HIRAKAWA H, SATO S, *et al.*, 2018. Genome structure of *Rosa multiflora*, a wild ancestor of cultivated roses[J]. Dna Research, 25(2): 113-121.

NYBOM H, ESSELINK G D, WERLEMARK G, *et al.*, 2006. Unique genomic configuration revealed by microsatellite DNA in polyploid dogroses, *Rosa* sect. *Caninae*[J]. Journal of Evolutionary Biology, 19(2): 635-648.

NYBOM H, WERLEMARK G, 2004. Dogroses in the wild: amount and distribution of genetic variability[C]//I International Rose Hip Conference 690: 29-34.

PAROJČIĆ D, STUPAR D, PERIĆ B, *et al.*, 2006. De Materia Medica by dioscordies: Critical review on the different translations and interpretations of De Materia Medica by Dioscordies[J]. Arhiv za farmaciju, 56(1): 43-73.

QIU X Q, ZHANG H, WANG Q G, *et al.*, 2012. Phylogenetic relationships of wild roses in China based on nrDNA and matK data[J]. Scientia Horticulturae, 140: 45-51.

RAY, J, 1688. Historiae plantarum-tomus secundus[M]. London: Typis Mariae Clark.

RAYMOND O, GOUZY J, JUST J, *et al.*, 2018. The *Rosa* genome provides new insights into the domestication of modern roses[J]. Nature Genetics, 50(6): 772-777.

REHDER A, 1949. Bibliography of cultivated trees and shrubs[M]. Jamaica Plain: Harvard University.

REHDER A, 1940. Manual of cultivated trees and shrubs[M]. New York: The Macmillan Company: New York, NY, USA: 426-451.

RIAZ A, YOUNIS A, HAMEED M, *et al.*, 2007. Assesment of biodiversity based on morphological characteristics among wild rose genotypes[J]. Pakistan Journal of Agricultural Sciences, 44(2): 295-299.

ROBERTS A V, GLADIS T, BRUMME H, 2009. DNA amounts of roses (*Rosa* L.) and their use in attributing ploidy levels[J]. Plant Cell Reports, 28(1): 61-71.

RÖGL F, 1999. Mediterranean and Paratethys: facts and hypotheses of an Oligocene to Miocene paleogeography: short overview[J]. Geologica carpathica: international geological journal, 50(4): 339.

ROWLEY G D, 1967. Chromosome studies and evolution in Rosa[J]. Bulletin du Jardin botanique national de Belgique/Bulletin van de National Plantentuin van België, 37(1): 45-52.

ROWLEY G D, 1976. Typification of the genus *Rosa*[J]. Taxon, 25(1):181.

RYDBERG P A, 1918. Rosaceae [conclusion]. Pp. 481-533 in: Britton, N. L. & Underwood, L. M. (ed.), North American Flora[M]. New York: New York Botanical Garden, 22(6).

SHINWARI M I, SHINWARI M I, KHAN M A, 2003.Bibliography of the genus *Rosa* L.[J]. Hamdard Medicus, XLVI(3):5-11.

SHRESTHA N, SU X, XU X, *et al.*, 2018. The drivers of high Rhododendron diversity in south-west China: Does seasonality matter?[J]. Journal of Biogeography, 45(2): 438-447.

SINGH K, SHARMA Y P, SHARMA P R, *et al.*, 2020. Pollen morphology and variability of the *Rosa* L. species of Western Himalaya in India[J]. Genetic Resources and Crop Evolution, 67: 2129-2148.

STEIN A, GERSTNER K, KREFT H, 2014. Environmental heterogeneity as a universal driver of species richness across taxa, biomes and spatial scales[J]. Ecology letters, 17(7): 866-880.

SU T, HUANG Y J, MENG J, *et al.*, 2016. A Miocene leaf fossil record of *Rosa* (*R. fortuita* n. sp.) from its modern diversity center in SW China[J]. Palaeoworld, 25(1): 104-115.

SUN X D, ZHANG M, ZHANG S, *et al.*, 2024. Classification of *Rosa roxburghii* Tratt from different geographical origins using non-targeted HPLC-UV-FLD fingerprints and chemometrics[J]. Food Control, 155: 110087.

TÄCKHOLM G, 1920. On the cytology of the genus *Rosa*. A preliminary note[J]. Svensk Botanisk Tidskrift, 14: 300–311.

TÄCKHOLM G, 1922. Zytologische studien über die Gattung *Rosa*[D]. Stockholm: Almqvist & Wiksell.

TAN S M, YUNG P Y M, HUTCHINSON P E, *et al.*, 2019. Primer-free FISH probes from metagenomics/metatranscriptomics data permit the study of uncharacterised taxa in complex microbial communities[J]. npj Biofilms and Microbiomes, 5(1): 17.

TANG YW, LUO L, LIU X S, *et al.*, 2024. *Rosa forrestiana* var. *maculata*, a new variety of *Rosa* (Rosaceae) from Yunnan, China[J]. Phytotaxa, 652(4): 293-299.

TOMLJENOVIC N, PEJIĆ I, 2018. Taxonomic review of the genus *Rosa*[J]. Agriculturae Conspectus Scientificus, 83(2): 139-147.

TRUTA E, VOCHITA G, ROSU C M, *et al.*, 2011. Karyotype traits in *Rosa nitidula* Besser[J]. Journal of Experimental and Molecular Biology, 12(4): 111.

TURLAND N J, WIERSEMA J H, BARRIE F R, *et al.*, 2018. International Code of Nomenclature for algae, fungi, and plants (Shenzhen Code)[M]. Glashütten: Koeltz Botanical Books.

ULLAH F, GAO Y, SARI İ, *et al.*, 2022. Macro-morphological and ecological variation in *Rosa sericea* Complex[J]. Agronomy, 12(5): 1078.

VON LINNÉ C, 1735. Systema naturae; sive, Regna tria naturae: systematice proposita per classes, ordines, genera & species[M]. Haak.

VOS P, HOGERS R, BLEEKER M, *et al.*, 1995. AFLP: a new technique for DNA fingerprinting[J]. Nucleic acids research, 23(21): 4407-4414.

WANG G, 2005. A study on the history of Chinese roses from ancient works and images[C]//IV International Symposium on Rose Research and Cultivation 751: 347-356.

WISSEMANNV, RITZ C M, 2005. The genus *Rosa* (Rosoideae, Rosaceae) revisited: molecular analysis of nrITS-1 and atp B-rbc L intergenic spacer (IGS) versus conventional taxonomy[J]. Botanical journal of the Linnean Society, 147(3): 275-290.

WISSEMANN V, 2003. Conventional Taxonomy (Wild Roses)[M]. London: Academic Press.

WISSEMANN V, 2002. Molecular evidence for allopolyploid origin of the *Rosa canina*-complex (Rosaceae, Rosoideae)[J]. Journal of Applied Botany, 7: 641-647.

WU S, UEDA Y, HE H, *et al.*, 2000. Phylogenetic analysis of Japanese *Rosa* species using matK sequences[J]. Breeding Science, 50(4): 275-281.

WYLIE A P, 1954. The history of garden roses[J]. Journal of the Royal Horticultural Society, 79: 8-24.

YIN X, LIAO B, GUO S, *et al.*, 2020. The chloroplasts genomic analyses of *Rosa laevigata*, *R. rugosa* and *R. canina*[J]. Chinese Medicine, 15(1): 1-11.

YING S S, 2022. New Taxa New Names[M]. Research Center of Flora of Taiwan, 3: 143.

YING S S, 2022. New Taxa New Names[M]. Research Center of Flora of Taiwan, 4: 175,183.

YOKOYA K, ROBERTS A V, MOTTLEY J, *et al.*, 2000. Nuclear DNA amounts in roses[J]. Annals of Botany, 85(4): 557-561.

YU C, LUO L, PAN H, *et al.*, 2014 Karyotype analysis of wild *Rosa* species in Xinjiang, Northwestern China[J]. Journal of the American Society for Horticultural Science, 139(1): 39-47.

ZANG F, MA Y, TU X, *et al.*, 2021. A high-quality chromosome-level genome of wild *Rosa rugosa*[J]. DNA Research, 28(5): dsab017.

ZHANG C, LI S Q, XIE H H, *et al.*, 2022. Comparative plastid genome analyses of *Rosa*: Insights into the phylogeny and gene divergence[J]. Tree Genetics & Genomes, 18(3): 20.

ZHANG C, LI S Q, ZHANG Y, *et al.*, 2020. Molecular and morphological evidence for hybrid origin and matroclinal inheritance of an endangered wild rose, *Rosa* × *pseudobanksiae* (Rosaceae) from China[J]. Conservation genetics, 21: 1-11.

ZHANG D, FENGQUAN L, JIANMIN B, 2000. Eco-environmental effects of the Qinghai-Tibet Plateau uplift during the Quaternary in China[J]. Environmental geology, 39: 1352-1358.

ZHANG S D, ZHANG C, LING L Z, 2019. The complete chloroplast genome of *Rosa berberifolia*[J]. Mitochondrial DNA Part B, 4(1): 1741-1742.

ZHANG X, WU Q, LAN L, *et al.*, 2024. Haplotype-resolved genome assembly of the diploid *Rosa chinensis* provides insight into the mechanisms underlying key ornamental traits[J]. Molecular horticulture, 4(1): 14.

ZHAO F, WANG Y, ZHANG Y, *et al.*, 2024. Molecular and morphological evidences for the hybrid origin of Kushui Rose[J]. Genetic Resources and Crop Evolution, 71(3): 1257-1269.

ZHAO L Q, ZHAO Y Z, 2016. *Rosa longshoushanica* (Rosaceae), a new species from Gansu and Inner Mongolia, China[J]. Annales Botanici Fennici, 53 (1-2): 103-105.

ZHENG L N, LUO L, TANG Y W, *et al.*, 2023. *Rosa funingensis* (Rosaceae), a new species from Yunnan, China [J]. Phytokeys, (229): 61-70.

ZHU Z M, GAO X F, FOUGÈRE-DANEZAN M, 2015. Phylogeny of *Rosa* sections *Chinenses* and *Synstylae* (Rosaceae) based on chloroplast and nuclear markers[J]. Molecular Phylogenetics and Evolution, 87: 50-64.

ZONG D, LIU H, GAN P, *et al.*, 2024. Chromosomal‐scale genomes of two *Rosa* species provide insights into genome evolution and ascorbate accumulation[J]. The Plant Journal, 117(4): 1264-1280.

蔷薇
Genus *Rosa* L.
in China
中国蔷薇属

中文名索引

J

K

L

M

N

P

Q

R

S

T

外文名索引

S

W

本书的出版，是在巨人的肩膀上完成的。没有俞德浚先生为代表的中国第一代植物学家所奠定之基，就没有今天广大蔷薇属研究工作者的丰硕成果。本书的两位著者：张启翔教授、杨玉勇先生，从指导我研究生论文，到一直支持我继续从事蔷薇属调查、分类研究和应用，他们倾注了大量的心血和精力。

很多人关注蔷薇属，可能都是从关注月季花开始的，我也一样。要说接触最早的蔷薇属植物，那便是月季花。我从小就喜欢山川、植物、花草，因此记忆中的留存会多一些。印象中，儿时幼儿园里那几座高大的水泥花台，常年生长着几丛茂盛的月季，花开不断，蜂蝶相往。二十多年后，我再去探寻，发现那果然是月季花，而且是中国古老月季‘月月粉’。幼儿园虽已破落不在，月季花却依旧在开。还有，在南方老家的山上，每年清明前后，正是漫山遍野的刺糖果开满硕大白花的时节，那油亮革质的叶子、满布的倒勾刺，至今印象深刻。只不过，是我多年之后到北京林业大学（北林）求学，才知道它叫金樱子，也是蔷薇属的一种。

彼时，陈俊愉院士还在世，常教导我们做学问要“千方百计、百折不挠”。他常说，中国是世界园林之母，但资源却得不到很好地利用，育种工作远远落后于国外。因此，北林的园林植物与观赏园艺学科一直非常重视野生植物资源的调查和搜集等基础工作，陈先生更是率先提出了“改革名花走新路、选拔野花进家园”之具有中国特色、世界眼光的学科发展观点，我们也一直遵照至今。

蔷薇属植物作为重要的“名花”种质资源，陈先生自20世纪80年代便带领研究生马燕、包志毅等人调查三北的野生资源并开展远缘杂交。后张启翔教授团队，包括我本人在内，先后有潘会堂、李玉舒、白锦荣、叶灵军、孙霞枫、李卉、王琼、于超、王蕴红、王金耀等多位博士或硕士研究生参与到全国蔷薇属资源的调查与搜集工作中，期间完成了对我国西南、西北多个省（自治区、直辖市）的种质资源专项调查和编目。调查中，我们发现中国的蔷薇属资源非常丰富，但种的识别与鉴定远比《中国植物志》（第37卷）描述的要复杂和困难。如果家底不清、分类不明，何谈种质资源的精准挖掘和高效利用？我和于超博士先后毕业留校任教，在张老师的大力支持下，继续带领学生开展蔷薇属资源的调查、评价和育种相关研究，我则更关注蔷薇属分类。

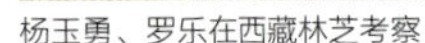
杨玉勇、罗乐在西藏林芝考察

张启翔、罗乐在新疆塔什库尔干考察

杨玉勇先生（杨总）是全国闻名的花卉育种家、企业家，他毕业于沈阳农业大学，具有深厚的农学功底。序言里提到，自2000年前后，杨总便与北林合作开展花卉研发工作，蔷薇属更是重中之重，先后共同完成了全国资源的搜集、资源圃的构建以及杂交育种工作，取得了一系列重要成果。杨总也是北林研究生培养的校外导师，包括我在内的很多研究生都曾在昆明杨月季公司开展试验并受益于他。杨总的大部分时间，不是在田间就是在野外，他对我国花卉产业的情怀、对其研究的执着，感染着每一位学生。

正是有张启翔教授、杨玉勇先生这样的大家们，以他们的远见和坚持，才让《中国蔷薇属》的工作得以稳步推进。期间也得到过太多人的帮助和支持，尤其是中国花卉协会月季分会的张佐双老师和赵世伟老师、新疆应用职业技术学院的隋云吉老师和郭润华老师的无私帮助，最后才能克服诸多困难、完成工作。要特别感谢台湾海洋大学的洪铃雅博士，第一次沟通便无保留地分享所有研究材料，弥补了本书关于台湾地区素材的不足；特别感谢中国科学院植物研究所的靳晓白先生，不辞辛苦地为我们解答植物命名法规，规范本书写作。再次感谢洪德元院士、海格主席（Helga Brichet）为本书作序并提出中肯建议。

距离《中国植物志》(第37卷）出版已过去近40年，距*Flora of China*（Vol. 9）出版也已过去20年，而《中国蔷薇属》付梓在即，回想数年来的工作终有成果，颇为感慨。古文中“蔷薇”即荆棘之意，然竟能开出绚烂之花、释出甜美之香、结出丰腴之果！非常怀念最近的一次考察，2020年8月我与杨总从昆明出发、沿滇川藏考察，虽未能进藏，折回香格里拉，但一路风光无限，收获颇多。最难忘的是，时值雨季后期，经历了塌方路堵、车陷淤泥、轮胎滑破等险困，但每次杨总都沉着豁达地一笑，坦然面对，顺利解决。我想，这不就是蔷薇之意吗？愿每个人的心中皆能开出蔷薇之花！

罗乐

2024年9月13日